复合材料先进连接技术

亓钧雷　闫耀天　马　蔷　王泽宇　编著

科学出版社

北　京

内 容 简 介

本书针对复合材料异质结构连接过程中，异种材料物理化学性质差异大、复合材料侧难以润湿、界面易生成脆性化合物、界面残余应力大等问题，探讨了复合材料异质结构连接过程中的共性基础原理，以领域内广泛应用的复合材料为例，介绍了相关先进连接技术，以指导复合材料异质结构连接的实际应用。本书将重点介绍碳纤维增强碳化硅复合材料、碳/碳复合材料、氮化硼增强二氧化硅复合材料、硼酸镁晶须增强铝基复合材料、二氧化硅纤维增强二氧化硅复合材料等重要材料与多种常见金属的连接技术，同时阐明活性钎料及复合中间层的设计方法、复合材料表面改性机制、界面结构调控机理、接头残余应力缓解机制等基础科学问题。

本书可作为焊接技术与工程、材料加工工程、复合材料学等领域的技术人员和高等院校相关专业师生的参考书。

图书在版编目（CIP）数据

复合材料先进连接技术/亓钧雷等编著. —北京：科学出版社，2023.4
ISBN 978-7-03-075296-3

Ⅰ. ①复…　Ⅱ. ①亓…　Ⅲ. ①复合材料–连接技术　Ⅳ. ①TB33

中国国家版本馆 CIP 数据核字（2023）第 050705 号

责任编辑：霍志国　郑欣虹/责任校对：杜子昂
责任印制：赵　博/封面设计：东方人华

科学出版社出版
北京东黄城根北街 16 号
邮政编码：100717
http://www.sciencep.com
北京中石油彩色印刷有限责任公司印刷
科学出版社发行　各地新华书店经销
*
2023 年 4 月第　一　版　开本：720×1000　1/16
2025 年 1 月第三次印刷　印张：20
字数：400 000

定价：128.00 元

（如有印装质量问题，我社负责调换）

前　言

复合材料具有比强度高、比模量高、耐疲劳性高、抗断裂能力强、减振性能好等特点，广泛应用于航空航天、能源存储与转化、机械加工制造等领域。然而，其较差的可加工性以及较大的脆性，导致复合材料本身难以直接加工成复杂结构，极大地限制了应用范围。为了克服上述问题，实际应用中通常采用复合材料与金属等其他材料的异质连接结构。然而，复合材料与金属之间的物理化学性质差异较大，尤其是热膨胀系数差异，直接导致常规的熔化焊方法很难实现异质结构间的连接。目前，钎焊及扩散连接等方式是实现复合材料异质结构连接的有效手段。

实现复合材料异质结构的可靠连接，必须解决钎料与复合材料间润湿铺展、界面反应产物调控以及残余应力缓解等问题。作者及所在科研团队多年来致力于新材料及异种材料连接的基础理论及应用研究，在复合材料表面微结构调控、复合中间层成分及结构设计、钎焊连接新技术开发等方面取得一系列研究成果。本书第 1 章对复合材料连接技术的发展进行了归纳梳理，第 2 章介绍了纳米颗粒增强中间层辅助复合材料异质结构钎焊连接相关内容，第 3 章和第 4 章分别介绍了碳纳米管复合中间层以及石墨烯复合中间层辅助复合材料异质结构钎焊连接的相关内容，第 5 章和第 6 章分别介绍了负膨胀材料复合中间层以及表面改性辅助复合材料异质结构钎焊连接的相关内容，第 7 章和第 8 章分别介绍了表面微结构调控以及网络中间层辅助复合材料异质结构钎焊连接的相关内容，第 9 章主要介绍了片层结构梯度中间层辅助复合材料异质结构钎焊连接相关内容。本书的研究工作得到了国家自然科学基金面上项目(编号：52175303、51575135)及青年基金(编号：51105108)、黑龙江省自然科学基金优秀青年基金项目(编号：YQ2019E023)、黑龙江省“头雁”团队经费(编号：HITTY-20190013)、黑龙江省高等教育教学改革研究项目(编号：SJGZ20190019)的资助。

本书由亓钧雷、闫耀天、马蕾、王泽宇编著，感谢林景煌、王鹏程、王浩瀚、李培鑫、王宾、张显达、许志泉、刘柏深、徐天雄等团队成员对本书编写的大力支持，感谢为本研究提供实验帮助的分析测试、设备操作及维护的有关人员，特别感谢科学出版社的编辑等工作人员为出版本书所做出的奉献。

由于作者的水平有限，部分内容可能仍有待进一步完善。对于书中的不足之处，敬请广大读者予以批评指正。

亓钧雷

于哈尔滨工业大学

目　录

第1章 绪　　论

从文明演化开始，在不同的应用场景中，材料结构设计和建造一直是支撑社会发展的关键技术。随着材料工程的进步和具有优异性能的先进材料的发展，对新材料以及新结构的需求为先进焊接及连接技术的发展提供了充足的动力。陶瓷材料被公认为是新一代轻质高强度材料候选者，此外，陶瓷以及陶瓷-金属复合结构材料具有优异的耐高温性和更好的机械性能，并广泛应用于航空航天工业、冶金、热交换器、热电、汽车和船舶工业[1,2]。为了形成牢固的接头，通常需要高温和高压的环境。熔焊会导致陶瓷在熔融基体金属中的部分分解，所以熔焊无法实现制造可靠的陶瓷-金属接头[3]。此外，由于金属和陶瓷之间的各种物理、机械性质差异较大，因而两种或多种异种材料的可靠连接一直是一个挑战。因此，需要开发简单、经济和创新的连接方法，以便将陶瓷材料与金属材料进行可靠连接。为了连接异种材料，人们已开发了各种焊接技术，如机械连接、扩散连接、超声波焊接、瞬态液相连接、反应连接、钎焊和搅拌摩擦焊接等方法[4]。其中，钎焊、扩散连接和搅拌摩擦焊是比较有前途的连接方法，已被广泛用在将金属连接到陶瓷材料的应用场景。本书旨在呈现和总结陶瓷与金属连接的最新进展，以指明陶瓷-金属异种连接技术未来可能的发展方向。

陶瓷和金属作为两种重要的工业制造材料，在物理、化学和机械性能方面各有优缺点。陶瓷本质上是易碎的，其强度几乎是其理论强度的三分之二。它们重量轻、硬度高、高温稳定性优良，但是易碎，且断裂韧性低。与陶瓷相比，大多数金属柔软、韧性好，断裂韧性更好，强度更低。为了结合陶瓷的功能特性，弥补其脆性和低断裂韧性，需要将陶瓷与特定应用场景下的金属材料连接，以形成满足服役要求的构件[5]。焊接工艺要求母材具备稳定的形式，从而在加热和压力作用下，不同材料原子之间产生原子间或分子间作用力[6]。由于金属和陶瓷固有的电子结构和键合类型差异大，即陶瓷具有离子或共价键，以及金属主要具有金属键，因此金属和陶瓷的键合过程十分困难。在材料制造领域，人们正努力开发能够将这两类材料有效连接的技术手段，以有效利用它们各自的优势。本章对陶瓷与金属的焊接连接技术这一具有广阔前景的研究课题进行了简要深入的分析，从母材、工艺及微观组织结构调控机理等不同角度分析了该领域的研究进展。

1.1 陶瓷材料介绍

传统陶瓷又称普通陶瓷，是以黏土等天然硅酸盐为主要原料烧成的制品，现代陶瓷又称新型陶瓷、精细陶瓷或特种陶瓷。常用非硅酸盐类化工原料或人工合成原料，如氧化物(氧化铝、氧化锆、氧化钛等)和非氧化物(氮化硅、碳化硼等)制造。陶瓷具有优异的绝缘、耐腐蚀、耐高温、硬度高、密度低、耐辐射等诸多优点，并且已在国民经济各领域得到广泛应用。传统陶瓷制品包括日用陶瓷、建筑卫生陶瓷、工艺美术陶瓷、化工陶瓷、电气陶瓷等，种类繁多，性能各异。随着高新技术工业的兴起，各种新型特种陶瓷也获得较大发展，特种陶瓷已日趋成为卓越的结构材料和功能材料。它们具有比传统陶瓷更高的耐温性能、力学性能、特殊的电性能和优异的耐化学性能。随着现代材料科学和工业的发展，人们对所需材料的性能要求越来越高。除了需要一些常规的机械性能外，在某些情况下还需要高温强度、低温韧性、高耐磨性和耐腐蚀性[7]。

而陶瓷材料恰恰具有人们所期待的性能，如高硬度、高耐磨性、优异的耐腐蚀性以及高热稳定性和化学稳定性(表 1-1)[8-10]。陶瓷所具有的独特性质往往与化学键的“混合”性质有关，即共价键、离子键，有时还与金属键性质相混合。它们由相互连接的原子阵列组成，没有离散的分子。这一特性使陶瓷区别于分子固体，如碘晶体(由离散的 I_2 分子组成)和石蜡(由长链烷烃分子组成)。大多数陶瓷是金属或类金属与非金属的化合物。最常见的是氧化物、氮化物和碳化物。从最基本的意义上来说，构成这些化合物的分子是无机的，并且以共价键结合。陶瓷在航空航天、能源、机械和光学等领域的应用已得到广泛认可，然而，由于其固有的脆性、低延展性和较差的可加工性，在使用过程中容易断裂，并且不容易生产大型复合材料构件，因此，陶瓷的工程应用受到限制。

表 1-1　部分常用陶瓷的物理性质[8-10]

陶瓷	密度/(g/cm³)	硬度(HRA)	杨氏模量/GPa	热膨胀系数/(10^{-6}/K)	热导率/[J/(cm·s·K)]
Si_3N_4	3.25～3.35	92～94	304～330	3.2～3.5	0.155～0.293
Al_2O_3	3.6	91	—	—	0.25
SiO_2	2.2～2.6	—	700	0.54～0.65	2.1
ZrO_2	5.6	88	200	8	1.8
SiC	3.16～3.2	—	410	4.4	1.2～1.8
AlN	3.34	—	310～320	4.6	1.7

1.2 复合材料介绍

在某些情况下，单一材料的性能已无法满足快速发展的工业的要求。由于陶瓷材料具备优良的耐磨性，并且硬度高、耐腐蚀性好，所以得到了广泛应用。但是，陶瓷的最大缺点是脆性大，对裂纹、气孔等很敏感。20 世纪 80 年代以来，人们在陶瓷材料中加入颗粒、晶须及纤维等得到了陶瓷基复合材料，使得陶瓷的韧性大大提高[11, 12]。

陶瓷基材料的复合结构结合了多种材料的优点，具有良好的综合性能和广阔的应用前景。陶瓷基复合材料是以陶瓷为基体与各种纤维复合的一类复合材料。陶瓷基体可为氮化硅、碳化硅等高温结构陶瓷。这些先进陶瓷具有耐高温、高强度和刚度、相对质量较轻、抗腐蚀等优异性能，而陶瓷最致命的弱点是具有脆性，处于应力状态时，会产生裂纹，甚至断裂导致材料失效。而采用高强度、高弹性的纤维与基体复合，则是提高陶瓷韧性和可靠性的一个有效的方法。纤维能阻止裂纹的扩展，从而得到有优良韧性的纤维增强陶瓷基复合材料。陶瓷基复合材料已用作液体火箭发动机喷管、导弹天线罩、航天飞机鼻锥、飞机刹车盘和高档汽车刹车盘等，并且成为高技术新材料的一个重要分支[13]。

纤维增韧高温陶瓷基复合材料(CMCs)目前是一类非常有竞争力的极端环境热结构候选材料。其主要包括非氧化物 SiC 纤维和 C 纤维增强 SiC 基复合材料，如 SiC_f/SiC 和 C_f/SiC [14, 15]。陶瓷基复合材料的典型应用包括新型飞行器热防护系统和动力系统的关键部件以及其他民用动力装置的关键部件，先进核能系统中作为燃料包壳和面向高温等离子体材料及高温热交换材料，高性能制动系统的关键部件材料等。这些系统的服役环境对材料要求极为苛刻，传统材料对性能提升具有一定的局限性，而陶瓷基复合材料除了具有耐高温、高比强度、高比模量、高热导率、低热膨胀系数等一系列优良性能外，还具有基体致密度高、耐热震、抗烧蚀、耐辐照及低放射活性、抗疲劳和抗蠕变等特性，展现了优越的高温热力学性能和微观组织稳定性。陶瓷基复合材料是一种集结构承载和耐苛刻环境的轻质新型复合材料，在空天飞行器的隔热/防热、航空发动机涡轮叶片、火箭发动机及先进核能耐高温部件上拥有巨大的应用潜力。

陶瓷基复合材料具有高强度、高模量、低密度、耐高温、耐磨、耐蚀和良好的韧性，已用于高速切削工具和内燃机部件上。但这类材料发展较晚，其潜能尚待进一步发挥。研究重点是将其应用于高温材料和耐磨、耐蚀材料，如大功率内燃机的增强涡轮、航空航天器的热部件以及代替金属制造车辆发动机、石油化工容器、废物垃圾焚烧处理设备等。本书陶瓷基纤维复合材料的定义采用的是《中国土木建筑百科辞典：工程材料(下)》中对陶瓷基复合材料的第一种描述，即纤维增强陶瓷基复合材料，主要指用碳纤维、石墨纤维、碳化硅纤维、氮化硅纤维、氧化锆纤维等增强氧化镁、氧化硅、氮化硅、氧化铝、氧化锆等制成的复合材料。陶瓷基复合材料具有高温抗压强度大、弹性模量高、耐氧化性强、耐冲击性能好等特点，是一种耐高温结构材料，已被试用于各种燃气轮机和内燃机的部分零件[16, 17]。

陶瓷基纤维复合材料生产方法有泥浆法、热压法和浸渍法等。陶瓷基复合材料的成形方法分为两类：一类是针对陶瓷短纤维、晶须、颗粒等增强体，复合材料的成形工艺与陶瓷基本相同，如料浆浇铸法、热压烧结法等；另一类是针对碳、石墨、陶瓷连续纤维增强体，复合材料的成形工艺常采用粉末冶金法、料浆浸渗法、料浆浸渍热压烧结法和化学气相渗透(chemical vapor infiltration，CVI)法[18-20]。

(1)粉末冶金法，又称为压制烧结法或混合压制法，广泛应用于制备特种陶瓷以及某些玻璃陶瓷。这种方法是将作为基体的陶瓷粉末和增强材料以及加入的黏接剂混合均匀，冷压制成所需形状，然后进行烧结或直接热压烧结制成陶瓷基复合材料。前者称为冷压烧结法，后者称为热压烧结法。热压烧结法时，在压力和高温的同时作用下，致密化速度可得到提高，从而获得无气孔、细晶粒、具有优良力学性能的制品。但用粉末冶金法进行成形加工的难点在于基体与增强材料不易混合，并且晶须和纤维在混合或压制过程中，尤其是在冷压情况下容易折断[21, 22]。

(2)料浆浸渗法，这种方法是将纤维增强体编织成所需形状，用陶瓷浆料投密，干燥后进行烧结。该方法与粉末冶金法的不同之处在于混合体采用浆料形式。其优点是不损伤增强体，工艺较简单，无须模具；缺点是增强体在陶瓷基体中的分布不大均匀[23, 24]。

(3)料浆浸渍热压成形法，这种方法将纤维或织物增强体置于制备好的陶瓷粉体浆料里浸渍，然后将含有浆料的纤维或织物增强体制成一定结构的坯体，干燥后在高温、高压下热压烧结成为制品。料浆浸渍热压法的优点是加热温度比晶体陶瓷低，不易损伤增强体，层板的堆垛改序可任意排列，纤维分布均匀，气孔率较低，获得的强度高，工艺比较简单，无须成形模具，能生产大型零件。缺点是不能制作形状太复杂的零件，基体材料必须是低熔点或低软化点的陶瓷[25]。

(4)化学气相渗透法是将增强纤维编织成所需形状的预成形体，并置于一定温度的反应室内，然后通入某种气源，在预成形体孔穴的纤维表面上产生热分解或化学反应沉积出所需陶瓷基质，直至预成形体中各孔穴被完全填满，获得高致密度、高强度、高韧性的制件[26, 27]。

界面是陶瓷基复合材料强韧化的关键，主要功能有以下几点[28, 29]：

(1)脱黏偏转裂纹作用。当基体裂纹扩展到有结合程度适中的界面区时，此界面发生解离，并使裂纹发生偏转，从而调节界面应力，阻止裂纹直接越过纤维扩展。

(2)传递载荷作用。由于纤维是复合材料中主要的承载相，因此界面相需要有足够的强度来向纤维传递载荷。

(3)缓解热失配作用。陶瓷基复合材料是在高温下制备的，由于纤维与基体的热膨胀系数(CTE)存在差异，当冷却至室温时会产生内应力，因此，界面区应具备缓解热残余应力的作用。

(4)阻挡层作用。在复合材料制备所经历的高温下，纤维和基体的元素会相互扩散、溶解，甚至发生化学反应，导致纤维/基体的界面结合过强。因此，要求界面区应具有阻止元素扩散和阻止发生有害化学反应的作用。

纤维增强陶瓷基复合材料沿纤维方向受拉伸时，根据纤维/基体界面结合强度的不同，复合材料的断裂模式不同，以此为依据分为三种类型[30, 31]：

(1)强结合界面-脆性断裂。当外加载荷增加时，基体裂纹扩展到界面处，由于界面结合强，裂纹无法在界面处发生偏转而直接横穿过纤维，使复合材料断裂，但是对于颗粒增强陶瓷基复合材料来说，强结合界面是强韧化的必要条件。

(2)弱结合界面-韧性断裂。当基体裂纹扩展到界面处时，由于界面结合不是很强，因此裂纹可以在界面处发生偏转，从而实现纤维与基体的界面解离、纤维桥联和纤维拔出。

(3)强弱混合界面-混合断裂。混合断裂是以上两种理想情况断裂模式的混合，即在界面结合强处发生脆性断裂，而在界面结合弱处发生韧性断裂。

1.3 金属材料介绍

金属，无论是纯金属还是合金金属，都是由克服离子核之间相互排斥的非定域电子连接在一起的原子组成的。许多主要的族元素以及所有的过渡元素和内部过渡元素都是金属。它们还包括金属元素或金属和非金属元素的合金组合(如钢中的合金，主要由铁和碳组成)。离域电子赋予金属许多特性(如良好的导热性和导电性)(表1-2)[32, 33]。由于金属的电子倾向脱离，因此具有良好的导电性，且金属元素在化合物中通常带正价电，但当温度升高时，由于受到了原子核的热震荡阻碍，电阻将会变大。金属分子之间的连接是金属键，因此随意更换位置都可再重新建立连接，这也是金属伸展性良好的原因之一。许多金属具有紧密的堆积结构，并在室温下发生塑性变形。

表 1-2　部分常用金属材料的物理性质[32, 33]

金属	密度 /(g/cm³)	熔点/℃	硬度(HV)	杨氏模量 /GPa	热膨胀系数 /(10⁻⁶/K)	热导率 /[J/(cm·s·K)]
304 SS	7.93	1398～1454	210	193	17.2	0.16
TC4	4.51	1538～1649	288	110	7.89	0.08
Cu	8.9	1083	70	107.9	16.92	3.9
Inconel600	8.47	1354～1413	120～170	205	12.35	0.13
Kovar 4J29	8.17	1420～1455	160	138	5～5.3	0.193

在自然界中，绝大多数金属以化合态存在，少数金属例如金、银、铂、铋可以游离态存在。金属矿物多数是氧化物及硫化物。其他存在形式有氯化物、硫酸盐、碳酸盐及硅酸盐。属于金属的物质有金、银、铜、铁、铝、锡、锰、锌等。在 1atm 及 25℃的常温下，只有汞不是固体(而是液态)，其他金属都是固体。大部分的纯金属是银灰色，例外的是金、铯为黄色，锇为蓝色，铜为暗红色。在个别领域中，金属的定义不同。例如，因为恒星的主要成分是氢和氦，天文学中，就把所有其他密度较高的元素都统称为“金属”。因此天文学和物理宇宙学中的金属量是指其他元素的总含量。此外，有许多一般不会分类为金属的元素或化合物，在高压下会有类似金属的特质，称为“金属性的同素异形体”。

金属在自然界中含量丰富，广泛应用于日常生活中。它们对现代工业至关重要并经常使用。例如，钛合金具有优异的性能，低密度、高温强度、优异的蠕变和耐腐蚀性。鉴于这些特性，这些合金的成分将用于航空航天、航运、石化、核能和其他工业领域。然而，这些合金价格昂贵，加工和焊接性能差，这也限制了它们的应用。不锈钢材料是最常用的结构材料，其具有诱人的机械性能、可焊接性、可加工性和低廉的价格。然而，不锈钢材料密度高，其耐腐蚀性远不如钛合金。目前常用于建筑装饰、食品工业、医疗设备等领域[34]。

1.3.1　金属的成键及结构

金属晶体中的原子紧密排列，排列方式可分为以下三种：第一种是体心立方堆积，每个原子排在八个原子之间；第二种是面心立方堆积，每个原子排在六个原子之间；第三种则为六方最密堆积，每个原子排在六个原子之间。这些原子的排列会形成晶体，有些金属因为温度不同，其晶体也随之不同。

金属原子容易失去外层电子，因此在其晶体外面有一层电子云，这也是金属是电和热的良导体的原因。当电子移动时，金属的固体特性是来自电子云和原子之间的静电力，这种键称为金属键。

自由电子使金属具光泽、导电性强、导热性好、延展性良。在金属晶体中具有中性原子、金属阳离子与自由电子，而自由电子可在整个晶体中自由移动。

(1)具光泽。当光线照射到金属表面时，自由电子吸收所有频率的可见光，然后很快发射出大部分所吸收的可见光。这也是绝大多数金属呈银白色或钢灰色光泽的原因。金属在粉末状态时，由于晶体排列不规则，可见光被自由电子吸收后难以发射出去，所以金属粉末一般呈暗灰色或灰色，但少数金属的粉末会保持原来的颜色及光泽，如金和铝。

(2)导电性强。自由电子在金属晶体中做不规则的运动，在外电场的作用下，自由电子会做定向移动，形成电流，为导电性强的原因。

(3)导热性好。当金属的一部分受热时，受热部分的自由电子能量增加、运动加剧，不断与金属阳离子碰撞而交换能量，把热从一部分传向整体。

(4)延展性良。金属受外力时，金属晶体内某一层金属原子及离子与另一层的金属原子及离子发生相对滑动，由于自由电子的运动，各层间仍保持着金属键的作用力，但这并非金属具延展性的主要原因。金属的延展性主要是差排的滑移造成的，同时也可借由双晶来变形，没有差排的完美金属单晶并不具备延展性。

1.3.2　金属的分类

金属的分类各界不同，大致上可分为科学界及工业界两种分类法。

科学界会依元素周期表，将金属分为以下各类：

(1)碱金属：锂、钠、钾、铷、铯、钫，共6个，均为周期表第1族的元素。

(2)碱土金属：钙、锶、钡、镭，共4个，均为周期表第2族的元素。

(3)镧系元素：如镧、铈、钕、钐、铕等，共15个，电子填充到4f轨道上的过渡金属。

(4)锕系元素：如钍、镤、铀、镎、钚等，共15个，电子填充到5f轨道上的过渡金属。

(5)过渡金属：如钛、锰、铁、银、金等，周期表第3族到第12族的元素。

(6)主族金属：如镁、铝、锡、铅、锑等，周期表中s区及p区的金属元素。

工业界对金属的分类有很多种，可以依颜色分类为黑色金属(铁、铬、锰)和其他的有色金属或非铁金属(工业最常用分类)；按密度分类为重金属和轻金属；按抗腐蚀程度分为抗腐蚀金属和卑金属等。其中，黑色金属包括纯铁(如熟铁)或是钢等铁合金，也包括铬、锰等元素[35]。表1-3为纯金属中的特优性质。

表1-3　纯金属中的特优性质

金属种类	特优性质
银	导热、导电能力最强
铂	延性最突出

续表

金属种类	特优性质
金	展性最优
锇	密度最大(25℃的密度是 22.57g/cm^3)
锂	密度最小(27℃的密度是 0.534g/cm^3)
铬	硬度最高(莫氏硬度 8.5)
铯	硬度最低(莫氏硬度 0.2)
钨	熔点最高(3407℃)
汞	熔点最低(–38.87℃，常温下呈液态)

实际应用中，金属常以合金形式服役于各种工作环境。合金是由两种或多种化学元素组成，其中主要元素是金属的混合物。很多纯金属太软、太脆或是高化学活性，不适合使用。将数种金属以特定比例组合，形成合金，可以将纯金属的性质调整为一些较理想的特性。制造合金的目的一般是要使金属脆性降低，提升硬度、抗腐蚀性，或是有理想的颜色及光泽。在目前仍在使用的合金中，铁合金(钢、不锈钢、碳钢、工具钢、合金钢等)不论是产量或是产值都是最高的。铁中加入不同比例的碳，可以得到低碳钢、中碳钢及高碳钢，碳含量越高，其韧性及展性越差。若碳含量超过 2%，则称为铸铁。在碳钢中加入超过 10%的钼、镍及铬即为不锈钢。其他主要的合金有铝、钛、铜及镁的合金。铜合金早在史前时代就开始应用，青铜时代用的青铜即为铜合金，而且在现在也有很多应用。其他三种合金是近代才开始的研究，由于其金属的活性，需要利用电解的方式才能提炼纯金属。铝合金、钛合金和镁合金的特点是比强度高，一般会用在一些比强度比价格重要的应用中，如太空船或一些汽车的应用。有时会针对高需求的应用来设计合金，如喷气发动机中的合金可能是由十种以上金属所合成的[36]。

1.4 复合材料异质钎焊连接

在过去的二十年里，工业上，如机床、航空航天、汽车、电气和电子等行业，越来越倾向于使用先进的陶瓷材料。陶瓷材料被广泛应用于弹道装甲、陶瓷复合汽车制动器、柴油微粒过滤器、假肢产品、压电陶瓷传感器和下一代计算机存储产品。这些陶瓷可以让工程师超越金属的性能极限，克服金属在不同工程领域的技术限制。它们具有良好的抗蠕变性、高耐腐蚀性、耐高温性、高抗压强度、高硬度、高温强度、较强的电磁响应、高耐磨性、低摩擦、高耐火度等特性。虽然这些特性从应用的角度来看是很重要的，但陶瓷产品的加工和制造非常困难，进而限制了使用条件[37]。先进陶瓷的成功应用在很大程度上取决于这些材料与金属的结合。许多学者研究了将陶瓷与金属结合以获得具有优异性能的复合材料部件的技术。例如，将结构陶瓷装甲应用于坦克等装甲车辆，就可以有效防止武器穿透，提高耐磨性，满足新一代坦克装甲车辆的轻量化要求；将高温结构陶瓷用于汽车发动机，以减轻重量，提高推重比和工作温度，提高工作效率；而陶瓷在舰船和航空母舰上的应用可以大大提高其在海洋环境中的耐腐蚀性，从而提高其使用寿命。在陶瓷与金属之间建立可靠的连接，可以充分发挥两种材料在性能和经济上的互补优势，既利用了陶瓷优异的耐腐蚀性和耐高温磨损性，又充分利用了金属良好的塑性、韧性和高强度。

由于陶瓷和金属在物理、化学和机械性能上有很大的差异(特别是陶瓷不能熔化成液态)，传统的熔焊方法，如电弧、电子束和激光焊接，不能有效地将陶瓷和金属连接起来[7, 38]。为了连接陶瓷和金属，人们开发了各种连接方法(图1-1)，其中包括机械连接、摩擦焊接、激光束焊接、超声波连接、爆炸连接、反应焊接瞬态液相连接、部分瞬态液相连接、钎焊、扩散连接。每个过程都有其独特性和特点。其中，钎焊目前被最广泛地用于陶瓷与金属的连接，被认为是连接这些异种材料最有前途的方法[39]。

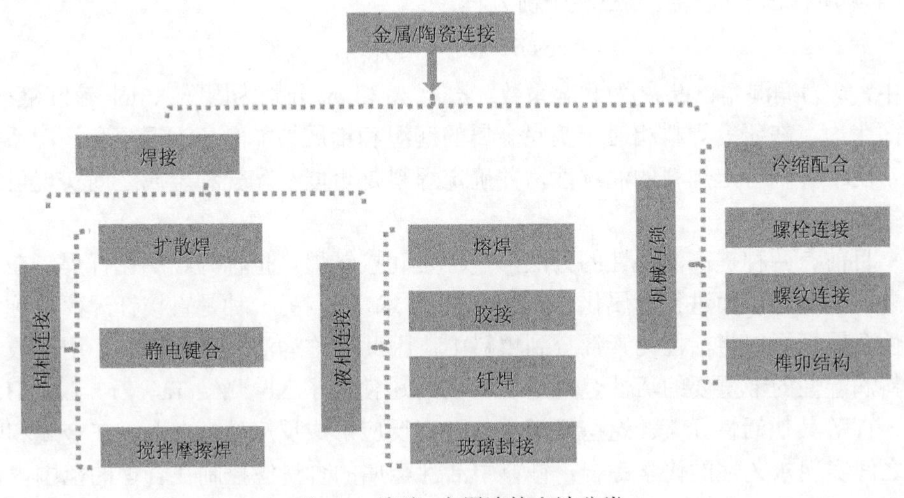

图1-1　陶瓷-金属连接方法分类

1.4.1　陶瓷与金属的钎焊连接

钎焊使用填充金属将金属连接到陶瓷，被认为是最合适的连接方法之一，应用广泛。在钎焊过程中，在间隙之间使用熔点低于相邻材料的填充金属，以形成接头。钎焊工艺最好的优点是其温度较低，并且对待连接的材料有影响，从而使复杂形状、异质材料的连接有精确的接头形成。然而，由于填充材料的熔点，待连接材料的使用温度受到限制。填充金属的选择取决于多种因素，如连接材料、接头设计、钎焊温度、毒性、填充金属形式。钎焊的基本原理大致可分为六个阶段：焊前清理、升温、钎料熔化、扩散、反应层生成以及降温[40]。

钎焊时应考虑基材的润湿性。当陶瓷材料与金属结合时，填充金属必须充分润湿，并在高温下熔化后扩散到基材上。这种情况主要指陶瓷的润湿，因为可以润湿陶瓷的填充金属也可以润湿金属。为防止接头强度降低，必须避免填充金属和母材之间的相互溶解或过度反应，避免形成大量脆性化合物。对于陶瓷与金属的钎焊，除了存在于异种连接中的黏合剂、铺展和浸渍润湿之外，还可以使用反应润湿。在陶瓷与金属的连接过程中，液态填充金属吸附在陶瓷与金属表面，逐渐溶解并发生化学反应；然后，实现基材的润湿和铺展。从热力学角度来看，钎焊过程中的润湿是液态金属与固体基材接触后系统(固体+液体)自由能降低的过程。

液态金属对陶瓷和金属的润湿性在材料连接技术中起着重要作用。润湿性受许多因素影响，包括大气、温度、热力学稳定性、合金成分和固体表面状态等。因此，通过控制润湿性可以获得高质量的接头。目前，润湿性的表征仍然使用于1804年所提出的固-液-气三相平衡方程[41]：

$$\cos\theta=(\sigma_{sg}-\sigma_{sl})/\sigma_{lg}$$

其中，θ 为润湿角；$\cos\theta$ 为润湿系数；σ_{sg}、σ_{sl} 和 σ_{lg} 分别为固-气、固-液和液-气界面张力。在研究焊料相对于基底金属的润湿和铺展性能时，润湿角和润湿系数通常用于评估特定焊料的润湿性，并确定焊料是否能在陶瓷和金属之间实现可靠连接。

目前有两种提高润湿性的方法，一种是间接钎焊，也称为金属化钎焊，在钎焊之前对陶瓷表面进行金属化(如 Mo-Mn 技术)[42]；另一种是直接钎焊，也称为活性金属钎焊，将活性元素混合到填料中，因此被称为活性金属钎焊。用于改善填料润湿性的最重要的活性金属是 Ti，同时还使用了 Nb、V、Ta、Zr、La、Hf、Ni、Ti 等其他活性元素。这些元素会与陶瓷反应形成反应层，有助于在金属和陶瓷之间实现永久性的化学键合。钎料中活性金属的含量应控制在合理的范围内，否则会增加接头脆性，导致接头失效。

在陶瓷与金属连接的过程中，基底金属的润湿性并不是唯一的考虑因素。在特殊情况下，钎料必须满足特殊要求。例如，高温结构部件需要填充的金属具有高温性能；对于密封部件，填充金属不得含有大量锌、镁、锂、铋和其他高蒸气压元素，以避免泄漏。

目前，大多数常见的填充金属不能同时润湿陶瓷和金属。可通过向传统填充金属中添加活性元素来改善润湿性。例如，过渡金属元素 Ti、Zr、Hf 和 V 等具有优异的化学活性，与金属(如Fe、Co、Cu、Cr、Ni和Ag)发生反应，并与各种氧化物、硅酸盐材料和陶瓷具有很强的亲和力。这些钎焊填充金属熔化后，熔融金属中的活性元素在高温下扩散到陶瓷和金属表面，与它们相互作用并引起化学反应或溶解。通过生成的反应产物，填充金属可以有效润湿并扩散到陶瓷表面。在随后的冷却过程中，熔化的焊料凝固，以可靠地连接陶瓷和金属。

1.4.2 陶瓷与金属钎焊连接存在的问题

目前在实现陶瓷与金属的有效连接时，遇到了以下几个问题：

(1)陶瓷和金属间润湿困难。陶瓷和金属的化学性质差别很大。大多数传统的钎料合金能够有效湿润金属表面，但这些钎料合金对陶瓷的润湿性很差，有时甚至根本没有润湿性。因此，找到一种既能润湿陶瓷又能润湿金属的钎料很困难。

(2)在陶瓷与金属的界面处容易形成各种复杂的脆性化合物。陶瓷和金属的物理和化学性质不同，在连接过程中发生键转换和化学反应，陶瓷-金属界面易形成各种氧化物、碳化物、氮化物、硅化物和多组分化合物。这些化合物通常具有较高的硬度和脆性，它们在界面处的分布复杂，容易造成接头的脆性断裂。

(3)陶瓷与金属界面处存在大量的残余应力。陶瓷和金属的弹性模量和热膨胀系数不同。在连接过程和随后的冷却过程中，热应力分布极其不均匀，容易产生大量的残余应力。导致连接界面应力集中，降低了接头的结合强度。

(4)陶瓷与金属界面处的化合物难以定量分析。由于陶瓷与金属界面中存在许多C、N、B等元素，定量分析产生的误差很大。因此，在界面化合物的测定中，必须准备各种标准样品，对每种元素进行校准。X射线衍射标准模式通常用于比较，以确定多种化合物的相结构。然而，对于几种新的化合物相尚无标准，这给陶瓷-金属界面反应形成的相的类型和成分的定量分析带来了困难。

(5)缺乏数值模拟分析的基本参数。陶瓷与金属连接时，容易形成多层复合层。这些复合层虽然薄，但对关节性能有很大的影响。由于缺乏界面反应和反应相的室温和高温参数，对界面反应和反应相生长规律的数值模拟分析和应力分布的计算都很困难。因此，陶瓷-金属连接的数值模拟分析也变得困难。

1.4.3 陶瓷与金属钎焊连接的中间层设计

润湿是否发生及润湿程度受陶瓷和相应液态金属的表面张力和反应性的影响。通常，液态金属不会润湿陶瓷基板，除非相应的陶瓷-金属界面之间发生反应，从而增加液态金属的润湿性。陶瓷的表面性质、其微观结构以及钎焊环境下金属与陶瓷的反应性决定了润湿程度。为了获得更高的润湿性和良好的附着力，在铜焊金属中加入活性元素，将陶瓷与金属黏合在一起。其中金属在基板上的铺展能力可以通过加热前后熔体的铺展面积差异来确定。

用于连接陶瓷和金属的填充金属系统主要包括Ag-Cu-Ti、Ag-Cu-In-Ti、Cu-Ti、Sn-Ag-Ti和Cu-Sn-Ti-Zr等，如表1-4所示。在陶瓷与金属的连接过程中，填充金属的成分对基材的润湿性和接头的性能有很大的影响。根据目前的研究，通过添加活性元素或改变元素含量可以有效改善润湿性，从而改善接头的性能。

表1-4　常用合金钎料的成分及工作温度

名称	成分/wt%	工作温度/℃
Ag-Cu-Ti	Ag69.7Cu27Ti3.3	825～930
	Ag68.8Cu26.7Ti4.5	830～930
Ag-Cu-In-Ti	Ag59.2Cu23In14.5Ti3.3	740～780
	Ag59Cu27.25In12.5Ti1.25	750～850
Ag-In-Ti	Ag98.4In1Ti0.6	1010
Cu-Ti	Cu70Ti30	1000～1100
	Cu75Ti25	1000～1100
	Cu80Ti20	1000～1100
	Cu85Ti15	1000～1100
Cu-Sn-Ti-Zr	Cu74.5Sn14Ti10Zr1.5	930
Ti-Cu-Zr-Ni	Ti57Zr13Cu21Ni9	910～950

在陶瓷和金属接头中，由于两种基材的热物理性能不匹配，陶瓷和金属焊接后会产生较大的残余应力。许多学者通过数值模拟分析了陶瓷和金属的残余热应力。研究发现，在陶瓷和金属之间的连接处，残余应力分布中存在显著的应力集中。有效降低陶瓷-金属接头中的残余热应力是提高陶瓷-金属接头性能的关键技术问题之一。近年来，国内外学者对这一问题进行了广泛的研究，并取得了相当大的进展。增加应力释放层的方法是目前研究最多、应用最广泛的方法。中间层在钎焊过程中可能会不完全熔化，并会改变和抑制一些界面副反应；因此，它可以稳定界面状态，缓解接头的残余热应力。通常，用于消除陶瓷-金属接头残余热应力的应力消除层可分为以下几类。

1)单一中间层

添加单一中间层以缓解陶瓷-金属接头残余应力的类别可分为两种：软中间层和硬中间层。铜、铝、镍、铌等属于软中间层，软中间层一般弹性模量低、塑性好、屈服强度低，其良好的塑性变形和蠕变能力可用于缓解和吸收接头中的残余应力。另外，硬质中间层具有高弹性模量和类似于W、Mo等金属陶瓷的线膨胀系数。硬质中间层避免了陶瓷和金属之间的任何直接接触，将残余热应力从接头转移到中间层，改善了陶瓷和金属之间的黏合效果。

2) 复合中间层

虽然单一中间层可以在一定程度上缓解接头中的残余热应力，但由于其结构简单，中间层中仍存在应力集中现象。为了降低残余应力，改善接头性能，研究人员提出了添加复合中间层的方法。复合中间层由不同的单中间层组成，有软中间层+硬中间层或硬中间层+硬中间层等多种组合形式。有学者使用 Cu/Ag-Cu/Ti 复合中间层连接 Si_3N_4 陶瓷和 304 不锈钢[43]。接头的界面结构为 304 不锈钢/$TiFe_2$/Ag-Cu 共晶+Cu(s, s)/Cu(s, s)/Cu(s, s)+Ag-Cu 共晶/Cu_3Ti+TiN/Si_3N_4。接头的最大强度为 57 MPa。另有学者使用 Ag57Cu38Ti5 填充金属和 Cu/Nb 复合中间层将 SiAlON 陶瓷连接到 40Cr 钢上[44]。SiAlON 陶瓷与 Ag57Cu38Ti5 填充金属反应，形成含有 Ti_2AlN、Ti_5Si_4 和 TiAg 的固体界面。接头强度为 280MPa。又有学者使用 W-Pd-Ni 中间层将 SiC 陶瓷连接到不锈钢上[45]。反应区内发生了相互扩散和化学反应。Pd、Ni 和 W 与 SiC 反应生成 Pd_2Si、Ni_2Si、C、W_5Si_3 和 WC。W-Pd-Ni 中间层在降低接头残余应力方面发挥了重要作用。平均剪切强度为 33MPa。

3) 多孔材料中间层

这种方法是指使用金属粉末和纤维烧结多孔材料或金属纤维网作为中间层。常见的泡沫金属如铜、镍和泡沫不锈钢。与纯金属中间层相比，这种中间层具有更好的消除残余应力的效果。有学者使用 Ag-Cu-Ti/泡沫 Ni/Ag-Cu-Ti 作为中间层，将 Al_2O_3 陶瓷真空钎焊至 1Cr18Ni9Ti 合金[46]。当不添加中间层时，接头的断裂位置为陶瓷侧，剪切强度仅为 7.7MPa。当添加泡沫镍中间层时，陶瓷与泡沫镍的界面发生断裂，接头的剪切强度为 101.7MPa。另有学者使用 AgCu/泡沫 Cu/AgCu 中间层将 ZTA 陶瓷连接到 TC4[47]。接头的界面结构为 ZTA 陶瓷/TiO+$Ti_3(Cu, Al)_3O$/Ag(s, s)+Cu(s, s)/Ti_2Cu_3/TiCu/Ti_2Cu/$(\alpha+\beta)$Ti/TC4。接头的最大抗剪强度为 84.5 MPa。

4) 梯度结构中间层

梯度功能材料(FGM)独特的结构也被应用于陶瓷和金属的连接。该方法意味着接头两侧母材中中间层的成分比逐渐变化，从而逐渐改变接头的组织和性能。然后，接头中产生的残余应力分散到所有零件，从而减少应力集中，最终提高接头的强度。有学者通过激光熔融沉积在 TC4 上制备 FGM 层，并使用 AgCuTi 填充金属将 TC4 与 SiBCN 陶瓷钎焊[48]。FGM 层抑制了 Ti 的溶解，减少了钎焊件中 Cu_2Ti 的体积。它还改变了热膨胀系数的分布，并将接头的残余应力降至最低。

5) 复合填充金属

复合填充金属是一种含有增强相的中间层，增强相包括陶瓷颗粒和碳纤维。在钎焊过程中，填充金属熔化，但添加到填充金属中的增强相不会熔化。凝固后形成的接头成为金属基复合材料。与传统的填充金属相比，这种材料具有较低的热膨胀系数，可以更有效地降低接头产生的残余应力。根据添加增强阶段的不同方法可分为离位添加和原位生成方法，这些方法可以有效地控制增强相的类型和结构等内容，但无法控制其分布。

1.5 本书主要内容

本书聚焦于复合材料钎焊连接领域，对复合材料钎焊连接的发展历史、成就、存在的科学问题及重要的先进连接技术发展现状进行概述及总结，主要包含以下若干方面内容。

第 2 章为纳米颗粒增强中间层辅助复合材料异质结构钎焊连接相关内容。在介绍纳米增强颗粒在具体实验的分析的基础上，介绍了不同工艺参数，纳米颗粒增加方式，纳米颗粒增加量对接头组织从微观界面结构到宏观力学性能的影响，并讨论了纳米颗粒在接头组织中所承担的作用。

第 3 章为碳纳米管复合中间层辅助复合材料异质结构钎焊连接相关内容。介绍了碳纳米管复合钎料的制备方法，表征了在碳纳米管增强的效果下钎焊接头中微观组织的构成，包括元素以及物相的种类和分布，比较了复合钎料中不同碳纳米管含量下钎焊接头性能的增强效果，讨论了碳纳米管在钎焊过程中改善润湿、输运原子等重要作用。

第 4 章为石墨烯复合中间层辅助复合材料异质结构钎焊连接相关内容，此章采用泡沫金属材料辅助钎焊 C/C 复合材料与 Nb，并在泡沫金属表面实现高质量石墨烯的可控制备，以提高二者钎焊连接质量；并采用第一性原理计算、有限元仿真与实验相结合的方式，明晰了钎料在复合中间层表面的润湿机理，阐明了复合中间层对接头的残余应力缓解机制，完善了复合中间层的整体结构优化，实现了 C/C 复合材料与 Nb 的高质量钎焊连接并阐明了接头的钎焊机理。

第 5 章为负膨胀材料复合中间层辅助复合材料异质结构钎焊连接相关内容，介绍了几种负膨胀材料复合中间层的方法，详细阐述了负膨胀材料与钎料之间的界面反应，在接头中的优化效果，并对焊接结构应力场进行模拟。

第 6 章为表面改性辅助复合材料异质结构钎焊连接相关内容。本章在介绍表面改性物理原理基础上，重点介绍了陶瓷金属异质接头中各表面改性方法的应用，详细解释了各表面改性方法的作用机制。

第 7 章为表面微结构调控辅助复合材料异质结构钎焊连接相关内容，此章针对纤维增强复合材料，采用优化陶瓷材料表面结构来缓解接头残余应力的方法，对 SiO_{2f}/SiO_2 复合材料、SiO_2-BN 陶瓷表面结构进行调控，通过研究腐蚀工艺参数与两种材料表面润湿性的关系，来阐明两种材料表面润湿性改善的原因及其表面结构与其润湿性的关系。采用有限元模拟与钎焊实验相结合的方法，揭示陶瓷-金属钎焊接头结构对残余应力分布的影响。通过电化学腐蚀的方法对 C/SiC、

C/C 复合材料表面结构进行调控，从制约接头强度的残余应力缓解和它的高温性能两个方面出发，设计复合材料表面结构，有效地缓解接头的残余应力，提高接头强度。

第 8 章为网络中间层辅助复合材料异质结构钎焊连接相关内容，网络中间层不仅有助于形成良好的热膨胀系数梯度过渡，而且凭借自身的网络结构促使钎料能够在焊缝中充分浸入、铺展和润湿。此章主要介绍低膨胀疏松中间层、泡沫铜中间层、CNTs-泡沫镍中间层及碳层网络复合中间层材料辅助钎焊陶瓷及陶瓷基复合材料与金属的相关内容，分析了中间层对接头组织及力学性能的影响，揭示了中间层成分、结构与接头力学性能间的关系，解释了不同网络中间层改善接头连接质量的机理。

第 9 章为片层结构梯度中间层辅助复合材料异质结构钎焊连接相关内容。此章介绍了复合材料和金属之间连接存在的接头残余应力过大的问题，提出了高熵合金中间层辅助钎焊的解决方法和复合材料金属化调控，表面 W 增强的碳纤维编织布中间层辅助钎焊的方法缓解接头残余应力的解决方法，最终获得了复合材料和金属连接的高质量接头。

参 考 文 献

[1] Liu G, Zhang X, Yang J, et al. Recent advances in joining of SiC-based materials (monolithic SiC and SiC_f/SiC composites): Joining processes, joint strength, and interfacial behavior. Journal of Advanced Ceramics, 2019, 8: 19-38.

[2] 史康桥, 李敏, 朱冬冬, 等. 陶瓷与金属钎焊连接的研究进展. 热加工工艺, 2021, 50: 7-12.

[3] 袁海森, 李宏, 王钰洋. 陶瓷与金属冶金连接技术研究进展. 精密成形工程, 2020, 12: 84-92.

[4] 李淳, 王志权, 司晓庆, 等. 轻质金属与陶瓷连接研究综述. 机械工程学报, 2020, 56: 73-84.

[5] 范彬彬, 赵林, 谢志鹏. 陶瓷与金属连接的研究及应用进展. 陶瓷学报, 2020, 41: 9-21.

[6] 逯春阳, 马志鹏, 姜海成, 等. 陶瓷与金属异种材料连接技术研究现状. 焊接, 2018, 15-20, 65-66.

[7] Pan L, Gu J, Zou W, et al. Brazing joining of Ti_3AlC_2 ceramic and 40Cr steel based on Ag-Cu-Ti filler metal. Journal of Materials Processing Technology, 2018, 251: 181-187.

[8] Lino Alves F J, Baptista A M, Marques A T. 3-Metal and ceramic matrix composites in aerospace engineering//Rana S, Fangueiro R. Advanced Composite Materials for Aerospace Engineering. Cambridge: Woodhead Publishing, 2016: 59-99.

[9] Fernie J A, Drew R A L, Knowles K M. Joining of engineering ceramics. International Materials Reviews, 2009, 54: 283-331.

[10] Asthana R, Singh M. 11-Active metal brazing of advanced ceramic composites to metallic

systems//Sekulić D P Advances in Brazing. Cambridge: Woodhead Publishing, 2013: 323-360.
[11] Appendino P, Casalegno V, Ferraris M, et al. Joining of C/C composites to copper. Fusion Engineering and Design, 2003, 66-68: 225-229.
[12] 杜永龙, 张毅, 王龙, 等. 基于深度学习的平纹 C_f/SiC 复合材料原位拉伸损伤演化与断裂分析. 硅酸盐通报, 2022, 41: 249-257.
[13] 张孟华, 庞梓玄, 贾云祥, 等. 纤维增强陶瓷基复合材料的加工研究进展与发展趋势. 航空材料学报, 2021, 41: 14-27.
[14] 莫镕豪. 碳纤维超高温陶瓷基复合材料的应用前景分析. 信息记录材料, 2021, 22: 25-26.
[15] 李鑫, 吴赟, 李道谦, 等. C_f/SiBON-ZrB_2 陶瓷基复合材料抗氧化性能的研究. 炭素技术, 2021, 40: 43-45, 51.
[16] 刘鑫, 乔逸飞, 董少静, 等. 陶瓷基复合材料力学性能计算及涡轮导叶宏观响应分析方法. 航空发动机, 2021, 47: 85-90.
[17] 杨金华, 董禹飞, 杨瑞, 等. 航空发动机用陶瓷基复合材料研究进展. 航空动力, 2021, 22: 56-59.
[18] 阮景, 杨金山, 闫静怡, 等. 碳化硅纳米线增强多孔碳化硅陶瓷基复合材料的制备(英文). 无机材料学报, 2022, 37: 1-10.
[19] Sieber H. Biomimetic synthesis of ceramics and ceramic composites. Materials Science and Engineering: A, 2005, 412: 43-47.
[20] Glukharev A G, Konakov V G. Synthesis and properties of zirconia-graphene composite ceramics: A brief review. Reviews On Advanced Materials Science, 2018, 56: 124-138.
[21] 杨宇承, 潘宇, 路新, 等. 粉末冶金法制备颗粒增强钛基复合材料的研究进展. 粉末冶金技术, 2020, 38: 150-158.
[22]陈锦, 熊宁, 葛启录, 等. 粉末冶金法制备铝基碳化硼复合材料的研究进展. 粉末冶金技术, 2019, 37: 461-467.
[23] 耿广仁. 氧化铝基纤维/氧化铝复合材料的制备及其性能研究. 济南: 济南大学, 2020.
[24] 曾令可, 胡动力. 陶瓷纤维分散性能的研究. 陶瓷学报, 2008, 29: 324-328.
[25] 石兴. 泡沫料浆压滤成型制备纳米孔氧化硅隔热材料. 北京: 中国建筑材料科学研究总院, 2012.
[26] 戴建伟, 何利民, 申造宇, 等. 化学气相渗透法制备碳化硅界面涂层的沉积动力学研究. 装备环境工程, 2021, 18: 22-29.
[27] 黄群, 陈腾飞, 刘磊, 等. 化学气相渗透法制备炭/炭复合材料的显微结构和力学性能研究. 矿冶工程, 2014, 34: 111-114.
[28] 张金, 刘荣军, 王衍飞, 等. 连续纤维增强陶瓷基复合材料新型界面相研究进展. 硅酸盐学报, 2021, 49: 1869-1877.
[29] 张稳, 向阳, 彭志航, 等. 连续纤维增强 ZrO_2 陶瓷基复合材料研究进展. 现代技术陶瓷, 2021, 42: 170-180.
[30] 司晓庆, 李淳, 亓钧雷, 等. 纤维增强陶瓷基复合材料与金属钎焊研究进展. 自然杂志, 2020, 42: 231-238.

[31] 刘海韬, 杨玲伟, 韩爽. 连续纤维增强陶瓷基复合材料微观力学研究进展. 无机材料学报, 2018, 33: 711-720.

[32] Passerone A, Muolo M L. Joining technology in metal-ceramic systems. Materials and Manufacturing Processes, 2000, 15: 631-648.

[33] Donald I W, Mallinson P M, Metcalfe B L, et al. Recent developments in the preparation, characterization and applications of glass-and glass-ceramic-to-metal seals and coatings. Journal of Materials Science, 2011, 46: 1975-2000.

[34] 高晶. 金属材料的应用与发展. 化工管理, 2020, 557: 111-112.

[35] 陈鑫. 金属材料的应用与发展综述. 山西科技, 2015, 30: 75-76.

[36] Von Turkovich B F, Roubik J R , Crawford J H , et al. 1964. Review of materials processing literature. Journal of Engineering for Industry, 1965, 87(4): 511.

[37] Karakozov E S, Konyushkov G V, Musin R A. Fundamentals of welding metals to ceramic materials. Welding International, 1993, 7: 991-996.

[38] Cao J, Liu J, Song X, et al. Diffusion bonding of TiAl intermetallic and Ti_3AlC_2 ceramic: Interfacial microstructure and joining properties. Materials & Design, 2014, 56: 115-121.

[39] Raju K, Muksin, Kim S, et al. Joining of metal-ceramic using reactive air brazing for oxygen transport membrane applications. Materials & Design, 2016, 109: 233-241.

[40] Mir F A, Khan N Z, Parvez S. Recent advances and development in joining ceramics to metals. Materials Today: Proceedings, 2021, 46: 6570-6575.

[41] Young T. An essay on the cohesion of fluids. Philosophical Transactions of the Royal Society of London, 1805, 95: 65-87.

[42] Liu G W, Qiao G J, Wang H J. Bonding mechanisms and shear properties of alumina ceramic/stainless steel brazed joint. Journal of Materials Engineering and Performance, 2011, 20: 1563-1568.

[43] Zhang Y, Chen Y, Yu D, et al. A review paper on effect of the welding process of ceramics and metals. Journal of Materials Research and Technology, 2020, 9: 16214-16236.

[44] Xian A P, Si Z Y. Interlayer design for joining pressureless sintered sialon ceramic and 40Cr steel brazing with Ag57Cu38Ti5 filler metal. Journal of Materials Science, 1992, 27: 1560-1566.

[45] Zhong Z, Hinoki T, Kohyama A. Joining of silicon carbide to ferritic stainless steel using a W-Pd-Ni interlayer for high-temperature applications. International Journal of Applied Ceramic Technology, 2010, 7: 338-347.

[46] Zhang Y, Zhu Y, Guo W, et al. Microstructure and properties of ceramic/stainless steel joint with Ni foam interlayer. Journal of Beijing University of Aeronautics and Astronautics, 2016, 42: 2488.

[47] Wang X, Li C, Si X, et al. Brazing ZTA ceramic to TC4 alloy using the Cu foam as interlayer. Vacuum, 2018, 155: 7-15.

[48] Shi J, Zhang L, Liu H, et al. Reliable brazing of SiBCN ceramic and TC4 alloy using AgCuTi filler with the assist of laser melting deposited FGM layers. Journal of Materials Science, 2019, 54: 2766-2778.

第 2 章 纳米颗粒增强中间层辅助复合材料异质结构钎焊连接

在陶瓷/金属间的异质结构钎焊过程中，由于钎料通常为金属材料，在陶瓷侧往往由材料自身性质差异导致润湿困难、脆性化合物生成、残余应力较大等问题。这就导致了焊接结构的力学性能受到影响，为了改善这一问题，通常是要在钎料中间层中加入一些物相。这些加入的物相会在其中发生物理化学作用，这些作用会调控接头的某项或多项性能，如调节线膨胀系数、调节钎焊温度等，同时也会参与接头反应生成新的物相，实现改善接头微观结构、调节反应物生成、改变脆性化合物的生长聚集情况等。具体添加的效果往往由不同的添加物、添加量所决定。过少量的添加难以实现增强相的效果，而大量添加则会造成颗粒的聚集，聚集的颗粒难以实现弥散分布，整体改良接头的能力，反倒成了接头的薄弱环节，通常会恶化接头性能。纳米颗粒的添加量相比于钎料含量本身往往是少量的，操作上不涉及过于复杂的工艺，因而对纳米颗粒增强钎焊焊缝的研究，将大大有利于焊接性能的改善和钎焊工艺的发展。

2.1 TiC 颗粒增强 Ti-Co 钎料辅助钎焊 C/SiC 复合材料和 Nb

C/SiC 复合材料以碳化硅为基体，后用碳纤维作为增强体，在多维度上进行编制而获得。其基体为碳化硅，自身带有高温稳定性强、抗热震性能强、耐腐蚀耐磨损等优良特性。而且碳纤维增强相的加入带来的增强增韧效果使得其获得了较高的强度和模量，补齐了陶瓷本身质脆的碳化硅基体的自身缺陷，完美结合了两者的优点。该材料能够在 1650℃长期稳定工作，2000℃可短期工作，最高工作温度可达到 2800℃。绝佳的高温性能使得其能够用于航天器发动机的燃烧室。加之密度低、质量轻，能够降低工作体的重量，获得可观的推重比[1]。

但是 C/SiC 复合材料自身结构复杂，不仅需要进行三维纺织，还需要化学气相沉积工艺，这就注定了其存在制备工艺烦琐、成本昂贵的问题。此外，复合材料本身存在塑性较低、成型困难、机械加工性能差的问题。当面对尺寸较大、形状复杂的功能结构时，直接制备成型的方式就显得力不从心。为了满足生产实际的需求，C/SiC 复合材料需要辅助与其匹配的连接手段，或与自身，或与其他材料。由于 C/SiC 复合材料自身耐高温，以及润湿性的问题，机械连接、胶接、熔化焊的连接方式并不合适，这样材料的连接往往是通过钎焊方式进行的。

Nb 在航天工业中由于其自身良好的力学性能、高温性能以及延展性往往被作为过渡材料进行使用。它作为精密尺寸材料过渡时，可以有效避免结构变形与破坏，可以应用于发动机喷管等处。因而，C/SiC 复合材料与 Nb 的钎焊连接具有一定的研究价值。本章将以 C/SiC 复合材料与 Nb 的连接为例，进行颗粒增强中间层方法的分析[2-4]。

在进行钎焊分析前首先需要明确钎焊工艺存在的困难及要解决的问题。首先，C/SiC 复合材料属于复合陶瓷类，其自身性质与金属 Nb 存在明显的差异。这就导致了第一个问题的出现，即材料的匹配问题。最显而易见的即为线膨胀系数的巨大差异，C/C 复合材料处于 1.8×10^{-6}/K(800℃)左右，而 Nb 则约是其 5 倍，达到了 8.3×10^{-6}/K。较大的热膨胀差异将导致 C/C 复合材料和 Nb 在降温时的收缩程度不同，从而使接头上存在巨大的残应余力。而且当温度高于 900℃时，C/SiC 复合材料中的碳纤维存在逆膨胀问题，令碳纤维与碳化硅基体的界面也存在残余应力。这就使得复合材料的一侧具有复杂且不可忽略的明显残余应力。严重时，该应力可直接破坏母材本身；此外钎料还同时能满足两种材料彼此的润湿性，通常陶瓷侧会出现反应层从而实现反应润湿，而这个反应层在应力的作用下会成为接头的薄弱点。同时考虑到两种材料的服役条件为高温环境，因而需要选用高温钎料进行结构设计[2, 5-8]。

结合以上几点，经过筛选大量高温钎料[9-20]，筛选的钎料是使用能够对双方均进行润湿的 Ti-Co 复合钎料，其中的活性元素将会在复合材料侧出现 $TiC+Ti_5Si_3$ 反应层，促进润湿，继而生成接头。但是该反应层自身则是脆性的，会导致接头在残余应力的作用下很难获得较高的力学测试结果，也就是说这样的接头并不是我们所期望的可靠接头。为此则需要调节接头的成分和应力结构。

添加弥散增强相是一个能改善这两方面问题的有效方法[21-26]。通常加入的弥散相具有降低接头整体的线膨胀系数从而缓解陶瓷侧残余应力、加入可与脆性相作用的增强体获得弥散不连续的脆性组织继而调控接头性能等。结合弥散作用与混合定律使得加入增强体的接头具有原始结构难以获得的较好性能。

增强体的加入通常也不是越多越好，存在一定的加入量限制，当加入量过少时会存在增强作用不强，没有实现接头性能的质变，而加入过量时则有时会发生副反应或出现团聚等现象，成为接头内部的薄弱部分，导致接头力学性能不升反降。

因而对增强体的研究不只是局限在添加种类和添加量上，更要关注其在接头内部的成分变化和行为变化，这将有利于更好地设计接头，并对接头性能进行调控。

本章将会对 C/SiC 与 Nb 的钎焊接头中加入 TiC 颗粒增强相，研究增强相的分布、增强机理以及抑制增加量的因素。进一步归纳纳米颗粒增强中间层辅助钎焊工艺的机理和要点。

2.1.1　TiC 颗粒含量对 Ti-Co 钎焊 C/SiC 与 Nb 的研究

Ti-Co 合金的线膨胀系数与 Nb 相似，均与复合材料之间具有较大的差距，这种残余应力不消除将会对接头构成致命的影响，极大地影响接头性能。为了获得良好的接头，我们必须要削减线膨胀系数的差异，才能获得所需要的接头性能。

为了减少线膨胀系数，而且 TiC 在接头界面处有所形成，因此其成分不会过度干涉焊缝组织的内部组成，能够更好地发挥其降低热膨胀系数的能力。实验中向 Ti-Co 钎料中分别添加 9%、11%、13%、15%的 TiC 颗粒。可以看出添加的 TiC 颗粒均匀地分布在焊缝内，而且没有因为 TiC 颗粒的引入对焊接接头产生不好的影响。但是通过图 2-1(g)和(h)可以看出，当 TiC 的添加量增加至 15%时出现了缺陷，从焊缝的放大图可以看到 TiC 已经不是均匀分布于焊缝中，而是有聚集的趋势。过大的添加量产生聚集现象，使得钎料的流动性变差，在钎焊接头出现孔洞等缺陷，这也说明了颗粒增强相的添加量问题是限制此方法改善钎料线膨胀系数的因素，与大多数的颗粒增强相同。

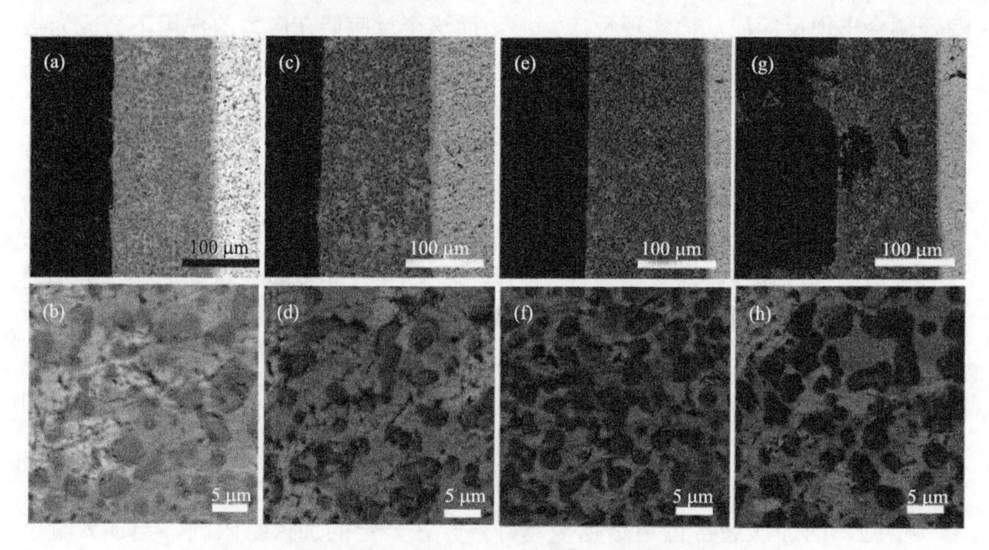

图 2-1　TiC 含量(体积分数)对接头界面结构的影响

(a)(b)9%；(c)(d)11%；(e)(f)13%；(g)(h)15%

如图 2-2 所示，对接头的剪切力学性能进行测试分析，可以很明显地看到，在添加颗粒增强相后，接头的室温和高温力学性能均有了明显的提高，整体上强度基本处于未添加时之上。同样地，随着增加量的提高，力学性能也呈现先增后减的趋式，最大剪切力学性能达到了常温下 140.8MPa，800℃下 96.4MPa，此时的添加量达到了 13%。而此后接头的剪切性能则呈现大幅下滑，这与此时出现团聚现象相对应，因而推论，这种性能下滑是团聚现象造成的。

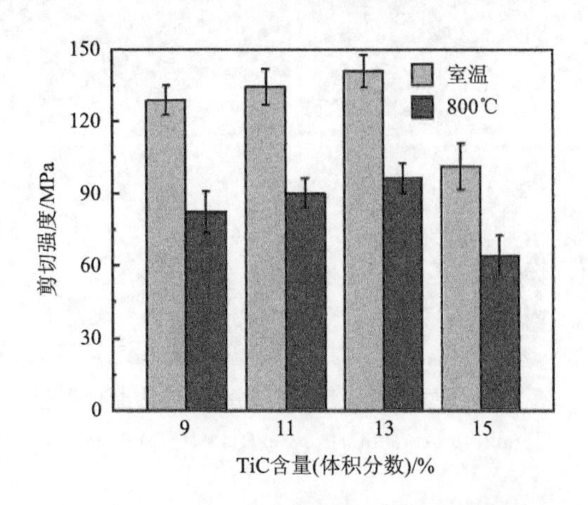

图 2-2　TiC 体积分数对接头强度的影响

TiC 颗粒对接头剪切性能的增强要素普遍认为由两点造成：首先，在加入 TiC 增强相颗粒后，钎料区域整体的线膨胀系数降低，使之在金属和复合陶瓷之间形成过渡梯度，减小焊接冷却过程造成的焊接残余应力。其次，在钎料熔化再凝固的过程中，原本脆硬相 Ti_2Co 和 Ti 固溶体在生成时会以 TiC 作为形核点，弥散分布的 TiC 则会让接头内部的相弥散而又细小，实现了接头组织的细化，打断了连续大块的脆性化合物区域，同时其自身也起到了一定的强化效果。结合以上两点，接头力学性能的提高得以解释。

为了验证上述解释和得到更多结论，分析剪切破坏后的断口形貌，如图 2-3 所示。断裂依旧发生在近复合材料一侧的反应层上，承载能力较差的脆性化合物反应层最先被破坏，由于这些反应层与复合材料紧密贴合，断裂过程中势必要面对碳纤维的阻挡，当剪断这些碳纤维时，还需要做更多的功，体现出碳纤维增韧效果在接头中的作用。也由此证实，减少脆性化合物的连续性和体积能够有效增强接头的耐剪强度。

增强相加入后造成性能的提升固然是好的，可是也明显存在增加量受限导致的增强效果有限。为了防止大量加入后造成的团聚现象，采用在碳布上原位烧结生成 TiC 颗粒的方式进行增强，这些 TiC 在碳布上结合紧密，将更不容易出现团聚现象，加入此中间层间接提高了 TiC 的添加量。同时碳纤维的增韧效果也可由碳布的引入而体现在接头之中，获得更为显著的力学性能提升。

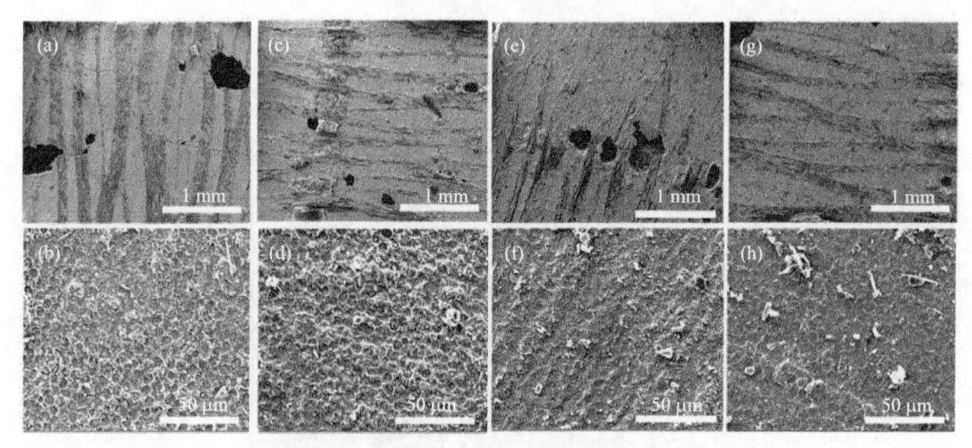

图 2-3 不同 TiC 含量(体积分数)接头断口形貌

(a) (b) 9%；(c) (d) 11%；(e) (f) 13%；(g) (h) 15%

2.1.2 增强相烧结温度对 Ti-Co 钎焊 C/SiC 与 Nb 的研究

设置空白对照组进行对比试验，即直接用未进行处理的碳布作为中间层进行钎焊试验。空白组以及不同碳布烧结温度下的中间层获得的焊接接头如图 2-4 所示，参数使用 2.1.1 节确定的最佳参数，1130℃钎焊温度以及 20min 保温时间。接头结构整体上完整无明显缺陷，空白组也能形成完整接头，而且碳布碳纤维表面也生成了部分表面 TiC，整体上呈现连续的反应物层。由图 2-4(b)、(d)、(f)、(h)可知，使用原位生成 TiC 的碳布作为中间层钎焊时，碳布表面原位生长的 TiC 颗粒均匀分散在碳纤维周围。这些颗粒呈现一种弥散式分布，不会呈现连续的反应层结构。烧结温度越高，碳纤维的横截面开始变细，结合空白组可知这是碳与 Ti 反应生成 TiC 导致的，这就使得碳纤维周围的 TiC 也在同步增加，在无形中增加了颗粒增强的效果。但是当温度为 1100℃时，TiC 的大量生成会使这些颗粒连接团聚，团聚的生成不利于接头的强度。

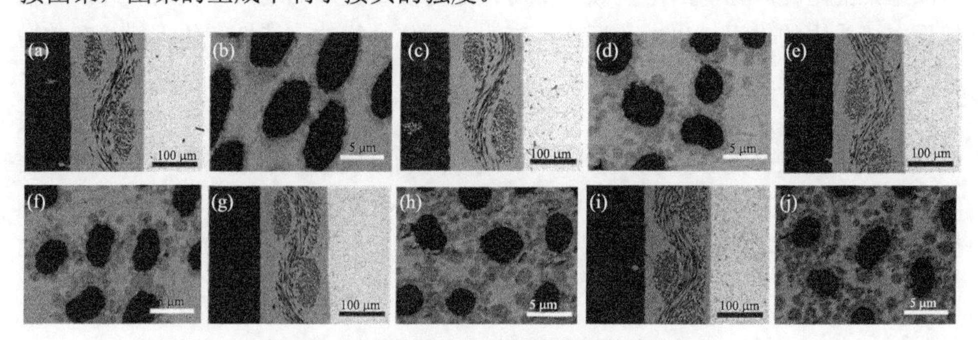

图 2-4 碳布烧结温度对接头界面结构的影响

(a) (b) 空白组；(c) (d) 800℃；(e) (f) 900℃；(g) (h) 1000℃；(i) (j) 1100℃

对接头的力学性能进行表征，对上述接头进行常温和高温剪切性能测试可以发现，性能与上述接头界面结构存在对应关系，在生成连续反应物层前，满足 TiC 生成量越多，接头力学性能越好，最终最大剪切强度达到 144.4MPa，800℃高温剪切性能达到 99.3MPa，如图 2-5 所示。因此得到结论，大量引入 TiC 颗粒改善了焊缝组织的线膨胀系数，而这些弥散相实现了组织的细化，并且起到了弥散增强的效果，最后由于碳布自身的柔性结构缓解了部分残余应力，进一步提升了接头性能，最终实现了接头整体的性能提升。断口分析如图 2-6 所示，证实了脆性化合物依旧是接头最薄弱的部分这一结论，而断口的断裂纹路更为细化，体现出细化晶粒的优势，断口上纤维拔出的现象也证明了碳布在其中进行增韧带来的效果提升。

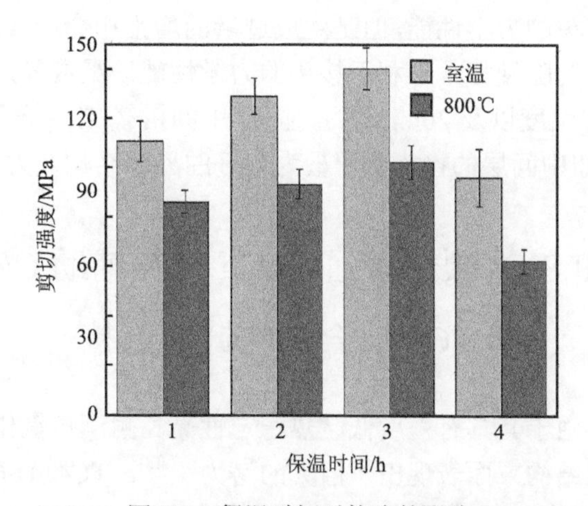

图 2-5　保温时间对接头的影响

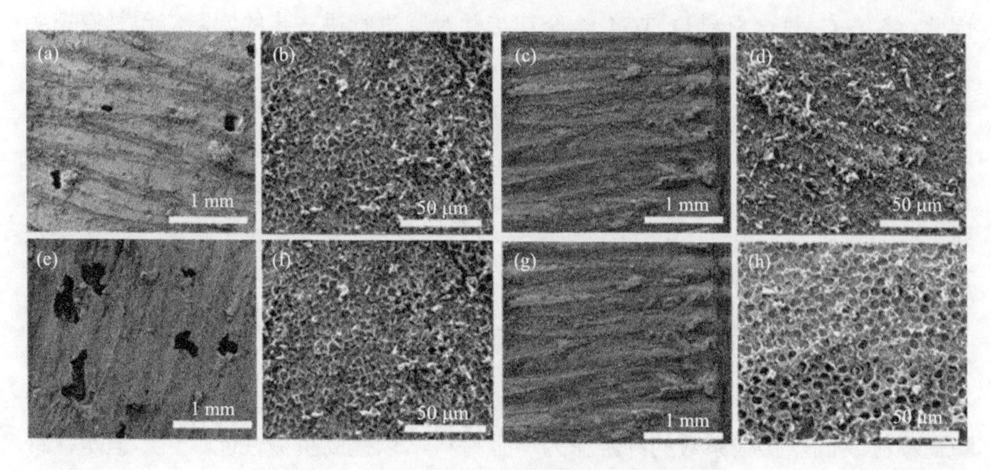

图 2-6　不同保温时间下接头的断口形貌

(a) (b) 800℃；(c) (d) 900℃；(e) (f) 1000℃；(g) (h) 1100℃

对整个过程进行总结，可以发现，在直接使用 Ti-Co 合金钎焊 Nb 与 C/SiC 复合材料时，接头力学性能严重受到线膨胀系数差异的限制，难以得到更高的提升，接头中的脆硬相在受到较大残余应力作用后非常容易发生断裂。为了改善这一情况，在钎料中加入 TiC 颗粒对接头组织进行增强，效果非常显著，TiC 颗粒实现了接头组织晶粒的细化以及降低了整个焊缝组织的线膨胀系数，使得接头冷却过程中造成的残余应力减小。但是直接加入增强相颗粒存在加入量的限制，过多地加入会造成颗粒的团聚，无法达到细化晶粒的同时还会成为接头的薄弱环节，限制接头的性能。为了进一步提高颗粒的添加量，采取在碳布上原位生成 TiC 的方式，将其固定在碳布周围，减少团聚的能力，此外碳布自身的柔性也会增加接头的韧性，实验最终表明，这一方法可以承载大量的 TiC 颗粒，且 TiC 的增多会更为显著地增加接头的力学性能，但是生成过量的增强相会造成其在表面的堆叠，焊接时会造成连续的脆硬相，不利于接头的力学性能。最终经过比对筛选，焊接参数为 1130℃钎焊温度以及 20min 保温时间，中间搭载 TiH_2 含量为 55%，1000℃烧结保温 3h 的碳布中间层的接头获得最为良好的界面结构及力学性能。

2.2 Si_3N_4 和 SiO_2 颗粒增强 AgCu 钎料辅助 C/C 复合材料和 TC4 钛合金的钎焊连接

C/C 复合材料由于其具有密度低、热稳定性高、耐潮抗氧化的优异性能，在航空航天领域的热结构方面表现出了巨大的潜力[27,28]。TC4 (Ti-6Al-4V) 合金由于具有超塑性、质量轻和强度高等优点，在航空航天领域已经得到广泛的应用[29,30]。因此，将 C/C 复合材料与 TC4 合金连接并对其进行进一步的实际应用具有至关重要的作用。

在各种连接技术中，钎焊是将 C/C 连接到 TC4 上最合适的方法。这是因为其工艺简单、工艺成本低且具有批量生产的能力。然而，具体到 C/C 复合材料和 TC4 合金的连接上，仍然存在以下两个问题；一是由双方自身性能的差异造成的残余应力较大。二是 TC4 合金钎焊陶瓷材料时常存在 TC4 过分溶解导致接头中 Ti 过多，最终导致在陶瓷侧形成过厚的反应层，降低接头强度[31,32]。因此，在 TC4 合金钎焊 C/C 复合材料时，减轻残余应力、消耗或控制 Ti 元素的过度溶解至关重要。

对于降低接头残余应力，典型的解决方案是在传统的钎焊合金中加入微小的陶瓷颗粒或低热膨胀系数的纤维作为增强材料，以提高机械性能[33,34]。但是，钎焊缝中增强相分布不均、易恶化润湿性的问题有待进一步改善。为了有效地解决 TC4 侧消耗过多的问题[35,36]。Liu 等指出作为夹层的 Ni 箔可以消耗钛元素并形成 Ti-Cu-Ni 化合物，从而改善钎焊接头的力学性能[32]。已有研究报道，Cu 箔作为中间层可以消耗溶解的 Fe 元素，抑制陶瓷侧脆性化合物的形成[37]。然而，它仍可以形成连续的脆性化合物，硬化原有的韧性钎料，阻碍应力释放，削弱接头的力学性能[38]。

为此，原位生成增强相的方法应运而生。Qiu 等[39]发现在 AgCu 合金中加入 B 元素有助于钎焊 Al_2O_3 陶瓷和 TC4 合金。B 与 Ti 发生反应，改善了钎焊缝的显微组织，降低了陶瓷与合金的线膨胀系数失配，降低了残余应力，提升了接头强度。Al_2O_3-TC4 接头的剪切强度达到 111MPa，比不添加增强相的样品强度提高了 36%。Lin 等[40]利用 TiB_2 和 Ti 的反应形成 TiB 晶须。TiB_2 的加入使得 CuNi 钎料与 C/C 复合材料和 TC4 的连接更为紧密。TiB 晶须的形成可以增韧强化接头组织，减少残余应力引起的裂纹等缺陷。C/C-TC4 接头的剪切强度达到 18.5MPa，比 CuNi 合金直接钎焊的剪切强度高 56%。Yang 等[41]引入 Ti/Cu 复合钎料钎焊 ZrB_2-SiC 和 TC4。从 ZrB_2-SiC 溶解扩散的 B 元素与接头组织中的 Ti 迅速反应。原位生成 TiB 增强体，改善了接头性能，降低了钎焊合金的热膨胀系数，降低了残余应力，剪切强度达到 90.7MPa。Zhao 等[27]和 Song 等[42]将纳米 Si_3N_4 引入 AgCuTi 合金中以钎焊陶瓷和 Ti 合金。Si_3N_4 在焊接过程中与 Ti 发生反应消耗了大量 Ti 元素，并可以作为 Ti-Cu 相的形核位点，细化接头组织，最终实现了接头性能的增强。

为此，为了克服 C/C 复合材料一侧脆性相生成带来的不良影响，降低 C/C-TC4 接头的高残余应力，使用纳米 Si_3N_4 和 SiO_2 颗粒分别对 AgCu 钎料进行增强。同时，为了进一步地说明增强相在其中对接头组织的影响，深入研究了其界面结构、力学性能，并利用有限元方法进一步对残余应力的变化进行解释。从而证明纳米 Si_3N_4 和 SiO_2 颗粒在其中原位形成 Ti 基化合物的机理，阐明其对残余应力的作用机制。

2.2.1　不同增强相对 AgCu 钎焊 TC4 与 C/C 复合材料的研究

图 2-7(a)～(c) 显示了制备的 AgCu、AgCu + Si_3N_4 和 AgCu + SiO_2 钎料的形态。与纯 AgCu 相比，AgCu + Si_3N_4 或 AgCu + SiO_2 钎料的尺寸变得稍大，表面变得粗糙。这可能是由于在球磨过程中，微米级的 Si_3N_4 或 SiO_2 颗粒被黏附在 AgCu 的表面。图 2-8(a) 显示了研磨后的 AgCu、AgCu + Si_3N_4 和 AgCu + SiO_2 钎料的 XRD 分析。通过比较图 2-8(a) 中的 XRD 图，在球磨过程中没有发生冶金反应，因为在 AgCu + Si_3N_4 或 AgCu + SiO_2 复合钎料的 XRD 图中除了 Si_3N_4 或 SiO_2 的一些峰值外，没有其他相出现。通过差热分析(DTA)测定各钎焊合金组的熔化温度，在氮气环境下以 10℃/min 的加热速率从室温加热到 900℃。图 2-8(b) 中的 DTA 曲线显示，AgCu、AgCu + Si_3N_4 和 AgCu + SiO_2 在大约 783℃下熔化，表明添加

微米级 Si_3N_4 或 SiO_2 颗粒对 AgCu 共晶钎料的熔点没有明显影响。

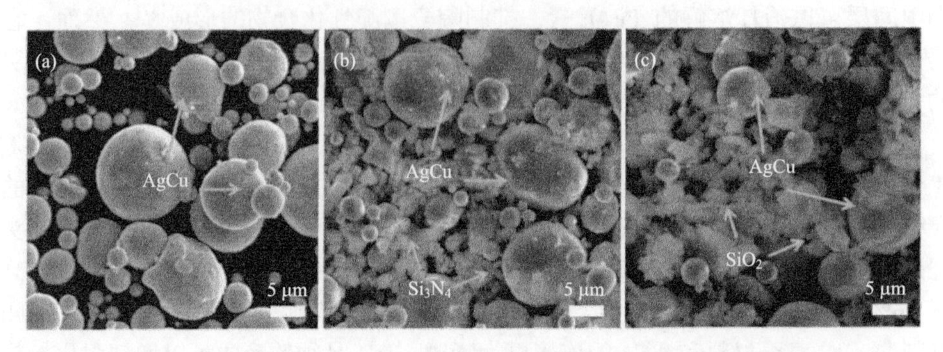

图 2-7　(a) AgCu；(b) AgCu + Si_3N_4；(c) AgCu + SiO_2 的 SEM 图像

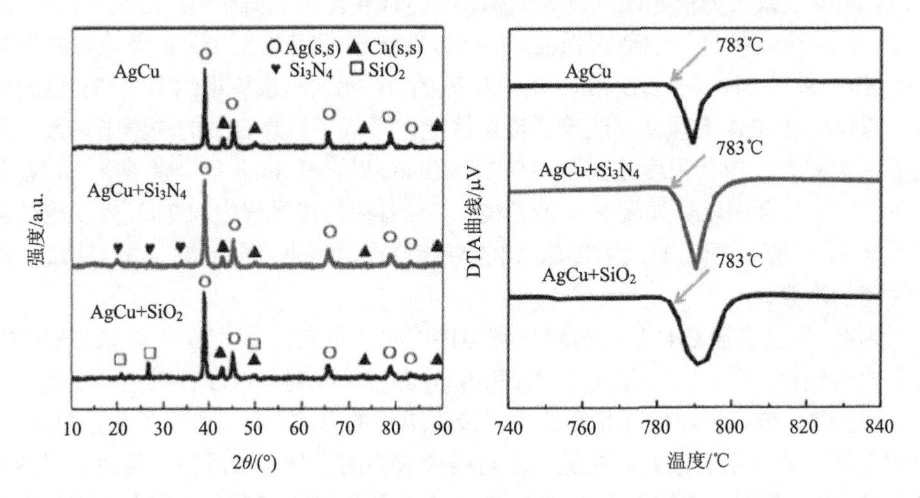

图 2-8　AgCu、AgCu + Si_3N_4 和 AgCu + SiO_2 的 XRD 图(a)和 DTA 曲线(b)

图 2-9 显示了 C/C-TC4 使用钎料在 850℃下钎焊 5min 形成的接头的典型微观结构。如图 2-9(a)所示，成功实现了 C/C-TC4 的连接，接头完好，没有裂纹和孔隙等结构缺陷。接合处可分为四个区：Ⅰ区(与 C/C 复合材料相邻的反应层)、Ⅱ区(钎焊缝)、Ⅲ区(TC4 和焊缝之间的反应区)和Ⅳ区(与 TC4 相邻的扩散层)。表 2-1 列出了通过 EDS 对各相的化学分析。图 2-9(b)和(c)显示了与 C/C 复合材料和 TC4 合金相邻的界面微观结构的放大图。当 AgCu 在钎焊过程中熔化时，在 TC4 侧发生了扩散和溶解行为。根据 Ti-Cu 二元合金相图[43]和表 2-1 的 EDS 结果，Ⅲ区和Ⅳ区主要由 $TiCu_2$、TiCu 和 Ti_2Cu 相组成在钎焊过程中，熔融的 AgCu 共晶合金中 Cu 的消耗导致在钎焊缝中间形成白色 Ag(s,s)。

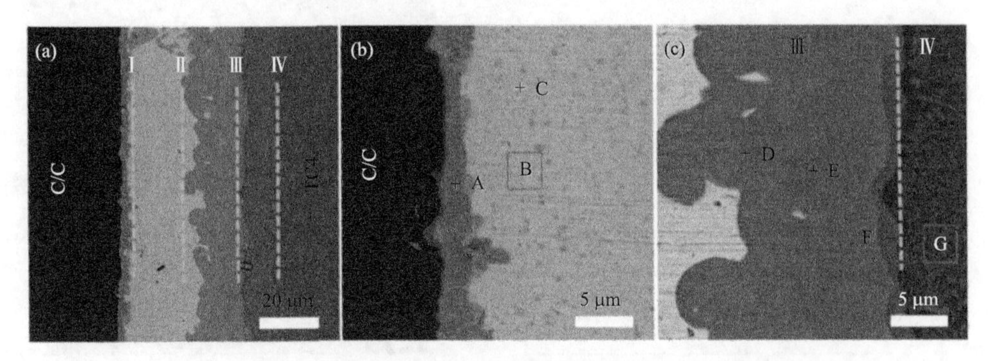

图 2-9　由 AgCu 钎焊的 C/C-TC4 接头的典型背散射界面微观结构

(a) 整个接头；(b) C/C-钎焊合金界面的放大图；(c) TC4-钎焊合金界面的放大图

表 2-1　图 2-9 中接头的 EDS 成分分析结果　（单位：at%）

位置	C	Al	Ti	Cu	V	Ag	生成相
A	32.69	4.4	30.17	32.74	—	—	TiC
B	—	—	—	10.07	—	89.93	Ag (s,s)
C	—	10.53	9.72	76.37	1.01	2.37	Cu (s,s)
D	—	11.61	28.54	59.85	—	—	$TiCu_2$
E	—	—	49.79	46.88	—	3.3	TiCu
F	—	5.2	61.37	29.83	1.43	2.17	Ti_2Cu
G	—	11.74	73.21	9.38	5.67	—	$(\alpha+\beta)$ Ti

此外，TC4 中溶解的 Ti 不仅与 Cu 反应，而且还具有强烈的与 C/C 反应的趋势。在 C/C 附近形成了一个厚度为 2μm 的连续反应层。根据表 2-1 的 EDS 结果，这个反应层可能是 TiC 反应层。仅考虑热力学因素[44]，形成 TiC 相的吉布斯自由能是负的，这表明在 850℃下形成 TiC 在热力学上是有利的。为了进一步确认这个相，用 XRD 对反应层 I 进行了分析。从图 2-10 (a) 可以看出，除了 Ag 和 Cu 之外，还存在 TiC 的衍射峰，这与 EDS 结果一致。以前的研究表明，纯 Ag、Cu 或不活跃的 AgCu 钎焊合金与 C/C 复合材料的润湿性并不好[39]。然而，来自 TC4 溶解的 Ti 元素或者在钎料中加入少量的 Ti，足以通过形成碳化物的反应润湿方式来改善其润湿性。在含 Ti 和 C 的钎焊体系中，已经普遍观察到 TiC 的形成。如图 2-10 (b) 所示，横跨连接界面的线扫描结果表明，在钎焊过程中，Cu-Ti 两方相互作用，导致在 TC4 侧形成 Ti-Cu 化合物，在钎缝处形成大量 Ag (s,s)。

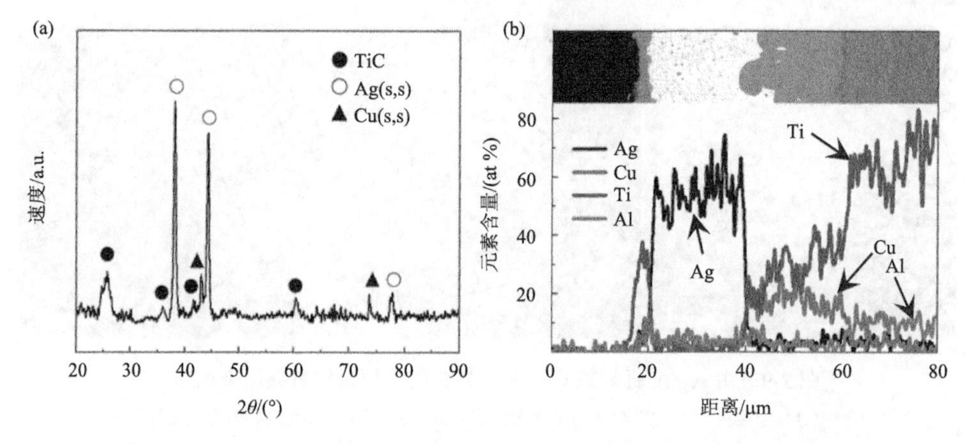

图 2-10　(a) C/C-钎焊合金界面的 XRD 图；(b) 整个接头的 EDS 元素线图

此外，可以清楚地发现，Ti 元素在 C/C 侧突然增加，这可能是由于 TC4 的 Ti 浓度的溶解足以引发界面反应。在钎焊过程中，TC4 合金作为唯一的 Ti 源，在给定的钎焊参数下，Ti 的数量是恒定的[39]。溶解过多的 Ti 可能在 C/C 侧形成过厚的反应层，这可能会损害接头强度[28]。一般来说，通过降低钎焊温度或适当缩短保温时间来减少从 TC4 中溶解的 Ti 的含量是有效的。然而，过低的钎焊温度或过短的保温时间可能会影响钎焊接头的质量，形成未焊合、孔洞等缺陷。在这种情况下，钎焊温度 850℃，保温 5min 是最佳的工艺参数。如果能减少或控制 Ti 元素的残余应力和过度溶解，可以进一步提高接头的强度。

为了有效地控制 TC4 侧过多的 Ti 元素并缓解有害的残余应力，引入颗粒增强相进行调节，即钎料改为 AgCu + Si_3N_4 或 AgCu + SiO_2 复合钎料。图 2-11 显示了由 AgCu + Si_3N_4 和 AgCu + SiO_2 复合填料在钎焊温度 850℃保温 5min 的接头的显微结构。可以发现，用纯 AgCu、AgCu + Si_3N_4 和 AgCu + SiO_2 的焊缝平均宽度分别为 57μm、60μm 和 62μm。可见，通过 AgCu + Si_3N_4 和 AgCu + SiO_2 复合填料实现了 C/C 和 TC4 的可靠连接。与纯 AgCu 钎焊的接头相比，加入 Si_3N_4 或 SiO_2 颗粒后，焊缝(Ⅱ区)的微观结构发生了明显变化。在焊缝中心区[图 2-9 和图 2-11(d)]，形成了大量的灰色相和黑色细颗粒，并均匀地分布在白色基体相中。根据表 2-2 的 EDS 结果和图 2-12 的 XRD 分析，可以发现在用 AgCu + Si_3N_4 颗粒钎焊的接头中，TiN、$TiSi_2$ 和 Ti_2Cu 在 Ag(s,s) 基体周围形成，而在用 AgCu + SiO_2 颗粒钎焊的接头中，Ti_5Si_3、Ti_4Cu_2O 和 Ti_2Cu 在 Ag(s,s) 基体之间形成[43]。界面的反应过程可以描述如下。在钎焊过程中，Ti 元素从 TC4 扩散到钎焊合金中，C/C 复合材料中 C 与 Ti 的反应将促使 C/C 侧周围的 Ti 含量减少，由于化学含量的梯度，导致 Ti 从 TC4 向 C/C 侧扩散。同样地，Cu 与 Ti 的反应会引起 Cu 从钎焊合金向 TC4 侧扩散。上述两种扩散运动都会在熔化的钎料中进行。当 Si_3N_4 或 SiO_2

均匀地分散在焊缝中时，Ti 很容易与陶瓷颗粒反应，这将阻碍 Ti 向 C/C 复合材料的运动，导致层 I 的厚度减少。Ti 的消耗也促进了颗粒周围 Ti 的富集，Cu 将会与这些 Ti 反应而不是扩散到 TC4 侧。在冷却过程中，陶瓷颗粒作为 Ti-Cu 相的成核点，可以抑制 Ti-Cu 相的生长。由 Ti-Cu 相组成的Ⅲ区和Ⅳ区随之减少。图 2-13 显示了 AgCu + Si_3N_4 和 AgCu + SiO_2 钎焊的接头中主要元素包括 Ag、Cu 和 Ti 的分布情况。可以清楚地发现，Ti 和 Cu 元素几乎扩散和分布在整个焊缝中，这表明形成了均匀的细小的 Ti 基化合物。此外，加入 Si_3N_4 或 SiO_2 后，大量的 Ag(s, s) 被明显地细化[图 2-13(b) 和 (g)]。这与上面的讨论是一致的。Si 原子存在于 Si_3N_4 和 SiO_2 颗粒中，而 Ti 和 Si 的反应主要发生在陶瓷颗粒的表面。因此，研究 Si 的位置有利于揭示这些颗粒的分散性，并比较 Si_3N_4 和 SiO_2 的分散情况。图 2-13(e) 和 (j) 显示了由 AgCu + Si_3N_4 或 SiO_2 钎焊的接头中 Si 元素的 EDS 组成图。硅元素均匀地分散在钎焊缝中，没有发现结块。在 AgCu + Si_3N_4 或 SiO_2 钎焊的接头中，陶瓷颗粒的分散程度相似，均实现了均匀分散。

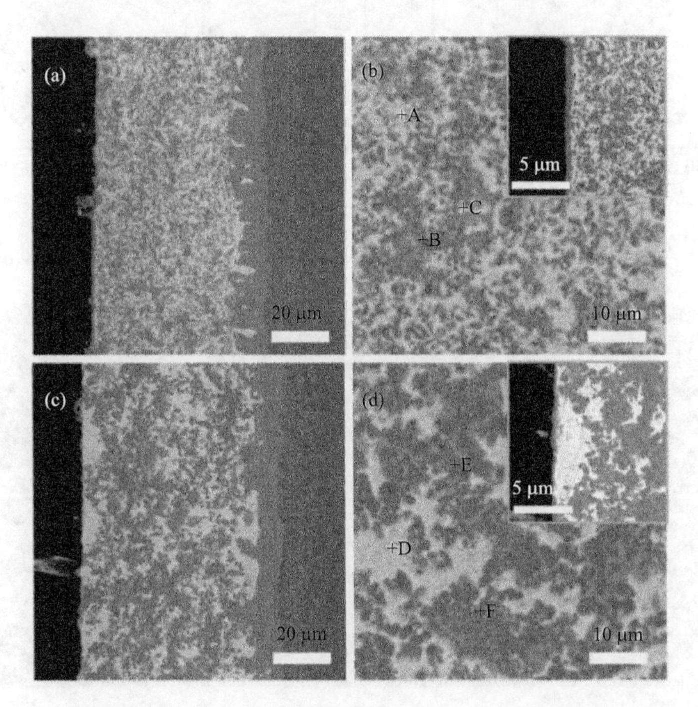

图 2-11 由[(a) 和 (b)] AgCu + Si_3N_4 和[(c) 和 (d)] AgCu + SiO_2 钎焊的 C/C-TC4 接头的界面背散射显微结构

表 2-2　图 2-11 中接头的 EDS 成分分析结果　　(单位 at%)

位置	N	O	Si	Ag	Cu	Ti	Al	生成相
A	—	—	1.11	80.86	6.75	5.71	5.57	Ag(s,s)
B	—	—	2.27	8.69	27.17	58.80	3.07	Ti_2Cu
C	20.71	—	23.78	6.51	8.57	39.96	0.46	$TiN+TiSi_2$
D	—	—	0.78	85.9	9.43	3.24	0.65	Ag(s,s)
E	—	—	3.47	10.27	28.53	51.56	6.17	Ti_2Cu
F	—	8.21	15.84	3.79	28.41	41.19	2.56	$Ti_4Cu_2O+Ti_5Si_3$

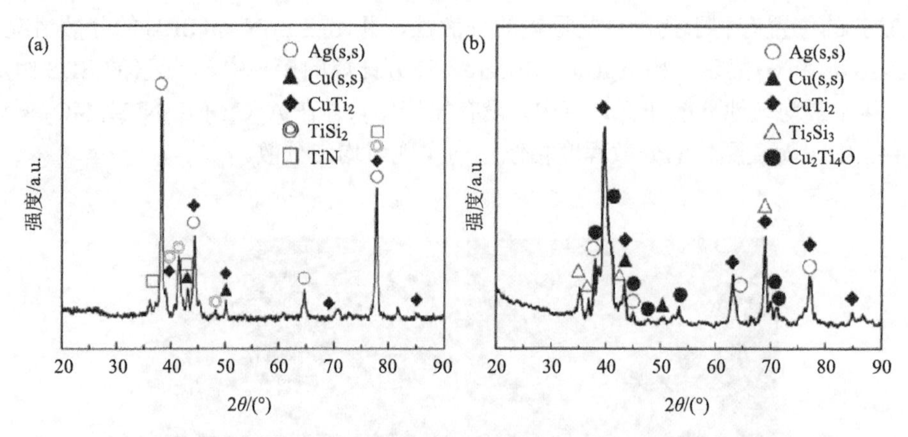

图 2-12　AgCu + Si_3N_4(a) 和 AgCu + SiO_2(b) 钎焊的 C/C-TC4 接头钎焊缝处的 XRD

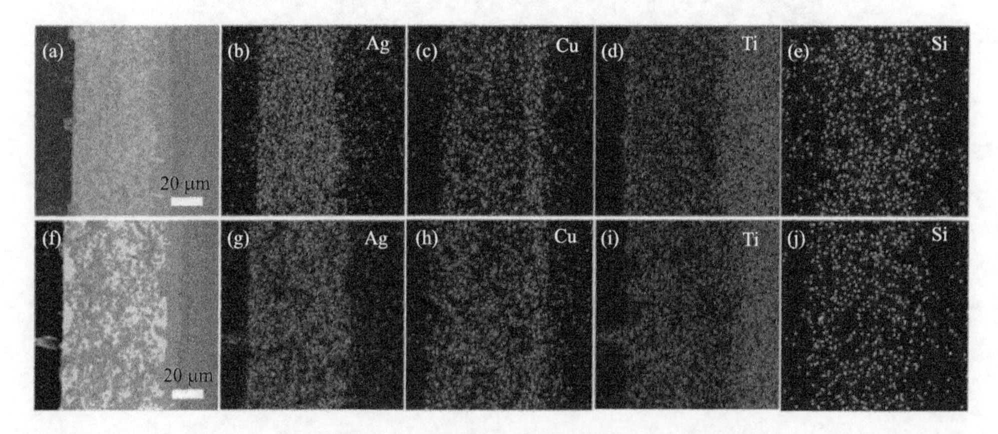

图 2-13　(a)～(e) AgCu + Si_3N_4 和 (f)～(j) AgCu + SiO_2 钎焊的接头中的 Ag、Cu、Ti 和 Si 元素的 EDS 面扫描

与纯 AgCu 钎焊的接头相比，添加增强相的接头可以很容易地观察到以下三个差异：首先，Ti-Cu 金属间化合物的厚度和尺寸都明显减小，Ti-Cu 化合物的均匀分布可以在接头中继而形成一个有利的应力梯度，以减少残余应力；其次，它可以在原位形成由 Ti 和 Si_3N_4 或 SiO_2 反应产生的均匀分布的细粒 Ti 基化合物(TiN 和 $TiSi_2$ 或 Ti_5Si_3 和 Ti_4Cu_2O)。由于其细小的尺寸、均匀的分布以及与基体良好的结合，原位生成的 Ti 基化合物作为增强相可以显著减小残余应力并提高接头的机械性能；最后，C/C 侧的反应层的厚度减小，添加的 Si_3N_4 或 SiO_2，可以与 TC4 侧扩散的 Ti 元素反应，有利于抑制在 C/C 侧形成过多的脆性化合物。

剪切试验被用来评估用 AgCu、AgCu + Si_3N_4 和 AgCu + SiO_2 钎焊的 C/C 与 TC4 接头的机械性能，如图 2-14 所示。当用 AgCu 钎焊时，C/C-TC4 的接头只显示了(18±2.5) MPa 的剪切强度。这可能是由于 C/C 侧的反应层太厚和接头处未解决的残余应力。然而，通过引入 Si_3N_4 或 SiO_2，C/C-TC4 接头的机械强度明显提高。由 AgCu + Si_3N_4 和 AgCu + SiO_2 钎焊的接头显示平均剪切强度分别为(45±3.1) MPa 和(41±2.7) MPa。这种差异应该是由于 C/C 侧脆性化合物厚度的不同以及 AgCu + Si_3N_4 和 AgCu + SiO_2 中组织的细化。此外，原位形成的 Ti 基化合物作为增强剂可以有助于减少残余应力和提高接头的机械性能[39-41]。图 2-15 显示了分别由 AgCu、AgCu + Si_3N_4 和 AgCu + SiO_2 钎焊的 C/C-TC4 接头的断裂表面形态。断裂表面可以分为两个区域。在Ⅰ区，碳纤维的轴线与接头表面平行。在Ⅱ区，碳纤维的轴线垂直于连接面。Ⅰ区主要由平行的碳纤维组成，Ⅰ区的连接强度取决于 C/C 复合材料的强度。Ⅱ区决定了接头的断裂方式。可以发现，有两种明显不同类型的断裂形态。对于使用 AgCu 的接头，断裂主要发生在 C/C 复合材料和钎料的界面上。这表明，由于线膨胀系数的不匹配，在反应层产生了残余应力。残余应力的数值太高，C/C 一侧的厚 TiC 层无法承受。当 C/C-TC4 接头被 AgCu + Si_3N_4 或 AgCu + SiO_2 钎焊时，断裂发生在反应层和焊缝的界面处。因此，在剪切

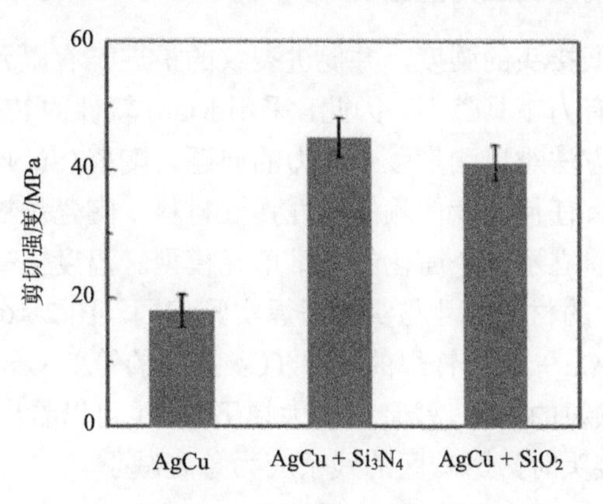

图 2-14　接头剪切力学性能

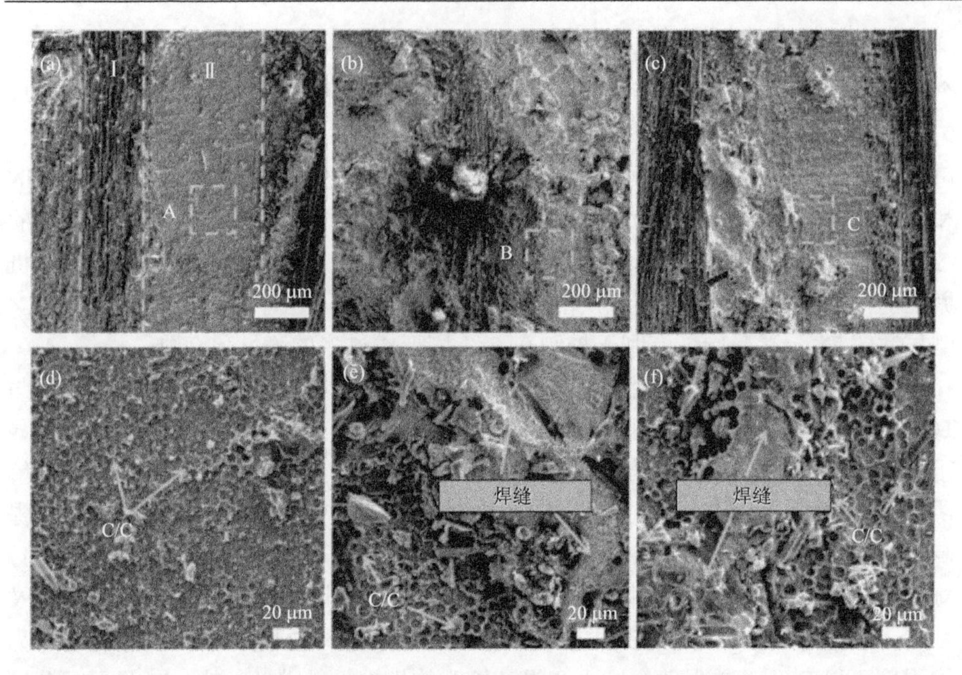

图 2-15　用 AgCu(a)、AgCu + Si_3N_4(b)和 AgCu + SiO_2(c)钎焊的 C/C-TC4 接头的宏观断裂表面以及区 A(d)、区 B(e)和区 C(f)的放大图像

试验中形成了一个阶梯状的断裂面。根据以前的研究[45-47]，断裂模式的变化进一步表明残余应力减小或应力分布改变，所以应力不能集中在脆弱的 TiC 层。这是因为加入 Si_3N_4 或 SiO_2 后，钎焊合金的线膨胀系数降低，Ti 和 Si_3N_4 或 SiO_2 反应后，TiC 层的厚度减小。因此，当通过添加 Si_3N_4 或 SiO_2 均匀形成细粒 Ti 基化合物时，剪切强度会得到明显的提高。

2.2.2　有限元方法对接头应力的分析

残余应力会降低接头的强度，并促进裂纹的扩展。有限元方法被证明是分析接头中残余应力的有力工具[48, 49]。因此，采用 Marc 软件的 FE 方法来研究残余应力，解决了用实验方法难以测量残余应力的问题。陶瓷(Si_3N_4 和 SiO_2)和 C/C 复合材料被假定为没有任何温度依赖的线性弹性材料。陶瓷颗粒被假定为均匀分散在焊缝组织中，并建立了一个简化的三维单元模型。温度提高到 850℃，并冷却到 25℃。FE 分析中的材料尺寸与实际钎焊实验相同。图 2-16 显示了用纯 AgCu、AgCu + Si_3N_4 和 AgCu + SiO_2 钎焊的 C/C-TC4 接头的等效 von Mises 应力的分布。很明显，随着陶瓷颗粒的添加，残余应力大幅下降。也可以看出，当用 AgCu + SiO_2 或 Si_3N_4 颗粒钎焊接头时，影响区的残余应力急剧减小。

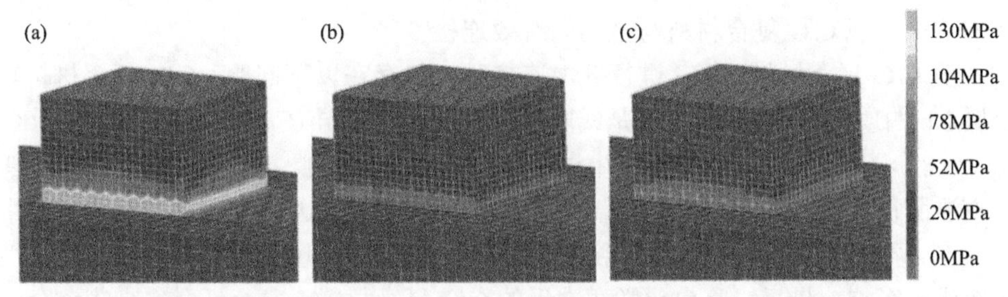

图 2-16　(a) 纯 AgCu (b) AgCu + Si_3N_4 和 (c) AgCu + SiO_2 钎焊接头的等效 von Mises 应力分布

2.3　BNi2+W 复合钎料钎焊 C/C 复合材料和 Nb

随着航空航天技术的迅速发展，各国对宇宙空间的竞争越来越激烈，频繁的太空探索使人们对火箭的推进系统做出了更为严格的要求。喷管作为推进系统中发动机的重要组成部分，其使用材料必须满足轻质高强、耐高温抗烧蚀等优异性能[50,51]。石墨材料熔点高、密度低，而且性质稳定、耐腐蚀，但是由于强度低、不耐热冲击等问题导致其难以单独用作航天器件材料。C/C 复合材料选择石墨作为基体，使用高强度、高模量的碳纤维作为增强体，弥补了石墨材料的不足之处，完美地结合了石墨和碳纤维的优点。此外，得到的碳纤维增强陶瓷基复合材料还具备密度小、耐摩擦、热膨胀系数低、导热性良好等特性。C/C 复合材料以石墨为基体，密度低至 1.8～2.0g/cm^3，服役温度可以达到 2000℃以上，且其结构基本不受影响[52-54]。所以，C/C 复合材料被当作发动机喷管、飞机刹车片的首选材料，可以广泛应用于航空航天、民用工业等领域[55,56]。

然而，C/C 等复合材料价格比较昂贵，塑性低且很难制成形状复杂或者尺寸较大的部件，限制了其在工程领域的应用。如果将复合材料与便于切削加工的金属材料进行连接，可以实现复杂构件的生产使用需求[57,58]。金属 Nb 具有很高的延展性，熔点高，且在难熔金属中的密度最小，高温性能(耐高温、抗氧化、抗疲劳等)优异，成为航天领域所使用的材料[59]。因此，将 Nb 作为过渡材料与 C/C 复合材料喷管进行连接，不仅可以避免结构复杂、尺寸精密的 Ti 合金头部直接与复合材料喷管连接时造成的 Ti 合金头部结构变形与破坏，而且可以充分发挥复合材料与金属 Nb 的优点，保证该连接接头在高温下的可靠使用性能[60]。

当采用机械连接方法时，可能会对强度低的陶瓷材料造成损伤破坏，并且增加了连接部件的质量，不利于在航天发动机等构件中的应用；当使用黏结法进行连接时，其连接接头可能会在高温使用条件下失效，而且存放时间不宜太久以防止其老化；由于 C/C 复合材料的熔点很高，所以使用熔化焊的方法也不太合适[61-63]。而钎焊是使用熔点比母材低的钎料熔化后浸润母材并与之反应而实现母材之间的可靠连接，这种方法对连接件的形状尺寸和组织性能影响不大，所以可以选择钎焊方法来实现 C/C 复合材料与金属的有效连接[64,65]。

但 C/C 复合材料与 Nb 进行钎焊连接时，仍存在以下问题：C/C 复合材料与金属 Nb 的属性差异较大，尤其是线膨胀系数的巨大差异（C/C 为 $1.0\sim2.5\times10^{-6}$/K，Nb 为 8.3×10^{-6}/K），将导致接头中过高残余应力的产生[66]。其次，针对钎焊接头的高温服役条件，对于钎料的高温性能有更高的要求。因此本节通过在 BNi2 中加入 W 颗粒配制成复合钎料，并进一步探究 W 含量、尺寸对接头组织结构与性能造成的影响。最后，将电化学腐蚀后的 C/C 复合材料、复合钎料、高熵合金中间层、BNi2、Nb 在最佳参数下进行钎焊连接，探究表面结构改善、复合钎料、中间层在焊接过程中发挥的作用，并进一步分析接头的强化机制。

2.3.1　BNi2+W 复合钎料的优化设计

腐蚀溶液为 NaOH 溶液。将试件的导线另一端外壳剪掉，露出的铜线与电化学工作站正极连接，铂电极与电化学工作站负极连接，并将试件与铂电极置于 NaOH 溶液中，接通电源，调节电压，进行电化学腐蚀处理。电化学处理 C/C 复合材料的工艺步骤示意图如图 2-17 所示。

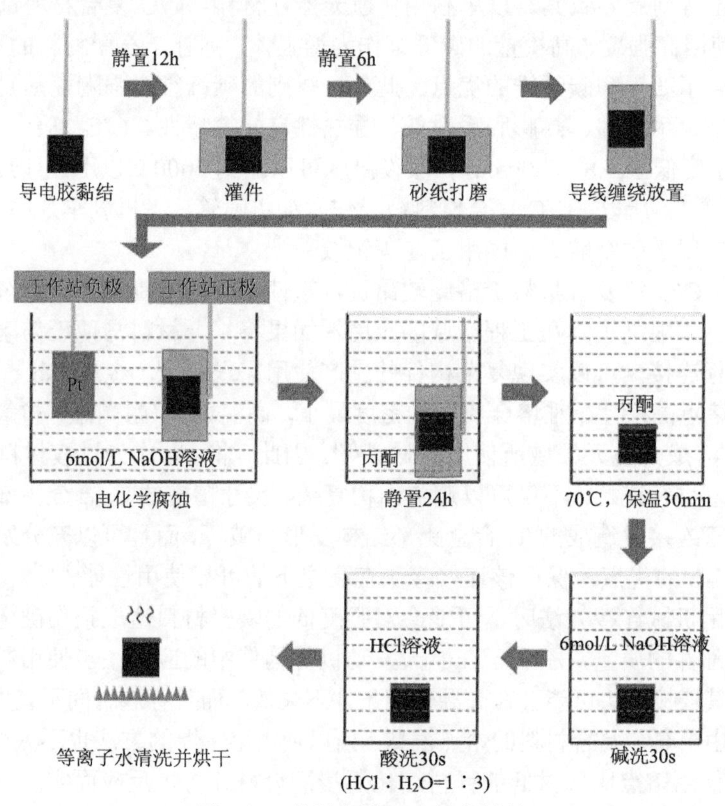

图 2-17　化学腐蚀 C/C 复合材料

首先，为了比较分析 C/C 复合材料进行电化学腐蚀处理前后表面形貌的变化，将未经过处理与经过 3V/30min 电化学腐蚀处理的 C/C 复合材料进行观察对比。图 2-18 为初始和经过电化学腐蚀处理后的 C/C 复合材料表面形貌。从图 2-18(a)中可以看出，未处理的 C/C 复合材料表面有两种不同方向的碳纤维编织束。其中两侧为平行于视图方向的碳纤维，以下简称平行纤维。中间为垂直于视图方向的碳纤维，以下简称垂直纤维。这两个方向的碳纤维均被基体热解炭所包覆。整个 C/C 复合材料中增强体与基体紧密结合，几乎没有产生孔隙和缺陷。

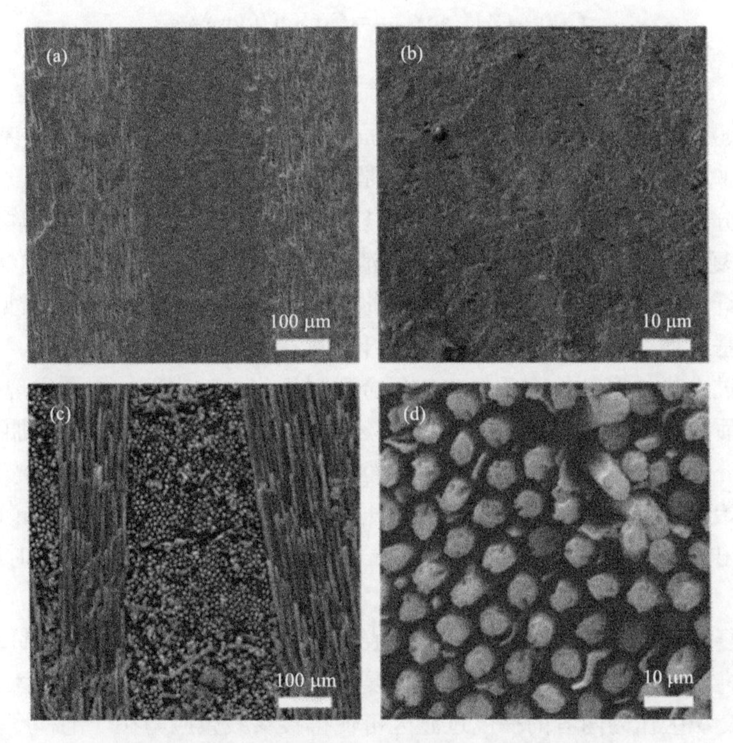

图 2-18　电化学腐蚀 C/C 复合材料典型表面形貌

(a)(b)初始表面形貌；(c)(d)3V/30min 电化学腐蚀表面形貌

图 2-18(c)和(d)为经过 3V/30min 电化学腐蚀处理的 C/C 复合材料表面形貌，从该图可以看出平行纤维区域表面覆盖的热解炭发生了腐蚀消耗，其内部紧密排列的碳纤维裸露出来；垂直纤维区域表面覆盖的热解炭被腐蚀消耗后，碳纤维之间的热解炭也大量消失。碳纤维呈疏松排列，且在部分区域裸露出较大的缝隙，并伴随少量的碳纤维根部断裂发生脱落。从整体来看，碳纤维高度基本保持一致，没有显著的高度差异。可以观察到碳纤维与基体之间的界面已被腐蚀，有部分未腐蚀完全的基体残留在碳纤维周围，在增强相的四周出现明显的环形缝隙，缝隙

宽度在 3μm 左右。裸露出的碳纤维顶部被腐蚀钝化成棱台状，虽然有的腐蚀成相对较低的平面表面，但高度差异不大。

C/C 复合材料表面结构经电化学腐蚀后发生改变的原因是碳纤维和基体具有不同的导电性。纤维与基体之间相界面的存在以及材料的密度进一步增大了两者导电性的差异。进而导致在 C/C 表面的腐蚀速率不同，这是表面结构改善的核心。碳纤维电子探针制造的研究结果表明，可以用碱性溶液蚀刻碳纤维。这种独特的反应可以描述为[67]

$$\mathrm{C(s)+OH^-(aq)\longrightarrow C(s)OH(ads)+e^-} \tag{2-1}$$

$$\mathrm{4C(s)OH(ads)\longrightarrow 4\{C\}+2H_2O+O_2} \tag{2-2}$$

其中，C(s)为完整的碳晶格；C(s)OH(ads)为化学吸附到碳表面的羟基；{C}为从 C/C 中脱落的碳。这个过程可以看作是碳相的剥落。

比较分析腐蚀前后 C/C 复合材料形貌变化可以知道，经过电化学腐蚀处理可以使 C/C 复合材料发生化学反应而有所消耗。在 NaOH 溶液的腐蚀下，C/C 复合材料垂直纤维区域发生了较为明显的变化，纤维与基体间的界面被腐蚀消除，随后纤维与基体均有所消耗，此过程伴随纤维直径的减小及基体的脱落。

在经过电化学腐蚀处理后，C/C 复合材料近表面的碳纤维周围出现了三维缝隙结构，而且随着电位、时间的增加，该缝隙的深度和宽度也逐渐增加。当时间固定为 30min，电位低于 3V 时，对碳纤维的腐蚀作用比较微弱，电位高于 4V 时，碳纤维开始锐化并伴随基体脱落；当电压固定为 3V，时间小于 15min 时，三维缝隙结构出现但并不明显，时间升至 60min 时，碳纤维锐化严重，同时缝隙尺寸加剧。

C/C 复合材料经电化学腐蚀后在近表面生成三维缝隙结构，使得钎料渗入其中与碳纤维相互交错形成交织区，C/C 复合材料与金属钎料的热膨胀系数差异较大，而此交织区作为两者的梯度过渡区可使得接头残余应力在一定程度上有所降低。为了研究电化学腐蚀深度对接头残余应力所造成的影响，本节采用有限元方法对具有不同 C_f/AgCuTi 厚度的交织区缓解接头残余应力情况进行模拟分析。

图 2-19 显示了原始接头和具有 C_f/AgCuTi 区接头的模型。当 C_f/AgCuTi 厚度为 0 时，即 C/C 复合材料未经处理直接进行钎焊，如图 2-19(b)所示，在焊缝中出现了较高的残余应力，垂直于焊缝中心的应力并没有得到有效的扩散。C/C 复合材料的近表面也处于高应力状态(黄色部分)，它对反应层的强度具有破坏性。而具有 C_f/AgCuTi 区的钎焊接头有效降低了焊缝中的残余应力。这是由于交织区改善了陶瓷与钎料的不匹配特性。C/C 表面中 C_f/AgCuTi 区的周期性分布消除了该区域的高应力状态。如图 2-19(c)～(f)所示，随着 C_f/AgCuTi 厚度的增加，改善效果得到增强。当 C_f/AgCuTi 区为 25μm 厚时，有部分钎料渗入到 C/C 复合材

料缝隙中，由于交织区中碳纤维热膨胀系数较小且强度较高，承受了较多的应力集中，焊缝中心的残余应力有所释放，在交织区碳纤维端部的位置残余应力有所降低。随着钎料渗入深度的增加，焊缝中心的残余应力进一步释放，当腐蚀深度达到 75μm 时，残余应力分布达到最佳的状态。腐蚀深度升至 100μm 时，此时腐蚀程度比较严重，由于有大量钎料渗入交织区并占据了很大比例，此时焊缝中心处残余应力有所缓解，但应力大多集中至交织区，并没有达到最优分布效果。此外，注意到 Nb 表面的残余应力略有增加，但对于合金界面的高结合强度却是可以忽略的。

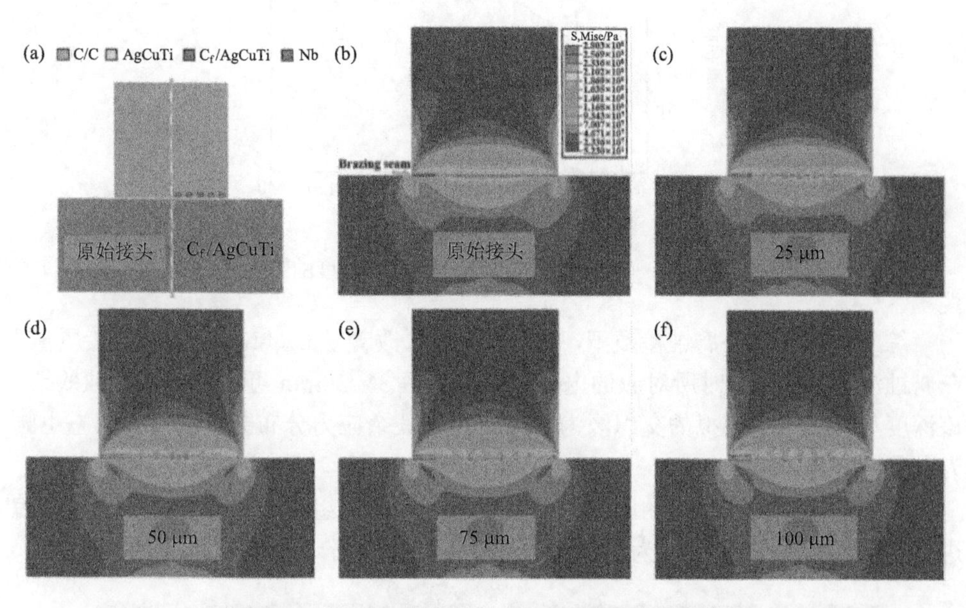

图 2-19　AgCuTi 钎料钎焊 C/C-Nb 接头有限元模拟

(a) 原始接头和带有 C_f/AgCuTi 区接头示意图；(b)～(f) 不同厚度 C_f/AgCuTi 区接头应力分布

综上，经过电化学腐蚀处理后的钎焊接头，随着 C_f/AgCuTi 区厚度的增加，残余应力得到了更好的改善。当腐蚀深度较小时，交织区对接头残余应力的调节不明显；腐蚀深度过大，则会使残余应力全部集中至交织区，反倒使调节效果减弱；75μm 厚的交织区会使残余应力在焊缝中分散且均匀分布，达到最佳状态。

钎焊接头的界面结构会对焊接件的力学性能造成一定影响，图 2-20 为不同腐蚀深度对接头强度的影响。可以看出，C_f/AgCuTi 区的优化有效地提升了接头的力学性能，剪切强度随着 C_f/AgCuTi 区域的扩大先增加后略有下降。当 C_f/AgCuTi 区达到 80μm 时，剪切强度增加到 37.7MPa，是原始接头（17.2MPa）的 1.2 倍，也达到了所采用的 C/C 复合材料固有抗剪强度的 91%（平均 41.5MPa）。这是由于，碳纤维提高了连接强度和断裂韧性，替代了原始脆弱反应层。另外，随着

C_f/AgCuTi 区厚度的增加，残余应力得到了更好的改善。注意到当该区域超过 100μm 时，剪切强度几乎没有增加，这是由于腐蚀程度加剧，纤维严重变尖和变短，部分碳纤维已经失去了原有的钉扎及梯度过渡作用，同时纤维与基体大量脱落、钎料大量渗入交织区。

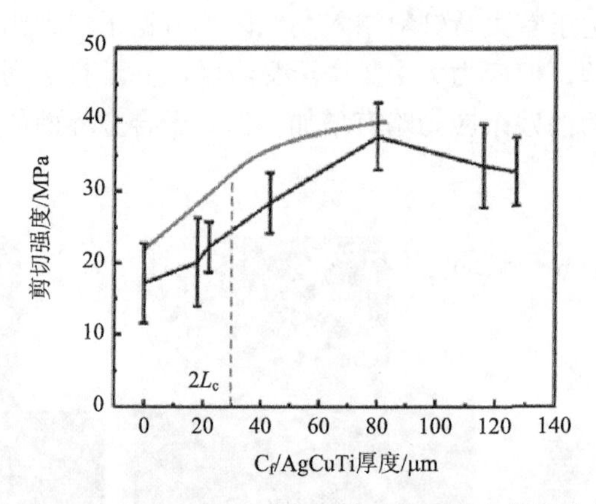

图 2-20　C_f/AgCuTi 厚度对接头抗剪强度的影响

综上，在理想的腐蚀参数下，C_f/AgCuTi 区改善了 C/C-Nb 接头的连接质量。在腐蚀深度为 80μm 时所对应的电化学腐蚀参数 3V/30min 可达到最佳腐蚀效果。该深度与 2.2 节中模拟的交织区为 75μm 厚时残余应力分布会达到最佳状态也颇为一致。

为了进一步确定接头的断裂位置及断口处的微观组织，对剪切后的断口形貌进行分析。如图 2-21 所示为不同腐蚀深度下接头的断口形貌。

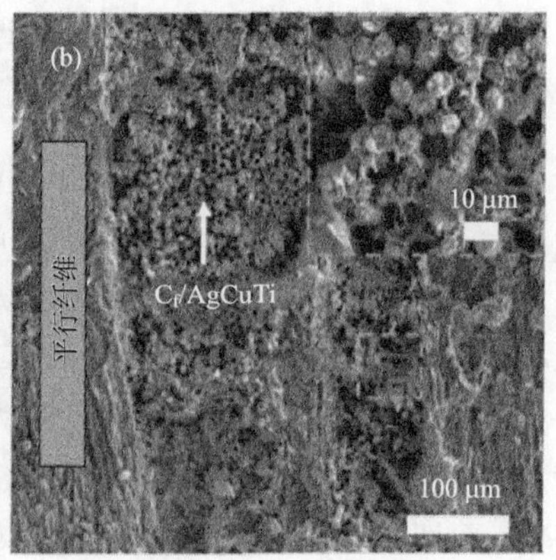

图 2-21　不同腐蚀深度下 C/C-Nb 钎焊接头断口形貌

(a) 0μm；(b) 80μm

从图 2-21(a)可以看出，裂纹主要在原始接头的平行纤维和反应层处产生。平行纤维区域由于其纤维所在平面与剪切面平行，而碳纤维之间依靠基体热解炭填充，两者在界面处连接较弱，所以在碳纤维与基体之间发生层间剪切。许多平行纤维被撕裂，这与上面讨论的弱增强作用是一致的；垂直纤维区在纤维与AgCuTi之间的反应层处断裂，断裂形态为平面状，有一些纤维断裂点，表明是连续断裂。从其右上方放大图可以看出在反应层中还残留着碳纤维凹痕，并且凹痕附近有裂纹存在，说明在碳纤维与反应层交界处存在一定的残余应力。

图 2-21(b)所示为腐蚀深度为 80μm 时的断口形貌，不同电化学腐蚀深度参数下的断口形貌基本与其一致。从图中可以看出，电化学腐蚀后的接头断口形貌与对照组的差别较明显。平行纤维区域断裂发生在反应层与纤维交替分布的位置，从视图左下角可以看出碳纤维呈阶梯形断裂的趋势。电化学腐蚀后的纤维界面呈锯齿形，断裂路径的复杂化会消耗更多的载荷；垂直纤维区在交织区处断裂，断口呈蜂窝状形态，有明显纤维被拔出或拔断特征，这是由于反应层的网络结构和碳纤维的阻碍断裂所致。避免了连续断裂，并且需要更多的能量来支撑复杂的断裂路径。这些都有助于提高结合强度。

2.3.2 C/C-HEA 钎焊接头典型界面结构分析

使用含 HEA 中间层的 BNi2 钎料来进行钎焊，这样做可明显改善其高温性能，但由于 BNi2 钎料熔点接近 800℃，限制了接头在更高温度下的服役应用。因此选择在钎料中添加高熔点的 W 颗粒来进一步提升接头的高温性能；此外，由于 HEA 中间层对钎料的吸收作用有限，在陶瓷侧仍存在纯 BNi2 区，钎料中加入热膨胀系数低的 W 颗粒可进一步调节陶瓷与扩散区金属之间的残余应力。

图 2-22 依次为原始钎料、复合钎料在钎焊参数为 1100℃/10min 时的接头典型界面形貌，图 2-23 分别为对应接头中焊缝虚线所在位置的 XRD 能谱，表 2-3 为接头中各标定点的相能谱。

从原始接头中可以看出，在陶瓷侧依旧存在连续的 Cr_7C_3 相。HEA 充当母材时减少了其作为中间层时在金属侧的元素溶解消耗，因而有大量的元素可以与 BNi2 进行扩散吸收。经点扫描能谱分析，*A* 点处为(Ni,Fe,Co)固溶体，而 *B* 点所在处为典型的 HEA 相。由 XRD 可知，在纯 BNi2 区仍然存在 Ni_2Si、Cr_3Ni_2Si、Cr_5Si_3 等脆性化合物相。

添加 W 的接头中陶瓷侧依旧存在 Cr7C3 相，相比于润湿中消失的反应层，此时是由于 HEA 中存在较多的 Cr 元素，在焊接过程中向陶瓷侧扩散，弥补了由于与 W 固溶而未能与 C/C 结合的活性元素。但碳化物层比原始接头薄，且其中隐约有白色相渗入。在焊缝中生成了大量白色颗粒相，其分布较为均匀，点扫描发现 C 点处 W 的含量达到 50wt%以上，可能为 W 和 Ni_4W 相；而 *D* 点的灰色基

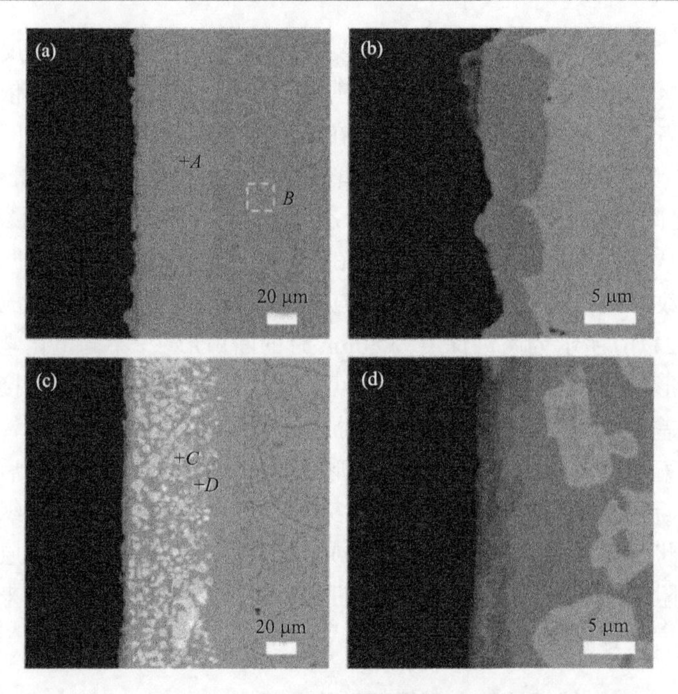

图 2-22　钎焊接头典型界面形貌

(a) (b) C/C/BNi2/FeCoNiCrCu；(c) (d) C/C/BNi2 + W/FeCoNiCrCu

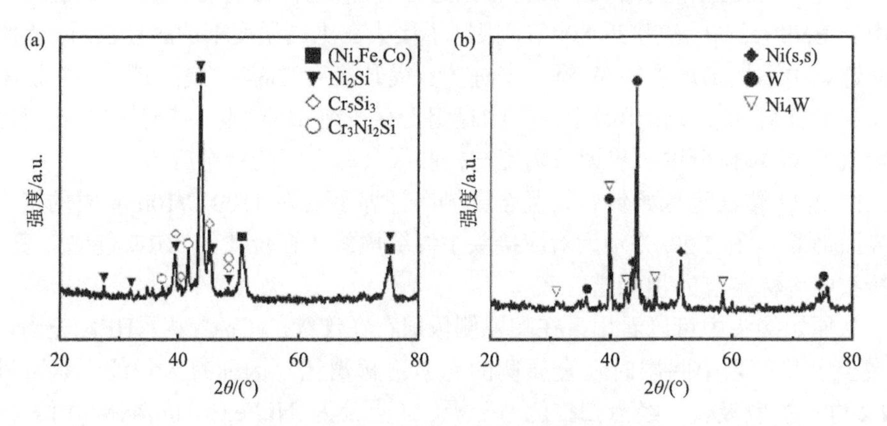

图 2-23　焊缝中虚线所在位置的 XRD 谱图

(a) 原始接头；(b) C/C/BNi2 + W/FeCoNiCrCu 接头

体 Ni 含量较高，应该为 Ni (s,s)。通过焊缝中 XRD 测试结果可进一步证实白色颗粒相为 W、Ni4W，分布在以 Ni (s,s) 为基体的灰色相上。W 在 Ni 中较高的溶解度可以使焊缝的热膨胀系数充分降低；且其第二相强化机制提升了焊缝强度与硬度；Ni-W 化合物相的形成避免了 Ni 与 Si、Cr 等生成脆性化合物，在极大程度上保证了焊缝的塑性。

综上所述，在 1100℃/10min 的钎焊条件下，使用 BNi2 + W 复合钎料对 C/C 与 HEA 进行钎焊连接，最终的接头结构为 C/C/Cr_7C_3/Ni(s,s) + W + Ni_4W/HEA。陶瓷侧的连续脆性相变薄，焊缝中的脆性化合物消失，大部分为塑性较好的固溶体，其间分布着热膨胀系数低的 W 以及起强化作用的 Ni_4W，有效缓解了焊缝中的残余应力。

表 2-3　接头中各标定点的相能谱

位置	组成元素(at%)							生成相
	Ni	Cr	Si	Fe	Co	Cu	W	
A	56.40	4.79	5.45	14.84	12.32	6.20	—	(Ni,Fe,Co)
B	18.16	21.51	—	22.15	26.58	11.59	—	HEA
C	18.97	10.53	—	3.80	12.67	—	54.04	W + Ni_4W
D	61.60	3.84	1.12	11.92	9.74	3.93	7.85	Ni(s,s)

2.3.3　W 颗粒含量对接头界面结构与性能的影响

图 2-24 为在 1100℃/10min 的钎焊条件下，加入不同含量 W 的复合钎料在 C/C 复合材料表面的润湿角以及两者在界面附近的微观形貌。可以看出，采用原始钎料时的润湿效果最好，润湿角随着复合钎料中 W 含量的增加而逐渐变大，但升高的幅度比较平缓。在未添加 W 时钎料中的活性元素会与陶瓷发生反应生成连续的反应层，活性碳化物的形成会进一步促进熔融钎料的润湿铺展，因此润湿角仅为 23°；而由 W-Ni 相图可知，液相线会随着 W 含量的增加而提高，固液相线之间的宽度也随之增加，导致复合钎料在该钎焊参数下的黏度变大，因此熔融钎料的流动性变差。由右侧相应的形貌图可以发现，复合钎料中生成了白色的块状颗粒，颗粒的尺寸和密集程度随着 W 含量的增加而变大。由于 W 在 Ni 中具有较高的溶解度，初步分析该白色相应为两者反应生成的 Ni-W 化合物相以及部分未参与反应的 W。此外，加入 W 后的陶瓷界面处反应层均变薄或消失，但并没有裂纹或孔洞缺陷，钎料与 C/C 复合材料结合良好，甚至有少量含 W 相渗入陶瓷中。当 W 含量提高至 50%(质量分数)时，界面处白色相堆积过多并连续分布，失去了期望的弥散调节的效果。根据 W-Cr 相图可以发现，在 1000℃左右时，Cr 在 W 中的溶解度为 10%以上，两者不会发生反应但会以固溶体的形式存在，W 的加入限制了活性元素 Cr 的扩散迁移，解释了复合钎料中界面处反应层消失的原因。

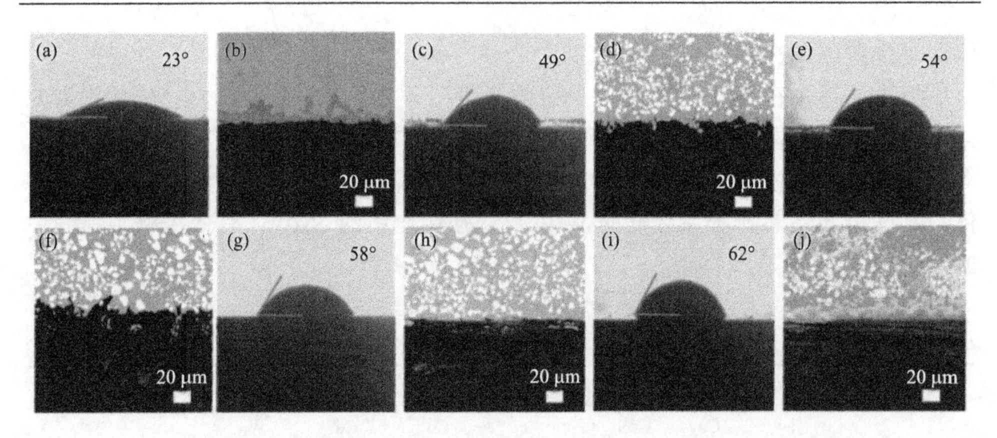

图 2-24　不同 W 含量的复合钎料在陶瓷表面的润湿角以及界面处微观形貌

(a)(b)0%(质量分数)；(c)(d)20%(质量分数)；(e)(f)30%(质量分数)；(g)(h)40%(质量分数)；(i)(j)50%(质量分数)

综上，复合钎料的润湿角虽比原始钎料有所增加，但考虑到对钎焊接头的综合调节作用，在此含量范围内的润湿角还是满足铺展需求的。

选择 W 颗粒尺寸为 200nm 不变，进一步探究复合钎料中 W 含量对钎焊接头组织和性能造成的影响。如图 2-25 所示为 1100℃/10min 条件下，不同 W 含量参数下得到的钎焊接头界面形貌。

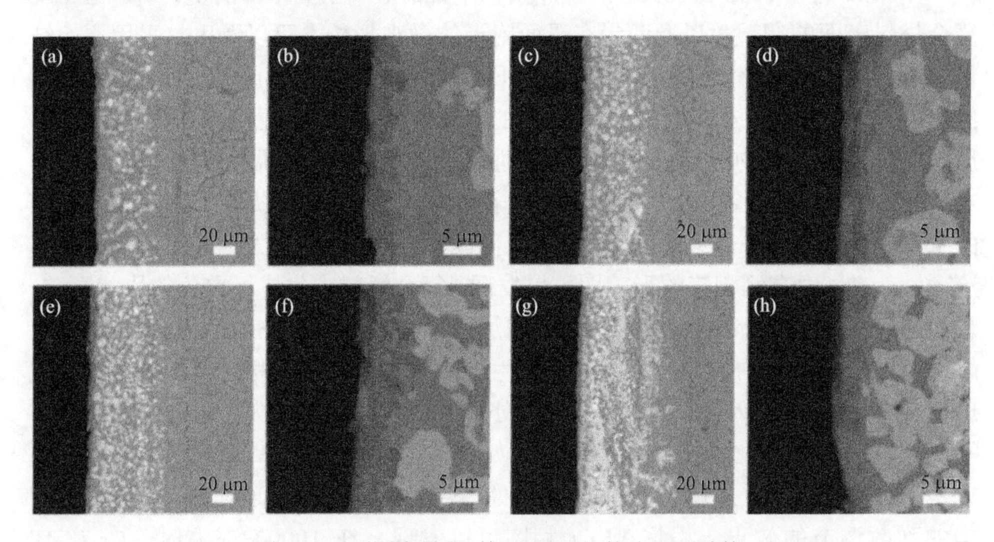

图 2-25　不同含量 W 的 C/C-HEA 接头界面结构

(a)(b)20wt%；(c)(d)30wt%；(e)(f)40wt%；(g)(h)50wt%

从图 2-25 中可以看出，在 W 含量较低时，含 W 相在焊缝中分布较为分散，在陶瓷侧存在尚未被填充完全的小部分灰色基体；当含量达到 30%(质量分数)

时，含 W 区在整个焊缝中分布较为均匀，整体上达到了较为理想的效果；随着 W 含量进一步提升，并没有出现含 W 相连续聚集分布的情况，但在钎料与 HEA 扩散区出现了少量的 W，这说明此时 W 的数量已经接近饱和状态；当 W 含量增至 50%(质量分数)时，整个焊缝被白色相覆盖，几乎看不到基体相的存在。

由右侧放大图可发现，陶瓷侧的反应层随着 W 含量的增加逐渐变薄。当 W 为 40%(质量分数)时，反应层由连续分布变为聚集在一起的块状存在，其间隐约有细小的白色相渗入；随着 W 含量升至 50%(质量分数)，反应层仅剩几个零星的块状分布于 Ni 基体上。反应层的存在说明 200nm 的 W 颗粒对 Cr 元素的阻碍作用较小，即使是在 W 颗粒密集分布的情况下。同时对反应层附近含 W 相的观察可知，含 W 相的数量随着 W 含量增加也逐渐提高。当 W 含量达到 40wt%，白色相中心部分开始出现为反应完全的 W；随着含量进一步提升，Ni_4W 包裹的未参与反应的 W 尺寸增加，这说明 W 已经消耗了相当数量的 Ni 元素，Ni 的大量反应会导致 Ni 基固溶体数量减少，同时大面积连续分布的 W 也会对接头性能造成恶化。

图 2-26 为钎焊参数为 1100℃/10min，钎料中 W 尺寸为 200nm 时，不同含量下接头的剪切强度。可以看出，加入 W 后的接头比原始接头强度有了不同程度的提升，这是由于热膨胀系数低的 W 颗粒的调节效果。尤其是 1000℃高温时优化后的接头强度提升幅度明显，这很大程度上归因于 W 的加入使得复合钎料熔点升高，因而接头在高温下的性能得到增强。

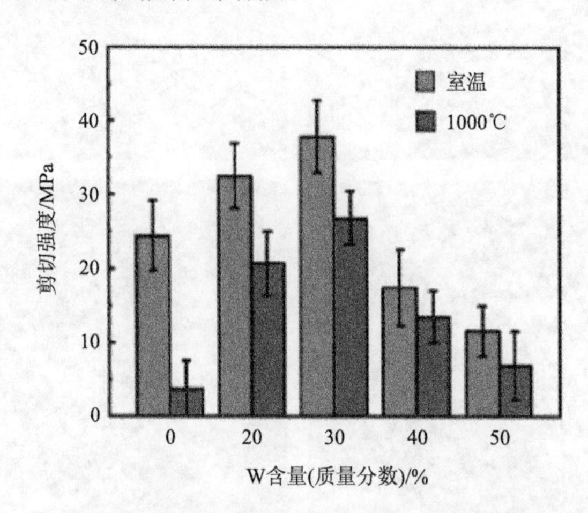

图 2-26　不同含量 W 对 C/C-HEA 接头剪切强度的影响

接头强度随着 W 含量的增加先升高后降低，在 30wt%达到最佳，常温时为 37.8MPa，1000℃时仍能达到 26.4MPa。此结果也与上述模拟得到的结论相吻合。由于高含量条件下 W 在焊缝中大面积聚集，处于饱和状态，虽然可以将焊缝的热膨胀系数降低很多，但失去了原有的弥散分布调节效果，连续分布的 W 及 Ni_4W 相是剪切过程中裂纹容易产生的根源。

图 2-27 为不同含量的 W 接头在剪切后的断口形貌。原始接头经常温剪切后的断口大面积被反应层所覆盖，由于 HEA 的吸收作用，部分区域出现纤维拔出痕迹；经 1000℃剪切后的断口，由于焊缝中较多的脆性化合物相的存在，导致裂纹沿着反应层与焊缝交替前进，断口表面的垂直纤维区被大量钎料覆盖，其上还分布着零散的脆性相。平行纤维区沿着纤维束撕裂，并伴有部分残留其上的反应层。

钎料优化后的钎焊接头在经过常温剪切后的断口呈现密集的纤维拔断特征，这是复合钎料中 W 对钎焊接头属性差异调节作用的结果；而高温剪切后的断口同样呈现蜂窝状的纤维拔出特征，此时残留在断口上的纤维明显要比常温剪切后的长度长。这是由于在高温剪切过程中，陶瓷在 1000℃条件下发生了氧化，纤维与基体之间的界面被反应消耗掉，在拔断过程中伴随着碳纤维四周出现环形缝隙，脱离了基体束缚的碳纤维因此能够以较长的形态残留在断口上。

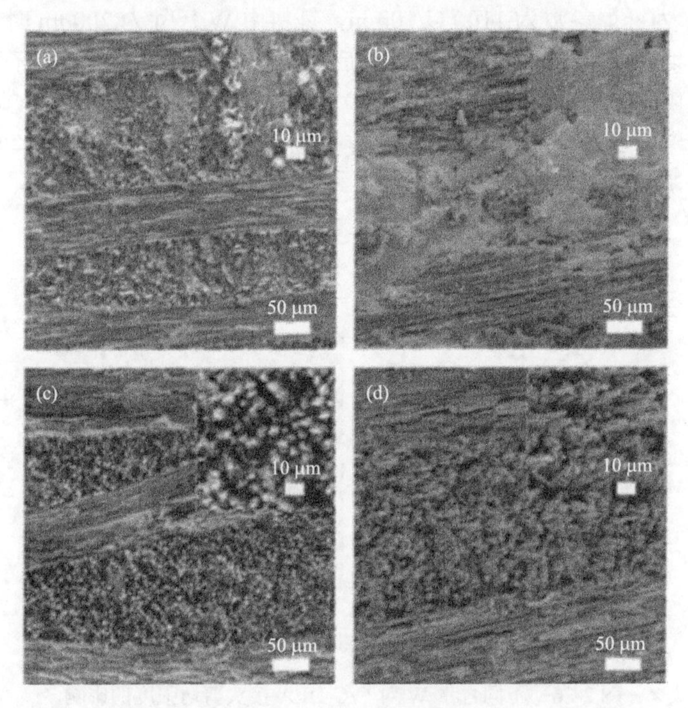

图 2-27　不同含量的 W(200nm)接头在常温和 1000℃剪切后断口形貌

(a) (b) 原始接头；(c) (d) 30wt% W 接头

2.3.4　优化后的 C/C-Nb 组合接头界面结构及力学性能分析

为了将表面结构改善后的 C/C 复合材料、HEA 中间层、复合钎料的各自优势整合，达到充分调节接头的残余应力的目的，本节将三者在各自最佳参数下结合在一起与 Nb 进行钎焊连接，图 2-28 为其装配示意图，并对接头的组织结构和性能进行探究。

图 2-29 为 1100℃/10min 钎焊参数下优化整合后的接头结构。相互扩散区、纯 HEA 区和金属侧的形貌与 2.3.2 小节所获得的基本一致，此时整个焊缝由大量固溶体组成。对优化整合后的接头进行剪切强度测试。可以发现，无论是常温还是 1000℃的高温条件下，优化后的接头强度相比于原始接头均获得了大幅度的提升，常温时为 39.5MPa，1000℃时为 33.6MPa。

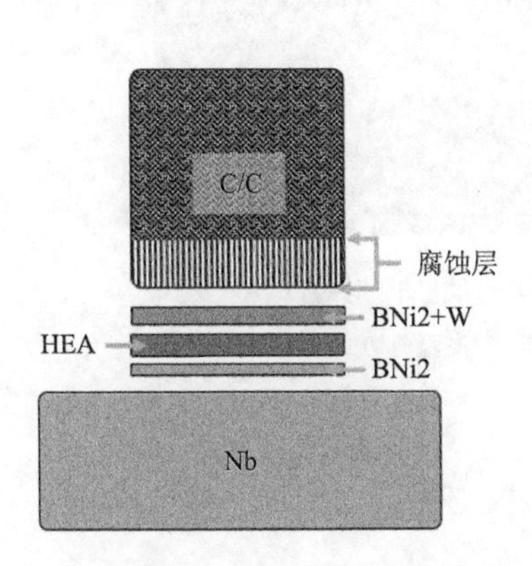

图 2-28　优化整合后的 C/C-Nb 装配示意图

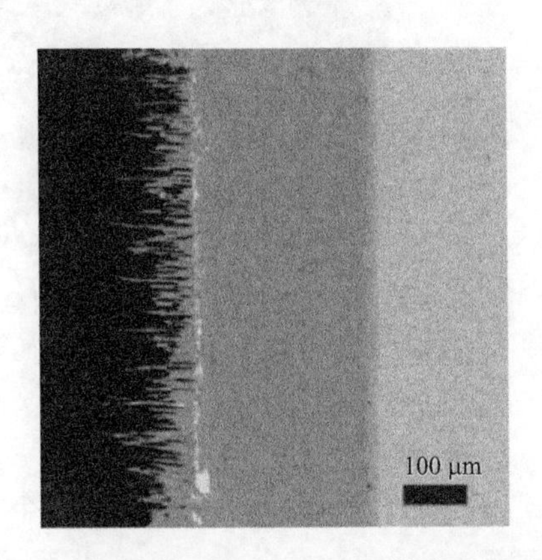

图 2-29　优化整合后的 C/C-Nb 接头界面结构

为了对优化组合后的断裂模式进行分析，从 2-30(a)和(c)整体图可以看出，两种剪切条件下断口表面均为蜂窝状纤维拔断的特征。而由其各自局部区域放大图可以发现，常温剪切后的纤维四周被钎料填满，其高度基本与周围基体和钎料保持一致，局部有残存在表面的基体与钎料；而高温剪切后的纤维要比四周稍高一些，这是由于此时陶瓷表面存在交织区，钎料的包覆在一定程度上保护了纤维的氧化，因此纤维可以保持部分韧性。凸出的纤维使得接头在高温下的断裂路径更为曲折，因此强度也得到提升。

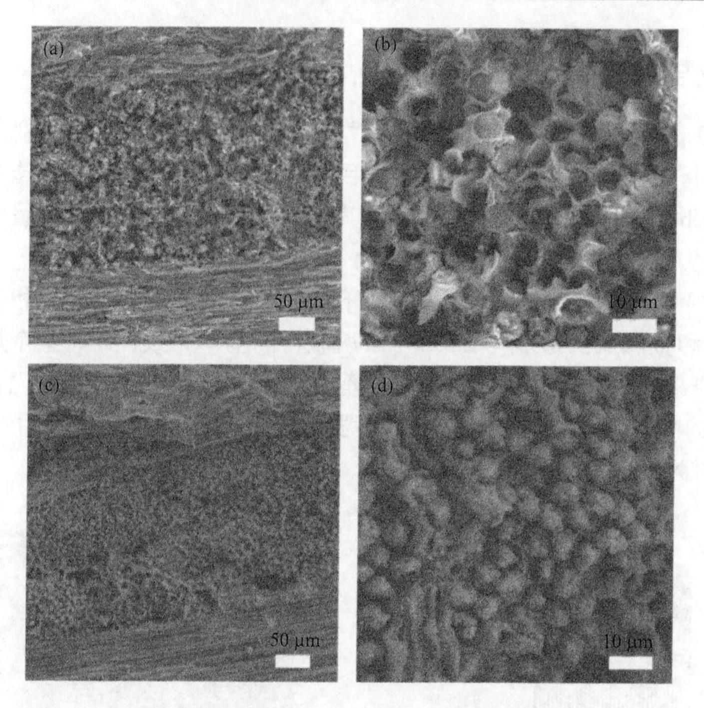

图 2-30 优化组合接头剪切后的断口形貌

(a)(b)常温剪切；(c)(d)1000℃高温剪切

2.4 本章小结

本章通过试验实例的方式呈现了纳米颗粒对于增强中间层辅助陶瓷/金属异质结构钎焊连接中接头结构、力学性能等的影响。其中，包括 TiC 颗粒增强 Ti-Co 钎料辅助钎焊 C/SiC 复合材料和 Nb，Si_3N_4 和 SiO_2 颗粒增强 AgCu 钎料辅助 C/C 复合材料和 TC4 钛合金的钎焊连接，以及 BNi2+W 复合钎料钎焊 C/C 复合材料和 Nb。

其中，TiC 颗粒增强 Ti-Co 钎料辅助钎焊 C/SiC 复合材料和 Nb 的实例在碳布表面原位生长 TiC 有效避免了 TiC 聚集导致的接头性能下降的问题，极大提高了纳米颗粒的添加量，实现了较大程度的接头性能改良。

在 Si_3N_4 和 SiO_2 颗粒增强 AgCu 钎料辅助 C/C 复合材料和 TC4 钛合金的钎焊连接实例中发现了 Si_3N_4 和 SiO_2 颗粒使得 Ti-Cu 金属间化合物的厚度和尺寸都明显减小，Ti-Cu 化合物的均匀分布可以在接头中继而形成一个有利的应力梯度，以减小残余应力；在原位形成由 Ti 和 Si_3N_4 或 SiO_2 反应产生的均匀分布的细粒 Ti 基化合物(TiN 和 $TiSi_2$ 或 Ti_5Si_3 和 Ti_4Cu_2O)；降低 C/C 侧的反应层的厚度，抑制在 C/C 侧形成过多的脆性化合物，实现了提高接头性能的目的。

BNi2+W 复合钎料钎焊 C/C 复合材料和 Nb 实例则体现了不同增强相含量对焊缝接头的残余应力影响。从有限元模拟和接头形貌分析可以明显地了解到，不同含量的 W 颗粒可显著调节接头残余应力，随着含量的变化呈现先增后减的趋势。明确地讨论了不同纳米颗粒含量对接头性能的影响变化趋势。

所以，采用纳米颗粒增强相增强焊缝接头力学性能是一个行之有效且具有操作实用性的方式，而其添加种类、添加方式以及添加量则要通过分析具体钎焊体系合理选择，匹配时可极大地提升接头性能，降低生产成本，提升生产效率。

参 考 文 献

[1] 王斌. C/SiC 与 Nb 的钎焊连接工艺及机理研究. 哈尔滨: 哈尔滨工业大学, 2021.

[2] 纪旭. 电化学腐蚀辅助钎焊 C/C 与 Nb 的工艺与强化机制研究. 哈尔滨: 哈尔滨工业大学, 2021.

[3] Li G, Zhang C, Hu H, et al. Preparation and mechanical properties of C/SiC nuts and bolts. Materials Science & Engineering A, 2012, 547: 1-5.

[4] 杨宏宝, 李京龙, 熊江涛, 等. 陶瓷基复合材料与金属连接的研究进展. 焊接, 2007, 12: 19-23, 57.

[5] 李明彬, 何斌. 2D-C/SiC 胶铆连接拉剪试验研究. 科技与创新, 2019, 10: 23-24, 27.

[6] 李树杰, 卢越焜, 刘洪丽, 等. 采用聚碳硅烷与活性填料连接 C/SiC//中国宇航学会. 复合材料——基础、创新、高效: 第十四届全国复合材料学术会议论文集(下). 宜昌: 中国宇航学会　中国力学学会, 2006.

[7] 所俊. SiC 陶瓷及其复合材料的先驱体高温连接及陶瓷金属梯度材料的制备与连接研究. 长沙: 中国人民解放军国防科技大学, 2005.

[8] 杨冠中. C/C 复合材料与 C/SiC 复合材料扩散连接工艺及机理研究. 成都: 西南石油大学, 2019.

[9] Xiong J, Li J, Zhang F, et al. Joining of 3D C/SiC composites to niobium alloy. Scripta Materialia, 2006, 55(2): 151-154.

[10] Zhang Q, Sun L, Liu Q, et al. Effect of brazing parameters on microstructure and mechanical properties of C/SiC and Nb-1Zr joints brazed with Ti-Co-Nb filler alloy. Journal of the European Ceramic Soiety, 2017, 37(3): 931-937.

[11] 刘庆永. C/SiC 复合材料与 Nb-1Zr 合金钎焊工艺及机理研究. 哈尔滨: 哈尔滨工业大学, 2015.

[12] 陶锐. TiCoNb 钎料钎焊 ZrB_2-SiC 陶瓷与 Nb 合金接头的工艺与机理. 哈尔滨: 哈尔滨工业大学, 2017.

[13] 焦涛. BN/SiO_2 与 Nb 的钎焊连接工艺及机理研究. 哈尔滨: 哈尔滨工业大学, 2013.

[14] 李海新, 魏红梅, 何鹏, 等. TiAl/Ti/Nb/GH99 扩散连接接头的界面组织结构及接头强度. 焊接学报, 2012, 33(9): 9-12, 113.

[15] 王万里, 范东宇, 黄继华, 等. TiNiNb 钎焊 C/SiC 与 TC4 接头组织结构. 焊接学报, 2016, 37(12): 13-16, 129.

[16] Cui B, Huang J, Chen S, et al. Microstructures and mechanical properties of C/SiC composite and TC4 alloy joints brazed with (Ti-Zr-Cu-Ni)+W composite filler materials. Composites Science and Technology, 2014, 97: 19-26.

[17] Fan D, Huang J, Wang Y, et al. Active brazing of carbon fiber reinforced SiC composite and 304 stainless steel with Ti-Zr-Be. Materials Science & Engineering A, 2014, 617: 66-72.

[18] Sun Y , Zhang J, Yuan M, et al. *In-situ* stabilized β-Ti in Ti-base alloys to enhance C/SiC-Nb heterogenous joint. Journal of Alloys and Compounds, 2019, 773: 217-226.

[19] 刘玉章. C/SiC 复合材料与 Nb 的钎焊工艺及机理研究. 哈尔滨: 哈尔滨工业大学, 2007.

[20] Chen B, Xiong H, Wu X, et al. Joining of C/SiC composite with AuNi (Cu) -Cr brazing fillers and interfacial reactions. Welding in the World, 2016, 60 (4) : 813-819.

[21] 杨卫岐. ZrB2-SiC 陶瓷连接接头中原位 TiB 晶须生长机制及增强机理研究. 哈尔滨: 哈尔滨工业大学, 2014.

[22] Dai X, Cao J, Tian Y, et al. Effect of holding time on microstructure and mechanical properties of SiC/SiC joints brazed by Ag-Cu-Ti+B4C composite filler. Materials Characterization, 2016, 118.

[23] 范舟, 张坤, 胡敏, 等. 石墨烯纳米片对 AgCuTi 钎料熔点与润湿性的影响. 焊接学报, 2019, 40 (4) : 154-160, 167-168.

[24] Yang Z W, Yang J H, Han Y J, et al. Microstructure and mechanical properties of 17-4á PH stainless steel and Al_2O_3 ceramic joints brazed with graphene reinforced Ag-Cu-Ti brazing alloy. Vacuum, 2020, 181: 109604.

[25] Song X, Li H, Zeng X. Brazing of C/C composites to Ti6Al4V using multiwall carbon nanotubes reinforced TiCuZrNi brazing alloy. Journal of Alloys and Compounds, 2016, 664: 175-180.

[26] Zhang S, YuanY, Su Y, et al. Interfacial microstructure and mechanical properties of brazing carbon/carbon composites to stainless steel using diamond particles reinforced Ag-Cu-Ti brazing alloy. Journal of Alloys and Compounds, 2017, 719: 108-115.

[27] Zhao Y X , Wang M R , Cao J , et al. Brazing TC4 alloy to Si_3N_4 ceramic using nano-Si_3N_4 reinforced AgCu composite filler. Materials and Design, 2015, 76 (5) : 40-46.

[28] Guo W, Wang L, Zhua Y. Microstructure and mechanical properties of C/C composite/TC4 joint with inactive AgCu filler metal. Ceramics International, 2015, 41 (5) : 7021-7027.

[29] Cao J , Wang H Q , Qi J L , et al. Combustion synthesis of TiAl intermetallics and their simultaneous joining to carbon/carbon composites. Scripta Materialia, 2011, 65 (3) : 261-264.

[30] Cao J , Li C , Qi J , et al. Combustion joining of carbon-carbon composites to TiAl intermetallics using a Ti-Al-C powder composite interlayer[J]. Composites Science & Technology, 2015, 115 (12) : 72-79.

[31] Feng J C, Liu D, Zhang L X, et al. Effects of processing parameters on microstructure and

mechanical behavior of SiO_2/Ti-6Al-4V joint brazed with AgCu/Ni interlayer. Materials Science and Engineering: A, 2010, 527(6): 1522-1528.

[32] Lin J H , Luo D L , Chen S L , et al. Control interfacial microstructure and improve mechanical properties of TC4-SiO_{2f}/SiO_2 joint by AgCuTi with Cu foam as interlayer. Ceramics International, 2016, 42(15): 16619-16625.

[33] Zhang, Jingxian, Liu, et al. Microstructure and joining strength evaluation of SiC/SiC joints brazed with SiC_p/Ag-Cu-Ti hybrid tapes. Journal of Adhesion Science and Technology, 2015, 29(15): 1563-1571.

[34] Halbig M C, Coddington B P, Asthana R, et al. Characterization of silicon carbide joints fabricated using SiC particulate-reinforced Ag-Cu-Ti alloys. Ceramics International, 2013, 39(4): 4151-4162.

[35] Qi J L, Lin J H, Wan Y H, et al. Joining of SiO_2-BN ceramic to Nb using a CNT-reinforced brazing alloy. RSC Advances, 2014, 4(109): 4238-64243.

[36] Yang M, Lin T, He P, et al. *In situ* synthesis of TiB whisker reinforcements in the joints of Al_2O_3/TC4 during brazing. Materials Science and Engineering: A, 2011, 528(9): 3520-3525.

[37] Yang Z W, Zhang L X, Chen Y C. Interlayer design to control interfacial microstructure and improve mechanical properties of active brazed Invar/SiO_2-BN joint. Materials Science and Engineering A, 2013, 575(15): 199-205.

[38] Shen Y, Li Z, Hao C, et al. A novel approach to brazing C/C composite to Ni-based superalloy using alumina interlayer. Journal of the European Ceramic Society, 2012, 32(8): 1769-1774.

[39] Qiu Q, Wang Y, Yang Z, et al. Microstructure and mechanical properties of Al_2O_3 ceramic and Ti6Al4V alloy joint brazed with inactive Ag-Cu and Ag-Cu+B. Journal of the European Ceramic Society, 2016, 36(8): 2067-2074.

[40] Lin T, Yang M, He P, et al. Effect of *in situ* synthesized TiB whisker on microstructure and mechanical properties of carbon-carbon composite and TiBw/Ti-6Al-4V composite joint. Materials & Design, 2011, 32(8-9): 4553-4558.

[41] Yang W, He P, Xing L, et al. Microstructural evolution and mechanical properties of ZrB_2-SiC/Cu/Ti/Ti6Al4V brazing joints. Advanced Engineering Materials, 2015, 17(11): 1556-1561.

[42] Song X G, Cao J, Wang Y F, et al. Effect of Si_3N_4-particles addition in Ag-Cu-Ti filler alloy on Si_3N_4/TiAl brazed joint. Materials Science and Engineering: A, 2011, 528(15): 5135-5140.

[43] Mao W, Yamaki T, Miyoshi N, et al. Wettability of Cu-Ti alloys on graphite in different placement states of copper and titanium at 1373 K(1100℃). Metallurgical and Materials Transactions: A, 2015, 46(5): 2262-2272.

[44] Singh M, Shpargel T P, Morscher G N, et al. Active metal brazing and characterization of brazed joints in titanium to carbon-carbon composites. Materials Science and Engineering: A, 2005, 412(1-2): 123-128.

[45] Park J W, Mendez P F, Eagar T W. Strain energy distribution in ceramic-to-metal joints. Acta

Materialia, 2002, 50(5): 883-899.

[46] Song X, Li H, Zeng X, et al. Brazing of C/C composites to Ti6Al4V using graphene nanoplatelets reinforced TiCuZrNi brazing alloy. Materials Letters, 2016, 183: 232-235.

[47] Yang Z W, Zhang L X, Ren W, et al. Interfacial microstructure and strengthening mechanism of BN-doped metal brazed Ti/SiO_2-BN joints. Journal of the European Ceramic Society, 2013, 33(4): 759-768.

[48] Galli M, Botsis J, Janczak-Rusch J, et al. Characterization of the residual stresses and strength of ceramic-metal braze joints. Journal of Engineering Materials and Technology, 2009, 131(2): 021004.

[49] Deng D. FEM prediction of welding residual stress and distortion in carbon steel considering phase transformation effects. Materials and Design, 2009, 30(2): 359-366.

[50] 邱东，毕建勋，毛建英. C/C 复合材料焊接研究现状. 焊接, 2017, 4: 39-44.

[51] Chen J K, Huang I S. Thermal properties of aluminum-graphite composites by powder metallurgy. Composites Part B: Engineering, 2013, 44(1): 698-703.

[52] Djugum R, Sharp K. The fabrication and performance of C/C composites impregnated with TaC filler. Carbon, 2017, 115: 105-115.

[53] Fan S W, Yang C, He L, et al. The effects of phosphate coating on friction performance of C/C and C/SiC materials. Tribology International, 2017, 114: 337-348.

[54] Wang X, Wang X, Zhao J, et al. Adsorption-photocatalysis functional expanded graphite C/C composite for *in situ* photocatalytic inactivation of *Microcystis aeruginosa*. Chemical Engineering Journal, 2018, 341: 516-525.

[55] Hui W, Bao F, Wei X, et al. Ablation performance of a 4D-braided C/C composite in a parameter-variable channel of a Laval nozzle in a solid rocket motor. New Carbon Materials, 2017, 32(4): 365-373.

[56] Yu J, Zhou C, Zhang H. A micro-image based reconstructed finite element model of needle-punched C/C composite. Composites Science and Technology, 2017, 153: 48-61.

[57] Wang J, Qian J, Qiao G, et al. A rapid fabrication of C/C composites by a thermal gradient chemical vapor infiltration method with vaporized kerosene as a precursor. Materials Chemistry and Physics, 2007, 101(1): 7-11.

[58] 李亚江. 先进材料焊接现状及进展. 电焊机, 2020, 50(9): 103-110.

[59] 郑欣，白润，王东辉，等. 航天航空用难熔金属材料的研究进展. 稀有金属材料与工程, 2011, 40(10): 1781-1785.

[60] 葛明和，姚世强，安鹏. 200N C_f/SiC 复合材料推力器研制. 火箭推进, 2016, 42(3): 15-20.

[61] Tang Y L, Zhou Z G, Pan S D, et al. Mechanical property and failure mechanism of 3D Carbon-Carbon braided composites bolted joints under unidirectional tensile loading. Materials and Design, 2015, 65: 243-253.

[62] Wang M C, Miao R, He J K, et al. Silicon Carbide whiskers reinforced polymer based adhesive for joining C/C composites. Materials and Design, 2016, 99: 293-302.

[63] Wang H Q, Cao J, Feng J C. Brazing mechanism and infiltration strengthening of C/C composites to Ti-Al alloys joint. Scripta Materialia, 2010, 63(8): 859-862.

[64] Zhang K X, Zhao W K, Zhang F Q, et al. New wetting mechanism induced by the effect of Ag on the interaction between resin carbon and AgCuTi brazing alloy. Materials Science and Engineering: A, 2017, 696: 216-219.

[65] Shen Y X, Li Z L, Hao C Y, et al. A novel approach to brazing C/C composite to Ni-based superalloy using alumina interlayer. Journal of the European Ceramic Soiety, 2012, 32: 1769-1774.

[66] 宋义河. C/C 复合材料表面生长 CNTs 及与 Nb 钎焊工艺及机理研究. 哈尔滨: 哈尔滨工业大学, 2017.

[67] Kiema G K, Fitzpatrick G, Mcdermott M T. 1999. Probing morphological and compositional variations of anodized carbon electrodes with tapping-mode scanning force microscopy. Analytical Chemistry, 1999, 71(19): 4306-4312.

[68] He Z, Li C, Qi J, et al. Pre-infiltration and brazing behaviors of C_f/C composites with high temperature Ti-Si eutectic alloy. Carbon, 2018, 140: 57-67.

第3章 碳纳米管复合中间层辅助复合材料异质结构钎焊连接

碳纳米管(CNTs)具有极高的弹性模量和拉伸强度，较低的密度和热膨胀系数、良好的韧性、耐高温以及化学稳定性，因此 CNTs 常作为增强体来改善金属基复合材料的性能。现有的理论和实验研究都表明，少量的 CNTs 加入就可大幅度提高金属基复合材料的力学、热学和高温性能。可以借鉴 CNTs 增强金属复合材料的设计思想和方法，开发制备一种具有低热膨胀系数、良好力学及高温性能的新型 CNTs 增强的复合钎料。然而，传统的复合钎料制备方法很难解决 CNTs 在复合钎料中的均匀分散性及结构完整性问题，限制其在钎焊领域的应用。因此，本章介绍了 CNTs 增强复合钎料的设计与制备，分析 CNTs 辅助钎焊接头的界面结构以及力学和高温性能，揭示 CNTs 对焊缝的强化机制，从根本上改善连接质量，提高其高温使用性。

3.1 碳纳米管复合钎料的特点与制备

同传统的增强材料相比，CNTs 的力学性能极为优异：第一，密度低，可满足复合材料轻质化要求；第二，弹性模量高，对提高材料的力学性能有极大的促进作用；第三，热膨胀系数低，能降低复合材料的热膨胀系数。另外，CNTs 的稳定性好，完好的 CNTs 不易与活性元素反应，既保证了 CNTs 的增强效果，又避免了不理想界面产物的形成。因此，CNTs 是一种优秀的增强体，复合材料添加 CNTs 后，弹性模量、强度、线膨胀系数等参数均有显著变化。

CNTs 因其高强度、高韧性等特点，在复合材料研究领域被视为理想的增强体材料。目前已经有研究者制备出 CNTs 增强锡基软钎料，并发现 CNTs 的加入对钎料的强度有明显的提高作用。但是，复合钎料中 CNTs 均匀分散性问题一直难以解决，传统的制备方法一方面较难使 CNTs 均匀分散于基体中，另一方面难以保证 CNTs 的结构完整性。由于 CNTs 比表面积极大，极易相互缠绕，呈团聚状态，阻碍了纳米结构优势的发挥。因此，得到 CNTs 分散均匀的复合钎料十分重要。借鉴 CNTs 增强金属基复合材料的制备方法，可分散 CNTs 的方法主要有高速球磨法、表面活性剂分散法以及原位生成法。

化学气相沉积(CVD)[1]是目前被广泛采用的 CNTs 制备方法，基本原理为采用含碳气体(烃类或 CO 等)作为供给碳源，在催化剂(Fe、Co、Ni 等)作用下，其在一定温度下裂解，C 原子在衬底表面析出形成 CNTs。相比于以上方法，CVD 工艺更为简单，成本更低，产量更高，能够在较低温度下制备 CNTs。

然而，针对某些熔点极低的衬底材料，CVD 所提供的低温仍然难以满足要求，于是各种辅助工艺被用于 CVD 过程中以降低 CNTs 的生长温度，最典型的就是等离子体增强化学气相沉积(PECVD)。PECVD 在传统热 CVD 的基础上，通过等离子体的引入离化气体分子，显著降低 CNTs 的生长温度。原位生长的 CNTs 结构完美、尺寸均一、分布均匀，与金属基体结合良好[2]。此外，该方法最大的特点是可以在低温下制备出 CNTs，而且工艺简洁、效率高、成本较低。

本章介绍了如何用 PECVD 方法制备 CNTs/TiH_2 复合钎料和 CNTs/AlSiCu 复合钎料，以达到焊接接头强度显著提升的效果。

3.2 CNTs/TiNi 复合钎料钎焊 SiO_2-BN 与 Nb 组织性能以及机理研究

适当含量的 CNTs 可提高钎料在陶瓷表面的润湿性，而且，由于 CNTs 是理想的增强体材料，故采用 CNTs 增强复合钎料钎焊陶瓷与金属，有望提缓解接头的残余应力并提高其力学性能。本章采用 CNTs/TiNi 复合钎料钎焊 SiO_2-BN 与 Nb，在保证 Ti、Ni 原子比为 1∶1 的条件下，通过调节 CNTs 在钎料中的体积分数，实现了 SiO_2-BN 复合材料与 Nb 的可靠连接。在此基础上对比向钎料中添加 CNTs 前后接头界面组织的差异；并研究了不同 CNTs 含量对钎焊接头界面组织及力学性能的影响，并阐明了接头界面结构的演化过程。

3.2.1 CNTs/TiH_2 复合钎料的表征

1. CNTs/TiH_2 复合钎料的结构表征

PECVD 制备 CNTs 的工艺参数主要包括催化剂、反应气体流量比、生长温度等。在催化剂选定后，气体流量比及生长温度对 CNTs 的影响较大[3]。通过实验优化后最佳制备 CNTs/TiH_2 复合粉末工艺参数：生长温度 570℃、流量比 CH_4∶H_2=40∶10sccm，反应气体总压强 700Pa，射频功率 175W，生长时间为 15min。在该生长工艺参数条件下制备的复合粉末中 CNTs 分布均匀、长度较大、密度适中、形貌良好，获得的 CNTs/TiH_2 复合粉末适合作为复合钎料进行钎焊实验研究。

拉曼光谱可反映分子的特征振动模式，多用来分析 CNTs 的价键形态、结晶性和材料的有序化程度[4]。图 3-1 为在最佳工艺参数下制备的复合粉末中 CNTs

的拉曼光谱图。

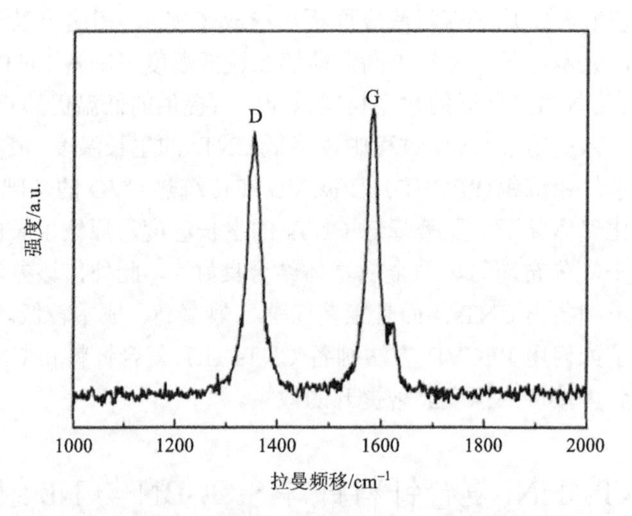

图 3-1　最佳工艺参数下制备的 CNTs 的拉曼光谱图

由图可见，在 $1351cm^{-1}$ 和 $1584cm^{-1}$ 拉曼频移处出现了较强的两个波峰，分别对应 CNTs 的 D 模、G 模的拉曼特征峰位置，这说明试验中获得是 CNTs。同时，CNTs 的石墨化程度由 G 峰的强度表示，而 CNTs 中的晶格畸变和缺陷则由 D 峰反映，因此，通过 D 峰和 G 峰强度的比值(I_D/I_G)可以判断 CNTs 的无序程度和完整性，I_D/I_G 比值越小，说明 CNTs 的缺陷越少，石墨化程度越高[5-8]。如图 3-1 所示，在最佳工艺参数下制备的 CNTs 的 I_D/I_G 值为 0.85 左右，与纯的多晶石墨的 I_D/I_G 值很接近，这表明制备的 CNTs 的石墨化程度较高，纯度较好。

透射电镜分析是碳纳米材料最直观的表征手段之一，可以清晰地反映样品内部的晶体构造[9-14]。图 3-2 是在最佳工艺条件下，在透射用 Cu 网载体上原位生长 CNTs 的透射电镜照片。从图中可以清晰地看出 CNTs 典型的中空管状结构，CNTs 的直径为 10～20nm。CNTs 结构完整，而且杂质较少、纯度较高。

2. 复合钎料中 CNTs 体积分数的计算

由于 CNTs 含量会影响复合钎料的相关性能，因此考虑配制不同 CNTs 含量的 CNTs/TiNi 复合钎料，并测试 CNTs 含量对复合钎料熔点及其在 SiO_2-BN 复合材料表面润湿性的影响。为保证 CNTs/TiNi 复合钎料中 Ti、Ni 原子比为 1∶1，同时有规律地调整 CNTs 含量，按表 3-1 配制不同 CNTs 含量的复合钎料。经试验测定，采用 PECVD 方法，并使用 $Ni(NO_3)_2 \cdot 6H_2O$ 作为催化剂时，原位生长得到的 CNTs 的质量为基体质量的 5%，多壁 CNTs 的密度可按 $1.5g/cm^3$ 计算，据此可计算出不同成分 CNTs/TiNi 复合钎料中 CNTs 的体积分数。

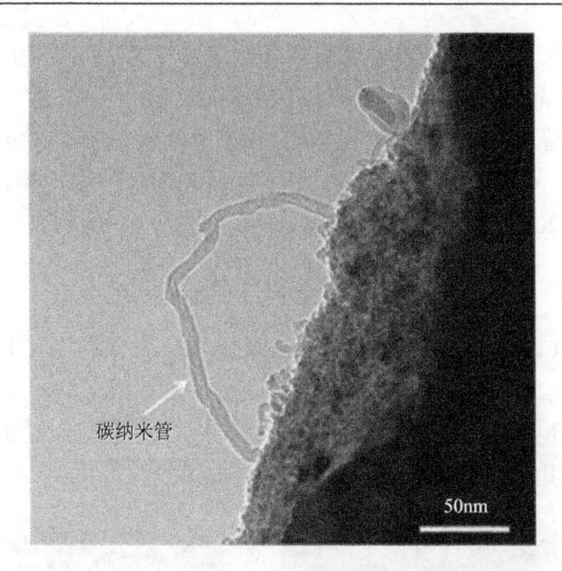

图 3-2　最佳工艺参数下制备的 CNTs 的 TEM 照片

表 3-1　不同 CNTs 含量的复合钎料成分

编号	CNTs/TiH_2(摩尔分数)/%	TiH_2(摩尔分数)/%	Ni(摩尔分数)/%	CNTs(体积分数)/%
1	10	90	100	1.5
2	20	80	100	3.0
3	30	70	100	4.5
4	50	50	100	7.5

3. 不同 CNTs 含量的 CNTs/TiNi 复合钎料的熔点

焊接试验中钎料的熔点决定着钎焊温度的设定，因此需测试 CNTs 含量对 CNTs/TiNi 复合钎料熔点的影响。称取 TiNi 钎料以及上述 CNTs 含量(体积分数)为 1.5%和 7.5%的三种钎料各 10mg，进行 DSC 测试，测试结果如图 3-3 所示。

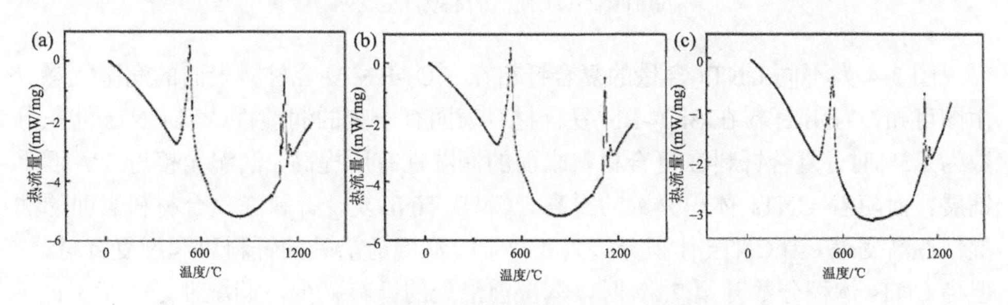

图 3-3　TiNi 钎料与 CNTs/TiNi 钎料 DSC 测试结果

(a) TiNi 钎料；(b) 1.5%CNTs/TiNi 复合 TiNi 钎料；(c) 7.5%CNTs/TiNi 复合钎料

图 3-3(a)～(c)中接近 600℃的放热峰均表示 TiH_2 分解。由 Ti-Ni 二元相图可知，Ti-Ni 发生共晶反应的温度为 1118℃，图 3-3(a)中另一放热峰为 1119℃，可认为与理论值相符。图 3-3(b)和(c)中的放热峰位置与图 3-3(a)中基本一致，无明显差别。因此，CNTs 的加入未对 TiNi 钎料的熔点产生影响，CNTs/TiNi 复合钎料的熔点为 1120℃左右，因此钎焊温度可设定为 1130～1160℃。

4. 不同 CNTs 含量的 CNTs/TiNi 复合钎料的润湿性

为对比不同 CNTs 含量对 CNTs/TiNi 复合钎料在 SiO_2-BN 复合材料表面润湿性的影响，称取 20mg CNTs 体积分数分别为 0.0%、1.5%、4.5%以及 7.5%的 CNTs/TiNi 复合钎料，置于 SiO_2-BN 复合材料表面进行润湿性试验，试验温度为 1140℃，保温时间为 10min，试验结果如图 3-4 所示。

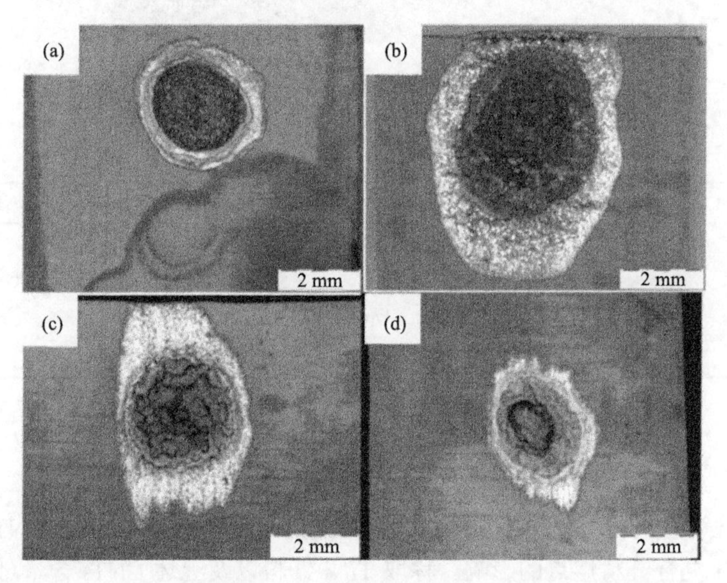

图 3-4　不同 CNTs 含量的复合钎料在 SiO_2-BN 复合材料表面的铺展状态

(a) 0.0%；(b) 1.5%；(c) 4.5%；(d) 7.5%

图 3-4 为不同 CNTs 含量的复合钎料在 SiO_2-BN 复合材料表面的润湿状态。由图可知，TiNi 钎料在 SiO_2-BN 复合材料表面有一定的润湿性，但 CNTs 体积分数为 1.5%时，复合钎料在复合材料表面的润湿性有所提高，润湿角接近 0°，近乎铺展。而随着 CNTs 体积分数的提高，CNTs/TiNi 复合钎料在复合材料表面的润湿性逐渐变差。当 CNTs 体积分数为 4.5%时，润湿前沿处的钎料可润湿复合材料；但当 CNTs 体积分数升至 7.5%时，润湿前沿处的钎料减少，润湿性进一步降低。不同 CNTs 含量的复合钎料在 SiO_2-BN 复合材料表面的铺展状态图可知，TiNi 钎

料在复合材料表面铺展面积较小；CNTs 体积分数为 1.5%时，钎料铺展面积最大；当 CNTs 体积分数进一步增大时，钎料铺展面积逐渐变小。CNTs 含量与复合钎料在 SiO_2-BN 复合材料表面润湿角及铺展面积关系曲线如图 3-5 所示。

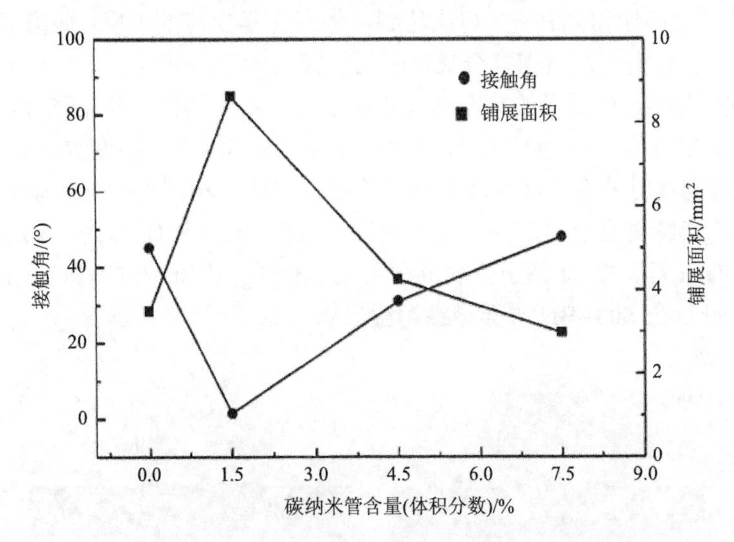

图 3-5　CNTs 含量与钎料润湿角及铺展面积关系曲线

在 TiNi/SiO_2-BN 体系中，润湿过程中伴随着 Ti 与 BN 之间的界面反应，并在界面处形成 TiN-TiB_2 反应层，当被吸附在复合材料表面的 Ti 原子的浓度达到可以触发 SiO_2-BN 复合材料中的 h-BN 发生化学反应的临界值时，该体系即发生化学反应润湿驱动铺展[15]。TiNi 钎料在 CNTs 表面可形成均一、连续的金属表面，有着良好的润湿性。CNTs 对处于熔化状态的金属原子的吸附作用使得金属原子有沿 CNTs 表面铺开的趋势，根据文献[16]对吸附能量的计算可知，CNTs 对 Ti 原子的吸附能力比 Ni 原子更强，同时，Ti 元素在 CNTs 表面的润湿性也更好。因此，可以推断，在 CNTs/TiNi/SiO_2-BN 体系中，由于 CNTs 对 Ti 原子较强的吸附力以及 Ti 元素在 CNTs 表面的良好润湿性，使得 CNTs 在该润湿体系中起到了向 Ti 原子浓度较低的区域传输 Ti 原子的作用，同时相较于熔融金属中元素浓度梯度所引起的扩散，CNTs 向 Ti 原子浓度较低的区域中输送 Ti 原子的速度更快，因此，在相同时间内，CNTs/TiNi 钎料在 SiO_2-BN 复合材料表面的铺展面积比 TiNi 钎料在其表面的铺展面积更大。具体作用机制如图 3-6 所示。

图 3-6(a)和(b)分别表示 CNTs/TiNi 复合钎料以及 TiNi 钎料在 SiO_2-BN 复合材料表面的润湿阶段 1，在该阶段内 CNTs/TiNi 复合钎料以及 TiNi 钎料中的 Ti 原子均被吸附在 SiO_2-BN 复合材料表面，当 Ti 原子的吸附量达到化学反应临界值，触发润湿反应，接触角逐渐减小。图 3-6(c)和(d)分别表示 CNTs/TiNi 复合钎料以

及 TiNi 钎料在 SiO_2-BN 复合材料表面的润湿阶段 2，在该阶段内随着反应的进行，复合材料表面的 Ti 原子逐渐被消耗，润湿前沿处 Ti 原子浓度降低，但由于 CNTs 可以起到快速传输 Ti 原子的作用，因此 CNTs/TiNi/SiO_2-BN 体系中，润湿前沿处的 Ti 原子可以迅速得到补充，再次达到可触发化学反应的浓度，促进润湿前沿进一步前移，从而增大钎料在复合材料表面的铺展面积，然而在未添加 CNTs 的体系中，润湿前沿处 Ti 原子的补充只能依靠浓度梯度下的扩散作用进行，由于该扩散作用传输 Ti 原子的速度比 CNTs 传输 Ti 原子的速度更慢，低浓度区域中的 Ti 原子未能得到及时补充，润湿前沿移动较慢，因此，相同时间内未添加 CNTs 的钎料在 SiO_2-BN 复合材料表面铺展面积较小。图 3-6(e) 和 (f) 即为 CNTs/TiNi 复合钎料以及 TiNi 钎料中 Ti 原子扩散示意图。图 3-6(g) 和 (h) 为 CNTs/TiNi 复合钎料以及 TiNi 钎料在 SiO_2-BN 表面最终润湿形态示意图。

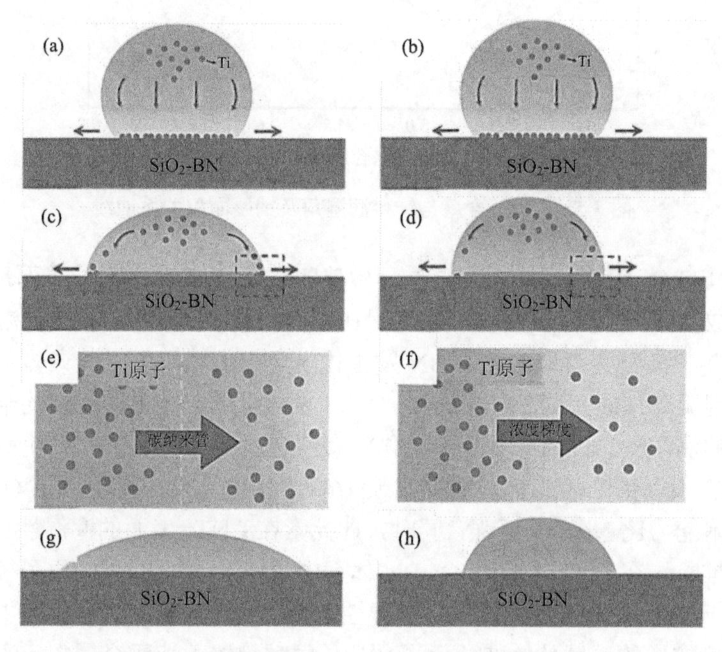

图 3-6　CNTs/TiNi 钎料及 TiNi 钎料在复合材料表面润湿过程

(a) CNTs/TiNi 钎料润湿阶段 1；(b) TiNi 钎料润湿阶段 1；(c) CNTs/TiNi 钎料润湿阶段 2；(d) TiNi 钎料润湿阶段 2；(e) CNTs/TiNi 钎料中 Ti 原子扩散示意图；(f) TiNi 钎料中 Ti 原子扩散示意图；(g) CNTs/TiNi 钎料润湿形貌；(h) TiNi 钎料润湿形貌

然而，若钎料中 CNTs 含量过高，则 CNTs 容易团聚，不利于 Ti 的传输，因此在复合材料表面的润湿效果较差。

3.2.2　CNTs/TiNi复合钎料钎焊SiO_2-BN与Nb界面组织及力学性能分析

为消除黏结剂的不良影响，并保证钎焊炉内真空度，本节采用Ti、Ni箔片包覆TiH_2/CNTs粉末的钎料装配形式，如图3-7所示。

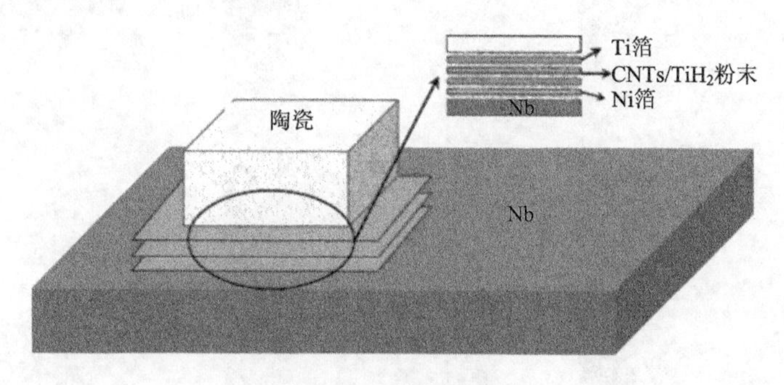

图3-7　试件装配方式

调节Ti、Ni箔片与TiH_2/CNTs粉末的质量以保证钎料中Ti、Ni原子比为1∶1，同时调节Ti箔与TiH_2/CNTs粉末的质量，以获得不同CNTs体积分数的CNTs/TiNi复合钎料。

由于CNTs含量对于其在复合材料中的增强作用有显著的影响[17]，CNTs含量过高或过低均无法实现有效的增强作用，因此有必要研究钎料中CNTs含量对钎焊接头界面组织的影响。图3-8为向钎料中添加不同体积分数CNTs(0.75%～7.50%)后，在钎焊温度T=1140℃，保温时间t=5min的条件下得到的SiO_2-BN复合材料与Nb的钎焊接头界面SEM照片。对比分析各CNTs含量下获得的钎焊接头界面照片可知，在该工艺参数下，接头界面反应产物均主要由TiNi二元共晶以及TiNi-(Nb,Ti)三元共晶组成。当CNTs含量为0.75%时，Nb向钎缝中扩散的较少，TiNi-(Nb,Ti)三元共晶在钎缝中含量相对较少，而当CNTs体积分数大于2.25%时，随CNTs体积分数增大，钎缝中的缺陷逐渐增多，当CNTs体积分数大于4.50%时，界面中出现明显缺陷，而且复合材料侧出现贯穿裂纹，严重影响焊接质量。

产生上述现象的原因是CNTs的团聚。在CNTs增强金属基复合材料中，CNTs主要分布于晶界处，在晶粒生长过程中，CNTs阻碍了晶粒的生长，从而起到细化晶粒的作用[18]。因此可以推断，当CNTs含量适中时，CNTs在钎缝中可起到相似作用。然而，金属颗粒的相对滑移对CNTs的分散能力是有限的，当CNTs加入量超过2.25%后，钎缝中TiNi颗粒的相对滑移已经不能将CNTs完全分散，而多余的CNTs在晶界处发生聚集，形成图3-8(d)～(f)中的黑色孔洞，聚集的CNTs难以进一步分散，而且TiNi共晶的形成，因此成为了裂纹和空隙的产生源，晶界处聚集的CNTs量随着CNTs的加入而越来越多，产生裂纹和空隙的趋势也越大，因此钎缝致密度和强度均有所下降。

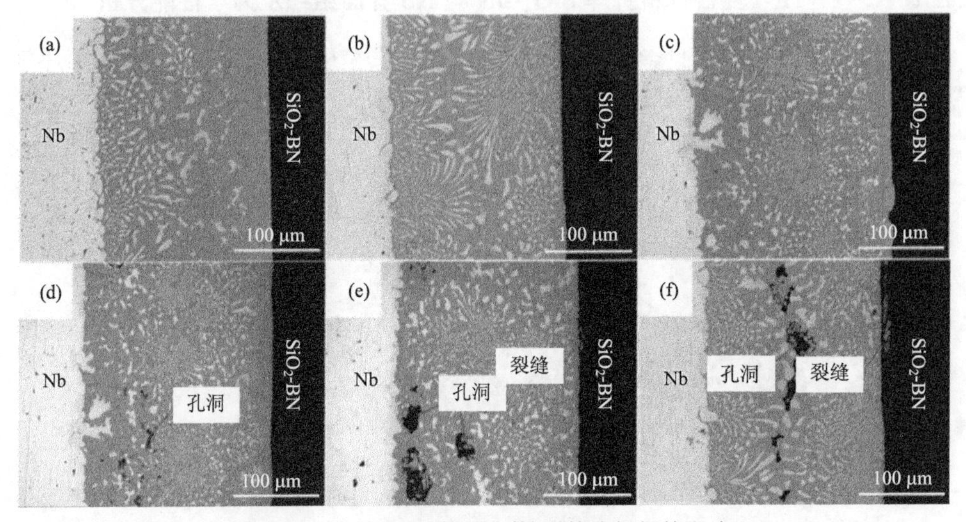

图 3-8　CNTs 含量(体积分数)对接头组织的影响

(a) 0.75%；(b) 1.50%；(c) 2.25%；(d) 3.00%；(e) 4.50%；(f) 7.50%

对不同 CNTs 体积分数的钎焊接头进行抗剪强度测试，测试结果如图 3-9 所示。由测试结果可知，CNTs 含量对钎焊接头抗剪强度影响显著。当钎料中未添加 CNTs 时，接头抗剪强度值为 49MPa，而当 CNTs 体积分数为 1.50%时，接头抗剪强度为 83MPa，比未添加 CNTs 时提高了近 70%。但当 CNTs 体积分数大于 2.25%时，随其体积分数的增加，接头抗剪强度显著降低。

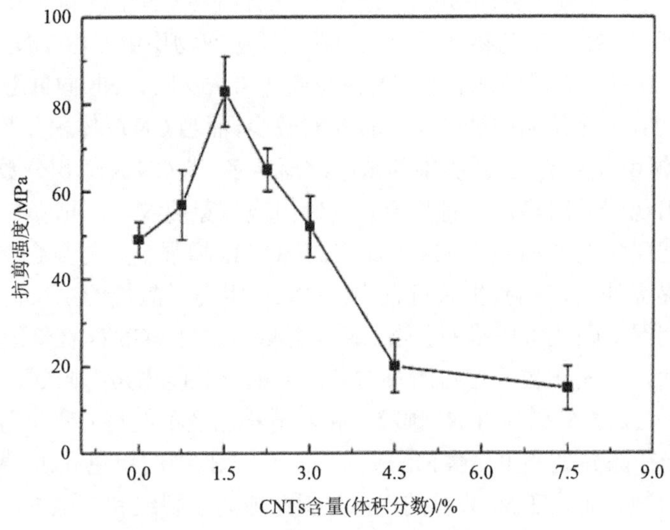

图 3-9　CNTs 含量对接头抗剪强度的影响

适量 CNTs 的加入可阻碍经晶粒起到了细化钎缝晶粒的作用，另外，CNTs 与 TiNi 界面结合良好，在钎缝凝固过程中可起到结晶核心的作用，同样可以细化晶粒；从元素扩散角度分析，CNTs 促进了 Nb 元素向钎缝中的扩散，使得钎缝中形成大量塑韧性良好的 TiNi-(Nb,Ti)共晶，接头中的应力会因 TiNi-(Nb,Ti)共晶的塑性变形而被松弛；另外，CNTs 的加入降低了中间层的线膨胀系数，也可有效缓解钎焊接头中的残余应力，因此适量 CNTs 的加入可提高接头的抗剪强度。然而当 CNTs 体积分数大于 2.25%时，过量的 CNTs 易在晶界处团聚，导致钎缝中出现孔洞等缺陷，而且随 CNTs 体积分数的增多，缺陷愈加严重，因此，CNTs 体积分数大于 2.25%时，钎焊接头抗剪强度随 CNTs 含量的增加而降低。

图 3-10 分别为采用 TiNi 钎料与 1.5vol%CNTs/TiNi 复合钎料时，在钎焊温度 T=1140℃，保温时间 t=5min 的工艺参数下得到的钎焊接头界面组织结构。

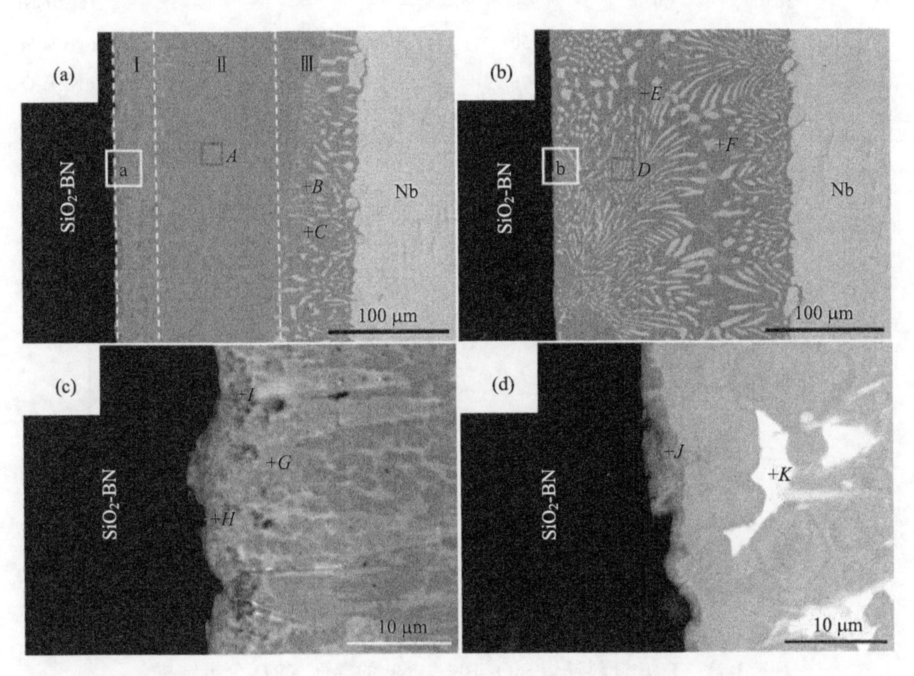

图 3-10　采用 TiNi 钎料与 CNTs/TiNi 复合钎料钎焊接头典型界面

(a) TiNi 钎料接头典型界面；(b) CNTs/TiNi 钎料接头典型界面；(c) a 区域放大；(d) b 区域放大

如图 3-10(a)所示，采用 TiNi 钎料钎焊的接头界面可分为明显的三个区域：Ⅰ区为复合材料侧界面反应层区；Ⅱ区为灰色相；Ⅲ区为三元共晶区。而如图 3-10(b)、(d)所示，采用 CNTs/TiNi 钎料钎焊的接头界面主要由三元共晶组成，复合材料侧界面反应区更窄。为确定接头界面产物的成分，对图 3-10 中各相进行了多点能谱分析，具体分析结果如表 3-2 所示。为进一步确定接头中的相组成，分别对采用 TiNi 钎料与 1.5%CNTs/TiNi 复合钎料时所得的接头区域进行 XRD 扫描，分析结果分别如图 3-11 和图 3-12 所示。

表 3-2 各点能谱分析结果及可能相 (单位：at%)

位置	Ti	Ni	Nb	Si	O	N	可能相
A	44.25	47.46	6.97	1.33	—	—	TiNi
B	17.94	6.93	72.97	2.16	—	—	(Nb,Ti)
C	44.25	47.46	6.97	1.33	—	—	TiNi
D	37.82	33.14	27.77	1.26	—	—	TiNi-(Nb,Ti)
E	42.78	48.53	8.43	1.09	—	—	TiNi
F	15.76	8.95	75.78	2.09	—	—	(Nb,Ti)
G	36.01	30.98	29.64	—	—	—	$(Ti,Nb)_2Ni$
H	44.20	4.89	1.50	12.20	6.25	21.78	Ti-N+Ti-Si
I	48.65	1.21	3.76	2.19	13.54	33.08	Ti-N+Ti-O
J	45.01	2.39	3.01	4.56	14.98	20.36	Ti-N+Ti-O

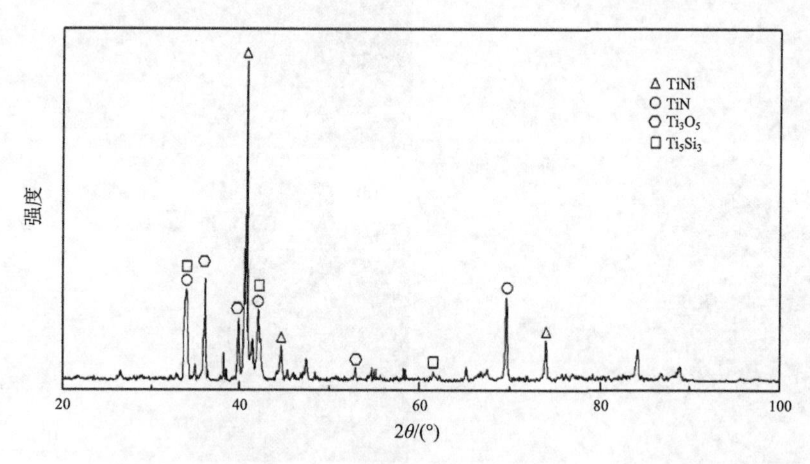

图 3-11 TiNi 钎料钎焊 SiO_2-BN 与 Nb 的界面 XRD 分析结果

A、*C*、*E* 三相均主要含有 Ti、Ni 两种元素，并含有 7at%～11at%的 Nb，参考 Ti-Ni-Nb 三元相图，该相为固溶了 Nb 的 TiNi 金属间化合物，为立方结构的 B2-TiNi。*B*、*F* 两相中元素含量占比相似，主要含有 Nb，而 Ti 和 Ni 占比较少，例如 *B* 相中 Ti 仅占比约 18at%，Ni 仅占比约 7at%。Nb 和 Ti 在固态和液态下均为完全互溶的体系，根据 Nb 和 Ni 的二元相图，Ni 在 Nb 中也有一定的固溶度，因此，该相为固溶了 Ti 和少量 Ni 的 βNb 基固溶体，记为(Nb,Ti)。在图 3-10(a)

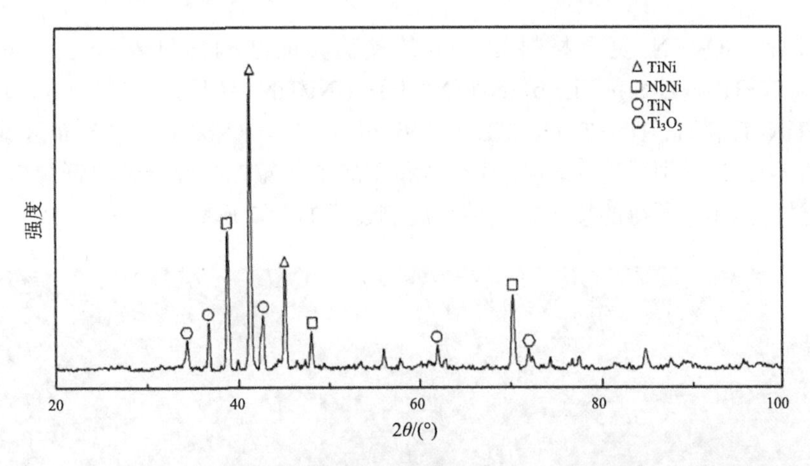

图 3-12　CNTs/ TiNi 钎料钎焊 SiO_2-BN 与 Nb 的界面 XRD 分析结果

Ⅲ区域中，TiNi 和(Nb,Ti)形成了三元共晶组织，记为 TiNi-(Nb,Ti)，同理，图 3-10(b)钎缝中大量存在的也是 TiNi-(Nb,Ti)。*G* 相中 Ti 和 Nb 的原子百分数之和约为 Ni 原子百分数的 2 倍，Ti 和 Nb 的分子结构较为相似，在固态可以无限固溶，结合 XRD 结果中出现的 Ti_2Ni 的衍射峰，判定该种化合物为$(Ti,Nb)_2Ni$。

结合能谱与 XRD 分析结果，可判断复合材料侧界面反应产物主要是 Ti 元素与 N、O、Si 等元素的反应产物，如 TiN、Ti_3O_5、Ti_5Si_3 等，可能发生的化学反应如下：

$$2Ti+BN \longrightarrow TiN+TiB \qquad \Delta_r G_m^{\ominus} = -134.53 - 0.076T \tag{3-1}$$

$$\frac{3}{2}Ti+BN \longrightarrow TiN+\frac{1}{2}TiB_2 \qquad \Delta_r G_m^{\ominus} = -242.84 + 0.0002T \tag{3-2}$$

$$\frac{43}{15}Ti+SiO_2 \longrightarrow \frac{1}{3}Ti_5Si_3+\frac{2}{5}Ti_3O_5 \qquad \Delta_r G_m^{\ominus} = -267.25 + 0.0041T \tag{3-3}$$

$$\frac{17}{10}Ti+SiO_2 \longrightarrow \frac{1}{2}TiSi_2+\frac{2}{5}Ti_3O_5 \qquad \Delta_r G_m^{\ominus} = -136.6 + 0.0014T \tag{3-4}$$

由于钎焊温度为 1140℃，上述四种反应的 Gibbs 自由能数值均为负，故从热力学角度均可发生。而式(3-3)和式(3-4)的 Gibbs 自由能变最小，由此可判断界面生成的产物为 TiN、TiB_2、Ti_5Si_3 和 Ti_3O_5。对比复合材料界面局部区域放大图，以及图 3-10(c)和(d)可以发现，采用 CNTs/TiNi 复合钎料钎焊的 SiO_2-BN/Nb 接头中复合材料侧反应层明显薄于采用 TiNi 钎料时的反应层，TiN、Ti_3O_5 等界面反应产物减少。如图 3-10(b)和(d)所示，钎料中 CNTs 的加入增大了 Nb 元素向钎缝中的扩散距离，在近复合材料侧，部分 Ti 与 Nb 形成(Nb, Ti)共晶，如图 3-10(d)中区域 *K* 所示，因此减小了 TiN、Ti_3O_5 等反应产物的厚度。

综上所述，采用 TiNi 钎料以及 CNTs/TiNi 钎料时，在 1140℃/5min 的工艺参

数下钎焊 SiO_2-BN 复合材料与 Nb 的接头界面结构均可表示为：SiO_2-BN/TiN+Ti_3O_5+TiB_2+Ti_5Si_3/(Ti,Nb)$_2$Ni+(Nb,Ti)+TiNi/TiNi-(Nb,Ti)共晶/Nb。但采用CNTs/TiNi钎料时，TiN+Ti_3O_5+TiB_2+Ti_5Si_3更薄，TiNi-(Nb,Ti)共晶分布区域更宽。

图3-13为分别采用TiNi箔片钎料和1.5%CNTs/TiNi复合钎料钎焊 SiO_2-BN复合材料与Nb，所得的接头经抗剪强度测试后的断口形貌。

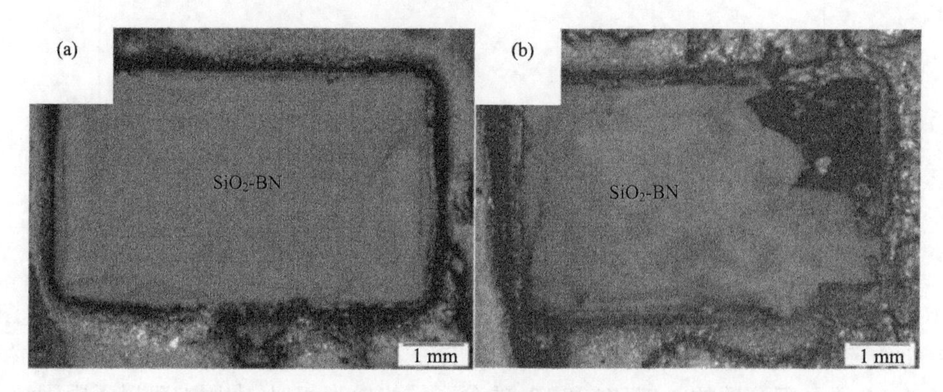

图3-13 TiNi钎料及CNTs/TiNi复合钎料接头断口形貌
(a) TiNi钎料接头断口；(b) CNTs/TiNi钎料接头断口

对比图3-13(a)和(b)可知，当使用TiNi箔片钎料时，断裂发生在近界面复合材料母材中，而且残留在断口上的复合材料基体呈拱形，该断裂模式的金属/复合材料钎焊接头在近界面陶瓷侧存在很大的残余应力[19]，而较大的残余应力使得钎焊接头在较低的外载荷作用下即发生断裂。而采用CNTs/TiNi复合钎料钎焊 SiO_2-BN复合材料与Nb时，断裂主要呈现沿接头界面反应层和复合材料自身的复合形式。这种断裂形式需要更大的外加载荷的作用，因此接头的抗剪强度较高。

对采用CNTs/TiNi复合钎料钎焊的接头断口进行扫描电镜以及能谱分析，扫描电镜照片如图3-14所示，能谱分析结果如表3-3所示。图3-14中右侧黑色区域为复合材料，其余部分为反应层。结合能谱分析结果可知，反应层中黑色颗粒状相，即图中*A*区域，为 SiO_2-BN复合材料；*B*区域中包含大量的TiN；复合材料与反应层的结合处，即图中*C*区域中存在TiNi化合物。由此可知，在外加载荷的作用下，裂纹首先从接头中脆性化合物反应层较厚处萌生，当裂纹扩展至复合材料与金属结合强度较高的区域时，裂纹转而扩展至复合材料中，形成如图3-13(b)所示的断口形貌。

3.2.3 CNTs/TiNi复合钎料钎焊 SiO_2-BN复合材料与Nb的机理分析

为分析采用CNTs/TiNi复合钎料钎焊 SiO_2-BN复合材料与Nb时接头界面的演化机理，首先分别对在钎焊温度 T=1140℃，保温时间 t=5min 的工艺参数下，

TiNi 钎料与 CNTs/TiNi 复合钎料钎焊 SiO_2-BN/Nb 的典型接头界面进行表征，如图 3-15 所示，同时不同元素面扫描分析结果如图 3-16 所示。对比 Ti、Ni、Nb 三种元素的面分布图可知，采用 CNTs/TiNi 复合钎料时，相同工艺参数下，Nb 元素在界面中的扩散距离明显更宽，几乎充满整个钎缝。因此，可推断 CNTs 的存在有助于 Nb 元素的扩散。

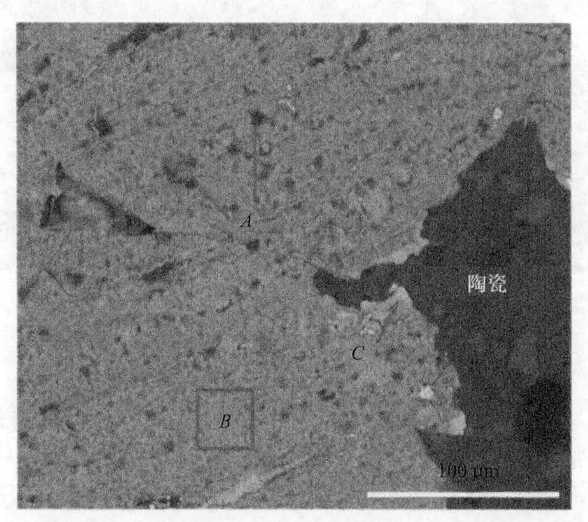

图 3-14　CNTs/TiNi 钎料钎焊接头断口 SEM 照片

表 3-3　CNTs/TiNi 钎料钎焊接头断口能谱分析结果　　(单位：at%)

位置	Ti	Ni	Nb	Si	O	N	B	可能相
A	10.95	00.43	00.76	11.64	28.08	24.96	23.18	SiO_2-BN
B	25.64	3.01	5.45	1.74	6.35	36.28	14.74	TiN
C	48.99	26.49	3.76	2.00	6.89	5.37	6.51	TiNi

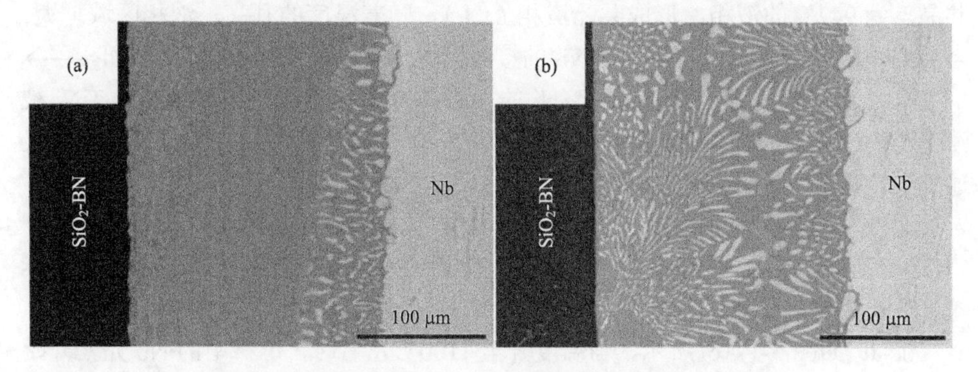

图 3-15　采用 TiNi 钎料及 CNTs/TiNi 钎料的界面元素分布

(a) 采用 TiNi 钎料的界面组织；(b) 采用 CNTs/TiNi 钎料的界面组织

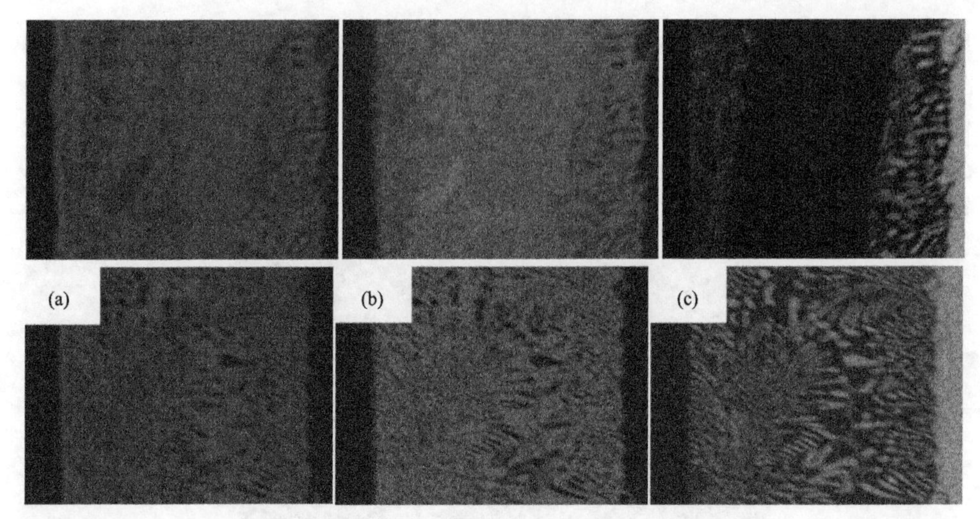

图 3-16 采用 CNTs/TiNi 钎料的界面元素分布
(a) Ti 元素面分布；(b) Ni 元素面分布；(c) Nb 元素面分布

综合 3.2.2 小节分析，可将 CNTs/TiNi 复合钎料钎焊 SiO_2-BN 复合材料与 Nb 的机理用图 3-17 表示。实际钎焊过程中，Ti、Ni 箔片包覆 CNTs/TiH_2 粉末复合中间层是由两层 Ti 箔和两层 Ni 箔间隔叠放的，母材与钎料之间以及每两层箔片之间均匀分布着一定量的 CNTs/TiNi 复合粉末。接头的界面结构演化可分为以下几个阶段。

Ⅰ：如图 3-17(a) 所示，加热过程中，当温度达到 600℃以上时，Ti 箔与 Ni 箔相互扩散，在界面附近形成含 Ni 的 Ti 基固溶体(αTi、βTi)、TiNi 金属间化合物(Ti_2Ni、TiNi、$TiNi_3$)以及含 Ti 的 Ni 基固溶体。此时 CNTs 仍然分布于钎料与母材以及每两层箔片之间。

Ⅱ-a：如图 3-17(b) 所示，当温度达到 942℃时，在 βTi 和 Ti_2Ni 的接触区域出现共晶反应：$\beta Ti + Ti_2Ni \longrightarrow L(\text{Ⅰ})$，其中，$L(\text{Ⅰ})$表示成分为 Ti-24at%Ni 的共晶点为 942℃的液相，形成共晶液相 $L(\text{Ⅰ})$，随着温度的升高，液相区域扩大；当温度升至 1118℃时，TiNi 和 $TiNi_3$ 的接触区域出现共晶反应：$TiNi + TiNi_3 \longrightarrow L(\text{Ⅱ})$，$L(\text{Ⅱ})$表示成分在 Ti-61at%Ni 的共晶点为 1118℃的液相，当部分 TiNi 被消耗时，$L(\text{Ⅰ})$与 $L(\text{Ⅱ})$接触并发生反应：$L(\text{Ⅰ}) + L(\text{Ⅱ}) \longrightarrow TiNi$，使复合箔迅速完全转变为 TiNi 金属间化合物。

Ⅱ-b：如图 3-17(e) 所示，在上述过程中，TiH_2 已分解为 Ti，但并未影响到 CNTs 与基体的结合，同时，Ti 元素在 CNTs 表面有良好的润湿性[20]，因此，CNTs 随着其基体均匀分散在钎缝中。

Ⅲ-a：如图 3-17(c) 所示，当温度升至 1100℃左右时，母材中的 Nb 元素开始向钎缝中扩散，由于 Ti-Ni 反应的放热量较大，会使体系的温度升高，因此，虽然 TiNi-Nb 伪共晶温度为 1150.7℃，但在 1130℃，TiNi 和 Nb 即发生接触反应，生成 TiNi-(Nb, Ti)三元共晶液相。

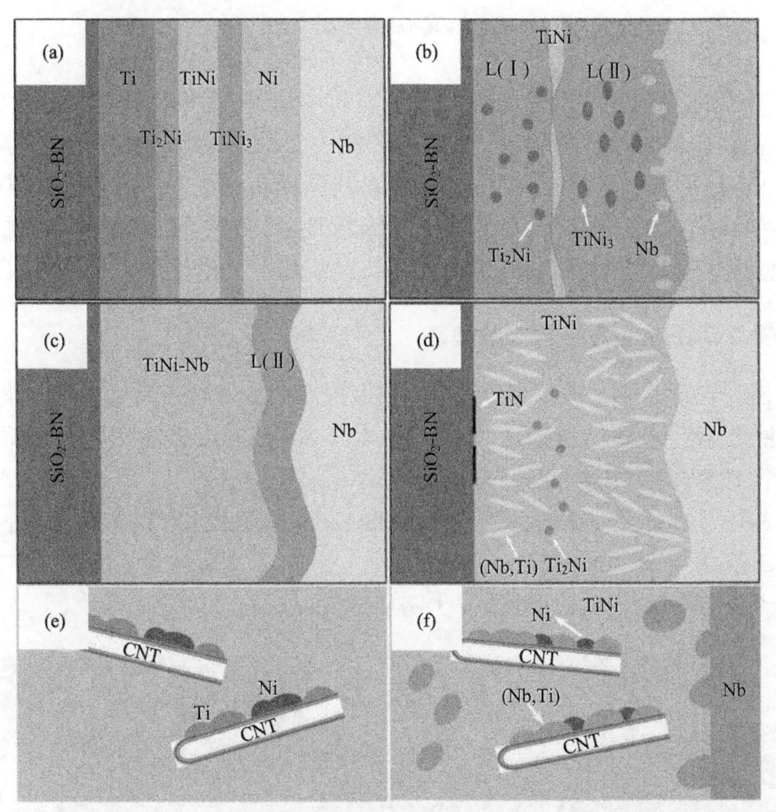

图 3-17　CNTs/TiNi 复合钎料钎焊 SiO_2-BN/Nb 接头界面演化过程

(a)阶段 1；(b)阶段 2；(c)阶段 3；(d)阶段 4；(e)阶段 2 中的 CNTs；(f)阶段 3 中的 CNTs

Ⅲ-b：如图 3-17(f)所示，由于 Nb 元素在 CNTs 表面同样有良好的润湿性[21]，而且 Ti 和 Nb 的分子结构较为相似，可在固态无限固溶，因此在上述过程中，随着金属颗粒的相对滑移，适当含量的 CNTs 会在钎缝中均匀分散，CNTs 起到了输送 Nb 元素的过程，使得 Nb 元素在较短时间内迅速扩散至另一侧母材处，整个钎缝区域都转化为 TiNiNb 的液相。同时，在复合材料侧界面处，由于大量 Nb 扩散至此处，所以界面处的 Ti 元素在液相下优先与 Nb 发生共晶反应，因此界面处由于电负性差异较大而被吸引至复合材料表面并与复合材料发生反应的 Ti 原子减少，界面处生成的 TiN、Ti_3O_5 等脆性化合物层变薄。

Ⅳ：如图 3-17(d)所示，降温过程中，钎缝凝固并析出 TiNi-(Nb,Ti)共晶、$(Ti,Nb)_2Ni$ 共晶、Ti_2Ni 化合物等相。钎缝凝固后，CNTs 主要分布于晶界处，若钎缝中 CNTs 含量过高，则其易于在晶界处团聚，阻碍晶粒生长，钎缝中出现明显缺陷。

3.3 CNTs/AlSiCu 复合钎料钎焊 MBOW/Al 组织性能以及机理研究

CNTs/TiNi 复合钎料钎焊 SiO_2-BN 复合材料与 Nb 形成良好可靠的接头，CNTs 与活性元素 Ti 发生反应增强了 CNTs 在钎料中的均匀分散程度，同时 CNTs 起到了输运 Nb 元素的作用，使得 Nb 元素参与共晶反应。在不同的复合钎料体系中，CNTs 会具有不同的作用，下文介绍了 CNTs/AlSiCu 复合钎料的制备及钎焊硼酸镁晶须增强铝基复合材料(MBOW/Al)接头的组织、力学性能以及相应机理分析。

3.3.1 CNTs/AlSiCu 复合粉末的表征

同 3.2 节的 CNTs/TiH_2 复合粉末参数优化，CNTs/AlSiCu 复合粉末最佳制备参数：生长温度 500℃、流量比 CH_4∶H_2=40∶10(sccm)，反应气体总压强 700Pa，射频功率 175W，生长时间为 15min。

图 3-18 对比了在最佳生长工艺下 AlSiCu 粉末生长 CNTs 前后形貌，可见灰色的 AlSiCu 粉末在生长 CNTs 后变为黑色。在 SEM 下可见最初光滑的 AlSiCu 表面覆盖一层均匀管状物，尺寸未发生明显改变，颗粒之间并未结块。

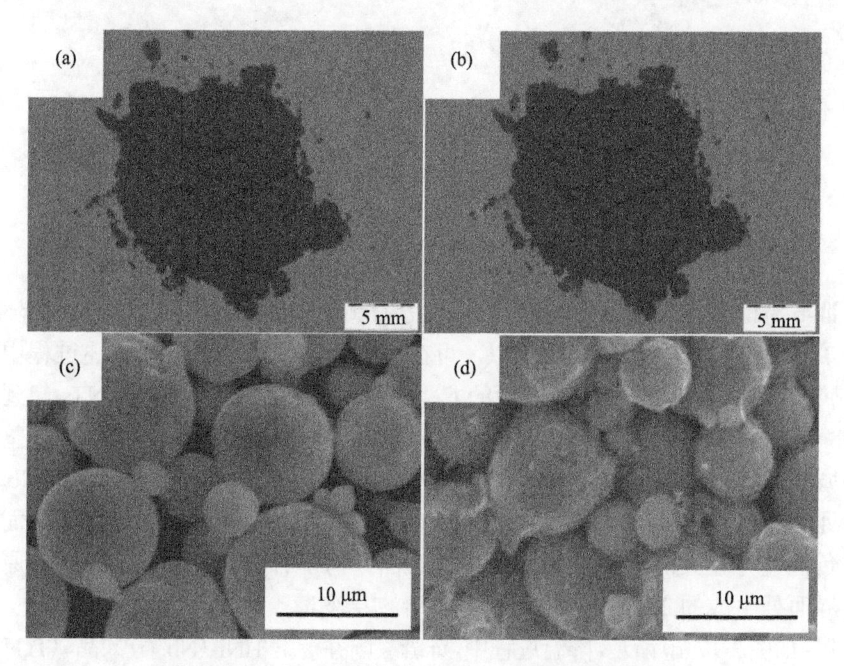

图 3-18 生长 CNTs 前后 AlSiCu 粉末表面形貌对比

(a)生长前宏观形貌；(b)生长后宏观形貌；(c)生长前微观形貌；(d)生长后微观形貌

图 3-19 为最佳生长工艺下 AlSiCu 粉末表面 CNTs 的拉曼光谱，可以看出，在 1350cm^{-1} 和 1580cm^{-1} 处出现了明显的 D 峰和 G 峰，确定了 CNTs 的存在。其中，I_D/I_G 值为 0.87，与纯多晶石墨的 I_D/I_G 值极为接近，说明 AlSiCu 表面 CNTs 的石墨化程度较高，纯度较好。

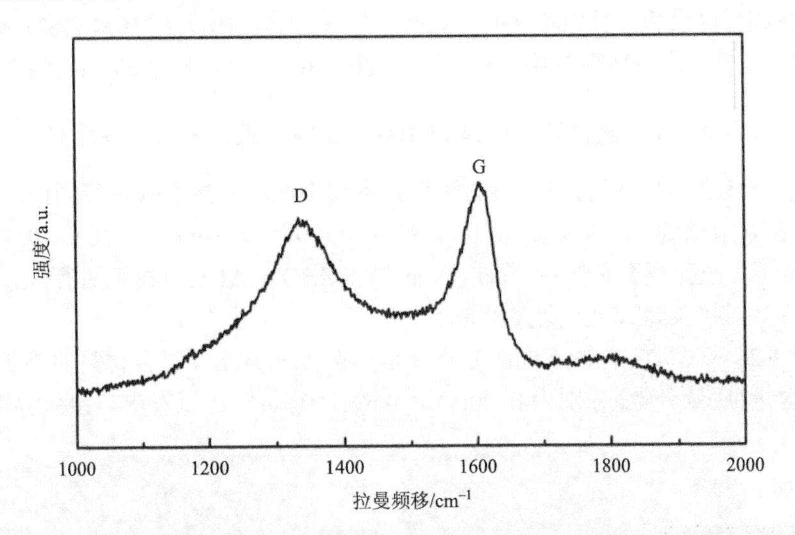

图 3-19　CNTs/AlSiCu 复合钎料的拉曼光谱

为进一步分析 CNTs 的结构以及形态，对单根碳纳米管进行了 TEM 及 HRTEM 观察，结果如图 3-20 所示。

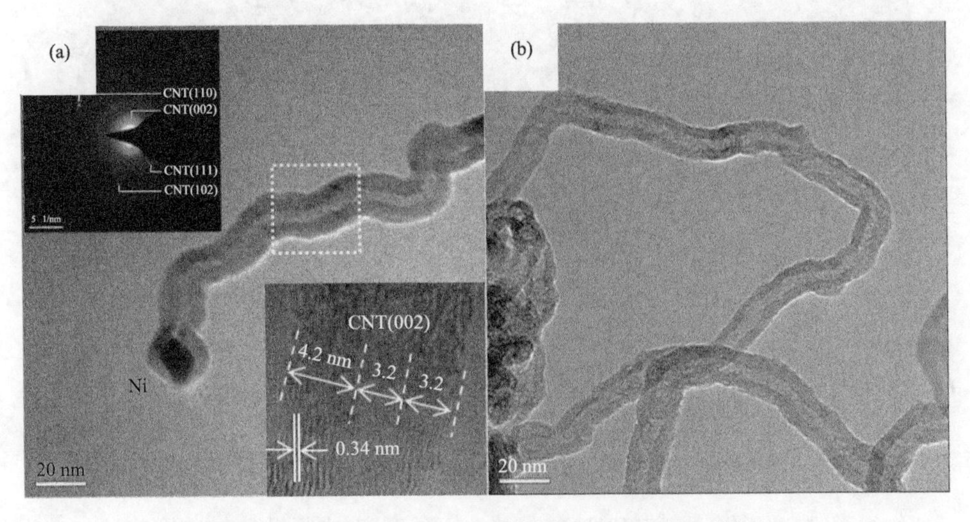

图 3-20　最优工艺下 CNTs 的 TEM 及 HRTEM 照片

在 TEM 下可以观察到碳纳米管的中空管状结构，管长大于 1μm，催化剂 Ni 纳米颗粒存在于碳纳米管的顶端，与 3.2.1 小节所述碳纳米管的顶部生长机理一致。对图 3-20 中所示的碳纳米管进行 HRTEM 观察，可见其为多壁碳纳米管，且平均壁厚约为 3.7nm，内径约为 3.2nm，外径约为 10.6nm。通过对该碳纳米管选区衍射花样的标定，可以确定其中存在四个晶面取向，分别为(101)、(110)、(102)和(002)。而从碳纳米管的高分辨照片中，可以标出(002)取向的晶面，晶面间距为 0.34nm。

3.3.2　CNTs/AlSiCu 复合钎料钎焊 MBOW/Al 界面组织及力学性能分析

在钎焊过程中，母材与钎料的线膨胀系数不匹配是接头残余应力产生的主要原因。在本节试验中，固定钎焊工艺参数(T=590℃, t=10min)，在 0～0.9%(质量分数)范围内改变复合钎料中 CNTs 含量，对 MBOW/Al 复合材料进行连接，研究 CNTs 含量对接头组织及性能的影响。

图 3-21 为 CNTs 含量不同的复合钎料连接 MBOW/Al 复合材料的接头界面，CNTs 含量(质量分数)分别为 0、0.3%、0.6%、0.9%。可以看出，接头界面中没

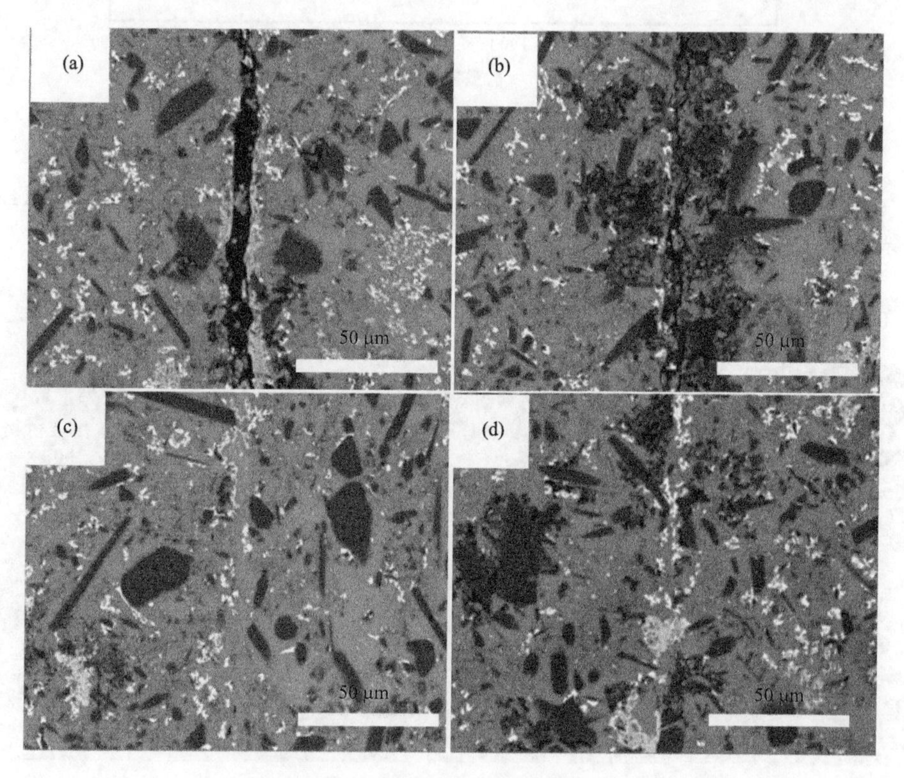

图 3-21　复合钎料中 CNTs 含量(质量分数)对接头界面组织结构的影响

(a) 0%；(b) 0.3%；(c) 0.6%；(d) 0.9%

有新相出现，都在 3.2 节所述的 *A*、*B*、*C*、*D* 四种相的范围内，且组织结构均为 MBOW/Al 复合材料/$Mg_2B_2O_5$+Al_2Cu+Al(s,s)+Al_4C_3/MBOW/Al 复合材料，并未观察到复合钎料中的 CNTs 含量对接头界面组织成分的显著影响。

从图中可以观察到，CNTs 含量会显著影响接头界面中裂纹的分布。图 3-21(a)中界面处可见较大裂纹，裂纹两侧为白色脆性化合物 Al_2Cu 相，且 Al_2Cu 几乎连续地分布于界面两侧；图 3-21(b)中可见界面连接处仍然有裂纹存在，相比于图 3-21(a)所示裂纹较小，沿焊缝方向界面表现为不连续；图 3-21(c)所示界面完整连续，组织及结构均与典型界面相同；图 3-21(d)中界面连接处并未见裂纹存在，但是近界面母材中的硼酸镁晶须附近出现了不同程度的结构不连续，分析同样是由焊后残余应力所导致的。

复合钎料中 CNTs 含量不同时接头的力学性能如图 3-22 所示，当复合钎料中的 CNTs 含量(质量分数)为 0.6%时，界面完整连续，接头抗剪强度为 94MPa。

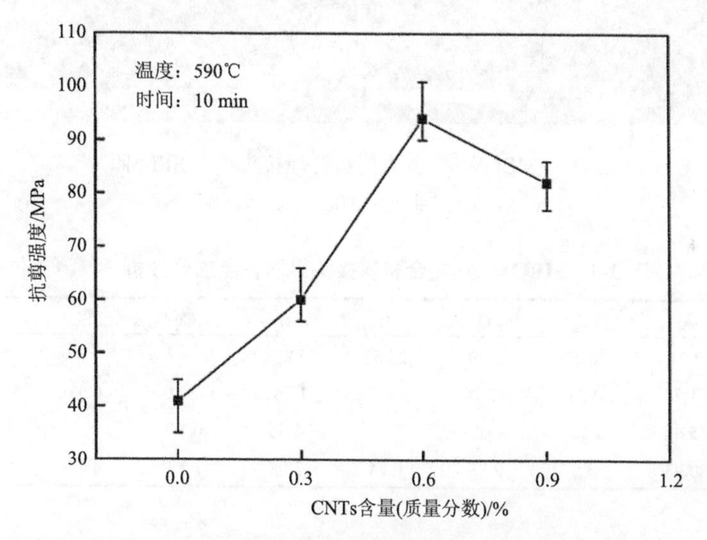

图 3-22　复合钎料中 CNTs 含量对接头力学性能的影响

为了便于分析 MBOW/Al 复合材料接头界面的组织结构，本节采用 0.6wt% CNTs/AlSiCu 复合钎料在 590℃对其进行钎焊连接，并保温 10min，得到的典型界面如图 3-23 所示。

由图 3-23 可以看出，复合钎料与两侧母材形成了较好的接合，接头与母材的边界不明显。接头界面中主要包含 4 种相，且分布较为均匀。*A* 相的主要成分是 Mg、B、O 元素，呈黑色，形态与母材中硼酸镁晶须极为相似，根据其原子百分数，推测其可以成分为 $Mg_2B_2O_5$。界面中白色相 *B* 包括 Al、Cu 等元素，通过能谱分析推测其可能成分为 Al_2Cu，而 Al_2Cu 也是钎料基体的成分相之一。从

图 3-23(a)中放大照片中，可以清晰地分辨出呈规则三角状的 *C* 相，能谱分析可得其主要成分为 Al 元素和 C 元素，且两者原子比例接近 4∶3，推测其为 Al_4C_3 相。*D* 相在接头界面中所占比例最大，其余各相交错分布其中，由能谱分析结果可知，*D* 相中 Al 元素的原子百分数为 80.93%，而 Si 元素则只存在与 *D* 相中，其他元素含量相对较少，推测其为 Al(s,s)。

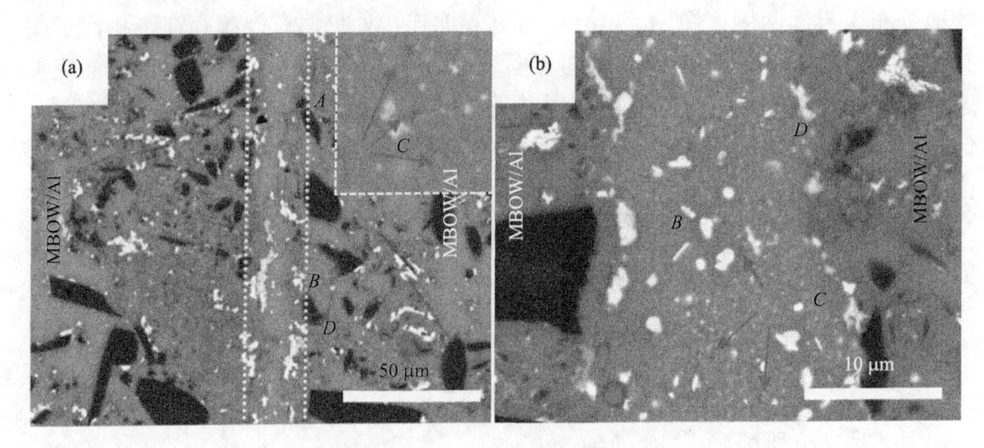

图 3-23　MBOW/Al 复合材料钎焊接头界面 SEM 照片

(a)完整接头照片；(b)局部放大照片

表 3-4　MBOW/Al 复合材料接头界面各点成分分析　(单位：at%)

位置	Al	Mg	C	B	O	Cu	Si	可能相
A	2.04	16.27	5.79	22.52	53.38	—	—	$Mg_2B_2O_5$
B	51.78	0.73	12.14	—	17.41	13.10	0.52	Al_2Cu
C	55.01	1.13	36.64	—	6.96	0.26	—	Al_4C_3
D	80.93	—	9.88	0.54	3.08	1.11	4.46	Al(s, s)

通过对接头断口进行 XRD 分析，确定了各相的分子组成，结果如图 3-24 所示。

在对 XRD 分析曲线的标定后，可以确定 *B* 相为 Al_2Cu，*C* 相为 Al_4C_3，*D* 相为 Al(s,s)，与推断一致。XRD 曲线上并未出现的 $Mg_2B_2O_5$ 峰，但通过对 *A* 相成分的分析，结合实际情况，可以确定 *A* 相为 $Mg_2B_2O_5$。综上可知，采用 0.6wt% CNTs/AlSiCu 复合钎料在 590℃钎焊连接 MBOW/Al 复合材料，保温 10min 后得到的接头界面组织为 MBOW/Al 复合材料/$Mg_2B_2O_5$+Al_2Cu+Al(s,s)+ Al_4C_3/MBOW/Al 复合材料。

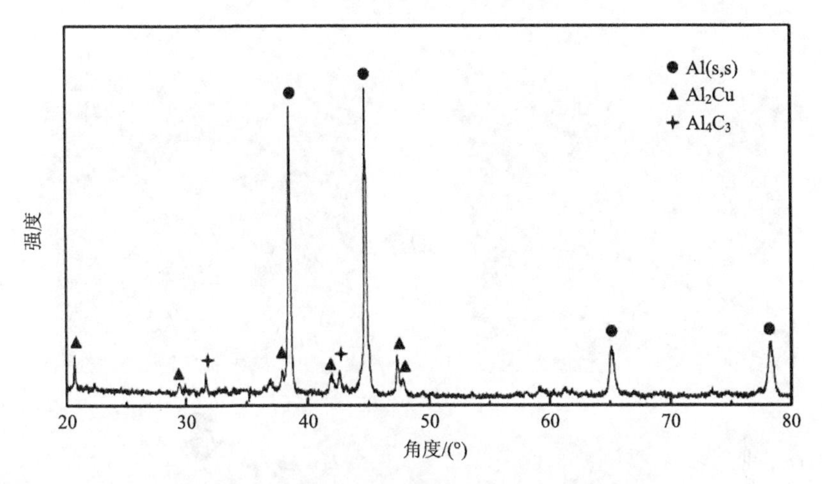

图 3-24　MBOW/Al 复合材料接头 XRD 分析结果

3.3.3　CNTs/AlSiCu 复合钎料钎焊 MBOW/Al 的机理分析

根据 3.2.2 小节的试验结果及理论分析，得到 CNTs 对钎焊接头的强化机制主要体现在线膨胀系数调节及载荷传递方面这一结论。

根据文献[22]记载，CNTs 的线膨胀系数在 403K 时，达到最小值-1.28×10^{-6}/K。常温下 MBOW/Al 复合材料为 13.54×10^{-6}/K，而 AlSiCu 钎料的线膨胀系数较大，为 14.3×10^{-6}/K，且随着温度的升高，差异更显著。对复合材料来说，线膨胀系数是母材与增强体的宏观上的平均体现。通过调节复合钎料中 CNTs 的含量，可以实现复合钎料的线膨胀系数与母材在各个降温段相接近。

如图 3-25 所示，在钎焊连接的降温过程中，接头中不可避免会有一些杂质相存在，而这些杂质相又往往是裂纹产生的源头，若此时钎料金属持续受到较大的拉应力作用，会促进微裂纹向裂纹的转变。而且，随着温度的继续降低，钎料与母材线膨胀系数的不匹配逐渐变得显著，更加速了裂纹的扩展以及孔洞的滋生，若此时裂纹与成片脆性化合物相接触，可能会导致裂纹迅速扩展，使界面中出现大裂纹，大幅削弱接头的力学性能。

当添加一定量 CNTs 使钎料与母材的线膨胀系数大致相同时，如图 3-26 所示，降温过程中残余应力的分布特点虽然并未发生改变，但是峰值拉应力得到了显著的降低。降温过程中在杂质相的周围依旧会出现一些裂纹源，但是由于此时钎缝金属所受拉应力较低，裂纹扩散速率相比于前者得到了显著的降低，使接头界面组织中存在的裂纹尺寸较为微小，而且尺寸较小的裂纹即使在遇到连接成片的脆性化合物相时，失稳扩散的可能性也相对于前者较小，使得接头的强度得到改善。

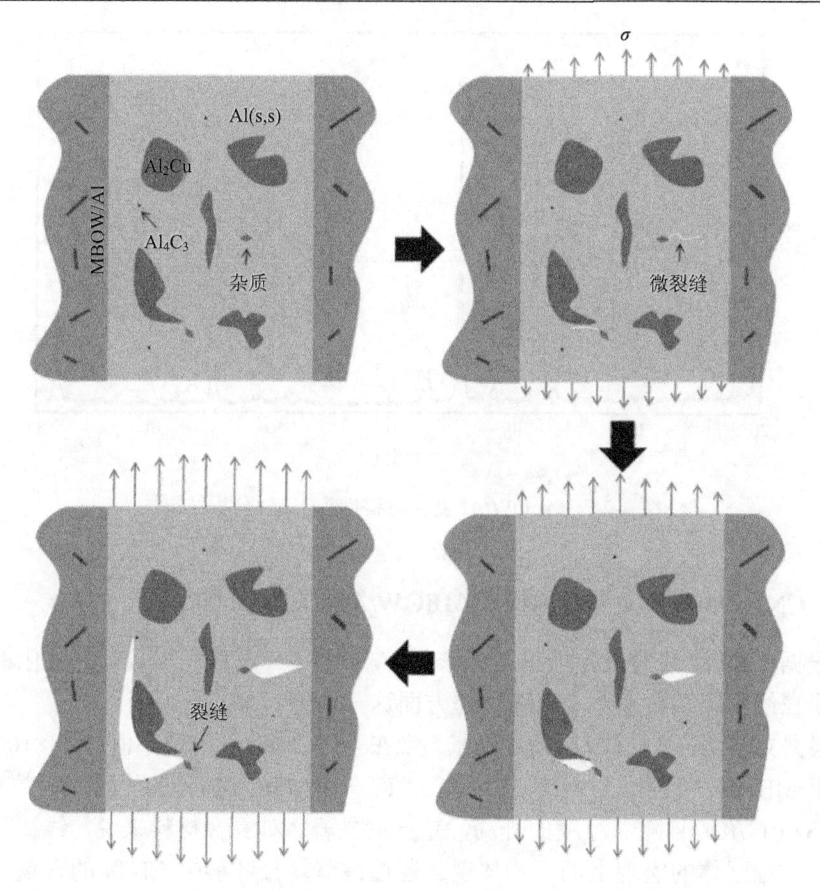

图 3-25　钎料中无 CNTs 时热应力促进裂纹扩展机理图

典型界面组织结构的分析结果表明，在钎焊过程中钎料与母材间几乎不发生界面反应，界面接合很大程度上是母材与钎料在接触边界微小区域内的流动行为和扩散作用，使钎缝界限变得模糊，最终导致接头中不存在明显的力学性能薄弱的区域。此时，钎焊接头的力学性能已经非常接近复合钎料本身的力学性能。在钎料中未添加 CNTs 时，接头中由于有大量裂纹及孔洞缺陷的存在，力学性能显著低于 AlSiCu 钎料金属的性能。从力学性能测试结果可以看出，复合钎料的力学性能相比于原钎料得到了很大提升。

通过对 CNTs 与 AlSiCu 钎料的界面行为的分析可知，在钎焊的热循环过程中，钎料金属中 Al 和 Cu 通过范德瓦耳斯力对 CNTs 表面物理润湿；同时，由于本章介绍所制备的多壁 CNTs 表面存在少量的无定形碳和微小缺陷，Al 与 CNTs 在钎焊连接的高温区间发生微弱反应生成 Al_4C_3 薄层。相关文献[23]研究表明，上述反应的发生促进了 Al 与 CNTs 之间的浸润结合，且 Al_4C_3 薄层与 Al 及与 CNTs 表面之间具有较强的界面结合力。在物理润湿与反应润湿的双重作用下，界面结合力进一步增大，AlSiCu 钎料金属对 CNTs 表面实现了连续均匀地包覆。由于 CNTs 长径比高(100～500)、比表面积大(与基体接触面积大)，且 CNTs 和基体之间界面结合好，最终实现了对超大载荷的承载与传递。

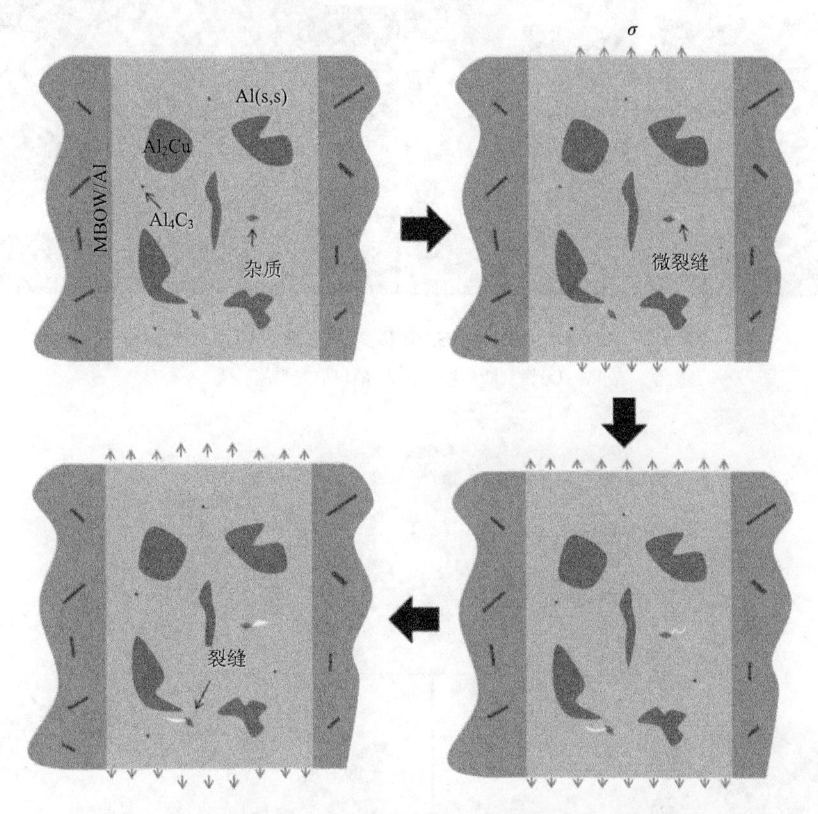

图 3-26　钎料中含 CNTs 时热应力促进裂纹扩展机理图

在对钎焊试件进行的抗剪切力学性能测试中，接头中与应力垂直分布的 CNTs 凭借与基体的高强度结合及自身优异的力学性能，实现了对载荷的承递。

采用高倍 SEM 对图 3-27(a)中韧窝处的进一步观察发现，韧窝附近区域有明显的撕裂滑移的痕迹，在显著位置存在一根被钎料均匀包覆的 CNTs，如图 3-27(b)所示。从图中标记区域可以看出，CNTs 介于两层钎料金属之间，被钎料金属均匀连续地包覆着，起到了类似于桥接的作用。由于 CNTs 和钎料金属之间有较强的界面结合力，使得接头需要更大的力断裂才会失效。

如图 3-28 所示，在钎焊降温过程中，钎缝金属受到拉应力的作用，在接头界面的杂质相附近萌生裂纹源，随着温度的降低及线膨胀系数相差更大，拉应力变大，使裂纹有长大和扩展的趋势。由于接头组织中 CNTs 的存在，接头所受拉应力峰值较小。由于 CNTs 是均匀分布的，在裂纹源附近的 CNTs 可以有效地阻碍裂纹的继续发展。

图 3-27 0.6wt%CNTs/AlSiCu 接头微观断口局部放大照片

(a) 微观断口照片；(b) 断口放大照片

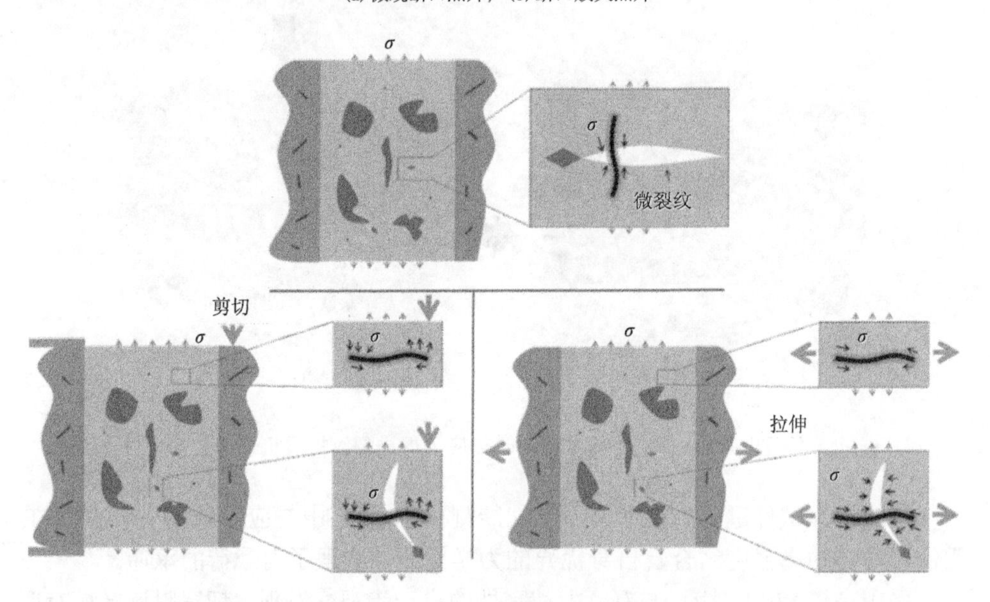

图 3-28 CNTs 对接头强化作用的微观解释

当接头受到外加载荷作用时，CNTs 对接头的增强作用分为两种情况：一方面，当接头受到拉应力作用时，由于 CNTs 结构保持好，具有优异的力学性能(拉伸强度 55GPa)，且均匀地分布在接头的基体中，因而与应力方向平行分布的 CNTs 可以承受相对较大拉应力而不易断裂；即使发生断裂，CNTs 也不易从基体中被拽出从而能有效地传递荷载；另一方面，当接头受到剪切应力的作用时，与应力垂直方向分布的 CNTs 也可以实现对载荷的承载。

3.4 本章小结

本章介绍了采用 PECVD 方法在 TiH_2 粉末上原位生长 CNTs，制备 CNTs/TiNi 复合钎料，钎焊连接 SiO_2-BN 复合材料与 Nb；制备 CNTs/AlSiCu 复合钎料，钎焊连接 MBOW/Al 复合材料，均获得了高质量的钎焊接头。

TiNi 钎料与 CNTs 有良好的界面结合，经高温退火后，CNTs 仍然保留管状结构，TiNi 钎料在 CNTs 表面的分布仍然均匀连续。CNTs 在外壁破损处与 Ti 元素发生反应，生成少量 TiC。在 CNTs/TiNi/SiO_2-BN 体系中，由于 CNTs 对 Ti 原子较强的吸附力以及 Ti 元素在 CNTs 表面的良好润湿性，CNTs 在该润湿体系中起到了向 Ti 原子浓度较低的区域传输 Ti 原子的作用。在工艺参数为 1140℃/5min 的条件下，CNTs/TiNi 复合钎料中 CNTs 的最佳含量为 1.5%(体积分数)，此时接头平均抗剪强度为 83MPa，强度比未添加 CNTs 时提高了 60%。

CNTs/AlSiCu 复合钎料钎焊 MBOW/Al 接头组织中的界面行为表明，CNTs 表面的微小缺陷或无定形碳薄层与铝反应生成 Al_4C_3 薄层，改善 CNTs-Al 界面浸润性，提高界面结合强度，实现钎料金属对 CNTs 的连续均匀包覆。由于 CNTs 结构保持完整，且长径比高、比表面积大，接头的载荷传递效率和力学性能得到显著提高。在钎焊温度 590℃，保温 10min 时，接头强度达到最大值 94MP，相比 AlSiCu 钎料提升了 130%。

参考文献

[1] Zheng B, Lu C, Gu G, et al. Efficient CVD growth of single-walled carbon nanotubes on surfaces using carbon monoxide precursor. Nano Letters, 2002, 2(8): 895-898.

[2] Kim M J, Choi J H, Park J B, et al. Growth characteristics of carbon nanotubes via aluminum nanopore template on Si substrate using PECVD. Thin Solid Films, 2003,435(1): 312-317.

[3] Kumar M, Ando Y. Chemical vapor deposition of carbon nanotubes: a review on growth mechanism and mass production. Journal of nanoscience and nanotechnology，2010, 10(6): 3739-3758.

[4] 赵江. 高质量多壁碳纳米管的制备方法和应用研究. 上海: 上海交通大学, 2013.

[5] 孟祥艳. 碳纳米管的结构和光学性质研究. 济南: 山东大学, 2013.

[6] 张启. CNTs 增强复合钎料钎焊 TC4 及 C/C 复合材料研究. 哈尔滨: 哈尔滨工业大学, 2019.

[7] 霸金. 表面结构调控辅助钎焊 SiO_2-BN 陶瓷与 TC4 合金工艺研究. 哈尔滨: 哈尔滨工业大学, 2018.

[8] 宋义河. C/C 复合材料表面生长 CNTs 及与 Nb 钎焊工艺及机理研究. 哈尔滨: 哈尔滨工业大学, 2017.

[9] Yang Z, Wang C, Han Y, et al. Design of reinforced interfacial structure in brazed joints of C/C

composites and Nb by pre-oxidation surface treatment combined with *in situ* growth of CNTs. Carbon, 2019, 143: 494-506.

[10] Ba J, Zheng X, Ning R, et al. Brazing of SiO_2-BN modified with *in situ* synthesized CNTs to Ti6Al4V alloy by TiZrNiCu brazing alloy. Ceramics International, 2018, 9: 10210-10214.

[11] 李春红. CNTs/Al-Cu 复合材料的微观结构及热变形行为研究. 重庆: 重庆大学, 2019.

[12] 徐润. 碳纳米管增强铝基复合材料的微结构调控与强塑性研究. 上海: 上海交通大学, 2019.

[13] 郭长虹. 纳米相增强铜基复合材料制备及强化机理研究. 秦皇岛: 燕山大学, 2019.

[14] 常青, 张丽霞, 孙湛, 等. 表面生长碳纳米管对 C/C 复合材料钎焊接头的影响. 机械工程学报, 2020, 56(08): 20-27.

[15] Kong F, Zhang X, Xiong W, et al. Continuous Ni-layer on multiwall carbon nanotubes by an electroless plating method. Surface and Coatings Technology, 2002, 155: 33-36.

[16] Bittencourt C, Felten A, Ghijsen J. Decorating carbon nanotubes with nickel nanoparticles. Chemical Physics Letters, 2007, 436: 368-372.

[17] 邓春锋. CNTs 增强铝基复合材料的制备及组织性能研究. 哈尔滨: 哈尔滨工业大学, 2007.

[18] Zhang Y, Franklin N W, Chen R J, et al. Metal coating on suspended carbon nanotubes and its implication to metal-tube interaction. Chemical Physics Letters, 2002, 331: 35-41.

[19] Song X, Cao J, Wang Y, et al. Interfacial microstructure and joining properties of TiAl/Si_3N_4 brazed joints. Materials Science and Engineering A, 2011, 528: 7030-7035.

[20] Kondoh K, Threrujirapapong T, Umeda J, et al. High-temperature properties of extruded titanium composites fabricated from carbon nanotubes coated titanium powder by spark plasma sintering and hot extrusion. Composites science and technology, 2012, 72(11): 1291-1297.

[21] Thomson K E, Jiang D, Yao W, et al. Characterization and mechanical testing of alumina-based nanocomposites reinforced with niobium and/or carbon nanotubes fabricated by spark plasma sintering. Acta materialia, 2012, 60(2): 622-632.

[22] Zhang Y, Sun X, Pan L, et al. Carbon nanotube-zinc oxide electrode and gel polymer electrolyte for electrochemical supercapacitors. Journal of Alloys and Compounds, 2009, 480(2): 17-19.

[23] 徐尊严. CNTs 与原位 Al_4C_3 混杂增强铝基复合材料的制备及其组织与力学性能. 昆明：昆明理工大学, 2019.

第4章　石墨烯复合中间层辅助复合材料异质结构钎焊连接

采用多孔金属材料辅助钎焊复合材料与金属具有很多优势：①多孔金属材料与钎料间往往具有极佳的润湿性，且多孔金属材料独特的三维网络结构能够使材料本体大量、均匀地分布于钎缝各处，因而其对接头的强化作用具有分散化、均匀化的特点；②多孔金属材料的引入通常会增大钎缝的厚度，延长钎缝中活性元素的扩散路径，从而起到调控复合材料与钎缝界面反应层厚度的作用；③多孔金属材料的大比表面积使其可以作为载体向钎缝中均匀引入大量增强相，从而更为有效地调节钎缝的组织结构并强化钎缝的性能；④多孔金属材料本身也可以与钎料发生冶金反应，在钎缝中原位形成第二相，从而改善钎缝的组织及性能；⑤多孔金属材料往往具有优异的塑韧性，且应变容纳能力较强，能够通过自身三维网络结构发生形变来卸载外加载荷，有效缓解接头的高残余应力[1, 2]。然而，多孔金属易在高温钎焊过程中被钎料侵蚀而发生溶解坍塌，失去其优异的应变容纳能力，这限制了其对接头的增强作用。

石墨烯在高温下具有优异的热稳定性和对活性元素良好的化学惰性，若在多孔金属表面原位包覆石墨烯层，则能够较好地保护泡沫金属的骨架结构完整性；同时，石墨烯还具有极为优异的力学性能与热物理性能，少量石墨烯的添加即可有效提高复合材料的力学性能[1]。对此，在泡沫金属表面实现高质量石墨烯的可控制备对于提高接头力学性能具有十分重要的意义。本章首先采用化学气相沉积方法在泡沫 Cu 表面生长石墨烯，获得高质量石墨烯包覆泡沫 Cu 复合中间层。对比分析有无石墨烯包覆 Cu 板及富缺陷石墨烯包覆 Cu 板表面 Ag-Cu-Ti 钎料的润湿铺展状态及润湿界面组织结构，揭示石墨烯表面的钎料润湿行为，阐明石墨烯表面钎料的润湿机理。

4.1　石墨烯网络复合中间层的制备及其对润湿行为的影响

4.1.1　制备石墨烯网络复合中间层

石墨烯的 CVD 制备普遍采用 Cu、Ni 作为催化剂材料[3, 4]，其生长机制如图 4-1 所示。采用 Cu 作为催化剂时，由于 C 在 Cu 中的溶解度极低(～0.008wt%, 1084℃)，石墨烯在其表面为“吸附”生长机制[1-5]：高温下游离的 C 原子首先渗入到 Cu 基底内部，但受到溶解度的限制，C 元素在 Cu 中很快达到溶解饱和，后续的 C 原子在 Cu 表面发生吸附，进而形核长大、形成连续的石墨烯薄膜。当采用 Ni 作为催化剂时，由于 C 在 Ni 中的溶解度较高(～0.36wt.%，1000℃；～0.62wt.%，1200℃)，石墨烯在 Ni 表面为“溶碳-析碳”生长机制[1]：高温下游离的 C 原子溶解扩散至 Ni 基底内，然后在降温过程中受过饱和度的限制在 Ni 基底表面析出，这些析出的 C 原子形核并逐渐生长为连续的石墨烯薄膜。采用 Ni 作为催化剂制备石墨烯时，由于 C 原子的析出速度快且析出量较大，制得的石墨烯的厚度不均匀且难以控制。相比之下，采用 Cu 作为催化剂时制得的石墨烯连续性好、缺陷少、层数小且生长质量易于控制[6-9]。

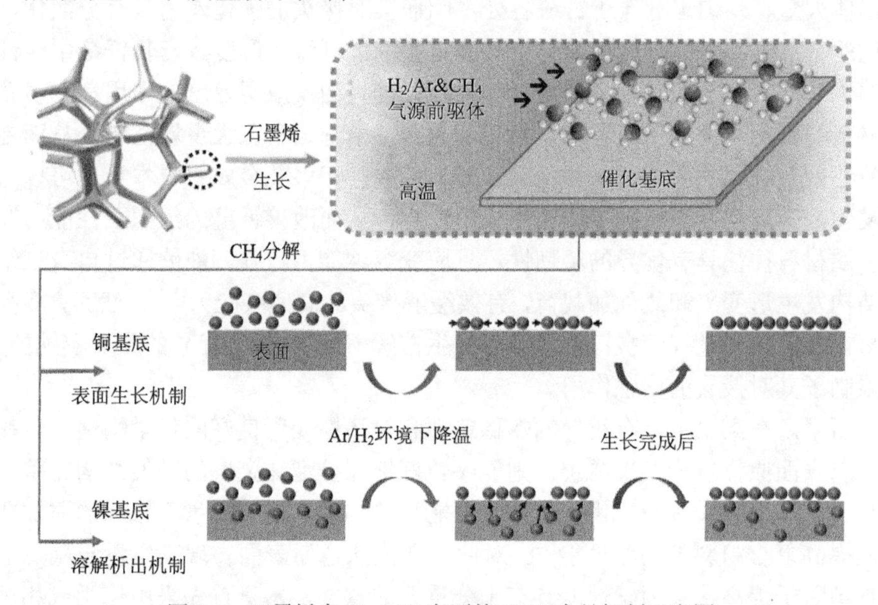

图 4-1 石墨烯在 Cu、Ni 表面的 CVD 生长机制示意图

本节采用化学气相沉积(CVD)方法在泡沫 Cu 基底(同时作为催化剂)表面生长石墨烯，工艺参数见表 4-1。接下来，以泡沫 Cu 为基底，采用相同工艺参数制备石墨烯网络复合中间层(G-Cu_f)。

表 4-1 本节 CVD 生长石墨烯的工艺参数

工作温度/℃	生长时间/min	气体流量比(CH_4∶H_2/Ar)/sccm
960	10	10∶90

在三维网络石墨烯的制备过程中，纯泡沫 Cu(Cu_f)、G-Cu_f 复合中间层及自支撑三维网络石墨烯骨架(3D-G_f)的宏观照片，如图 4-2 所示，可以明显看出，在生

长石墨烯后，样品表面的金属光泽黯淡，颜色加深但均匀。腐蚀去除 Cu_f 基底后，获得了结构完整的自支撑三维网络石墨烯骨架，说明腐蚀工艺并未对其多孔结构造成破坏。图 4-3 为采用最佳工艺参数制得三维网络石墨烯的 SEM 图，可以看出其多孔骨架连续、完整且具有一定的透明度。

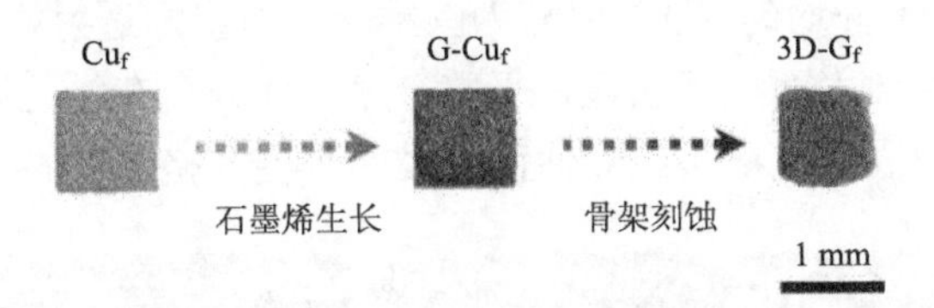

图 4-2　三维网络结构石墨烯制备过程中样品在各阶段的宏观照片

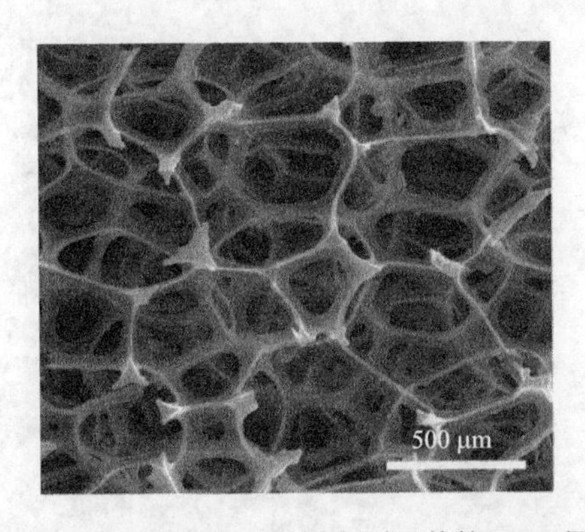

图 4-3　三维网络石墨烯表面形貌的 SEM 图

图 4-4 为三维网络石墨烯的 Raman 光谱，从图中可以看到微弱的 D 峰及尖锐的 G 峰与 2D 峰。经计算，I_D/I_G≈0.118，说明三维网络石墨烯的缺陷较少。此外，$I_D/I_{D'}$≈4.657，该数值介于 3 与 7 之间，说明该参数下制得三维网络石墨烯的缺陷

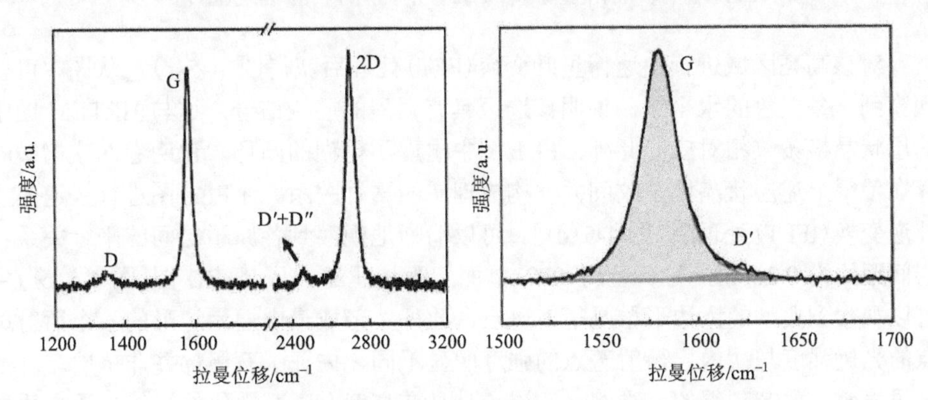

图 4-4　三维网络石墨烯的 Raman 光谱

类型由晶界型缺陷、空位或空穴型缺陷共同组成，与 CVD 法制得石墨烯的主要缺陷类型相符[10]。由 I_{2D}/I_G≈2.594 可以推测 3D-G_f的厚度为 1～5 个原子层，说明三维网络石墨烯的厚度较薄。

图 4-5(a)为三维网络石墨烯的低倍 TEM 图，可以看出石墨烯薄膜十分完整、透明度高，且厚度十分均匀。图 4-5(b)为三维网络石墨烯透射样品边缘的 HRTEM 图，可以看出石墨烯表面纹理明显，平整有序，此外，在绿色高亮区域可以观察到因石墨烯片层边缘发生褶皱或卷曲而产成的少层晶格条纹。

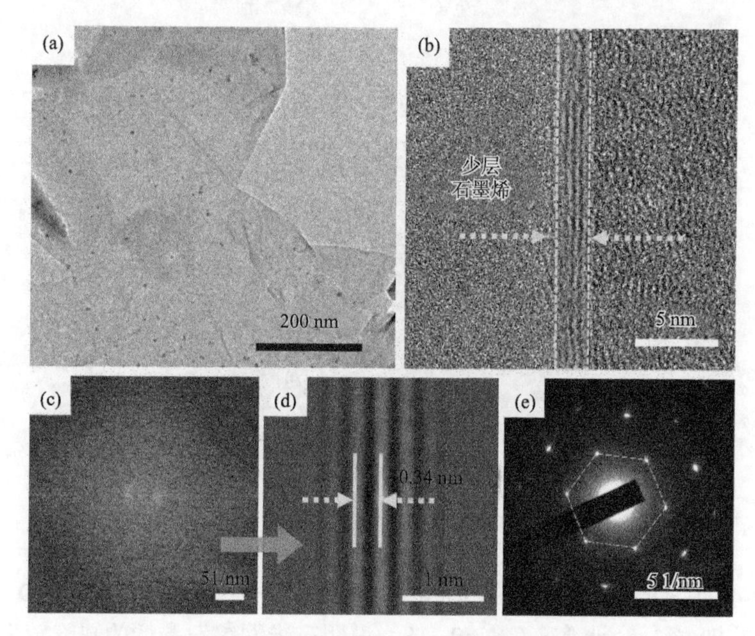

图 4-5　三维网络石墨烯的微观结构

(a) TEM 图；(b) HRTEM 图；(c) FFT 图；(d) IFFT 图；(e) SAED 图

对该高亮区域进行快速傅里叶变换(FFT)处理后获得图 4-5(c)，从图中可以观察到一条白色的水平线，说明该选区具有强烈的层状信号，这与 HRTEM 图中的层状晶格条纹相对应。此外，FFT 图中出现了模糊的圆环，说明卷曲或褶皱的存在使得上述层状晶格条纹间并非构成理想的平行关系。对 FFT 图进行快速傅里叶逆变换(IFFT)处理后[图 4-5(d)]，可以清晰地观察到各原子层间的平行关系且层间距约为 0.34nm，与石墨的(002)晶面间距相匹配。从 SAED 图[图 4-5(e)]中可以观察到典型的六边形单晶衍射斑点，此外，形成最内层六边形的 6 个衍射斑点的光斑强度与次内层衍射斑点的强度明显不同，佐证了石墨烯并非单层。以上结果表明，本节制得的三维网络石墨烯是具有高度有序石墨化结构的少层高质量石墨烯[11]。

4.1.2　石墨烯对铜表面钎料润湿行为的影响机制

1. 钎料的润湿状态分析

对钎料在有、无石墨烯包覆的 Cu 基底表面的润湿行为进行研究，以揭示在钎焊过程中高质量石墨烯与钎料之间的相互作用本质，进而阐明钎料对高质量石墨烯的润湿机理。

考虑到三维网络石墨烯的骨架结构对钎料润湿行为的研究十分不便，本小节采用 Cu 板材(尺寸均为 φ20mm×2mm)代替泡沫 Cu 作为基底展开相关研究。为了系统地研究活性 Ti 元素对钎料在 Cu 基底表面润湿行为的影响、高质量石墨烯对活性 Ag-Cu-Ti 钎料在 Cu 基底表面润湿性的影响，以及缺陷对 Ag-Cu-Ti 钎料在石墨烯表面润湿行为的影响，本节采用真空钎焊炉，以 880℃/10min 为工作参数对 Ag-Cu(Cu 的含量为 28wt.%)合金钎料/纯 Cu 板(Cu_p)、Ag-Cu-Ti 钎料/ Cu_p、Ag-Cu-Ti 钎料/高质量石墨烯包覆 Cu 板(G-Cu_p)以及 Ag-Cu-Ti 钎料/垂直生长少层石墨烯包覆 Cu 板(VFG-Cu_p)四种不同体系进行单次热循环润湿实验。

其中，垂直生长少层石墨烯(VFG)是一种典型的富含高活性缺陷位的少层石墨烯，由 PECVD 设备制得，这与本节采用 CVD 法以最佳工艺参数制得的缺陷极少的高质量少层石墨烯形成明显对比。本节采用 PECVD 方法制得 VFG-Cu_p 的基面及纵截面表面形貌的 SEM 图如图 4-6 所示，可以看出，VFG 纳米片沿基底垂直方向生长，其形貌清晰、片层很薄且分布均匀、密度适中，高度大致为 220nm。

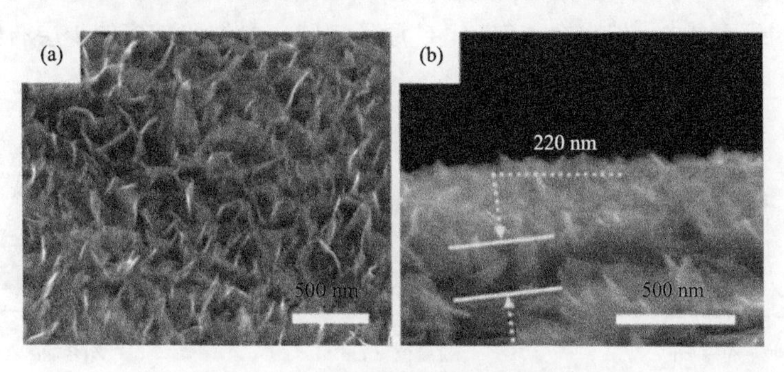

图 4-6　VFG 表面形貌的 SEM 图

(a)顶视图；(b)侧视图

图 4-7(a)是 VFG 微观结构的 TEM 图，从图中能够清晰地看到 VFG 纳米片之间相互交叉连接在一起，且单一 VFG 的厚度很薄、透明度高且分布十分均匀。在 VFG 边缘的 HRTEM 图[图 4-7(b)]中可以观察到 3～10 个原子层的存在，晶面间距约为 0.34nm，与石墨的(002)晶面间距相一致。

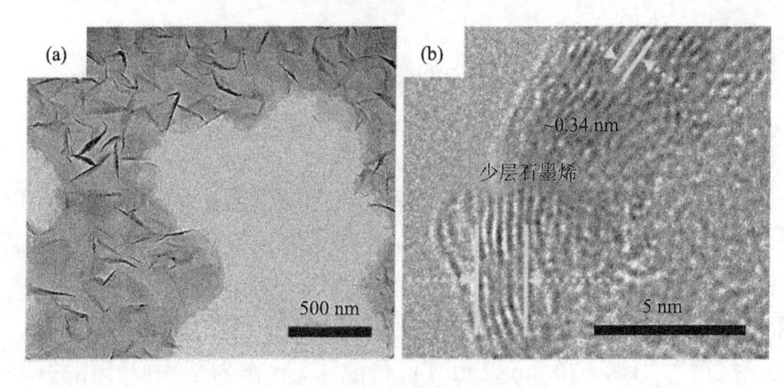

图 4-7　VFG 的微观结构

(a) TEM 图；(b) HRTEM 图

VFG-Cu_p 的 Raman 光谱如图 4-8(a)及图 4-8(b)所示。经计算，$I_D/I_G≈1.477$，说明制得的 VFG 富含缺陷。此外，$I_D/I_{D'}$约为 9.876，该数值介于 7 与 13 之间，说明 VFG 的缺陷类型由 sp^3 杂化 C 原子缺陷与空位型及空穴型缺陷共同组成。由 $I_{2D}/I_G≈1.36$ 可以推测，石墨烯的层数在 2 个原子层以上，将 $\omega_G(n)≈1582.1cm^{-1}$ 代入式(4-1)中可得 $n≈6.61$，与 HRTEM 图中观察到的结果相匹配。在此基础上，采用 XPS 对 VFG 表面 C 原子的化学状态进行表征与分析，VFG 中 C 1s 轨道的特征峰去卷积处理结果如图 4-8(c)所示，可以看出，该特征峰由结合能位于 284.8eV 的 sp^2 杂化 C 原子峰与位于 285.4eV 的 sp^3 杂化 C 原子峰共同组成，其中，VFG 表面 sp^3 杂化 C 原子的含量约为 29.3at.%。由以上结果可知，本节制得的 VFG 主要用 sp^2 杂化 C 原子构成，但富含 sp^3 杂化 C 原子缺陷，是缺陷较多的少层石墨烯。

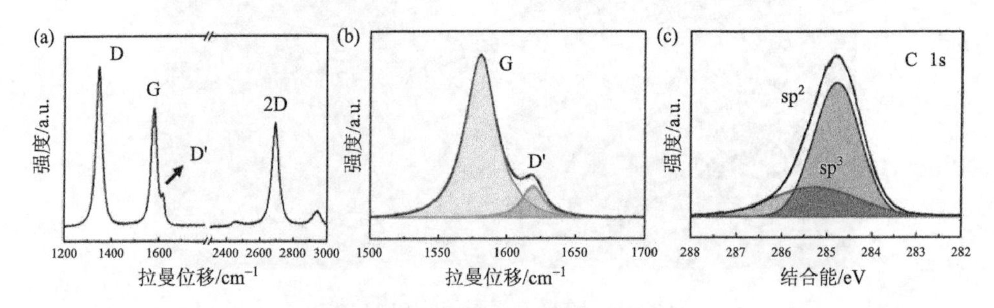

图 4-8　VFG 的 Raman 光谱及 XPS 光谱

(a) Ramam 全谱；(b) G 峰和 D′ 峰；(c) XPS 光谱

Ag-Cu 钎料及 Ag-Cu-Ti 钎料在不同基底表面的润湿铺展状态如图 4-9 所示，可以看出，采用 Ag-Cu 钎料可以对 Cu_p 表面形成良好润湿，铺展直径为 0.68cm，润湿角为 21°[图 4-9(a)]。相比之下，Ag-Cu-Ti 钎料在 Cu_p 表面的铺展范围更广，铺展直径增大至 0.97cm，润湿角降低至约 1°[图 4-9(b)]，故其润湿性更好[12-16]。

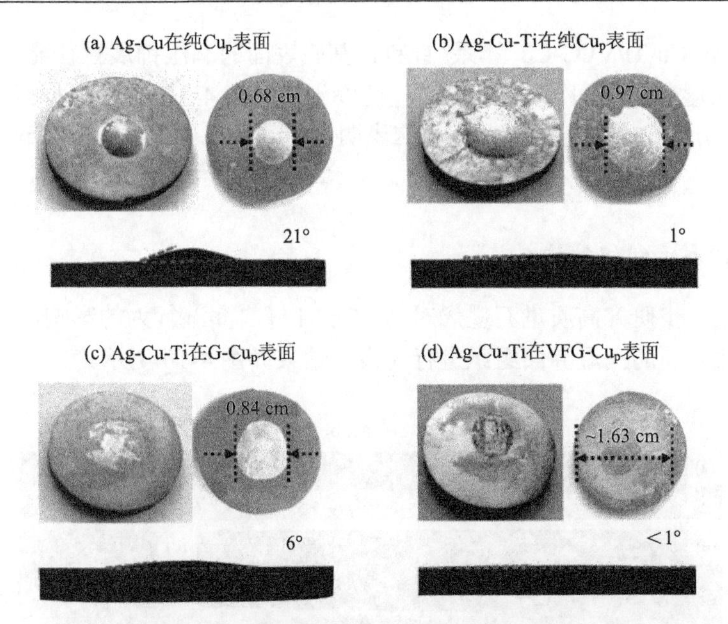

图 4-9　钎料在不同基底表面的润湿铺展状态

(a) Ag-Cu/Cu_p；(b) Ag-Cu-Ti/Cu_p；(c) Ag-Cu-Ti/G-Cu_p；(d) Ag-Cu-Ti/VFG-Cu_p

与接触角相比，黏附功是评价体系润湿程度大小的重要指标，可以用于判断更为广义的润湿过程。根据 Young-Duprea 方程[17]，熔融钎料与基底间的黏附功、表面自由能及接触角之间的关系可以表达为

$$W_{ad}=\gamma_{lg}\left(1+\cos\theta_f\right) \tag{4-1}$$

式中，W_{ad}为熔融钎料与基底间的黏附功$(J\cdot m^{-2})$；γ_{lg}为熔融钎料在液/气相界面表面 Gibbs 自由能$(J\cdot m^{-2})$；θ_f为熔融钎料在基底表面的终态润湿角(°)。

Novakovic、Ponsonnet 等[18, 19]通过计算得出，熔融 Ag-Cu 合金及纯 Ti 的表面自由能分别为 $1J\cdot m^{-2}$、$1.74J\cdot m^{-2}$。此外，Lin、Eustathopoulo 等[20, 21]还指出，活性 Ti 元素的添加必然会增大 Ag-Cu 钎料的表面自由能，故$\gamma_{lg(Ag\text{-}Cu\text{-}Ti)}>\gamma_{lg(Ag\text{-}Cu)}$，又因为$\cos\theta_{f\left(Ag\text{-}Cu\text{-}Ti/Cu_p\right)}>\cos\theta_{f(Ag\text{-}Cu/Cu_p)}$，所以$W_{ad\left(Ag\text{-}Cu\text{-}Ti/Cu_p\right)}>W_{ad\left(Ag\text{-}Cu/Cu_p\right)}$。黏附功的增大直接证明了活性 Ti 元素的引入有助于提高 Ag-Cu 钎料的润湿性。

相比之下，Ag-Cu-Ti/G-Cu_p 体系的铺展直径减小至 0.84cm，润湿角略微增大至～6 °[图 4-9(c)]，依然体现出 Ag-Cu-Ti 钎料在 G-Cu_p 表面具有良好的润湿性。但根据式(4-1)可得：$W_{ad\left(Ag\text{-}Cu\text{-}Ti/Cu_p\right)}>W_{ad\left(Ag\text{-}Cu\text{-}Ti/G\text{-}Cu_p\right)}$，即 Ag-Cu-Ti/G-$Cu_p$ 体系的润湿性有所降低，这表明高质量石墨烯的存在阻碍了活性 Ag-Cu-Ti 钎料对 Cu 基底的润湿，体现出高质量石墨烯对 Cu 基底具有一定的保护作用。

对于 Ag-Cu-Ti/VFG-Cu_p 体系，钎料在基底表面的润湿铺展直径显著增大至～1.63cm，润湿角小于 1°，表现出极佳的润湿性[图 4-9(d)]。根据式(4-1)可得 $W_{ad(Ag\text{-}Cu\text{-}Ti/VFG\text{-}Cu_p)} > W_{ad(Ag\text{-}Cu\text{-}Ti/G\text{-}Cu_p)}$，这表明，Ag-Cu-Ti 钎料在富缺陷碳结构表面的润湿性优于其在石墨烯表明的润湿性。

2. 润湿界面组织结构

为了进一步研究高质量石墨烯对 Ag-Cu-Ti 钎料润湿行为的影响，对活性钎料在不同基底表面的润湿界面组织进行观察，结果如图 4-10 所示。

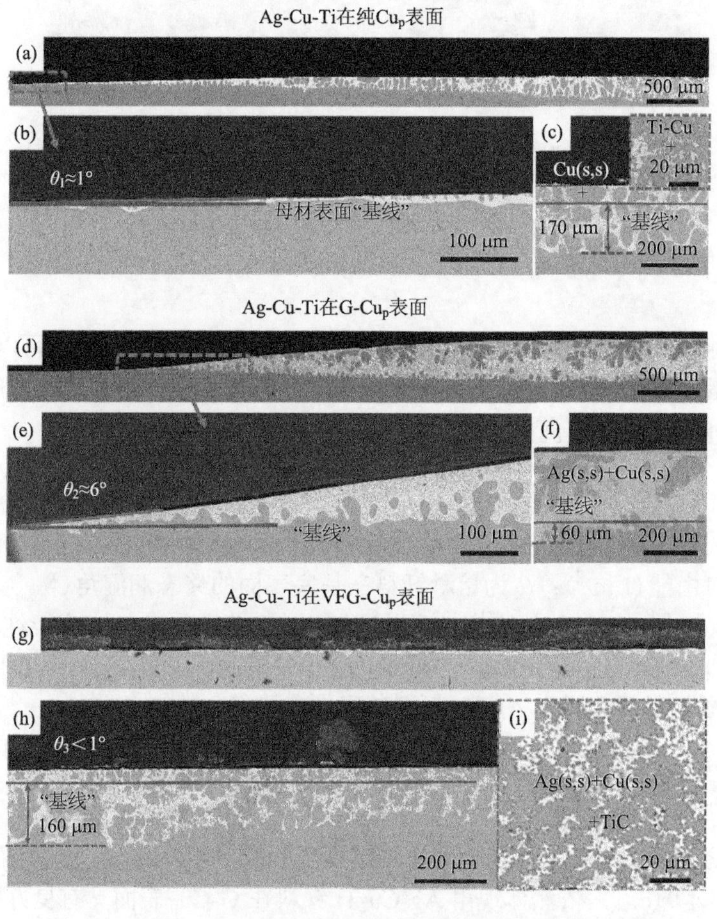

图 4-10 活性 Ag-Cu-Ti 钎料在不同基底表面的润湿界面组织

(a)～(c) Cu_p；(d)～(f) G-Cu_p；(g)～(i) VFG-Cu_p

可以看出，采用活性 Ag-Cu-Ti 钎料直接润湿 Cu_p 时，二者间会发生剧烈的相互溶解扩散行为，如图 4-10(a)～(c)所示。其润湿界面组织主要由 Ag(s, s)+Cu(s, s)共晶组织、大量不均匀分布的 Cu(s, s)相及润湿中心区域团聚的 Ti-Cu 化合物组成。在润湿中心处测得活性 Ag-Cu-Ti 钎料对 Cu_p 的最大侵蚀深度达到 170μm，这说明，若采用 Cu_f 中间层辅助钎焊 C/C 复合材料与 Nb，无疑，Cu_f 中间层会与活性 Ag-Cu-Ti 钎料发生剧烈反应，导致其多孔骨架结构坍塌溶解。

相比之下，Ag-Cu-Ti /G-Cu_p 体系的润湿界面组织发生了明显的变化[图 4-10(d)～(f)]。虽然石墨烯将钎料与 Cu 板基底隔离，但钎料在石墨烯表面的润湿性依然很好，润湿角仅为～6°。此时润湿界面组织主要由大量的 Ag(s, s)+Cu(s, s)共晶组织及少量分散的 Cu(s, s)相构成，无 Ti-Cu 化合物产生，钎料对基底的最大侵蚀深度从 170μm 显著降低至 60μm，这说明，石墨烯有效阻碍了活性 Ag-Cu-Ti 钎料与 Cu 板基底间的相互溶解扩散。

图 4-10(g)～(i)为 Ag-Cu-Ti/VFG-Cu_p 体系润湿界面组织的 SEM 图，可以看出钎料在 Cu 板表面铺展面积极大且润湿角小于 1°。此时，润湿界面组织主要由固溶体组织及大量微小尺寸的 TiC 颗粒组成，且活性 Ag-Cu-Ti 钎料对基底的最大侵蚀深度也由 60μm 增大至 160μm，这是由于富含缺陷的 VFG 与石墨烯相比具有更高的活性[22-26]，在润湿过程中易与钎料中的活性 Ti 元素发生反应，VFG 的结构发生破坏，导致 Cu 基底暴露于钎料中，被严重侵蚀。

在润湿过程中，Ag-Cu-Ti 钎料向 Cu 基底中的扩散溶解量 Q 可以表达为[27]

$$Q=\rho V(C-C_0) \tag{4-2}$$

式中，ρ 为液态 Ag-Cu-Ti 钎料的密度($g\cdot cm^{-3}$)；V 为液态 Ag-Cu-Ti 钎料的体积(cm^3)；C 为 Cu 基底在液态 Ag-Cu-Ti 钎料中的终态浓度($mol\cdot g^{-1}$)；C_0 为 Cu 基底在液态 Ag-Cu-Ti 钎料中的初始浓度($mol\cdot g^{-1}$)。

与 Ag-Cu-Ti/Cu_p 体系及 Ag-Cu-Ti/VFG-Cu_p 体系相比，Ag-Cu-Ti/G-Cu_p 体系中钎料对基底的最大侵蚀深度最小，即该体系的 $C-C_0$ 最小，根据式(4-2)可得，该体系的 $Q_{(\text{Ag-Cu-Ti/G-Cu}_p)}$ 最小。这表明，石墨烯的存在减少了 Ag-Cu-Ti 钎料向 Cu 基底中的扩散溶解量。此外，因为润湿温度固定(880℃)，所以 Cu 基底在活性 Ag-Cu-Ti 钎料中的溶解速率常数 K 可以表示为[27]

$$K=\frac{K_s\cdot\left(\dfrac{D}{\delta}\right)}{K_s+\left(\dfrac{D}{\delta}\right)} \tag{4-3}$$

式中，K_s 为润湿界面反应速率常数($mol\cdot L^{-1}\cdot s^{-1}$)；$D$ 为活性 Ag-Cu-Ti 钎料在 Cu 基底中的扩散系数；δ 为相界面扩散层厚度(μm)。

由于润湿过程表现为界面反应控制，$K_s>>D/\delta$，因此式(4-3)可变换为

$$K=K_s=k\frac{C_s}{C_0^L} \tag{4-4}$$

式中，k 为振动因子，表示 Cu 基底溶解于熔融 Ag-Cu-Ti 钎料中的概率；C_s 为润湿界面处单位固体表面内的原子数；C_0^L 为 Cu 基底在活性 Ag-Cu-Ti 钎料中的极限溶解度。其中，C_s、C_0^L 可视为常数，则在相同的润湿时间内，$Q_{(\text{Ag-Cu-Ti/G-Cu}_p)}$ 最小，因此该体系的溶解速度常数 K 也最小，由式(4-4)可知该体系的振动因子 k 最小，即石墨烯的存在降低了 Cu 基底溶解于熔融 Ag-Cu-Ti 钎料中的概率，表现出了石墨烯对钎料与基底间相互扩散溶解的屏障作用。

基于上述分析可知，在 Cu 基底表面生长的高质量石墨烯能够有效缓解活性 Ag-Cu-Ti 钎料对 Cu 基底的侵蚀。在此基础上，为了进一步明晰石墨烯对润湿界面行为的影响，对润湿界面组织成分及微观结构进行分析。图 4-11(a)、图 4-11(b)分别为 Ag-Cu-Ti/Cu_p 体系及 Ag-Cu-Ti/G-Cu_p 体系润湿界面的高角环形暗场扫描透射电子显微镜(HAADF-STEM)图，可以看出，润湿界面处各元素分布十分均匀、钎料与基底间的界面连续且清晰、元素分布特征并无显著差别，因而需要对润湿界面进一步放大观察。

图 4-12(a)为 Ag-Cu-Ti/Cu_p 体系润湿界面的 HRTEM 图，可以看到界面十分光滑且连续，无明显的异质层状结构出现。结合界面两侧不同特征晶格区域的 FFT 图[图 4-12(a_1)和(a_2)]及沿界面法线方向的强度谱线[图 4-12(a_3)]可以看出：Cu 基底侧具有典型的单晶衍射阵列且其强度谱线的峰谷间距变化较为连续，平均晶面间距为(2.09±0.01)nm，与 Cu 的(111)晶面间距相匹配；而钎料侧则同时包含 Cu、Ag 及 Ti-Cu 金属间化合物的晶态及非晶态结构。其中，非晶态结构的出现是由制样过程中，能量较高的聚焦等离子束在一定程度上破坏了界面部分区域的晶格结构造成的。

图 4-12(b)为 Ag-Cu-Ti/G-Cu_p 体系润湿界面的 HRTEM 图，能够在润湿界面处观察到厚度约为 2～5 个原子层的极薄的连续层状结构。图 4-12(b_1)和(b_2)中特征区域的 FFT 图与 Ag-Cu-Ti/Cu_p 体系相似，即 Cu 基底依然具有典型的单晶结构特征，而在钎料侧也观察到了晶态及非晶态的 Cu(s, s)、Ag(s, s)等组织。通过对层状结构法线方向的强度谱线进行分析可以发现，谱线中出现了清晰、连续且均匀的峰谷间距及强度变化，如图 4-12(b_3)灰色填充区域所示。该区域内的平均峰间距为(0.34±0.01)nm，与石墨(002)的晶面间距一致，进而可判断该层状结构为 3 层石墨烯，这说明石墨烯在高温下能够保持对活性 Ti 元素的化学惰性，这与已有研究报道相一致[28-31]。

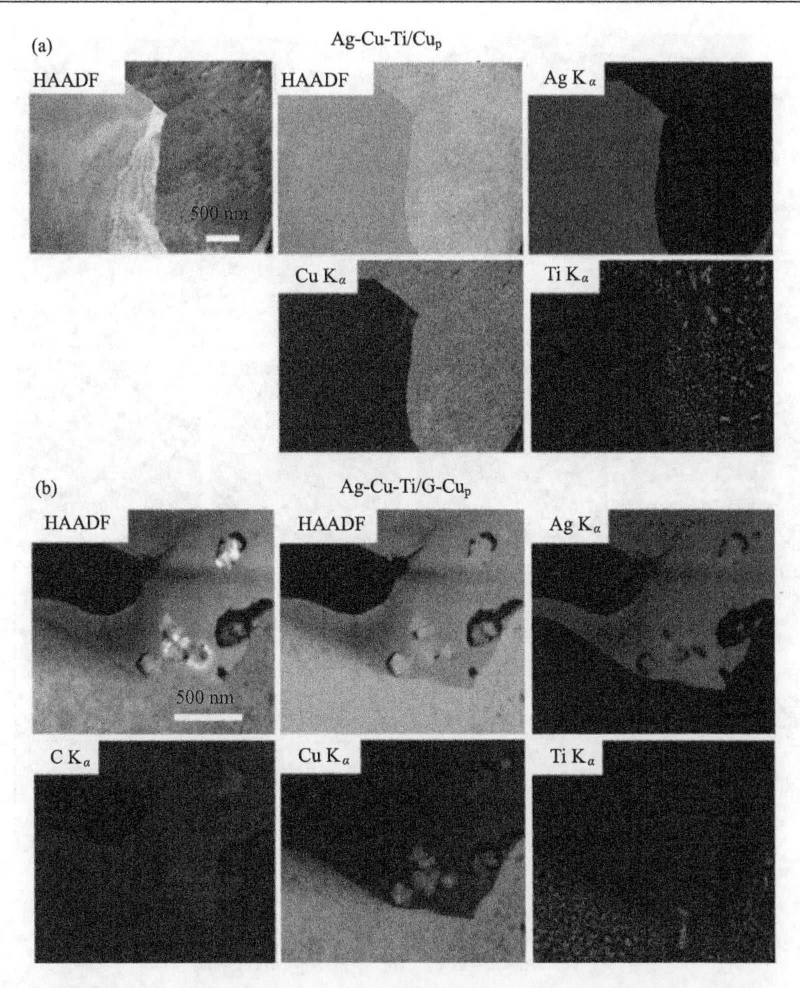

图 4-11 不同体系对应润湿界面的 HAADF-STEM 图及元素分布图

(a) Ag-Cu-Ti/Cu_p；(b) Ag-Cu-Ti/G-Cu_p

以上结果表明，对于活性 Ag-Cu-Ti/Cu_p 体系，由于钎料与基底直接接触，二者间的相互溶解扩散十分充分；而对于 Ag-Cu-Ti/VFG-Cu_p 体系，具有高活性缺陷碳结构的 VFG 也能够与活性 Ag-Cu-Ti 钎料间发生剧烈的冶金反应，导致钎料严重侵蚀 Cu 基底。相比之下，对于 Ag-Cu-Ti/G-Cu_p 体系，在 Cu 基底表面原位制备的高质量石墨烯在高温下保持碳结构稳定并能够有效阻碍钎料对 Cu 板基底的侵蚀。同时，钎料在其表面还表现出良好的润湿性。

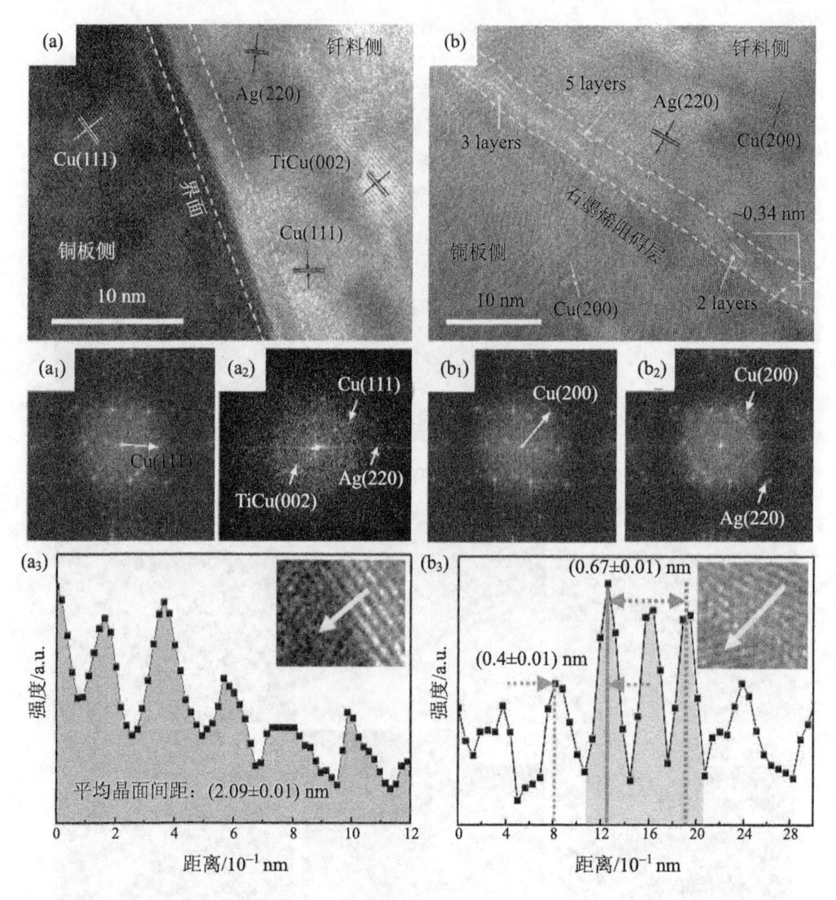

图 4-12 不同体系润湿界面的 HRTEM 及特征区域 FFT 图像与强度谱线

(a)～(a$_3$) Ag-Cu-Ti/Cu$_p$；(b)～(b$_3$) Ag-Cu-Ti/G-Cu$_p$

3. *石墨烯表面的钎料润湿机理*

过渡金属元素在碳材料表面的润湿行为取决于金属与C原子之间的界面结合力，该界面结合力的大小则取决于过渡金属元素的 3d 轨道电子空位数量[32-35]。空位数越多，过渡金属元素与碳材料间的界面结合力越强。在 Ag-Cu-Ti 钎料中，Ag、Cu 两种元素 3d 轨道的电子空位数为 0，故与 C 原子结合力很弱，无法在石墨烯表面较好地铺展与润湿。相比之下，Ti 元素 3d 轨道的电子空位数高达 10，其表现出与 C 间的强结合力。因此，Ag-Cu-Ti 钎料在石墨烯表面展现出良好的润湿性应归功于 Ti 与石墨烯间的相互作用。但二者间发生相互作用的先决条件是 Ti 元素在石墨烯表面发生吸附，这可由吸附能变 $\Delta E_{\mathrm{AgCu(Ti)}}^{\infty\mathrm{SL}}$ 来判断，若吸附能变为负，则吸附能够发生[36, 37]，其表达式为

$$\Delta E_{\mathrm{AgCu(Ti)}}^{\infty \mathrm{SL}}=m\left(\lambda_{\mathrm{FLG\text{-}Ti}}-\lambda_{\mathrm{AgCu\text{-}Ti}}-\lambda_{\mathrm{FLG\text{-}AgCu}}\right) \tag{4-5}$$

式中，m 为结构系数，对于本节润湿体系可取值为 0.25；$\lambda_{i,j}$ 是 i 与 j 组元的摩尔交换能(J·mol^{-1})，为了单独研究 Ti 元素，可视 Ti 元素为“溶质”，Ag-Cu 合金为“溶剂”组成 Ag-Cu-Ti“溶液”。其中，$\lambda_{i,j}$ 可由混合焓定性计算得到[38]：

$$\lambda_{i,j}=\frac{\left(\overline{\Delta H}_{i(j)}^{\infty}+\overline{\Delta H}_{j(i)}^{\infty}\right)}{2} \tag{4-6}$$

式中，$\overline{\Delta H}_{i(j)}^{\infty}$ 是 i 在 j 组元中的混合焓(J·mol^{-1})，由 Miedema 模型估算[39, 40]。

由 Miedema Calculator 软件计算获得的 $\lambda_{\mathrm{FLG\text{-}Ti}}$、$\lambda_{\mathrm{AgCu\text{-}Ti}}$、$\lambda_{\mathrm{FLG\text{-}AgCu}}$ 值分别为 –529.14kJ·mol^{-1}、–14.39kJ·mol^{-1}、–158.51kJ·mol^{-1}，代入式(4-5)中求得 $\Delta E_{\mathrm{AgCu(Ti)}}^{\infty \mathrm{SL}}$ 的值为–89.06kJ·mol^{-1}<0。可见，从热力学角度可以判断，Ti 元素能够在石墨烯表面发生吸附，这也是 Ag-Cu-Ti 钎料在石墨烯表面润湿良好的原因[40, 41]。

基于此，需要进一步判断活性 Ag-Cu-Ti 钎料在石墨烯表面的吸附类型，以解明石墨烯中 C 原子与钎料间的界面机制。文献指出，Ag、Cu 元素极难和 C 元素发生化学反应[42, 43]，但活性 Ti 元素在高温下易与 C 元素反应生成 TiC_x。其中，$Ti+C \longrightarrow TiC$ 反应在 200～1200 K 温度范围内的标准 Gibbs 自由能变 $\Delta G^{\ominus}$ 与温度 T 的关系如图 4-13 所示。可以看出，在较宽的温度范围内，TiC 的 $\Delta G^{\ominus}$ 均为负值，这说明从热力学角度，Ti 与 C 可以发生反应。

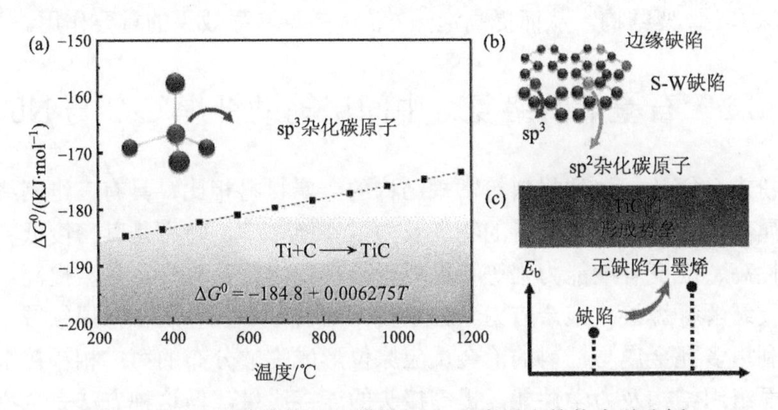

图 4-13　缺陷碳结构及石墨烯与 Ti 元素反应的热力学分析

尽管如此，该热力学条件仅基于具有四面体晶胞结构的传统碳材料或富缺陷石墨烯(如还原氧化石墨烯)中的部分缺陷碳结构的特性进行计算，在该结构中，各相邻 C 原子间均以 C—C 单键相连，这些 C—C 单键中 C 原子的电子轨道是由 1 条 1s 轨道及 3 条 2p 轨道杂化而成的 sp^3 杂化结构，C 原子间仅由 σ 键相连，原子间距为～1.55 Å。相比之下，石墨烯是由 C 六元环密集堆积而构成的平面结构，其内部 C 原子的电子轨道是由 1 条 2s 轨道及 2 条 2p 轨道杂化而成的 sp^2 杂化结构，C 原子间同时存在 σ 键和 π 键作用，原子间距减小至～1.34 Å，电子云重叠程度更大，键能更高。无疑，上述热力学判据并不适用于石墨烯。对于 sp^2 杂化结构的 C 原子来说，其与 Ti 原子发生反应的激活能更高，这也一定程度解释了钎料在石墨烯表面润湿良好但并不能够破坏石墨烯结构的现象。

在自身结构保持稳定的基础上，石墨烯才能够阻碍活性钎料对 Cu 基底的侵蚀。经文献查阅[44, 45]，这种阻碍作用与石墨烯自身的电子云分布有关：石墨烯的 sp^2 杂化 C 六元环晶格中，电子云形成的有效孔隙半径仅为 0.64Å，但 Cu 原子、Ag 原子及 Ti 原子的金属半径分别为 1.28Å、1.44Å、1.46Å。这说明石墨烯对活性 Ag-Cu-Ti 钎料及 Cu 基底间各元素的物理扩散具有明显的阻碍作用。

本节制备的三维网络石墨烯并非理论完美的无缺陷结构，即存在少量缺陷的高质量石墨烯。这意味着钎料中的金属元素还是有可能在缺陷位置穿过石墨烯基面。其中，Ti 元素还可能与石墨烯的缺陷位 C 原子发生反应，在一定程度上破坏石墨烯的结构，但是这也促进了钎料在石墨烯表面的润湿铺展。此外，因为本节制得的三维网络石墨烯为少层石墨烯，并非单层石墨烯，纵然其最外层表面含有少量缺陷，其内层依然为结构完整的无缺陷高质量石墨烯[46-51]。所以，在高温下，三维网络石墨烯依然能够保持结构稳定，并有效阻碍钎料与基底间的互扩散溶解。无疑，若采用 G-Cu_f 复合中间层钎焊 C/C 复合材料与 Nb，则三维网络石墨烯具有保护泡沫 Cu 骨架结构，从而提高泡沫 Cu 对接头增强效果的重要作用。

4.2　石墨烯网络复合中间层辅助钎焊 C/C 与 Nb

与粉末、箔片、块体材料等常规结构的金属材料相比，具有三维网络结构的多孔金属(开孔)常表现出独特的物理及力学性能[52-54]，特别是其密度低、渗透性好、韧性高、应变容纳能力强等特性对于减轻钎焊接头构件重量、提高熔融钎料流动性及缓解钎焊接头残余应力十分重要。当前，多孔金属在钎焊领域中的应用主要是利用多孔金属与钎料的冶金反应原位形成弥散分布的第二相颗粒来优化接头的界面组织结构及力学性能，提高接头的连接质量，但这种方法完全牺牲了多孔金属优异的力学性能。无疑，若能够在钎焊过程中保护多孔金属结构不受钎料侵蚀而溶解坍塌，进而发挥其改善接头界面组织结构及提升接头塑韧性与应变容纳能力的双重作用，则钎焊接头的力学性能会进一步提高。根据第 3 章的研究结果可知，高质量石墨烯在高温下不与 Ag-Cu-Ti 钎料发生剧烈的冶金反应并能够有效阻碍钎料对 Cu 基底的侵蚀，可见，本节制备的 G-Cu_f 复合中间层是一种能够实现上述构想的理想材料。

为此，本章首先采用无中间层、Cu 箔中间层、Cu_f中间层及 G-Cu_f复合中间层四种不同的中间层搭配辅助钎焊 C/C 复合材料与 Nb，验证钎焊过程中三维网络石墨烯对泡沫 Cu 骨架的保护作用。在此基础上，通过分析钎焊温度、保温时间对 G-Cu_f复合中间层辅助钎焊 C/C-Nb 接头的界面组织结构及力学性能的影响规律，完成接头钎焊工艺参数的优化。基于合金热力学理论与 Fick 第二定律，分别对 C/C 复合材料与钎料的冶金反应热力学及动力学、Nb 母材向钎缝中溶解扩散的动力学进行分析。最后，阐明 G-Cu_f复合中间层辅助 C/C 复合材料与 Nb 的界面组织演变规律，揭示 G-Cu_f复合中间层在钎焊接头的界面行为。

4.2.1　石墨烯网络复合中间层辅助钎焊 C/C 与 Nb 的组织及性能

1. 不同中间层钎焊 C/C 与 Nb

1) 钎焊接头的典型界面组织分析

在与第 3 章润湿实验相同的热循环工艺参数(880 ℃/10 min)下，采用活性 Ag-Cu-Ti 钎料，以无中间层、Cu 箔中间层、Cu_f中间层及 G-Cu_f复合中间层共 4 种不同的装配方式辅助钎焊 C/C 复合材料与 Nb，各接头的典型界面组织如图 4-14 所示，各特征组织的 EDS 分析见表 4-2。

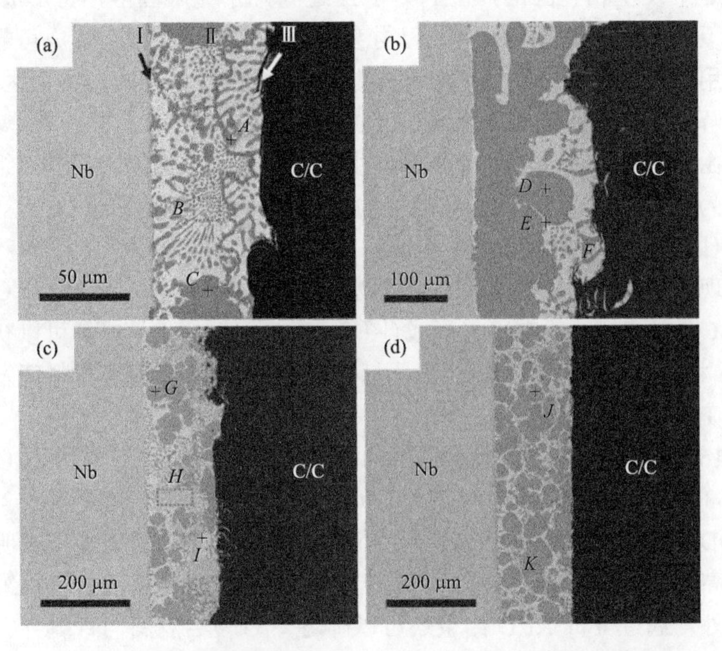

图 4-14　不同中间层辅助钎焊 C/C-Nb 接头典型界面组织的 SEM 图

(a) 直接钎焊；(b) 铜箔中间层；(c) 泡沫铜中间层；(d) G-Cu_f复合中间层

表 4-2 不同中间层钎焊 C/C-Nb 接头典型组织的 EDS 分析

位置	摩尔分数/at%					可能相
	C	Nb	Ag	Cu	Ti	
A	—	—	5.74	46.84	47.42	TiCu
B	—	—	55.21	44.76	—	Ag(s, s)+Cu(s, s)
C	—	—	7.35	92.65	—	Cu(s, s)
D	—	—	2.34	95.55	2.11	Cu(s, s)
E	—	2.18	2.79	48.28	46.74	TiCu
F	—	—	61.43	38.57	—	Ag(s, s)+Cu(s, s)
G	—	2.60	4.93	88.80	3.67	Cu(s, s)
H	—	—	68.24	31.76	—	Ag(s, s)+Cu(s, s)
I	—	—	3.44	50.79	45.77	TiCu
J	—	4.44	3.73	90.46	1.36	Cu(s, s)
K	—	—	65.95	34.05	—	Ag(s, s)+Cu(s, s)

图 4-14(a)为直接钎焊 C/C-Nb 接头典型界面组织的 SEM 图，可以看出焊缝主要分为三个区域。区域Ⅰ为 Nb 向焊缝中的溶解扩散层：由于在 880 ℃下 Nb 与 Ag、Cu 不发生相互固溶，但 Nb 与 Ti 之间几乎无限固溶，可形成(βTi, Nb)相[55, 56]，因而在钎焊过程中，Nb 母材会向钎缝中溶解扩散，形成可靠的连接。但本节采用的 Ag-Cu-Ti 钎料中 Ti 元素的含量仅为～4.6 wt.%，因而区域Ⅰ中 Nb 母材的溶解扩散过程可能较为缓慢，其扩散动力学将在后文详述；区域Ⅱ为钎缝区，主要由凝固的钎料组织及元素间发生冶金反应形成的第二相颗粒组成，此时钎缝宽度为～50 μm。分析 EDS 结果可知，钎缝区内含有大量的 Ag(s, s)+Cu(s, s)共晶组织(区域 *B*)、局部区域发生团聚的 Cu(s, s)组织(区域 *C*)，并伴有连续 Ti-Cu 化合物出现(区域 *A*)。根据 Ti-Cu 化合物的热力学计算可知，在 880 ℃下 Ti_2Cu、TiCu、Ti_2Cu_3 及 $TiCu_4$ 均有可能形成(图 4-15)，但根据化学成分可以初步推测产物为 TiCu 相[57]。对于区域Ⅲ，一般为活性 Ti 元素与 C/C 复合材料间发生冶金反应形成的 TiC 界面反应层。

图 4-16 为直接钎焊 C/C-Nb 接头界面的 XRD 谱图，可以观察到 Cu(ICDD PDF No. 04-0836)、Ag(ICDD PDF No. 04-0783)、TiC(ICDD PDF No. 32-1383)及 TiCu(ICDD PDF No. 07-0114)的典型特征峰。各主峰尖锐且清晰，表明对应各物质具有较高的结晶度且晶粒较大。以上结果验证了 EDS 分析对各特征组织物相的推断。此外，通过分析 XRD 结果还可以确定 C/C 复合材料与钎缝界面反应层的物相为 TiC。至此，可以确定该接头的典型界面组织结构为：Nb/Ag(s, s)+Cu(s, s)+TiCu/TiC/C/C 复合材料。

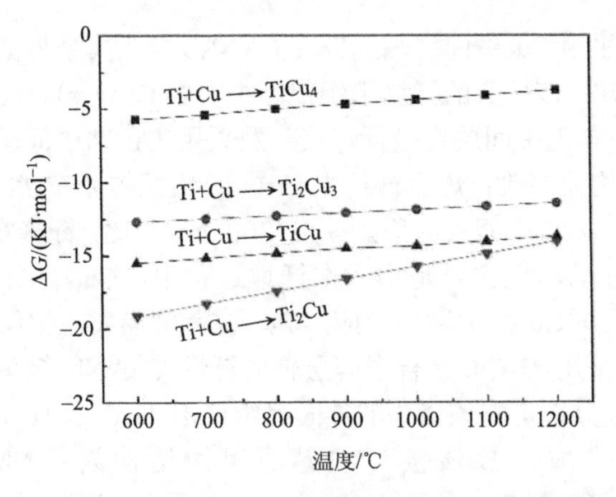

图 4-15　不同 Ti-Cu 化合物的热力学计算结果

图 4-14(b)为采用 Cu 箔中间层辅助钎焊 C/C-Nb 接头典型界面组织的 SEM 图。结合 EDS 分析结果可知，此时钎缝区组织依然主要由 Cu(s, s)、Ag(s, s)及 TiCu 化合物构成。此外，Cu(s, s)组织在钎缝中呈大面积连续分布，这与 Cu 箔自身的结构相符，但该 Cu(s, s)组织区域的平均厚度仅为 140 μm，约为 Cu 箔中间层原始厚度的 1/2，说明在钎焊过程中活性 Ag-Cu-Ti 钎料严重侵蚀了 Cu 箔中间层。由于 Ag-Cu-Ti 钎料的线膨胀系数约为 $21.6\times10^{-6}\ K^{-1}$，而纯 Cu 的线膨胀系数约为 $17.0\times10^{-6}\ K^{-1}$，所以 Cu 箔的引入能够在一定程度提高钎缝塑韧性的同时，降低钎缝区的线膨胀系数，有助于缓解焊后接头的高残余应力[58, 59]。尽管如此，受限于自身结构，片状的 Cu 箔中间层无法在钎缝中均匀分布，使得接头的残余应力场较为复杂，限制了其对接头的增强效果。

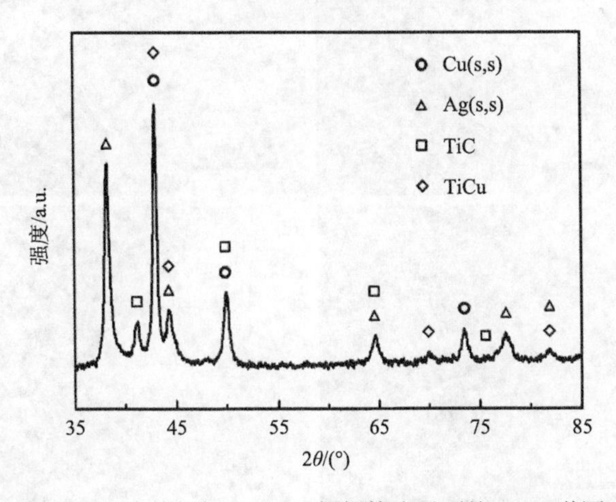

图 4-16　直接钎焊 C/C-Nb 钎焊接头界面的 XRD 谱图

图 4-14(c)为采用 Cu_f 中间层辅助钎焊 C/C-Nb 接头典型界面组织的 SEM 图，结合 EDS 分析可知，该接头的钎缝组织依然主要由 Cu(s, s)、Ag(s, s)及 TiCu 相构成。可以看出，与无中间层直接钎焊接头及采用 Cu 箔中间层钎焊接头相比，Cu_f 独特的多孔结构能够改善焊后钎缝中 Cu(s, s)组织的分布状态，使其不再严重团聚。尽管如此，与 Cu_f 中间层的原始厚度(300 μm)相比，钎缝宽度仅为 150 μm，降低了一半。实际上，这主要是由于在钎焊过程中，Cu_f 自身易发生软化，且 Ag-Cu-Ti 钎料能够与 Cu_f 发生剧烈反应，其多孔骨架易发生溶解坍塌。

图 4-14(d)为采用 G-Cu_f 复合中间层辅助钎焊 C/C-Nb 接头典型界面组织的 SEM 图，结合 EDS 分析可知该接头的界面组织仅由 Ag(s, s)+Cu(s, s)共晶组织构成，无 TiCu 相生成，故该接头的界面组织结构为：Nb/Ag(s, s)+Cu(s, s)+G-Cu_f/TiC/C/C 复合材料。从图 4-14(d)中可以看出，泡沫 Cu 的多孔骨架结构得以保留且熔融钎料对 G-Cu_f 复合中间层的孔隙填充完整，界面成型良好。此外，钎缝的宽度进一步增大至 180 μm。根据第 3 章的研究可知，这是由于在钎焊过程中，G-Cu_f 复合中间层表面的三维网络石墨烯具有优异的化学稳定性，其在自身结构保持稳定的基础上，有效地阻碍了 Ag-Cu-Ti 钎料对泡沫 Cu 基底的侵蚀，进而使得泡沫 Cu 的三维网络结构得到保留，这有助于提高接头的塑韧性及应变容纳能力，进而提升接头的连接质量。

基于以上研究，进一步对各接头的 TiC 界面反应层进行放大观察，如图 4-17 所示，各接头界面反应层的 EDS 分析结果见表 4-3。

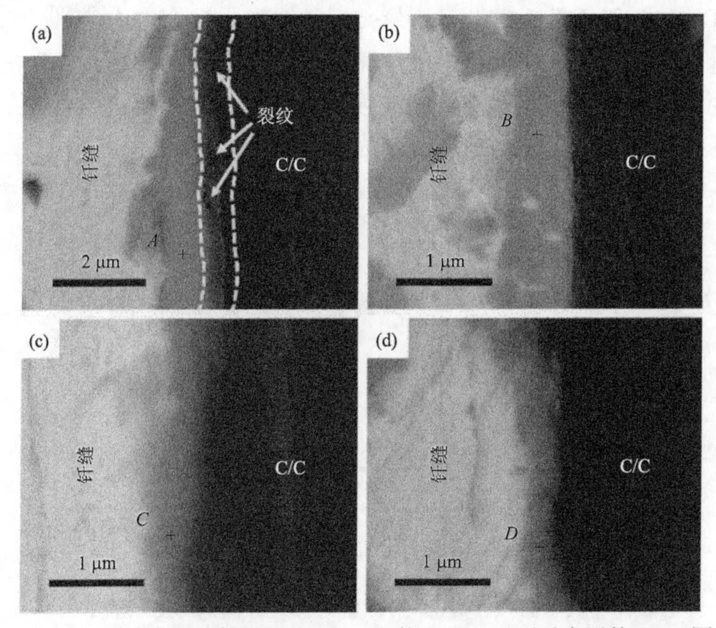

图 4-17　不同中间层辅助钎焊 C/C-Nb 接头 TiC 界面反应层的 SEM 图

(a)直接钎焊；(b)铜箔中间层；(c)泡沫铜中间层；(d)G-Cu_f 复合中间层

表 4-3　不同中间层钎焊 C/C-Nb 接头 TiC 界面反应层的 EDS 分析

位置	摩尔分数/at. %					可能相
	C	Nb	Ag	Cu	Ti	
A	61.44	—	—	3.36	35.20	TiC
B	67.90	—	—	—	32.10	TiC
C	72.58	—	—	1.25	26.17	TiC
D	63.73	—	—	1.90	34.37	TiC

图 4-17(a)为无中间层直接钎焊 C/C-Nb 接头中 TiC 界面反应层的 SEM 图，可以观察到 TiC 界面反应层内出现了连续裂纹，这说明该位置是接头的薄弱区域，其原因有二：①钎缝与 C/C 复合材料的线膨胀系数差异较大，因此，在二者的界面连接处往往存在较大的残余应力；②TiC 界面反应层的厚度较大(1.35 μm)，导致反应层脆性增大，易引起应力集中，诱导裂纹产生。

图 4-17(b)为采用 Cu 箔中间层辅助钎焊 C/C-Nb 接头中 TiC 界面反应层的 SEM 图，可以看出 TiC 界面反应层较为平滑，无裂纹出现且厚度减小至 0.63 μm，这说明界面反应层的脆性降低并保有一定的强度，同时，接头的残余应力得到了一定程度的缓解。此外，厚度的降低原因有二：①Cu 箔的引入扩大了钎缝的宽度并将熔融钎料隔离至 Cu 箔两侧的不同区域，从而在延长活性 Ti 元素向 C/C 复合材料母材扩散路径的同时，减少了扩散至 C/C 复合材料表面的活性 Ti 元素数量，降低了界面处 Ti 元素的活度；②Cu 箔的引入促进了 TiCu 化合物的生成，即消耗了钎料中更多的 Ti 元素，进一步降低了界面反应层处 Ti 元素的活度。

图 4-17(c)为采用 Cu_f 中间层辅助钎焊 C/C-Nb 接头中 TiC 界面反应层的 SEM 图，可以看出界面反应层平滑而连续。与 Cu 箔片中间层相比，Cu_f 中间层发生溶解坍塌前在钎缝中的分布更加均匀，因而其与活性 Ag-Cu-Ti 钎料的冶金反应消耗了钎缝中更多的 Ti 元素。同时，焊后接头的界面组织中 Cu(s, s)的分布更加均匀，有助于接头残余应力的进一步缓解。基于上述因素，界面反应层的厚度进一步降低至 0.35 μm，但并无裂纹出现。

图 4-17(d)为采用 G-Cu_f 复合中间层辅助钎焊 C/C-Nb 接头中 TiC 界面反应层的 SEM 图，可以看出 TiC 界面反应层连续、平滑且厚度均匀。与 Cu_f 中间层相比，采用 G-Cu_f 复合中间层钎焊时，泡沫 Cu 的多孔骨架结构得到完好保留，从而能够进一步延长活性 Ti 元素向 C/C 复合材料的扩散路径。同时，石墨烯与钎料间的物理吸附作用一定程度减缓了 Ti 元素向 C/C 复合材料表面的扩散。以上因素导致 Ti 元素在 TiC 界面反应层处的活度下降，使得反应层厚度进一步减小至 0.33 μm。尽管反应层的厚度较薄，但无裂纹出现，这说明反应层的脆性低且强度较高，同时，G-Cu_f 复合中间层的引入较好地缓解了接头的残余应力，避免了反应层开裂，

实现了 C/C 复合材料与钎缝的高质量连接。

2) 钎焊接头的力学性能分析

不同中间层钎焊 C/C-Nb 接头的室温抗剪强度如图 4-18 所示，可以明显看出，无中间层直接钎焊的接头由于反应层脆性大且焊后接头残余应力高，接头的承载能力差，其室温平均抗剪强度仅为 13 MPa。采用 Cu 箔中间层钎焊时，得益于 Cu 箔对接头钎缝塑韧性的提高及对钎缝区整体线膨胀系数的降低，接头的残余应力得到了一定程度的缓解，接头的室温平均抗剪强度提高至 23 MPa。采用 Cu_f 中间层钎焊时，尽管其多孔骨架发生溶解坍塌，但钎缝中 Cu(s, s) 不再呈大面积连续分布，能够相对均匀地提高钎缝的塑韧性、降低钎缝的线膨胀系数，进而更有效地缓解接头的残余应力，接头的室温平均抗剪强度提高至 28 MPa。采用 G-Cu_f 复合中间层钎焊时，泡沫 Cu 的多孔骨架结构得到完好保留，能够有效提高接头的塑韧性并降低焊缝整体的线膨胀系数，进而缓解残余应力，接头的承载能力得到显著提升，接头的室温平均抗剪强度达到 42 MPa，是直接钎焊接头的 3 倍多。

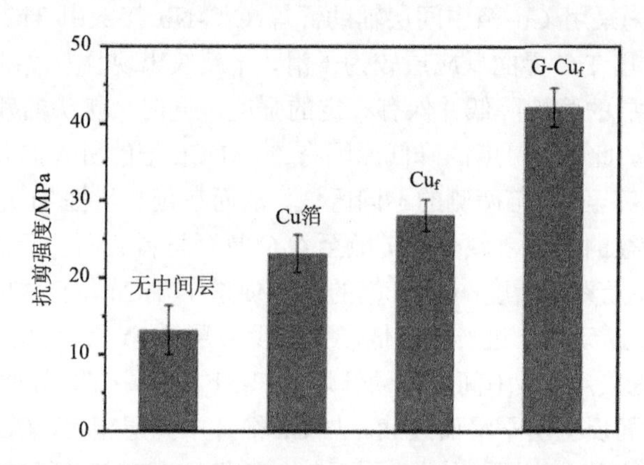

图 4-18 不同中间层钎焊 C/C-Nb 接头的室温平均抗剪强度

图 4-19 为采用不同中间层钎焊 C/C-Nb 接头断口形貌的 SEM 图。通过对各特征区域进行 EDS 分析可知，无中间层直接钎焊接头的断口表面[图 4-19(a)]出现了 Ag(s, s)+Cu(s, s) 共晶组织、碳纤维及 TiC 相。无疑，由于焊后接头中存在高残余应力，该接头中 C/C 复合材料与钎缝未形成良好的连接。而采用 Cu 箔中间层、Cu_f 中间层及 G-Cu_f 复合中间层钎焊 C/C-Nb 接头断口表面[图 4-19(b)～(d)]仅检测到 TiC 相及大量断裂的碳纤维束，这说明接头的残余应力得到了缓解，C/C 复合材料与钎缝的界面连接质量有所提高。

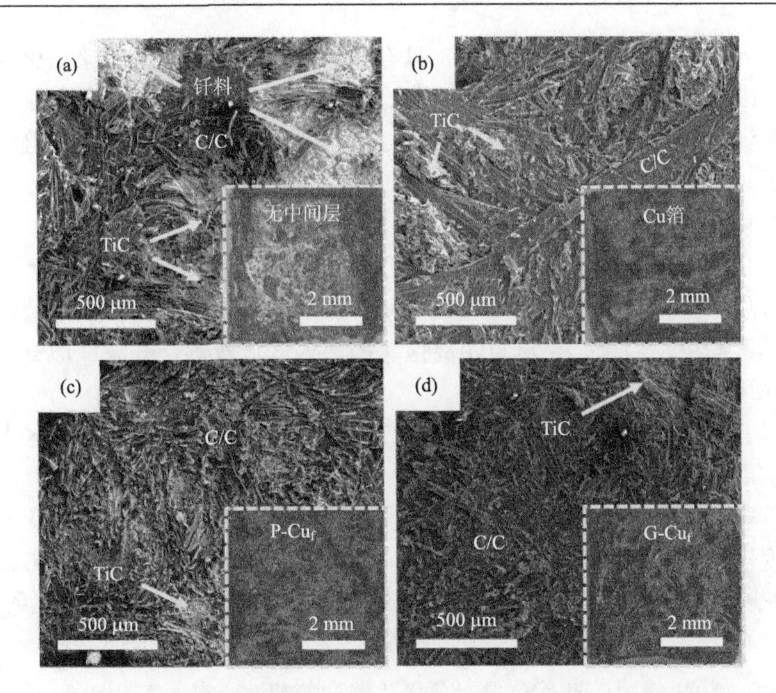

图 4-19　不同中间层辅助钎焊 C/C-Nb 接头断口表面的 SEM 图

(a) 直接钎焊；(b) 铜箔中间层；(c) 泡沫铜中间层；(d) G-Cu$_f$ 复合中间层

接下来，通过研究不同中间层钎焊接头在抗剪测试过程中的应力应变曲线(图 4-20)，分析 G-Cu$_f$ 复合中间层对接头的强化作用。可以发现，不同钎焊接头在抗剪测试过程中的应力应变曲线变化趋势较为相似，但接头的应变能力与承载能力明显不同。无中间层直接钎焊 C/C-Nb 接头中钎缝组织的塑性及韧性相对较差，

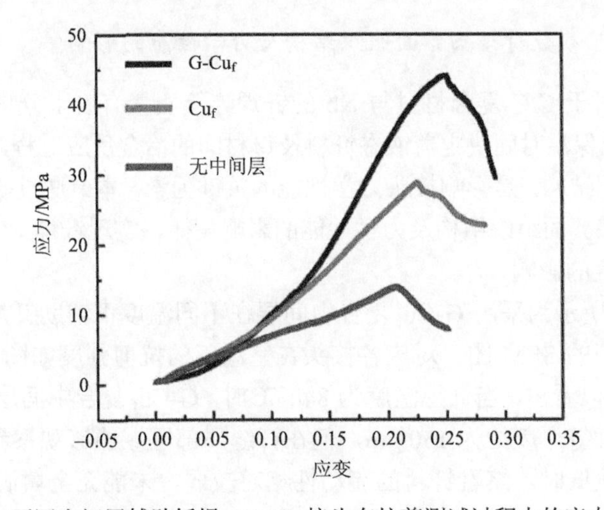

图 4-20　不同中间层辅助钎焊 C/C-Nb 接头在抗剪测试过程中的应力应变曲线

TiC 界面反应层的厚度大、脆性高，且存在较大残余应力，导致接头整体的承载能力差，该接头的断裂延伸率仅为～0.21。采用 Cu_f 中间层及 G-Cu_f 复合中间层钎焊时，接头的断裂延伸率分别提高至～0.23、～0.25，这体现出接头钎缝区的塑性及韧性的逐渐增强。

在抗剪测试过程中，接头的形变过程主要分为两个阶段：

阶段Ⅰ：接头在断裂前主要发生弹塑性变形。其中，C/C 复合材料母材与 TiC 界面反应层中位错难以传递，易造成塞积产生应力集中，所以接头的塑性形变主要在钎缝区产生。由于 Nb 母材距离接头的薄弱区域较远，其塑性形变对于接头的增强作用可以忽略。

阶段Ⅱ：当载荷超过接头的极限承载极限时，裂纹在接头的薄弱区大量产生并迅速扩展，造成接头快速失效。

在阶段Ⅰ中，接头在塑性变形发生前的可动位错密度较低，塑性变形开始后位错密度以增值、脱钉的方式迅速增加。位错运动速率 $\overline{v}$、位错柏氏(Burgers)矢量模量 b 以及钎缝组织的可动位错密度 ρ 与塑性应变速率 $\dot{\varepsilon}$ 存在如下关系[60]：

$$\dot{\varepsilon}=b\rho\overline{v} \tag{4-7}$$

在实际测试过程中，测试仪器对各接头施加的塑性应变速率 $\dot{\varepsilon}$ 相同。位错柏氏矢量模量 b 与晶格畸变相关，由于各接头钎缝区的组织基本相同，可以近似认为 b 不发生变化。随着钎缝区塑性的提高，位错密度快速增加使得位错运动速率 $\overline{v}$ 降低，代入式(4-7)可得，钎缝区的可动位错密度增大，使得接头的承载能力得到增强[60-63]，所以采用 G-Cu_f 复合中间层钎焊 C/C-Nb 接头具有最大的抗剪强度及延伸率。

综上，G-Cu_f 复合中间层的引入能够优化接头的界面组织，降低钎缝区的线膨胀系数，有效缓解接头的残余应力，显著提高接头的力学性能。

2. 钎焊工艺参数对接头界面组织结构及力学性能的影响

工艺参数对于 C/C 复合材料与 Nb 的钎焊连接质量有着十分重要的影响，其中，钎焊温度及保温时间决定着液态钎料及母材间的冶金反应过程，即决定了焊后接头的界面组织结构，是影响接头力学性能的关键因素。本节通过研究钎焊温度及保温时间对接头界面组织结构及力学性能的影响规律，实现钎焊工艺参数的优化。

1) 钎焊温度的影响

如图 4-21 所示为采用 G-Cu_f 复合中间层在不同温度下辅助钎焊 C/C-Nb 接头的典型界面组织的 SEM 图，对应各接头在室温下的抗剪强度如图 4-22 所示。从图 4-21(a) 中可以看出，当钎焊温度为 840 ℃时，G-Cu_f 复合中间层的多孔骨架结构保留完好，钎缝厚度约为 150 μm，但在钎缝局部区域能够观察到缺陷的出现，这是钎焊温度较低时，熔融钎料的流动性相对较弱，未能完全填满 G-Cu_f 复合中间层的孔隙造成的。该温度下获得接头的室温平均抗剪强度为 35 MPa。

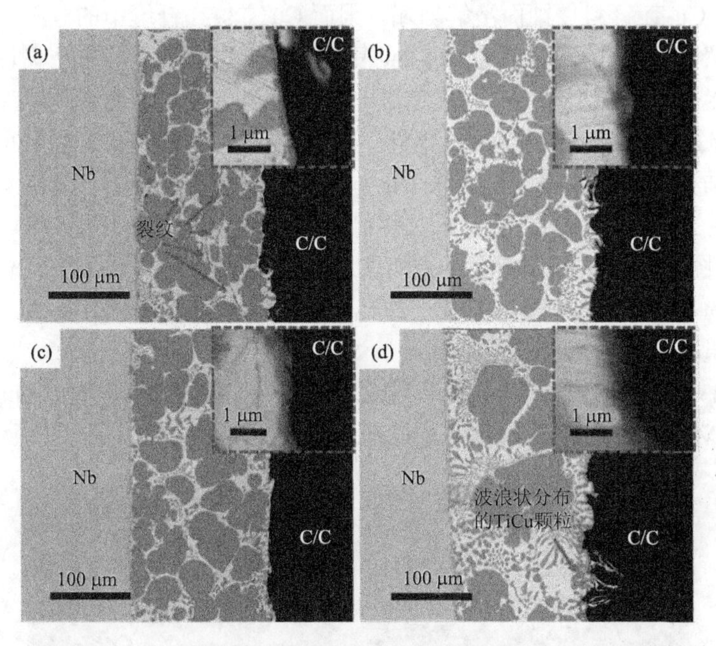

图 4-21 不同钎焊温度下 C/C-Nb 接头的典型界面组织的 SEM 图

(a) 840℃；(b) 860℃；(c) 880℃；(d) 900℃

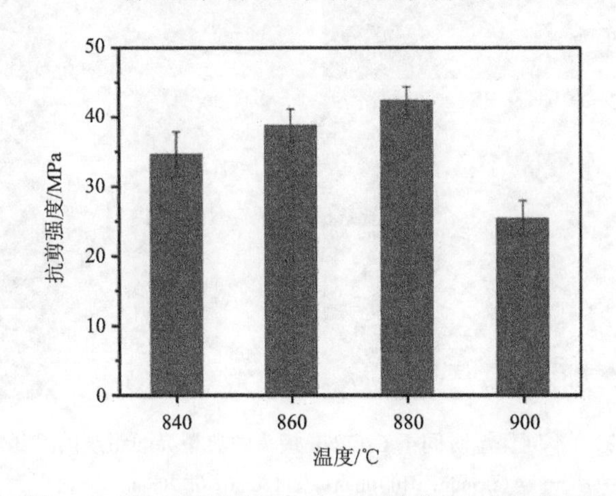

图 4-22　不同钎焊温度下 C/C-Nb 接头的室温抗剪强度

从图 4-21(b) 中可以看出，当钎焊温度为 860℃时，熔融钎料的流动性增强，更好地填充了 G-Cu_f 的孔隙，钎缝厚度增大至 185μm 且不再有缺陷产生，泡沫 Cu 的骨架结构依然分布均匀且结构完整，获得接头的室温平均抗剪强度提高至 39MPa。当钎焊温度升高至 880℃时，泡沫 Cu 骨架发生进一步的软化，使得钎缝厚度略微降低至 175μm，但三维网络石墨烯依然能够保护泡沫 Cu 的多孔骨架不受活性 Ag-Cu-Ti 钎料侵蚀而溶解坍塌，因而 Cu(s, s)在钎缝中的分布十分均匀且未发生团聚[图 4-21(c)]。此时，G-Cu_f复合中间层提高了接头的塑韧性及应变容纳能力，接头的室温平均抗剪强度也进一步提高至 42MPa。当钎焊温度继续升高至 900 ℃时，泡沫 Cu 的骨架结构软化严重，使得三维网络石墨烯严重卷曲与扭转而发生结构破坏，进而导致泡沫 Cu 本体暴露于熔融钎料中发生溶解坍塌。因此，在接头的界面组织中能够明显观察到 Cu(s, s)的团聚并伴随有连续的 TiCu 脆性相生成[图 4-21(d)]，导致接头的塑韧性降低且残余应力无法得到有效缓解，获得接头的室温平均抗剪强度降低至 25MPa。

2)保温时间的影响

图 4-23 为不同保温时间下采用 G-Cu_f复合中间层辅助钎焊 C/C-Nb 接头界面组织的 SEM 图，对应接头的室温抗剪强度如图 4-24 所示。

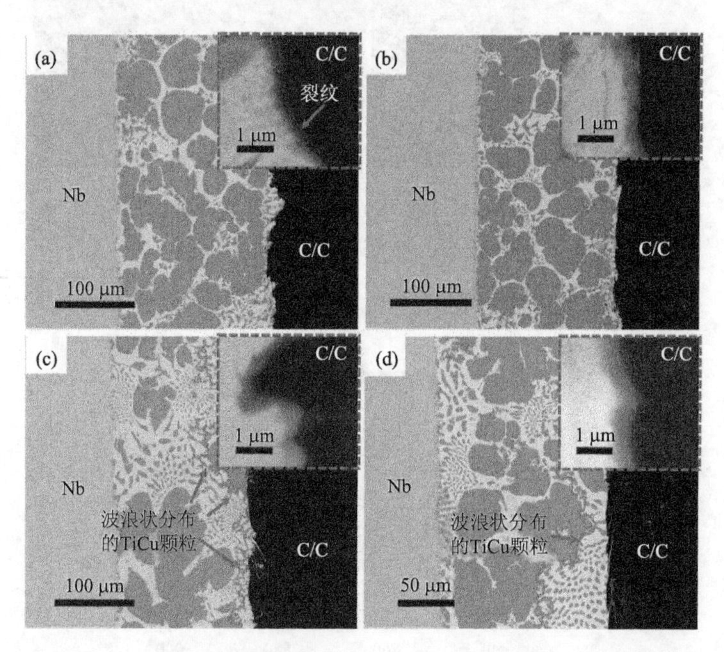

图 4-23　不同保温时间下 C/C-Nb 接头的典型界面组织的 SEM 图

(a) 5min；(b) 10min；(c) 15min；(d) 20min

从图 4-23(a)中可以看出，当保温时间仅为 5 min 时，钎料对 G-Cu_f复合中间层的填充良好且 G-Cu_f复合中间层的多孔结构得到完好保留，此时钎缝宽度约为 190 μm。尽管如此，过短的保温时间导致 C/C 复合材料与钎料的界面反应不充分，因而在二者界面连接处形成了连续贯穿裂纹，削弱了接头的承载能力，此时接头的室温平均抗剪强度仅为 16 MPa。当保温时间延长至 10 min 时，G-Cu_f复合中间

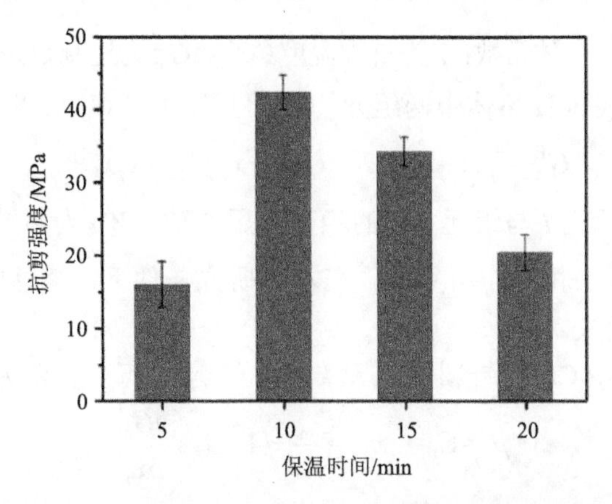

图 4-24 不同保温时间下 C/C-Nb 接头的室温抗剪强度

层的多孔骨架依然保持结构完好，但钎料的流失与 G-Cu_f 复合中间层骨架的软化使得钎缝宽度略微降低至～175 μm[图 4-23(b)]。此外，TiC 界面反应层连续且完整，无微裂纹产生，获得接头的室温平均抗剪强度升高至 42 MPa。当保温时间为 15 min 时，泡沫 Cu 骨架在高温下长时间持续的软化使得三维网络石墨发生严重形变而发生结构破坏，导致泡沫 Cu 本体暴露于熔融钎料中发生溶解坍塌，限制了其对接头残余应力的缓解效果，此外，能够在钎缝中明显观察到 Cu(s,s) 组织在局部发生团聚并伴有连续分布的 TiCu 化合物生成，钎缝的厚度也降低至 170 μm [图 4-23(c)]。此时，接头的室温平均抗剪强度降低至 34 MPa。当温度继续提高至 20 min 时，泡沫 Cu 的多孔骨架完全溶解坍塌且钎料流失更为严重，钎缝厚度显著降低至 145 μm，此外，Cu(s, s) 组织在钎缝中严重团聚并伴有连续分布的 TiCu 化合物生成[图 4-23(d)]，获得接头的室温平均抗剪强度仅为 20 MPa。

3. 接头的界面组织演化机制

1) TiC 界面反应层的生长热力学与动力学

通过以上研究发现，采用 G-Cu_f 复合中间层辅助钎焊时能够获得高质量的 C/C-Nb 接头，但 C/C 复合材料与钎料发生冶金反应形成的 TiC 界面反应层因自身脆性较大且残余应力集中，依然是接头的薄弱区域。因此，室温 TiC 界面反应层的热力学与动力学对于控制界面反应层厚度、提高 C/C 复合材料与钎缝的连接质量具有重要意义。

根据合金热力学理论，活性 Ag-Cu-Ti 钎料的摩尔 Gibbs 自由能 G_m 可表达为[64]

$$G_m=\left(x_{Ag}G_{Ag}^{\ominus}+x_{Cu}G_{Cu}^{\ominus}+x_{Ti}G_{Ti}^{\ominus}\right)+RT\left(x_{Ag}\ln x_{Ag}+x_{Cu}\ln x_{Cu}+x_{Ti}\ln x_{Ti}\right)+G_m^E \tag{4-8}$$

式中，x_i 为熔融钎料中组元 i 的摩尔分数；$G_i^{\ominus}$ 为组元 i 的标准摩尔 Gibbs 自由能

(J·mol^{-1})；R 为摩尔气体常数；T 为钎焊温度(℃)；G_m^E 为过剩 Gibbs 自由能(J·mol^{-1})。

基于三元 Ag-Cu-Ti 熔体中两组元间的相互作用，G_m^E 可以表示为[64, 65]

$$G_m^E = x_j\left(1 - x_j\right)\Omega_{ij} + x_k\left(1 - x_k\right)\Omega_{ik} + x_j x_k W_{jk} \tag{4-9}$$

式中，Ω_{ij} 为熔融组元 i 与组元 j 间的相互作用参数；W_{jk} 为熔融 Ag-Cu-Ti 钎料中组元 j 与组元 k 间的相互作用参数。在本节研究条件下，熔体中组元间的相互作用参数仅与温度相关。

此外，熔融 Ag-Cu-Ti 钎料中组元 k 的化学势 μ_k 可以表示为[66]

$$\mu_k = G_m - x_j\frac{\partial G_m}{\partial x_j} + (1 - x_k)\frac{\partial G_m}{\partial x_j} \tag{4-10}$$

而化学势 μ_k 还可以表示为[63-66]

$$\mu_k = \mu_k^{\ominus} + RT\ln a_k^{\text{Ag-Cu-Ti}} \tag{4-11}$$

式中，$\mu_k^{\ominus}$ 为组元 k 的标准化学势(J·mol^{-1})；$a_k^{\text{Ag-Cu-Ti}}$ 为组元 k 在熔融 Ag-Cu-Ti 钎料中的活度。

联立式(4-8)～式(4-11)，可得熔融 Ag-Cu-Ti 钎料中 Ti 元素的活度 a_{Ti} 的表达式为

$$a_{\text{Ti}}^{\text{Ag-Cu-Ti}} = e^{\frac{\left[(1-x_{\text{Ti}})^2\Omega_{\text{AgTi}} + RT\ln x_{\text{Ti}} + x_{\text{Cu}}^2\Omega_{\text{AgCu}} + x_{\text{Cu}}(1-x_{\text{Ti}})W_{\text{CuTi}}\right]}{RT}} \tag{4-12}$$

已有文献报道了 Ag-Cu 二元熔体中元素间的相互作用参数 Ω_{AgCu} 为 15.80 kJ·mol^{-1}，Ag-Ti 二元熔体中元素间的相互作用参数 Ω_{AgTi} 为 32.83 kJ·mol^{-1}，熔融 Ag-Cu-Ti 钎料中 Cu 元素与 Ti 元素间的相互作用参数 W_{CuTi} 为−16.14 kJ·mol^{-1}[66]。将以上数据代入式(4-12)可得，在本节最佳钎焊工艺参数下，Ti 元素在熔融 Ag-Cu-Ti 钎料中的活度 $a_{\text{Ti}}^{\text{Ag-Cu-Ti}}$ 为 0.64。

此外，Lin 等[67]指出，Ti 元素在 TiC 化合物中的活度 $a_{\text{Ti}}^{\text{TiC}}$ 可以表示为

$$a_{\text{Ti}}^{\text{TiC}} = e^{\ln(1-x) + \left(2.96 - \frac{13307.7}{T}\right)x^2 + \frac{3063.7}{T} - 0.40} \tag{4-13}$$

式中，x 为 TiC 化合物中 C 元素与 Ti 元素的化学计量比。

根据 Ti-C 二元相图[68][图 4-25(a)]，在 880 ℃下，C 元素在 TiC 化合物中的摩尔分数为 0.362～0.487，即 $0.567<x<0.949$。由此可作 $a_{\text{Ti}}^{\text{TiC}}$ 与 x 的关系曲线[图 4-25(b)]，进而得到在本节研究条件下 Ti 在 TiC 中的活度 $a_{\text{Ti}}^{\text{TiC}}$ 为 0～0.297。

在钎焊过程中，TiC 反应层的生长动态可由熔融 Ag-Cu-Ti 钎料与 TiC 反应层界面的化学势差决定。由式(4-11)可知，二者的化学势分别为

$$\mu_{\text{Ti}}^{\text{Ag-Cu-Ti}} = \mu_{\text{Ti}}^{\ominus}(\text{l}) + RT\ln a_{\text{Ti}}^{\text{Ag-Cu-Ti}} \tag{4-14}$$

$$\mu_{\text{Ti}}^{\text{TiC}} = \mu_{\text{Ti}}^{\ominus}(\text{s}) + RT\ln a_{\text{Ti}}^{\text{TiC}} \tag{4-15}$$

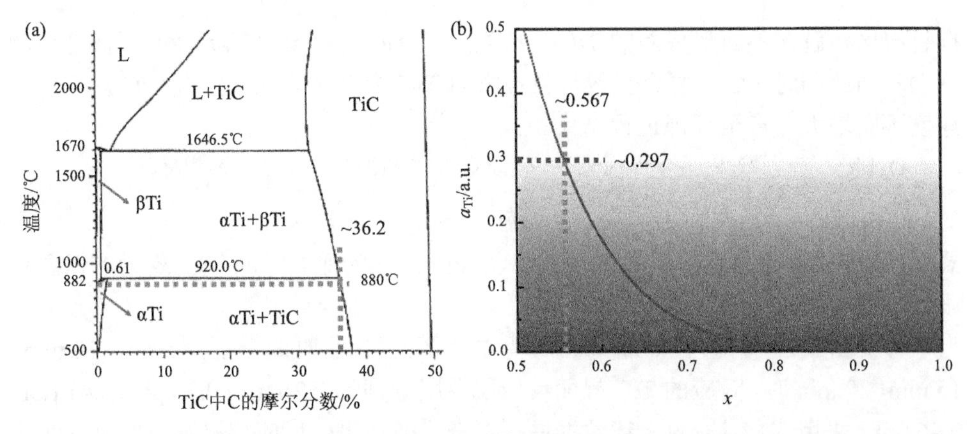

图 4-25　Ti-C 二元相图(a)[68]及 Ti 在 TiC 中的活度(b)

式中，$\mu_{Ti}^{\ominus}(l)$ 为液相纯 Ti 的标准化学势（$J\cdot mol^{-1}$）；$\mu_{Ti}^{\ominus}(s)$ 为固相 TiC 中 Ti 的标准化学势（$J\cdot mol^{-1}$）。对式(4-14)与式(4-15)作差，有

$$\mu_{Ti}^{Ag\text{-}Cu\text{-}Ti}-\mu_{Ti}^{TiC}=\mu_{Ti}^{\ominus}(l)-\mu_{Ti}^{\ominus}(s)+RT\ln a_{Ti}^{Ag\text{-}Cu\text{-}Ti}-RT\ln a_{Ti}^{TiC} \tag{4-16}$$

查阅文献可得[69]

$$\mu_{Ti}^{\ominus}(l)-\mu_{Ti}^{\ominus}(s)=16218-8.36T \tag{4-17}$$

计算可得，熔融 Ag-Cu-Ti 钎料与 TiC 反应层界面的化学势差为 9867.12～12714.34 $J\cdot mol^{-1}$，即熔融 Ag-Cu-Ti 钎料中 Ti 的化学势远大于 Ti 在 TiC 中的化学势。基于 Frage 等[70]的研究可以进一步判断，在熔融 Ag-Cu-Ti 与 TiC 的连接处，TiC 会通过向熔融钎料中不断溶解 C 元素来实现该界面处的化学势平衡。

综上，在本节研究条件下，可以对 TiC 界面反应层的演变过程主要分为 3 个阶段(图 4-26)：①高温下，熔融 Ag-Cu-Ti 钎料中的 Ti 元素与 C/C 复合材料母材在界面处相互扩散并发生反应形成崭新的 TiC 化合物薄层；②新生成的 TiC 反应层对钎缝区与 C/C 复合材料母材形成了物理阻隔，但 TiC 反应层中的 C 元素快速

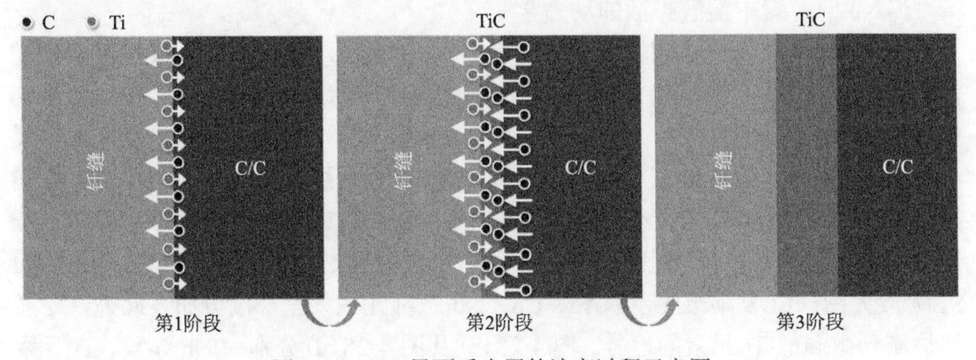

图 4-26　TiC 界面反应层的演变过程示意图

向钎缝区溶解，不断形成新的 TiC 反应层，即 TiC 与钎缝区的界面不断向钎缝侧移动。与此同时，C/C 复合材料母材不断向 TiC 中补充 C 元素；③TiC 反应层的厚度不断增大，直至钎焊过程结束。

Dyblov 等[71]指出，钎焊过程中界面反应层的厚度 x 可以表达为

$$x=kt^{0.5}+x_0 \tag{4-18}$$

式中，k 为 TiC 界面反应层的生长速率(μm·s^{-2})；t 为保温时间(s)；x_0 为非保温阶段 TiC 反应层的厚度变化(μm)。

分析图 4-17 可知，在 880 ℃的钎焊温度下，当保温时间分别为 5 min、10 min、15 min、20 min 时，对应的 TiC 界面反应层厚度分别为 0.26 μm、0.33 μm、0.41 μm、0.46 μm。采用式(4-18)对上述数据进行拟合，得到 TiC 反应层厚度与保温时间的关系曲线如图 4-27 所示。即 TiC 界面反应层的生长速率为～1.033×10^{-2} μm·s$^{-1/2}$，而在非保温阶段 TiC 反应层增长的总厚度为～0.082 μm。

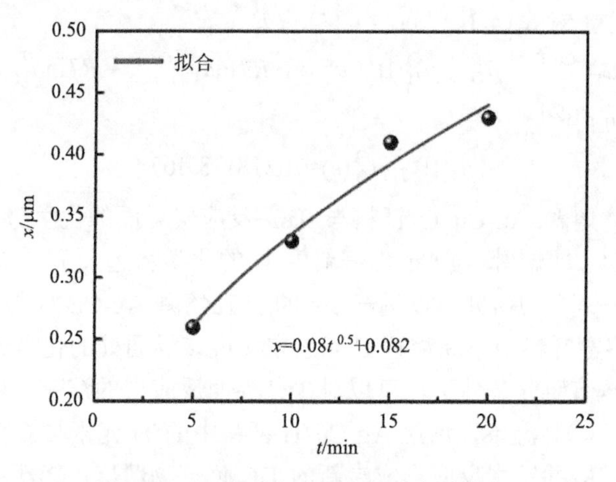

图 4-27　TiC 反应层的生长动力学曲线

2) Nb 向钎缝中溶解扩散的动力学

在采用 G-Cu$_f$复合中间辅助钎焊的 C/C-Nb 接头中，Nb 母材向钎缝中的溶解扩散也会在一定程度上影响接头的整体连接质量，而 Nb 的扩散驱动力主要由 Ag-Cu-Ti 钎料中的活性 Ti 元素提供。由 Ti-Nb 二元合金相图[图 4-28(a)]可知[55, 56]，在钎焊过程中，Nb 母材通过与 Ti 元素结合生成(βTi, Nb)组织来形成有效的反应扩散连接。图 4-28(b)为采用 G-Cu$_f$复合中间层，在 880 ℃/10 min 的最优工艺参数下钎焊 C/C-Nb 接头典型界面组织结构，插图为该接头区域Ⅰ中 Nb 母材与钎缝界面的 SEM 放大图，EDS 结果显示，Ag、Cu、Nb 三种元素均呈梯度分布，此外，还能够检测到微弱的 Ti 元素的信号。图 4-28(c)及图 4-28(d)分别为 Nb 元素、Ti 元素

在接头界面中的分布情况，可以看出 Nb 元素富集于 Nb 母材中，而钎缝区及 C/C 复合材料母材中 Nb 元素的探测强度均十分微弱且无明显差异，而 Ti 元素则仅在 C/C 复合材料母材与钎缝区界面处富集，并未在 Nb 母材与钎缝区的界面处出现明显聚集。进一步对 Nb 母材/钎缝界面的法向进行元素线扫描分析，结果如图 4-28(e)和(f)所示，可以明显看出，随着扫描从 Nb 母材向钎缝中行进，Nb 元素的相对浓度在 Nb 母材中首先保持稳定，然后在接近 Nb 母材与钎缝界面附近(起始线)开始降低，在越过 Nb 母材/钎缝界面进入钎缝区后(终止线)降至最低(强度接近于 0)并保持稳定。同时，Ag、Cu 元素的相对浓度也在起始线处开始逐渐增高，并且其后续的变化与 Ag(s, s)、Cu(s, s)组织的分布位置相符。此外，还能够在起始线与终止线间区域内观察到 Ti 元素相对浓度十分微小的变化，这说明 Ti 元素在该区域内发生了富集但含量极小，难以准确探测。

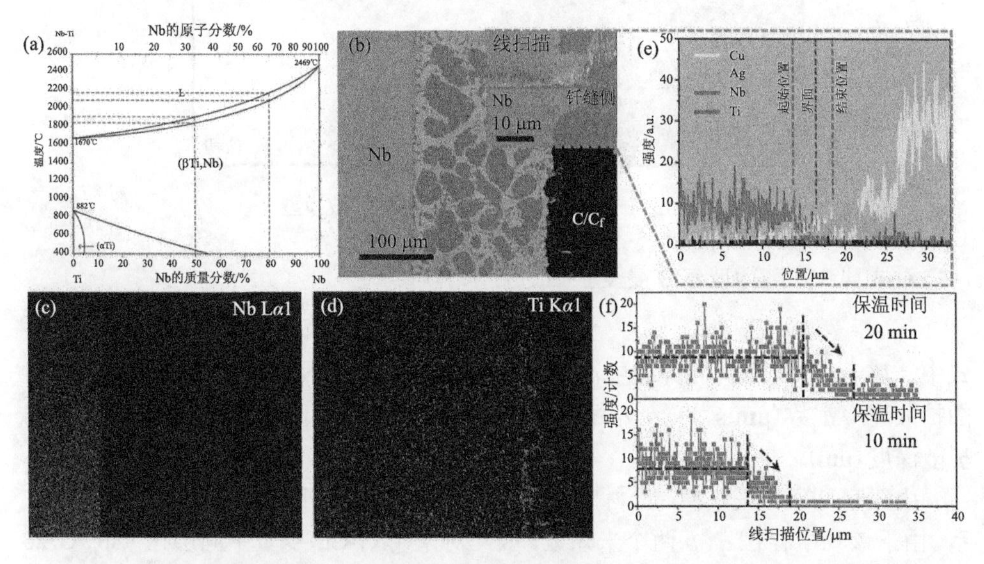

图 4-28　Ti-Nb 二元相图[80, 81]及采用 G-Cuf 复合中间层辅助钎焊 C/C-Nb 接头的元素分布

(a) Ti-Nb 二元合金相图；(b) 接头界面组织结构；(c) Nb 元素面分布；(d) Ti 元素面分布；(e) 界面的元素线分布；(f) 不同保温时间下的 Nb 元素线分布

以上结果表明，Nb 母材向钎缝中的溶解深度较小，即 Nb 元素向钎料中的扩散主要发生在 Nb 母材与钎缝区的界面处，且 Nb 母材的溶解扩散为非稳态过程，满足 Fick 第二定律。由于扩散系数 D_{Nb} 与浓度无关[72]，且对于多相体系，$\dfrac{\mathrm{d}C(x,t)}{\mathrm{d}t}$ 与 D_{Nb} 均为常数[73]，该扩散过程可以表达为

$$\frac{\partial C(x,t)}{\partial t}=D_{\mathrm{Nb}}\frac{\partial^2 C(x,t)}{\partial x^2} \tag{4-19}$$

式中，$C(x, t)$为扩散物质的质量浓度(mol·kg^{-3})；t为钎焊时间(s)；x为扩散方向上的距离(μm)。

与Nb母材的溶解扩散区域相比，Nb母材自身及钎缝的宽度可视为无限长，因此，式(4-19)的初始条件及边界条件可由图4-29表示。

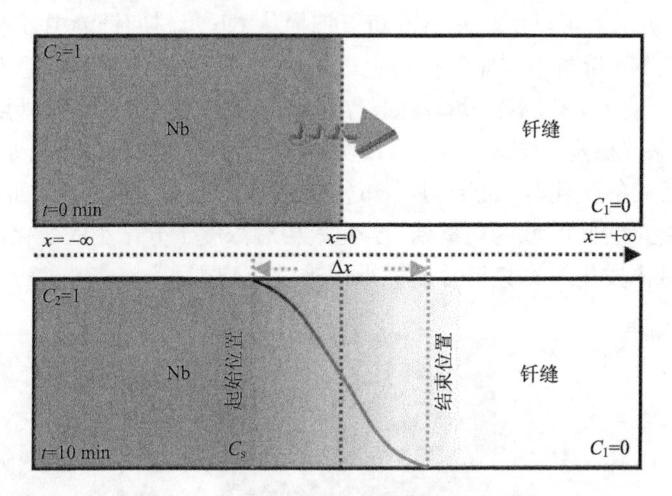

图4-29　Nb母材向钎缝中的溶解扩散模型

对式(4-19)进行玻尔兹曼变换后进行求解可得

$$W_{Nb}=at^{0.5}+b \tag{4-20}$$

式中，W_{Nb}为Nb母材向钎缝中溶解的深度(μm)；a为Nb元素向Ag-Cu-Ti钎料的扩散速率常数(μm·s^{-2})；b为积分常数，表示非保温阶段钎焊过程中Nb元素的扩散深度(μm)。

由式(4-20)可见，Nb母材向钎缝中的溶解深度与钎焊保温时间呈抛物线关系，由于该式中存在a、b两个未知数，因此对采用G-Cu$_f$复合中间层在880 ℃/20 min工艺参数下钎焊C/C-Nb接头的Nb母材/钎缝界面进行元素线扫描分析，结果如图4-28(f)所示，分析图中数据可知，钎焊工艺参数为880 ℃/10 min时接头的W_{Nb}为～5.10 μm；钎焊工艺参数为880 ℃/20 min时接头的W_{Nb}为～6.43 μm，将以上数据代入式(4-20)中计算得到：a≈0.131 μm·s$^{-1/2}$，b≈1.899 μm，最终得到880 ℃下，Nb母材向钎缝中溶解的深度与保温时间的关系式为：$W_{Nb}=0.131t^{0.5}+1.899$。

3)接头的界面组织演化机制

基于以上研究，现对采用G-Cu$_f$复合中间层钎焊C/C-Nb接头的界面组织演变行为进行分析。首先，从宏观角度进行分析，通过中间层种类及工艺参数对C/C-Nb钎焊接头界面组织的影响规律进行推导，可以得出接头界面组织的演变主要分为如下4个过程(图4-30)。

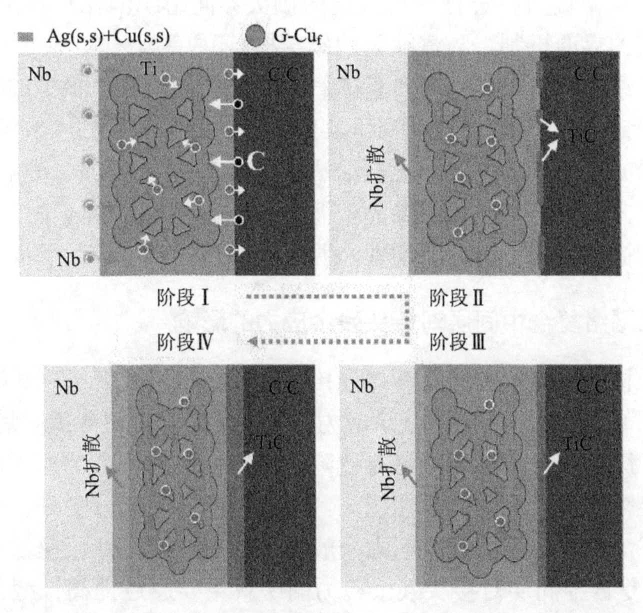

图4-30 采用G-Cu$_f$复合中间层钎焊C/C-Nb接头的界面组织演化过程示意图

阶段Ⅰ：随着温度逐渐升高至Ag-Cu-Ti合金的熔点，活性Ag-Cu-Ti钎料熔化向钎缝各处流动并对G-Cu$_f$复合中间层的孔隙进行填充。此外，熔融钎料与C/C复合材料母材及Nb母材充分接触并在毛细作用下向C/C复合材料的孔隙中扩散。与此同时，钎料中的Ti元素与C/C复合材料中的C元素发生互扩散；在Nb母材也逐渐开始向熔融钎料中溶解扩散。

阶段Ⅱ：随着温度继续升高至工作温度(880℃)，在重力作用、毛细作用及G-Cu$_f$复合中间层良好的润湿作用下，熔融钎料完成填缝。同时，在化学势的驱动下，C/C复合材料与钎料中的活性Ti元素发生冶金反应并在界面处形成TiC化合物。Nb母材与钎缝界面处逐渐形成溶解扩散层。此外，G-Cu$_f$复合中间层在高温下发生一定程度的软化。

阶段Ⅲ：随着钎焊过程的进行，TiC颗粒不断长大并增厚，形成连续的TiC界面反应层。Nb母材向钎缝中的溶解扩散层也不断增厚。G-Cu$_f$复合中间层继续发生软化，钎缝厚度降低。

阶段Ⅳ：保温阶段结束后，随着温度逐渐降低至钎料熔点以下，接头中各区域的组织开始凝固。TiC界面反应层的厚度与Nb母材溶解扩散的深度达到最大。G-Cu$_f$复合中间层的软化程度也达到最大，但其多孔骨架结构保持完好，此外，钎缝厚度降至最低。最终形成了高质量的 C/C-Nb 钎焊接头。

接下来，从微观角度进行分析，阐明接头界面组织演化过程中钎料/石墨烯/泡沫 Cu 基底的界面机制。与富缺陷的碳结构(还原氧化石墨烯纳米片等)相比，本节制得的三维网络石墨烯为高质量的石墨烯，表面仅存在极少的缺陷，这使其能够有效阻碍钎料对泡沫 Cu 的侵蚀。实际上，熔融钎料中的 Ag、Cu、Ti 元素仅能够在石墨烯的表面外侧扩散，无法沿法向穿过石墨烯的 C 六元环晶格。此外，由第 3 章的研究结果可知，石墨烯的基面还能够通过与 Ti 元素间发生物理吸附，在一定程度上提高熔融钎料的流动性，并促进钎料对石墨烯的润湿。

4.2.2　石墨烯网络复合中间层对接头残余应力的影响

C/C 复合材料与 Nb 在进行钎焊连接时，由于母材及钎缝区线膨胀系数相差较大，接头在降温过程中会产生残余应力，直接影响接头的连接质量。引入 $G\text{-}Cu_f$ 复合中间层钎焊 C/C-Nb 接头能够有效降低钎焊接头的残余应力，而残余应力的缓解程度直接影响了接头的力学性能。当钎焊温度不发生改变时，在不考虑塑性形变的情况下，焊后接头的残余应力一般由母材及钎缝的弹性模量与线膨胀系数决定。$G\text{-}Cu_f$ 复合中间层对接头残余应力的缓解主要通过提高钎缝的塑韧性及应变容纳能力来实现。何鹏及 Park 等[74, 75]指出，焊后接头的应变能 $U_{e,C}$ 综合考虑了应力及应变的因素，能够更为准确地评价钎焊接头的承载能力，因此，本节从 $U_{e,C}$ 变化的角度来阐明 $G\text{-}Cu_f$ 复合中间层对 C/C-Nb 钎焊接头残余应力的缓解机制。

在 C/C-Nb 钎焊接头中，C/C 复合材料母材的应变能 $U_{e,C}$ 可以表达为

$$U_{e,C}=\left(\frac{\sigma_{seam}^2 r^3}{E_{C/C}}\right)\cdot f(A,B) \tag{4-21}$$

式中，σ_{seam} 为钎缝组织的等效屈服强度，$\sigma_{seam}=\sigma^{eff}$；$r$ 为钎焊接头的接触参数，此处可取 $r\approx2.82$ mm；$f(A, B)$ 为修正函数，其表达式为

$$f(A,B)=0.027A+0.11B+0.491 \tag{4-22}$$

式中，A、B 可以分别表示为

$$A=\frac{(\alpha_{Nb}-\alpha_{C/C})\cdot\Delta T\cdot E_{seam}}{\sigma_{seam}} \tag{4-23}$$

$$B=\frac{\alpha_{Nb}-\alpha_{C/C}}{\alpha_{seam}-\alpha_{C/C}} \tag{4-24}$$

式中，E_{seam} 为钎缝的等效弹性模量(GPa)；α_{seam} 为钎缝的等效线膨胀系数(℃$^{-1}$)；ΔT 为降温过程中的温度差(℃)。

代入已知数据可得：A=3.22，B=0.36，继续代入式(4-22)得到：$f(A,B)\approx0.618$，将其代入式(4-21)中可以计算得出采用 $G\text{-}Cu_f$ 复合中间层钎焊 C/C-Nb 接头的应变

能$U_{e,C_{G\text{-}Cu_f}}=6.90\times10^{-6}$J。

同理，通过计算可以得出采用 Cu$_f$ 中间层及无中间层直接钎焊的 C/C-Nb 接头的应变能分别为$U_{e,C_{Cu_f}}=8.27\times10^{-6}$J、$U_{e,C_{none}}=10.98\times10^{-6}$J。可见，采用 Cu$_f$ 中间层钎焊时，尽管泡沫 Cu 的多孔骨架发生坍塌溶解，但其在钎缝中形成的 Cu(s, s)组织能够一定程度提高钎缝的塑韧性，有助于接头$U_{e,C}$的降低，从而提高接头的连接质量。相比之下，采用 G-Cu$_f$ 复合中间层辅助钎焊时，G-Cu$_f$ 复合中间层的多孔骨架结构使其在钎缝中均匀分布，因而有效提高了钎缝的塑韧性及应变容纳能力。其中，在接头钎焊的降温过程中，G-Cu$_f$ 复合中间层可通过自身发生弹塑性形变将 C/C-Nb 接头中的$U_{e,C}$转化为 G-Cu$_f$ 复合中间层的应变能，有效降低 C/C-Nb 接头中$U_{e,C}$的产生，显著提高接头的承载能力。

Gibson-Ashby 泡沫金属理论指出，与普通的实体材料相比，开孔泡沫金属往往具有独特的应变容纳能力，即其在受到外加载荷时，可以通过自身独特的骨架结构发生弹塑性形变来提高其抵抗外加载荷的能力，这种对外加载荷独特的响应特征，使得泡沫金属在受力过程中往往会产生特殊的应力-应变(σ-ε)平台[50]，如图 4-31(a)所示。

随着ε的增大，泡沫金属首先会经过线弹性阶段直至$\varepsilon=\varepsilon_0$，此时对应的$\sigma^*$为泡沫金属的临界塑性变形应力。当$\varepsilon>\varepsilon_0$时，泡沫金属进入塑性形变阶段，在此阶段泡沫金属的应力保持不变(恒为σ^*)，直至ε增大到一定程度($\varepsilon=\varepsilon_D$)时，泡沫金属完全坍塌。当$\varepsilon>\varepsilon_D$时，泡沫金属形变为实体材料，其应力应变响应与实体材料相同。其中，ε_D为泡沫金属的临界失效应变，可以表达为

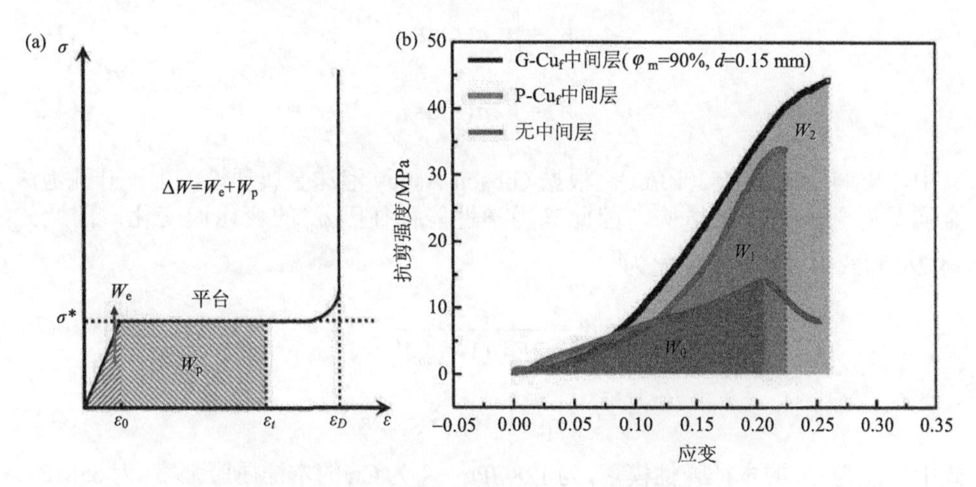

图 4-31 泡沫 Cu 及不同接头的应力应变特征分析

(a)泡沫铜的理论应力应变曲线；(b)不同中间层钎焊接头的实际应力应变曲线

$$\varepsilon_D=1-1.4(1-\varphi_m) \tag{4-25}$$

将 φ_m=90%代入式(4-25)中得，ε_D=0.86。

对采用 φ_m=90%，d=0.15mm 的 G-Cu_f 复合中间层钎焊的 C/C-Nb 接头及采用 φ_m=90%，d=0.15mm 的 Cu_f 中间层钎焊的 C/C-Nb 接头进行室温抗剪测试。分析对于接头的应力应变曲线得知[图 4-31(b)]，采用 G-Cu_f 复合中间层、Cu_f 中间层钎焊的 C/C-Nb 接头在断裂时刻的应变分别为～0.261、～0.224，均远小于 ε_D，因此仅需对应力应变曲线的线弹性及部分塑性阶段进行分析。此外，需要注意的是，由于采用 Cu_f 中间层钎焊 C/C 复合材料与 Nb 时，Cu_f 中间层因与钎料发生剧烈的冶金反应而坍塌溶解，因此无法对其对应的钎焊接头的应力应变曲线按弹性及塑性阶段进行拆解分析。

分析图 4-31(b)中接头的应力应变曲线数据可知，采用 G-Cu_f 复合中间层及采用 Cu_f 中间层钎焊 C/C-Nb 接头的断裂能分别为 W_2≈4810kJ/m^3、W_1≈2620kJ/m^3。相比之下，无中间层钎焊 C/C-Nb 接头的断裂能 W_0 仅为～1290kJ/m^3。因此在断裂前，由 G-Cu_f 复合中间层及 Cu_f 中间层通过弹性及塑性应变对 C/C-Nb 钎焊接头产生的总应变能贡献分别为 $\Delta W_2=W_2-W_0$=3520kJ/m^3、$\Delta W_1=W_1-W_0$=1330kJ/m^3。ΔW_1 明显小于 ΔW_2，表明采用 Cu_f 中间层能够一定程度增强接头的承载能力，但与具有完整骨架结构的 G-Cu_f 复合中间层相比，Cu_f 中间层在钎焊过程中发生溶解坍塌极大地限制了其对接头的增强作用。

在采用 G-Cu_f 复合中间层钎焊的 C/C-Nb 接头的室温抗剪测试应力应变曲线中，泡沫 Cu 在线弹性阶段、塑性阶段的应变能 W_e、W_p 分别可以表示为

$$W_e=\int_0^{\varepsilon_0}\sigma(\varepsilon)\mathrm{d}\varepsilon \tag{4-26}$$

$$W_p=\int_{\varepsilon_0}^{\varepsilon_t}\sigma(\varepsilon)\mathrm{d}\varepsilon \tag{4-27}$$

其中，$W_e+W_p=\Delta W$=3520kJ/m^3。根据 Gibson-Ashby 泡沫金属理论，由于开孔泡沫金属具有独特的骨架结构，因此其力学性能往往因 φ_m 的变化而变化。因此式(4-26)和式(4-27)分别变化为[54]

$$W_e=\frac{\sigma^{*2}}{2E_{Cu}(1-\varphi_m)^2} \tag{4-28}$$

$$W_p=0.3\sigma_{Cu}(1-\varphi_m)^{\frac{3}{2}}(\varepsilon_t-\varepsilon_0) \tag{4-29}$$

式中，E_{Cu} 为 Cu 的本征弹性模量，为 128GPa；σ_{Cu} 为 Cu 的本征屈服强度，为 65MPa。

此外，ε_0 可以表达为

$$\varepsilon_0=\frac{\sigma^*}{E_{\mathrm{Cu}}(1-\varphi_{\mathrm{m}})^2} \tag{4-30}$$

基于已知数据计算可得：$\sigma^*\approx 20.30\mathrm{MPa}$，$\varepsilon_0\approx 0.016$，$W_{\mathrm{e}}\approx 161\mathrm{kJ\cdot m^{-3}}$，$W_{\mathrm{p}}\approx 3359\mathrm{kJ\cdot m^{-3}}$。可以看出，$W_p$ 远大于 W_e，因此对于接头在室温抗剪测试过程中，泡沫 Cu 主要通过塑性形变贡献了对外加载荷的能量吸收，有效提高了 C/C-Nb 钎焊接头的承载能力。其中，泡沫 Cu 发生弹性及塑性形变的时间节点如图 4-32 所示。根据对于接头的应力应变曲线，当 $\sigma=\sigma^*$时，即 $\varepsilon=\varepsilon^*\approx 0.149$。即当 $\varepsilon<0.149$ 时，泡沫 Cu 通过弹性形变承担外加载荷；当 $0.149\leqslant\varepsilon\leqslant 0.261$ 时，泡沫 Cu 通过进一步发生的塑性形变承担外加载荷。

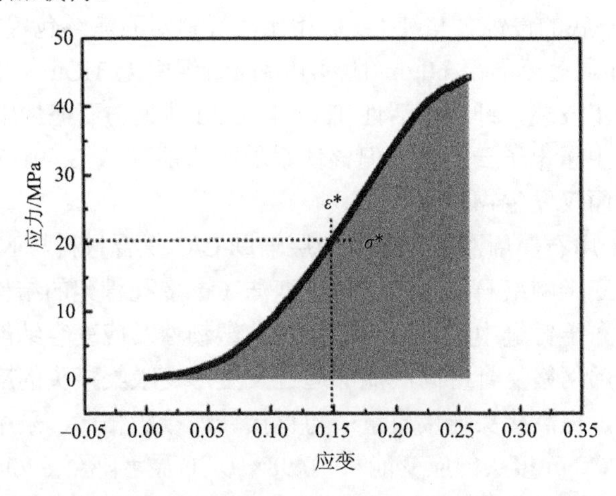

图 4-32　石墨烯网络复合中间层发生的弹塑性形变节点

根据以上研究，现对采用 G-$\mathrm{Cu_f}$复合中间层辅助 C/C 复合材料与 Nb 接头的钎焊机制总结如下：在钎焊过程中，三维网络石墨烯有效保护了泡沫 Cu 本体的结构完整性，使得泡沫 Cu 在钎缝中均匀分布，提高了钎缝的塑韧性及应变容纳能力，有效降低了接头残余应力的轴向分力及接头整体的应变能，提高了接头的承载能力。而后在接头的抗剪测试过程中，泡沫 Cu 本体能够通过自身发生弹塑性形变有效卸载外加载荷，显著提高接头的力学性能。

4.3　本 章 小 结

本章针对 C/C 复合材料与 Nb 钎焊接头的高残余应力难题，提出了采用石墨烯网络复合中间层提高二者钎焊连接质量的方法。采用第一性原理计算、有限元仿真与实验相结合的方式，明晰了钎料在复合中间层表面的润湿机理，解明了复合中间层对接头的残余应力缓解机制，完善了复合中间层的整体结构优化，实现了 C/C 复合材料与 Nb 的高质量钎焊连接并阐明了接头的钎焊机理。得到了以下结论：

(1)采用 CVD 法，以泡沫 Cu 为基底制得了厚度为 2～5 个原子层且缺陷少的高质量石墨烯网络复合中间层。通过分析工作温度、沉积时间及气体流量比对石墨烯厚度及表面缺陷度的影响规律，获得了石墨烯的最佳生长参数为：工作温度 960℃/沉积时间 10min/气体流量比 CH_4∶H_2/Ar=10∶90(sccm)。

(2)石墨烯能够有效阻碍 Ag-Cu-Ti 钎料对 Cu 基底的侵蚀。石墨烯表面钎料的润湿良好，润湿角仅为 6°，但石墨烯的碳结构在高温润湿过程中稳定存在。在此基础上，石墨烯的电子云孔隙半径小于钎料各元素的原子半径，进而能够有效阻碍钎料对 Cu 基底的侵蚀。与纯 Cu 板相比，钎料对石墨烯包覆 Cu 板的最大侵蚀深度由 170μm 显著降低至 60μm 且润湿界面组织中无 TiCu 相生成。借助第一性原理计算进一步发现，钎料中活性 Ti 元素的 3d 轨道与石墨烯中 C 原子的 p 轨道发生杂化，产生了电子云重叠，但该体系的吸附能高达 3.691eV，说明钎料在无缺陷石墨烯表面仅发生物理吸附。

(3)阐明了采用石墨烯网络复合中间层辅助 C/C 复合材料与 Nb 的钎焊机理：在钎焊过程中，三维网络石墨烯能够保护泡沫 Cu 多孔骨架的结构完整性，使得泡沫 Cu 均匀分布于钎缝中，有效提高接头的塑韧性及应变容纳能力。在钎焊降温过程中，石墨烯网络复合中间层能够通过发生形变吸收接头的应变能，有效缓解接头残余应力，提高接头连接质量：与直接钎焊接头相比，采用石墨烯网络复合中间层钎焊 C/C-Nb 接头的应变能从 10.98×10^{-6}J 显著降至 6.90×10^{-6}J。在接头的抗剪测试过程中，泡沫 Cu 本体通过发生弹塑形变有效卸载外加载荷，做出 3681kJ·m^{-3} 的应变能贡献，接头的连接质量得到大幅提高。

参考文献

[1] 张天琪. 石墨烯-泡沫铜中间层的制备及其钎焊机理研究. 哈尔滨: 哈尔滨工业大学, 2015.

[2] 王泽宇. 碳基网络复合中间层辅助钎焊 C/C 复合材料与 Nb 机理研究. 哈尔滨: 哈尔滨工业大学, 2020.

[3] 吴娟霞, 徐华, 张锦. 拉曼光谱在石墨烯结构表征中的应用. 化学学报, 2014, 3: 301-318.

[4] 李勇, 赵亚茹, 李焕, 等. 石墨烯增强金属基复合材料的研究进展. 材料导报 A: 总数篇, 2016, 30(6): 71-76.

[5] Wu P, Zhang W H, Li Z Y, et al. Mechanisms of graphene growth on metal surfaces: theoretical perspectives. Small, 2014, 10: 2136-2150.

[6] Li X S, Cai W W, An J H, et al. Large-area synthesis of high-quality and uniform graphene films on copper foils. Science, 2009, 324(5932): 1312-1314.

[7] Reina A, Jia X T, Ho J, et al. Large Area, Few-layer graphene films on arbitrary substrates by chemical vapor deposition. Nano Letters, 2009, 9(1): 30-35.

[8] Wei D C, Liu Y Q, Wang Y, et al. Synthesis of *N*-doped graphene by chemical vapor deposition and its electrical properties. Nano Letters, 2009, 9(5): 1752-1758.

[9] Kim K S, Zhao Y, Jang H, et al. Large scale pattern growth of graphene films for stretch able transparent electrodes. Nature, 2009, 457(7230): 706-710.

[10] Banhart F, Kotakoski J, Krasheninnikov A V. Structural defects in graphene. ACS Nano, 2011, 5(1): 26-41.

[11] Meyer J C, Geim A K, Katsnelson M I, et al. On the roughness of single-and bi-layer graphene membranes. Solid State Comm Unications, 2007, 143(1-2): 101-109.

[12] 张夫. 垂直生长石墨烯的制备及其超级电容器性能研究. 哈尔滨: 哈尔滨工业大学, 2014.

[13] Qi J L, Lin J H, Wang X, et al. Low resistance VFG-Microporous hybrid Al-based electrodes for supercapacitors. Nano Energy, 2016, 26: 657-667.

[14] 王泽宇, 霸金, 亓钧雷, 等. 石墨烯包覆泡沫铜复合中间层钎焊碳/碳复合材料与铌的工艺与性能. 焊接学报, 2018, 39(10): 71-74.

[15] 刘爱辉, 李邦盛, 隋艳伟, 等. 液态金属与陶瓷界面润湿性的研究进展. 材料热处理技术, 2010, 39(24): 91-93.

[16] 郑小红. $Zr_{55}Cu_{30}Al_{10}Ni_5$ 非晶熔体与金属及陶瓷的润湿性和界面特征. 长春: 吉林大学, 2010.

[17] Javad R, Xi M, Hemtej G, et al. Wetting transparency of graphene. Nature Materials, 2012, 11: 217-222.

[18] Novakovic R, Ricci E, Giuranno D, et al. Surface and transport properties of Ag-Cu liquid alloys. Surface Science, 2005, 576: 175-187.

[19] Ponsonnet L, Reybier K, Jaffrezic N, et al. Relationship between surface properties (roughness, wettability) of titanium and titanium alloys and cell behaviour. Materials Science & Enginering C- Materials for Biological Applications, 2003, 23: 551-560.

[20] Lin Q L, Cao R. Characteristics of spreading dynamics for adsorption wetting at high temperatures. Computational Materials Science, 2015, 99: 29-32.

[21] Konieczny M. Processing and microstructural characterisation of laminated Ti-intermetallic composites synthesised using Ti and Cu foils. Materials Letters, 2008, 62(17): 2600-2602.

[22] 宋玉强, 李世春, 杜光辉. Ti/Cu 固相相界面扩散溶解层形成机制的研究. 稀有金属材料与工程, 2009, 38(7): 1188-1192.

[23] Shih C J, Strano M S, Blankschtein D. Wetting translucency of graphene. Nature Materials, 2013, 12: 866-869.

[24] Bal V. Coagulation behavior of spherical particles embedded in laminar shear flow in presence of DLVO-and non-DLVO forces. Journal of Colloid and Interface Science, 2020, 564: 170-181.

[25] Hiemenz P C, Rajagopalan R. Priciples of Colloid and Surface Chemistry. 3rd ed. Boca Raton: CRC Press, 1997: 491-495.

[26] Bergström L. Hamaker constants of inorganic materials. Advances in Colloid and Interface Science, 1997, 70: 125-169.

[27] Choiu Y C, Olukan T A, Almahri M A, et al. Direct measurement of the magnitude of the van der Waals interaction of single and multilayer graphene. Langmuir, 2018, 34(41): 12335-12343.

[28] 唐恒娟, 陈思洁. 异种耐热钢瞬时液相扩散连接界面形态与形成机理. 焊接学报, 2012, 33(3): 101-104.

[29] Kuzumaki T, Ujiie O, Ichinose H, et al. Mechanical characteristics and preparation of carbon nanotube fiber-reinforced Ti composite. Advanced Engineering Materials, 2000, 2: 416-418.

[30] Taguchi T, Yamamoto H, Shamoto S I. Synthesis and characterization of single-phase TiC nanotubes, TiC nanowires, and carbon nanotubes equipped with TiC nanoparticles. Journal of Physical Chemistry C. 2007, 111: 18888-18891.

[31] Saba F, Sajjadi S A, Sabzevar M H, et al. TiC-modified carbon nanotubes, TiC nanotubes and TiC nanorods: Synthesis and characterization. Ceramics International, 2018, 44(7): 7949-7954.

[32] Matruglio A, Nappini S, Naumenko D, et al. Contamination-free suspended graphene structures by a Ti-based transfer method. Carbon, 2016, 103: 305-310.

[33] Zhang X Y, Xu W X, Dai J P, et al. Role of embedded 3d transition metal atoms on the electronic and magnetic properties of defective bilayer graphene. Carbon, 2017, 118: 376-383.

[34] Zhao G K, Li X M, Huang M R, et al. The physics and chemistry of graphene-on-surfaces. Chemical Society Reviews, 2017, 46(15): 4417-4449.

[35] Lian R X, Yu H, He L B, et al. Sublimation of Ag nanocrystals and their wetting behaviors with graphene and carbon nanotubes. Carbon, 2016, 101: 368-376.

[36] Eustathopoulos N, Nicholas M G, Drevet B. Wettability at high temperatures. Oxford: Pergamon Press, 1994: 263-270.

[37] 靳鹏, 隋然, 李富祥. 熔融 6061/4043 铝合金在 TC4 钛合金表面的反应润湿. 金属学报, 2017, 53(4): 479-485.

[38] Zhang R F, Sheng S H, Liu B X. Predicting the formation enthalpies of binary intermetallic compounds. Chemical Physics Letters: A, 2007, 442: 511-514.

[39] Okoro A M, Lephuthing S S, Oke S R, et al. A review of spark plasma sintering of carbon nanotubes reinforced titanium-based nanocomposites: Fabrication, densification, and mechanical properties. JOM, 2018, 71(2): 567-584.

[40] Munir K S, Zheng Y F, Zhang D L, et al. Improving the strengthening efficiency of carbon nanotubes in titanium metal matrix composites. Materails Science & Engineering: A, 2017, 696: 10-25.

[41] 燕鹏, 林晨光, 崔舜, 等. 原位合成 Cu/TiC 材料的热力学计算. 材料热处理技术, 2011, 40(16): 84-86.

[42] Liu D, Song Y Y, Zhou Y H, et al. Brazing of C/C composite and Ti-6Al-4V with graphene strengthened AgCuTi filler: effects of graphene on wettability, microstructure and mechanical properties. Chinese Journal of Aeronautics, 2018, 31(7): 1602-1608.

[43] Wang G, Cai Y J, Wang W, et al. AgCuTi/graphene-reinforced Cu foam: A novel filler to braze ZrB_2-SiC ceramic to Inconel 600 alloy. Ceramic International, 2019, 46(1): 531-537.

[44] Berry V. Impermeability of graehpne and its applications. Carbon, 2013, 62: 1-10.

[45] Rajasekaran G, Narayanan P, Parashar A. Effect of point and line defects on mechanical and thermal properties of graphene: a review. Critical Reviews in Solid State and Materials Sciences, 2016, 41(1): 47-71.

[46] Zhao Y D, Liu Z J, Sun T Y, et al. Mass transport mechanism of Cu species at the metal/dielectric interfaces with a graphene barrier. ACS Nano, 2014, 8(12): 12601-12611.

[47] Enoki T, Ando T. Physics and Chemistry of Graphene(second edition): graphen to nanographene. 2nd ed. Singapore: Jenny Stanford Publishing Pte. Ltd. , 2020: 22-32.

[48] Kakaei K, DEsrafili M D, Ehsani A. Graphene Surface: Particles and Catalysts. London: Academic Press, 2019: 43-66.

[49] Pedersen F A, Greeley J, Studt F, et al. Scaling properties of adsorption energies for hydrogen-containing molecules on transition-metal surfaces. Physical Review Letters, 2007, 9: 016105.

[50] 房立红. TiC 体性质、表面性质以及 Al/TiC 界面性质的第一性原理研究. 济南: 山东大学, 2011.

[51] Eigler S, Hirsch A. Chemistry with graphene and graphene oxide-challenges for synthetic chemists. Angewandte Chemie International Edition, 2014, 53(30): 7720-7738.

[52] Linul E, Marşavina L, Linul P A, et al. Cryogenic and high temperature compressive properties of metal foam matrix composites. Composite Structures, 2019, 209: 490-498.

[53] Gibson L J, Ashby M F. Celluar Materails. Cambridge: Cambridge University Press, 2014: 55-92.

[54] Wang Z Y, Li M N, Ba J. *In-situ* synthesized TiC nano-flakes reinforced C/C composite-Nb brazed joint. Journal of the European Ceramic Society, 2018, 38(4): 1059-1068.

[55] Zhou B Z, Feng K Q. Zr-Cu alloy filler metal for brazing SiC ceramic. RSC Advances, 2018, 8: 26251-26254.

[56] Hönig S, Koch D, Weber S, et al. Evaluation of dynamic modulus measurement for C/C-SiC composites at different temperatures. International Journal of Applied Ceramic Tchnology, 2019, 16: 1723-1733.

[57] 石俊秒. 2018. ZrC-SiC 陶瓷与 TC4 钛合金钎焊工艺及机理研究. 哈尔滨: 哈尔滨工业大学.

[58] Song S R, Li H J, Casalegno V, et al. Microstructure and mechanical properties of C/C composite/Ti6Al4V joints with a Cu/TiCuZrNi composite brazing alloy. Ceramics International, 2016, 42: 6347-6354.

[59] Qin Y Q, Feng J C. Active brazing carbon/carbon composite to TC4 with Cu and Mo composite interlayers. Materials Science & Engineering A, 2009, 525(1-2): 181-185.

[60] Wang X G, He B B, Liu C H, et al. Extraordinary Lüders-strain-rate in medium Mn steels. Materialia, 2019, 6: 100288.

[61] Zhu J Q, Liu X, Yang Q S. Dislocation-blocking mechanism for the strengthening and toughening of laminated graphene/Al composites. Computational Materials Science, 2019, 160:

72-81.

[62] Liu J Q, Hu N, Liu X Y, et al. Microstructure and mechanical properties of graphene oxide-reinforced titanium matrix composites synthesized by hot-pressed sintering. Nanoscale Research Letters, 2019, 14(1): 114.

[63] Naseer A, Ahmad F, Aslam M, et al. A review of processing techniques for graphene-reinforced metal matrix composites. Materails and Manufacturing Processes, 2019, 34(9): 957-985.

[64] 石霖. 合金热力学. 北京: 机械工业出版社, 1992: 490-507.

[65] Tischer S, Börnhorst M, Amsler J, et al. Thermodynamics and reaction mechanism of urea decomposition. Physical Chemistry Chemical Physics, 2019, 21(30): 16785-16797.

[66] 曲仕尧, 邹增大, 王新洪. Ag-Cu-Ti 活性钎料热力学分析. 焊接学报, 2003, 24(4): 13-16.

[67] Lin Q L, Shen P, Yang L L, et al. Wetting of TiC by molten Al at 1123～1323 K. Acta Materialia, 2011, 59(5): 1898-1911.

[68] Haldar B, Bandyopadhyay D, Sharma R C, et al. The Ti-W-C (titanium-tungten-carbon) system. Journal of Phase Equilibria, 1999, 20(3): 337-343.

[69] Fiore M, Neto F B, Azevedo C R D F. Assessment of the Ti-rich corner of the Ti-Si phase diagram: the recent dispute about the eutectoid reaction. 2016, 19(4): 942-953.

[70] Frage N, Froumin N, Dariel M P. Wetting of TiC by non-reactive liquid metals. Acta Materialia, 2002, 50(2): 237-245.

[71] Dyblov V I, Duchenko O V. Growth kinetics of compound layers at the nickel-bismuth interface. Journal of Alloys and Compounds, 1996, 234(2): 295-300.

[72] 徐李刚. C/C 复合材料与 Nb 钎焊工艺及机理研究. 哈尔滨: 哈尔滨工业大学, 2013.

[73] 方洪渊, 冯吉才. 材料连接过程中的界面行为. 哈尔滨: 哈尔滨工业大学出版社, 2005: 64-76.

[74] 何鹏, 冯青华, 林铁松, 等. 工程陶瓷连接力学性能提升研究进展. 中国材料进展, 2017, 36(2): 112-121.

[75] Park J W, Mendez P F, Eagar T W. Strain energy distribution in ceramic-to-metal joints. Acta Materialia, 2002, 50(5): 883-899.

第 5 章　负膨胀材料复合中间层辅助复合材料异质结构钎焊连接

C/C 复合材料是由碳纤维作为增强体、石墨作为基体构成的复合材料，具有两者的双重优点，同时相比较于石墨，具有更小的密度，更高的室温及高温强度，更低的热膨胀系数，更好的导热性能、耐磨性能和耐烧蚀能力，更优良的抗冲击性能等特点[1-3]。但由于其难以加工成形状复杂的构件，在实际应用中受到了限制。金属材料易于加工制造成各种形状，故常将其与 C/C 复合材料进行连接，已应用于火箭发动机喷管等。使用机械、黏结、熔焊等方式将两者连接起来，会有诸多问题，目前，主要使用扩散焊及钎焊连接两者[4-6]。金属 Nb 的密度小，高温性能优良，若将两者连接并制造成喷管等关键构件，可充分发挥 C/C 复合材料的性能，同时达到构件整体轻量化的要求，降低推进动力系统的能耗。

由于两者之间的热膨胀系数差异较大，容易在钎焊接头中产生较大的残余应力[7-8]。而活性钎料的热膨胀系数通常都较大，远高于两者，接头难以形成热膨胀系数的梯度过渡，故需将低热膨胀系数增强相引入体系或加入钎焊中间层，降低钎缝的热膨胀系数，形成梯度过渡，缓解接头内部残余应力，以获得可靠的连接接头[9-11]。

采用 AgCuTi 钎料对 C/C 复合材料与 Nb 金属进行连接，并加入负膨胀增强相锂霞石(LAS)，改善钎缝的热物理性能，可以有效缓解接头残余应力，以获得优良可靠的接头。首先，使用 AgCuTi 钎焊 C/C 复合材料与 Nb 金属，确定其最佳工艺参数。其次，在 AgCuTi 钎料中添加锂霞石，制备锂霞石颗粒增强复合钎料，并使用加入不同含量锂霞石及不同含量 TiH_2 的复合钎料进行钎焊，研究锂霞石含量及 Ti 含量对界面组织及性能的影响。再次，制备锂霞石增强铜基复合材料并进行性能测试表征，并在 C/C 复合材料/AgCuTi/Nb 体系基础上，使用不同厚度、不同体积分数锂霞石增强铜基复合材料薄片作为中间层进行钎焊连接，观察界面形貌，并进行组织性能分析，研究复合中间层的锂霞石含量及厚度对界面组织及性能的影响，并利用有限元模拟分析接头残余应力分布。最后，制备网状结构锂霞石并进行性能测试表征，并在 C/C 复合材料/AgCuTi/Nb 体系基础上，使用不同孔隙密度网状锂霞石薄片作为中间层，研究其对接头界面组织及性能的影响；对网状结构锂霞石进行表面蒸镀 Ti 与 Cu，并研究其对接头界面组织及性能的影响。

5.1 锂霞石颗粒增强复合钎料钎焊 C/C 复合材料与 Nb 金属

由于 C/C 复合材料和金属 Nb 之间的热膨胀系数差异较大，容易在钎焊接头中产生较大的残余应力，所以通过采用复合钎料法，即在钎料中加入低热膨胀系数的颗粒增强相来降低钎料的热膨胀系数，形成热膨胀系数梯度过渡，从而缓解接头的残余应力。锂霞石是一种负膨胀材料，其热膨胀系数小于 0，是一种优质的增强相，加入钎料中可显著降低钎料的热膨胀系数。本节研究了使用 AgCuTi 直接钎焊 C/C 复合材料与 Nb 金属的最佳工艺参数。在 AgCuTi 钎料中添加锂霞石，制备了锂霞石颗粒增强复合钎料，研究不同锂霞石含量及不同 Ti 含量的复合钎料对接头界面组织及性能的影响。

5.1.1 AgCuTi 钎焊 C/C 复合材料与 Nb 金属

1. AgCuTi 钎焊 C/C 复合材料与 Nb 金属接头典型界面结构分析

本节在钎焊温度 880℃，保温时间 10min 下，使用 AgCuTi 钎料进行 C/C 复合材料与 Nb 之间的钎焊连接，接头界面结构如图 5-1 所示。

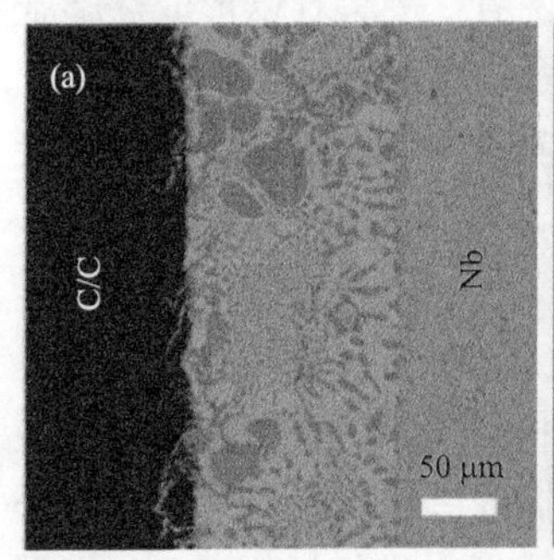

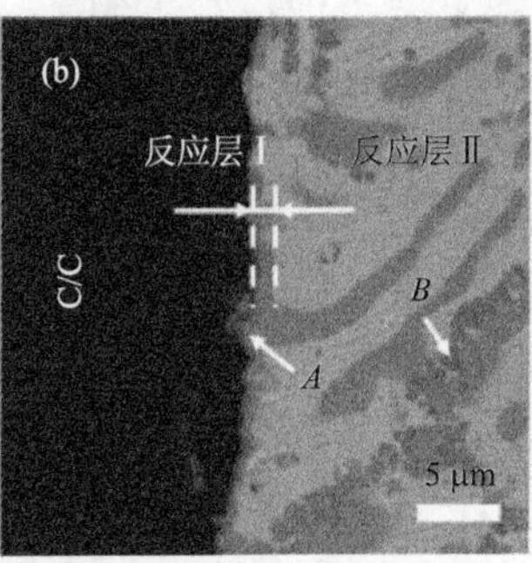

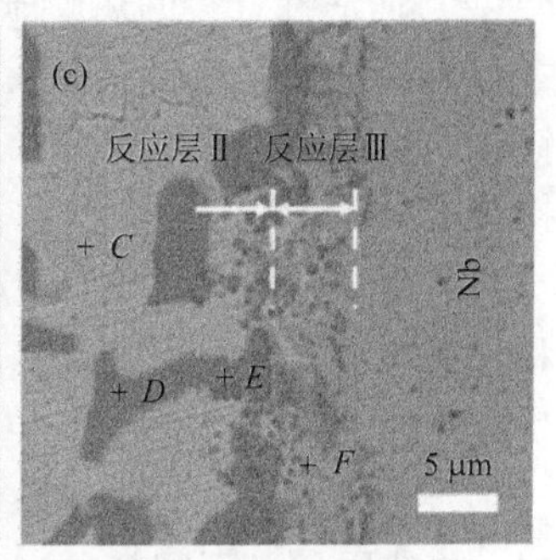

图 5-1　880℃/10min 下 AgCuTi 钎焊 C/C 复合材料与 Nb 接头典型界面结构

(a) 整体形貌；(b) C/C 复合材料侧；(c) Nb 侧

从图 5-1(a) 中可看出，使用 AgCuTi 钎料对 C/C 复合材料与金属 Nb 进行钎焊时，界面结合良好，无裂纹及孔洞等缺陷。图 5-1(b) 为 C/C 复合材料侧的放大区，图 5-1(c) 为金属 Nb 侧的放大区。根据图 5-1 中接头的组织分布，将 AgCuTi 钎焊 C/C 复合材料与金属 Nb 接头界面分为三个区域，区域Ⅰ为 C/C 复合材料侧区域，区域Ⅱ为接头钎缝中部区域，区域Ⅲ为金属 Nb 侧区域。如图 5-1(b) 和 (c) 所示，钎缝界面主要有 *A*～*F* 六种相。区域Ⅰ中主要为 *A* 相：*A* 为 C/C 复合材料与活性钎料中 Ti 发生界面反应的反应层，该层连续、较薄，厚度约为 1.6μm。区域Ⅱ中主要有*B*、*C*、*D*三相：*B*相弥散分布在区域Ⅱ靠近C/C复合材料一侧，呈黑色细颗粒状；呈深灰色块状的*D*相分布在呈白色的*C*相中。区域Ⅲ主要有*E*、*F*两相：*E*相为分布在区域Ⅲ中的黑色颗粒，*F*相为金属Nb溶解于钎缝中的灰色颗粒。

对图5-1中的*A*～*F*相进行点能谱测试，以分析AgCuTi钎焊C/C复合材料与金属Nb接头中各相的具体组成成分，点能谱测试结果如表5-1所示。*A*相连续分布在C/C复合材料界面上，由于C元素是轻量元素，在点能谱结果中偏差较大，但可判断该相成分主要为Ti元素和C元素，同时根据各元素之间的反应，推测*A*相可能为TiC相。*B*相成分主要为Ti元素、Cu元素，且大部分在区域Ⅱ中靠近C/C复合材料一侧，根据原子百分比推测，弥散黑色颗粒相*B*相可能为TiCu相；呈深灰色块状的*D*相分布在呈白色的*C*相中，白色*C*相成分主要为Ag元素，推测为Ag(s,s)相；深灰色块状*D*相主要含Ti元素与Cu元素，且Ti和Cu原子百分比为接近1∶3，故推测*D*相为$TiCu_3$相。*E*相主要成分为Ti元素和Cu元素，Ti和Cu原子比接近1∶1，故推测*E*相为TiCu相。*F*相为金属Nb溶解于钎缝中的灰色颗粒，且主要含Nb元素，推测*F*相为Nb(s,s)。

表5-1　AgCuTi钎焊C/C复合材料与Nb接头各相点能谱结果　（单位：at%）

位置	Ag	Cu	Ti	C	Nb	生成相
A	3.61	2.28	48.96	43.61	1.54	TiC
B	4.51	33.42	44.82	13.25	4.00	TiCu
C	85.18	7.99	0.31	0.98	5.54	Ag(s,s)
D	1.35	67.89	24.61	1.78	4.37	$TiCu_3$
E	2.27	39.93	42.63	6.12	9.05	TiCu
F	2.76	4.92	3.57	1.76	86.99	Nb(s,s)

综上所述，在钎焊温度880℃、保温时间10min的条件下，使用AgCuTi直接钎焊C/C复合材料与金属Nb的接头界面结合良好，其界面组织结构为C/C复合材料/TiC/Ag(s,s)+TiCu+$TiCu_3$/TiCu/Nb。由于C/C复合材料与AgCuTi钎料中的Ti元素发生界面反应，TiC反应层厚度约为1.6μm。

2. 钎焊工艺参数对AgCuTi钎焊C/C复合材料与Nb金属接头影响

本节主要研究钎焊温度、保温时间对AgCuTi钎焊C/C复合材料与金属Nb接头组织界面结构及剪切强度的影响，并优化工艺参数。

使用AgCuTi钎料，分别在保温时间10min，钎焊温度840℃、860℃、880℃、900℃的条件下，对C/C复合材料与金属Nb进行钎焊试验。如图5-2所示为各钎焊温度下接头的界面组织结构，Ⅰ层为 TiC 反应层，Ⅱ层为黑色颗粒弥散相(TiCu 相)构成的弥散层。

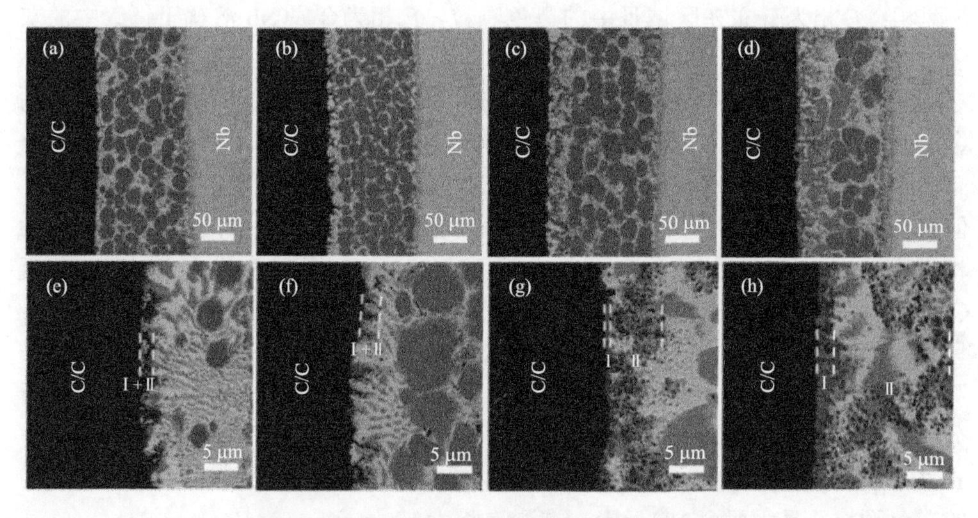

图 5-2　不同钎焊温度下的接头界面组织结构

(a)(e)840℃；(b)(f)860℃；(c)(g)880℃；(d)(h)900℃

图 5-2(a)(e)为钎焊温度为 840℃时的钎焊接头界面组织结构，由于钎焊温度较低，Ti 元素与 C/C 复合材料反应不完全，产生的 TiC 层极薄，基本不可见。同时，黑色颗粒弥散相(TiCu 相)较少，由其构成的弥散层厚度较薄，故其弥散强化作用也很低。当温度逐渐提高到 880℃时，此时 Ti 元素与 C/C 复合材料的界面反应程度加强，Ti 元素向 C/C 复合材料侧聚集。880℃时接头的界面组织结构如图 5-2(c)、(g)所示，TiC 层厚度明显增加，厚度约为 1.6μm，黑色颗粒弥散相明显增多，且构成的弥散层厚度明显增加，其强化作用得到了充分发挥，同时 $TiCu_3$ 相颗粒尺寸增大。当温度继续提高到 900℃时，接头的界面组织结构如图 5-2(d)、(h)所示，TiC 层厚度大幅增加，厚度约为 4.2μm，黑色颗粒弥散相继续增多，且构成的弥散层厚度继续增加。

图 5-3 为不同钎焊温度(840℃、860℃、880℃、900℃)下接头的剪切强度。根据图 5-2 接头界面组织结构可知，当钎焊温度较低时，TiC 反应层和 TiCu 弥散层极薄，C/C 复合材料与钎缝结合强度较低，接头的剪切强度较低。随着钎焊温度的升高，TiC 反应层和 TiCu 弥散层厚度增加明显，接头强度上升。但当钎焊温度过高时，过厚的 TiC 层将严重损害钎焊接头的强度。

为探究保温时间对 AgCuTi 钎焊 C/C 复合材料与金属 Nb 接头组织界面结构及剪切强度的影响。使用 AgCuTi 钎料，分别在钎焊温度 880℃，保温时间 5min、10min、15min、20min 的条件下，对 C/C 复合材料与金属 Nb 进行钎焊试验。如

图 5-4 所示为各保温时间下接头的界面组织结构，Ⅰ层为 TiC 反应层，Ⅱ层为黑色颗粒弥散相(TiCu 相)构成的弥散层。

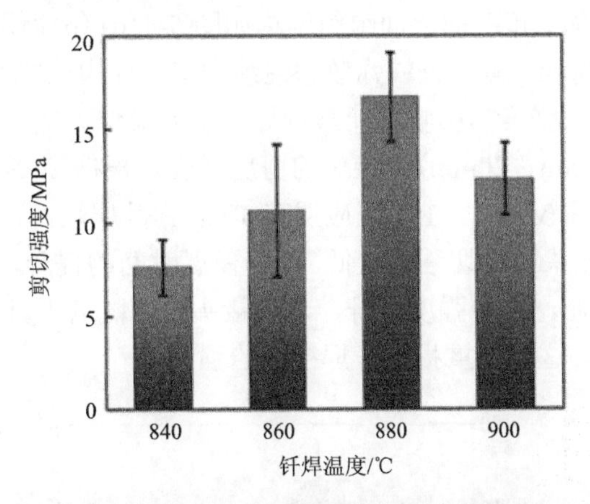

图 5-3　钎焊温度对接头剪切强度的影响

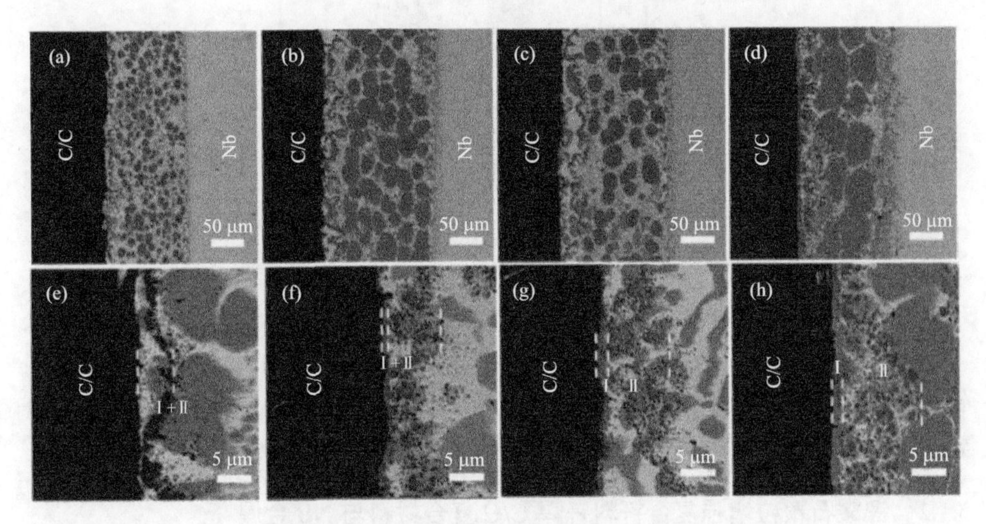

图 5-4　不同保温时间下的接头界面组织结构

(a) (e) 5min；(b) (f) 10min；(c) (g) 15min；(d) (h) 20min

保温时间对接头界面组织结构的影响规律与钎焊温度的相似。图 5-4(a)、(e)为保温时间为 5min 时的钎焊接头界面组织结构，由于保温时间较短，Ti 元素与 C/C 复合材料反应不完全，产生的 TiC 层极薄，基本不可见。同时，黑色颗粒弥散相(TiCu 相)较少，由其构成的弥散层厚度较薄，故其弥散强化作用也很低。当保温时间逐渐提高到 10min 时，Ti 元素与 C/C 复合材料的界面反应程度加强，Ti 元素向 C/C 复合材料侧聚集，接头的界面组织结构如图 5-4(b)、(f)所示，TiC 层厚度明显增加，厚度约为 1.6μm，黑色颗粒弥散相明显增多，且构成的弥散层厚度明显增加，其强化作用得到了充分发挥，同时 $TiCu_3$ 相颗粒尺寸增大。当时间继续提高到 20min 时，接头的界面组织结构如图 5-4(d)(h)所示，TiC 层厚度持续增加，厚度约为 3.4μm，黑色颗粒弥散相继续增多，且构成的弥散层厚度也增加。

保温时间对接头强度的影响规律与钎焊温度的类似。图 5-5 为不同保温时间(5min、10min、15min、20min)下接头的剪切强度。根据图 5-4 接头界面组织结构可知，当保温时间较短时，TiC 反应层和 TiCu 弥散层较薄，C/C 复合材料与钎缝结合强度较低，接头的剪切强度较低。随着保温时间的提升，TiC 反应层和 TiCu 弥散层厚度增加明显，结合强度上升，导致接头强度随着上升。但当保温时间过高时，TiC 层过厚，这将严重损害钎焊接头的强度。

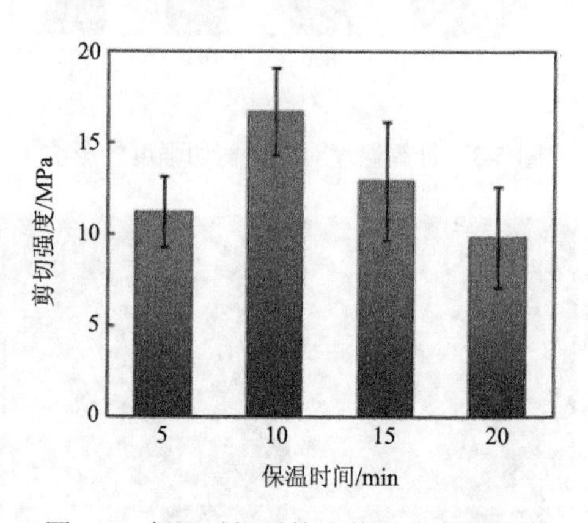

图 5-5　保温时间对接头剪切强度的影响

综上所述，使用 AgCuTi 钎焊 C/C 复合材料与金属 Nb 的最佳工艺参数如下：钎焊温度为 880℃，保温时间为 10min。在最佳工艺参数下，由于接头内部存在较大的残余应力，接头强度仅为 16.7MPa。

5.1.2　锂霞石颗粒增强复合钎料钎焊 C/C 复合材料与 Nb 金属

本节在钎焊温度 880℃，保温时间 10min 下，使用锂霞石颗粒增强复合钎料进行 C/C 复合材料与金属 Nb 之间的钎焊连接。使用加入不同体积分数锂霞石颗粒的复合钎料进行钎焊连接，对钎焊接头的界面组织及性能分析，研究锂霞石含量对接头界面组织结构及强度的影响。之后，再加入不同含量的 TiH_2 以调节 Ti 的含量，并研究钎料中 Ti 含量对钎焊接头界面组织及力学性能的影响。

1. 锂霞石与 AgCuTi 之间的反应

图 5-6(a)为图 5-4 中锂霞石与 AgCuTi 反应界面的放大区，图 5-6(b)为 AgCuTi

钎料与锂霞石颗粒增强复合钎料的 DSC 曲线图，图 5-6(c)为锂霞石与 AgCuTi 反应界面的 XRD 图。从图 5-6(a)中可以看出，锂霞石与 AgCuTi 界面结合良好，且反应层主要为两层，结合图 5-6(c)分析得出这两层分别为 Cu_3Ti_3O 相和 Ti_xO_y 相。从图 5-6(b)中分析得出，相对比于 AgCuTi 钎料在 784℃时发生反应，锂霞石与 AgCuTi 钎料在 810℃时发生反应。

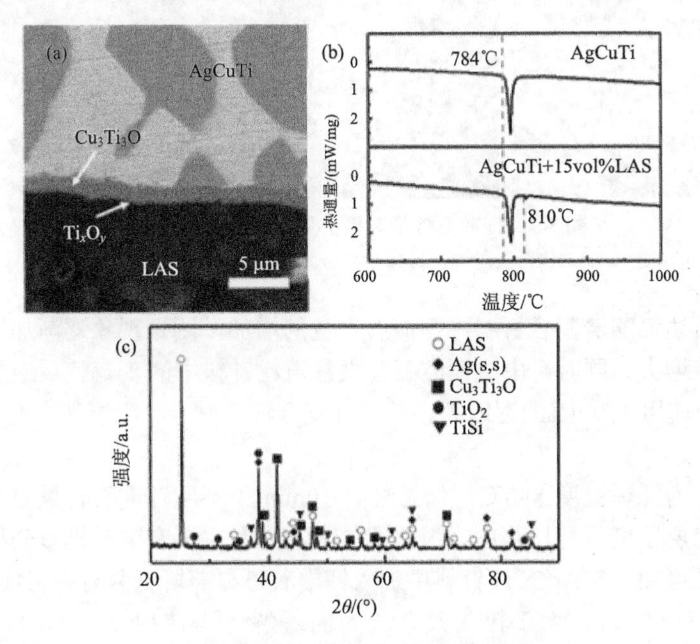

图 5-6　锂霞石与 AgCuTi 反应界面

(a) SEM；(b) DSC 曲线；(c) XRD 图

综上所述，锂霞石与 AgCuTi 钎料在 810℃时发生反应，其相应界面组织结构为 $AgCuTi/Cu_3Ti_3O+Ti_xO_y/LAS$。

2. 锂霞石含量对接头界面组织结构及强度的影响

在 880℃/10min 的条件下，分别使用 5vol%、10vol%、15vol%的锂霞石颗粒增强 AgCuTi 复合钎料，对 C/C 复合材料与金属 Nb 进行钎焊试验。图 5-7 为不同锂霞石含量下接头的界面组织结构。

图 5-7(a)为使用 5vol%锂霞石颗粒增强复合钎料时的钎焊接头界面组织结构，相对比于使用 AgCuTi 直接进行钎焊，由于复合钎料中的锂霞石会大量消耗钎料中的 Ti，反应层厚度减薄明显，约为 0.45μm，同时，黑色颗粒弥散相 TiCu 相基本消失，$TiCu_3$ 相尺寸减小，图中黑色块状相为 $LiAlSiO_4$ 相(即锂霞石)。当锂霞石含量增加到 15vol%时，钎料中的 Ti 进一步被锂霞石消耗，接头的界面组

织结构如图 5-7(c)所示，从图中可以看到，锂霞石团聚现象明显，钎缝中的孔洞增多增大，TiC 反应层厚度急剧下降，基本不可见。

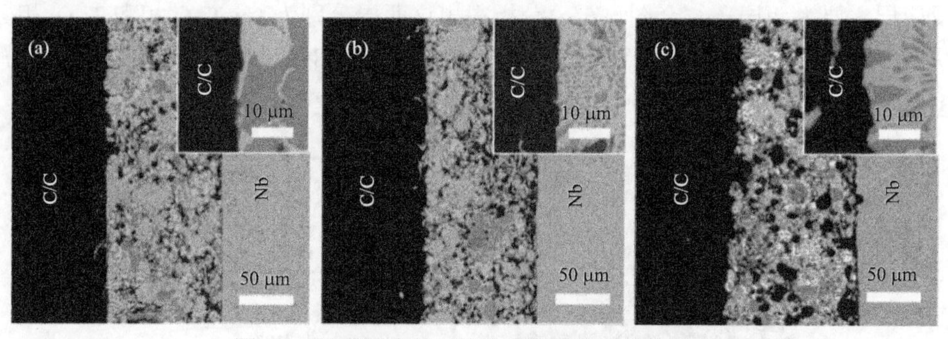

图 5-7　锂霞石含量对接头界面组织结构的影响

(a) 5(体积分数)%；(b) 10(体积分数)%；(c) 15(体积分数)%

综上所述，随着复合钎料中锂霞石含量的增加，团聚现象逐渐加剧，钎缝中的孔洞增多增大。同时，由于锂霞石会大量消耗钎料中的 Ti，使反应层厚度减小明显，且当使用 15vol%的锂霞石颗粒增强复合钎料时，反应层基本不可见，厚度几乎为 0。

图 5-8 为钎焊温度 880℃，保温时间 10min 下不同锂霞石含量复合钎料钎焊接头的反应层厚度及剪切强度。根据图 5-12 及图 5-13 有限元模拟分析接头残余应力的结果可知，在 AgCuTi 钎料中加入锂霞石可显著降低复合钎料线膨胀系数，缓解接头残余应力。由于接头残余应力的缓解，当使用 5vol%的锂霞石增强 AgCuTi 复合钎料时，接头的剪切强度升高。但当继续提高锂霞石粉末的含量时，接头的剪切强度会出现下降现象，结合图 5-7 可知，这是由于锂霞石会大量消耗 AgCuTi 钎料中的 Ti，因此反应层厚度下降明显，C/C 复合材料与钎料界面结合强度减弱，最终使接头剪切强度减小；同时，钎缝中的大量孔洞缺陷也会进一步削弱接头的强度。

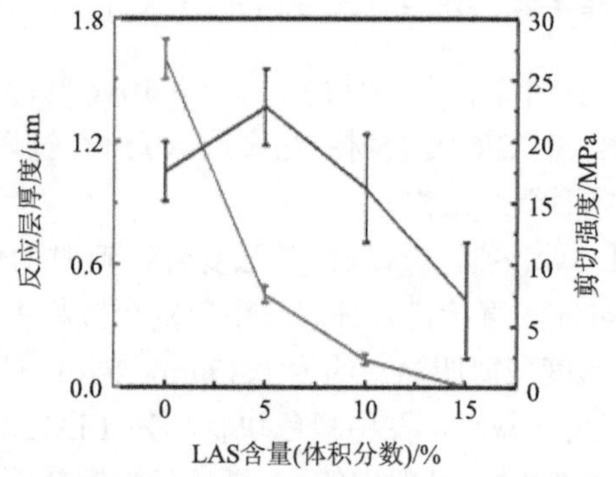

图 5-8　锂霞石含量对接头反应层厚度及强度的影响

综上所述，随着锂霞石含量增加，接头强度先升高再下降，反应层厚度逐渐减薄。所以，当使用 5%体积分数的锂霞石增强复合钎料时，接头的剪切强度最高，达到 22.8MPa，相对只使用 AgCuTi 钎料时提升了 36%。以该方式加入锂霞石制备复合钎料对接头强度有一定的作用，但由于反应层的厚度减薄明显，钎料团聚现象严重，钎缝孔洞缺陷增多，因此锂霞石的添加量不大。

3. Ti 含量对接头界面组织结构及强度的影响

本节在 880℃/10min 的条件下，使用体积分数 10%锂霞石颗粒增强复合钎料，并向其中分别加入体积分数分别为 2%、5%、10%、15%的 TiH_2，对 C/C 复合材料与金属 Nb 进行钎焊试验，以提高钎料中 Ti 含量，改善接头性能。如图 5-9 所示为不同 TiH_2 含量下接头的界面组织结构。

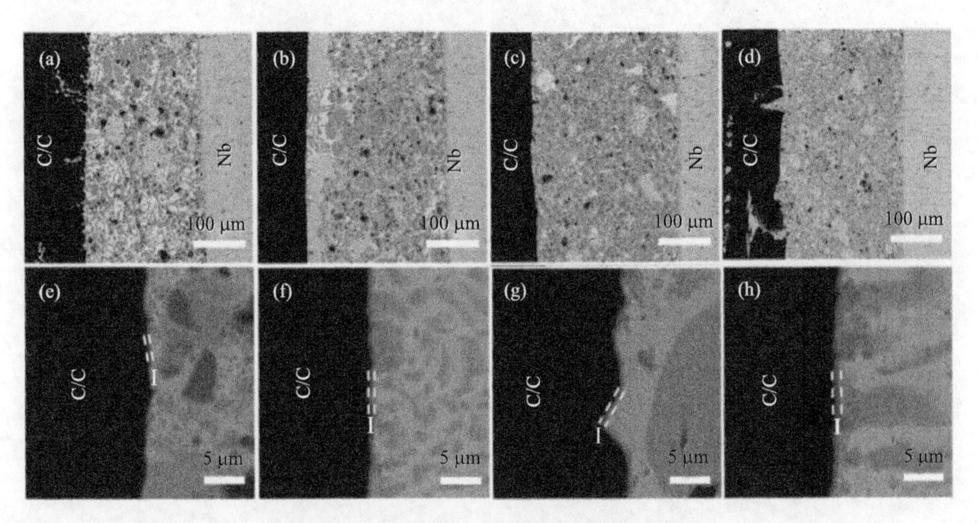

图 5-9　Ti 含量对接头界面组织结构的影响

(a) (e) 2(体积分数)%；(b) (f) 5(体积分数)%；(c) (g) 10(体积分数)%；(d) (h) 15(体积分数)%

图 5-9(a)、(e)为使用 10vol%锂霞石颗粒增强复合钎料，并向其中加入体积分数 2%TiH_2 时的钎焊接头界面组织结构，相对比于使用 10vol%锂霞石颗粒增强复合钎料进行钎焊，由于复合钎料中 Ti 含量的上升，锂霞石团聚现象明显减弱，且钎缝中的孔洞消失，接头界面结合良好，反应层厚度增加明显，从 0.13μm 增加至 0.28μm。当 TiH_2 含量增加到 10vol%时，LAS 与 Ti 反应加剧，接头的界面组织结构如图 5-9(c)和(g)所示，从图中可以看到，锂霞石分布较均匀，反应层厚度增加至 0.39μm。

如图 5-10 所示为加入不同含量 TiH_2 时的钎焊接头钎缝放大区的界面组织结构，从图中可以看出，随着复合钎料中 Ti 含量的上升，反应加剧，消耗的 LAS

增多，LAS 相尺寸减小，且生成的 Cu_3Ti_3O 逐渐增多。由于 LAS 的低热膨胀系数及 Cu_3Ti_3O 的高弹性模量，LAS 的消耗与 Cu_3Ti_3O 的增加均不利于残余应力的缓解。

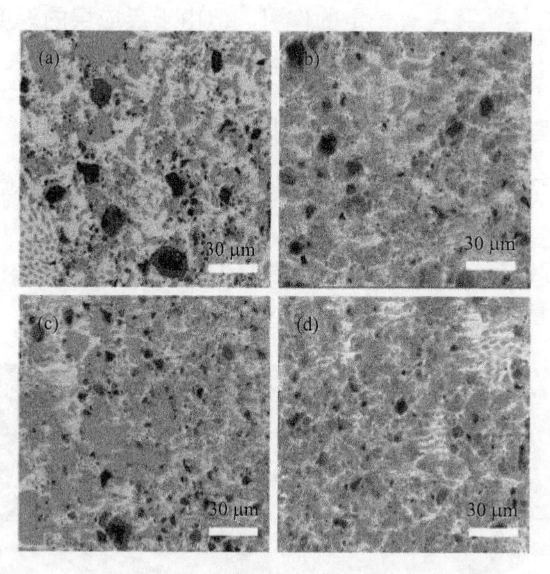

图 5-10 Ti 含量对接头界面组织结构的影响

(a) 2（体积分数）%；(b) 5（体积分数）%；(c) 10（体积分数）%；(d) 15（体积分数）%

如图 5-11 所示为钎焊温度 880℃，保温时间 10min 下，使用体积分数 10%的锂霞石颗粒增强复合钎料，并向其中加入不同含量 TiH_2 时接头的剪切强度。

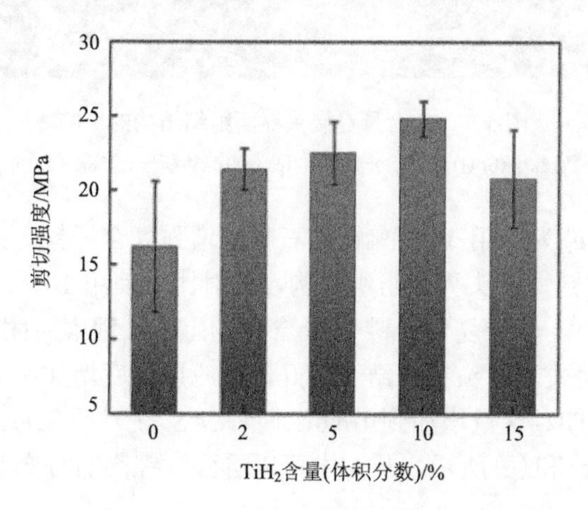

图 5-11 Ti 含量对接头剪切强度的影响

随着 Ti 含量增加，由于锂霞石团聚现象减弱，且钎缝中的孔洞消失，接头界面结合良好，反应层厚度增加，接头的剪切强度升高，当加入 10vol%TiH_2时，接头强度达到 24.8MPa。但当继续提高 Ti 含量时，接头的剪切强度会出现下降现象，结合图 5-10 可以知道，这是由于复合钎料中 Ti 含量的上升，导致 LAS 与 Ti 反应加剧，消耗的 LAS 增多，LAS 相尺寸减小，且生成的 Cu_3Ti_3O 逐渐增多。由于 LAS 的低热膨胀系数及 Cu_3Ti_3O 的高弹性模量，LAS 的消耗与 Cu_3Ti_3O 的增加均不利于残余应力的缓解，最终使接头剪切强度减小。

综上所述，随着 Ti 含量的提高，反应层厚度提高，LAS 分布趋于均匀，接头强度上升；但由于 Ti 含量增多，导致 LAS 与 Ti 反应加剧，生成的 Cu_3Ti_3O 弹性模量高，硬度值大，不利于残余应力的缓解。当 Ti 含量过高时，接头强度下降；加入 10vol%TiH_2 时剪切强度最高，为 24.8MPa，相比只使用 AgCuTi 时(16.7MPa)提升了 8.1MPa。

5.1.3 锂霞石颗粒增强复合钎料钎焊接头残余应力有限元模拟

为评价向 AgCuTi 钎料加入锂霞石颗粒后，钎焊接头残余应力的变化，本节采用有限元数值模拟的方法对锂霞石颗粒增强复合钎料缓解残余应力的机制进行分析。

为直观地解明锂霞石颗粒增强复合钎料对接头性能的增强机理，采用有限元数值模拟软件 Marc 对钎焊过程进行模拟，并对模拟接头的残余应力场的分布规律进行了研究。相关材料的各项物理及力学性能如表 5-2 所示。通过式(5-1)计算锂霞石颗粒增强 AgCuTi 复合钎料的热膨胀系数，式(5-2)计算锂霞石颗粒增强复合钎料的弹性模量[12-13]，基体为 AgCuTi，增强相为 LAS。

$$\alpha = \alpha_{\mathrm{m}} - \frac{3V_{\mathrm{f}}E_{\mathrm{f}}\left(\alpha_{\mathrm{m}} - \alpha_{\mathrm{f}}\right)}{\left(E_{\mathrm{f}} - E_{\mathrm{m}}\right)\left(1 + 2V_{\mathrm{f}}\right) + 3E_{\mathrm{m}}} \tag{5-1}$$

$$E = E_{\mathrm{m}}\left[1 - \frac{3V_{\mathrm{f}}\left(E_{\mathrm{f}} - E_{\mathrm{m}}\right)}{\left(E_{\mathrm{f}} - E_{\mathrm{m}}\right)\left(1 - 2V_{\mathrm{f}}\right) + 3E_{\mathrm{m}}}\right]^{-1} \tag{5-2}$$

式中，α 为复合材料的热膨胀系数(K^{-1})；E 为复合材料的弹性模量(GPa)；α_{m} 为基体的热膨胀系数(K^{-1})；E_{m} 为基体的弹性模量(GPa)；α_{f} 为增强相的热膨胀系数(K^{-1})；E_{f} 为增强相的弹性模量(GPa)；V_{f} 为增强相体积分数(增强相体积占总体积的百分比)。

表 5-2　材料物理及力学性能

材料		屈服强度 /MPa	密度 /(g/cm³)	泊松比	弹性模量 /GPa	热膨胀系数 /10⁻⁶K⁻¹
C/C		170	1.60	0.25	64.5	0.45(20℃) 0.55(200℃) 0.82(400℃) 1.05(600℃) 1.20(800℃)
Nb	20℃	207	8.5	0.33	122	12
	600℃	48			119	11
	800℃	39			95	8.5
					82.7	9.7
AgCuTi	20℃	230	9.76	0.363	100	16.7
	200℃	170			90	17.2
	400℃	98			80	17.8
	600℃	25			67	19.4
	800℃	20			58	20.5
Cu	20℃	69	8.9	0.33	125	19
	200℃	60			110	19.7
	400℃	45			100	20.2
	600℃	30			60	20.5
	800℃	20			40	21
LAS		190	2.67	0.25	64	–8.4

有限元网格划分如下：模拟件 Nb 母材尺寸为 12mm×12mm×4mm；C/C 复合材料母材尺寸为 5mm×5mm×5mm；直接使用 AgCuTi 钎料的接头的钎缝厚度为 200μm；使用锂霞石颗粒增强复合钎料的接头的钎缝厚度为 200μm。一般情况下，在钎缝附近的残余应力分布情况较复杂，对该区域的网格进行了更细密的划分，以提高计算精度。网格划分如图 5-12(a)所示。图 5-12(b)为 AgCuTi 钎料直接钎焊 C/C 复合材料与金属 Nb 的接头内部残余应力场分布规律的模拟结果；图 5-12(c)为使用 10vol%锂霞石颗粒增强复合钎料焊 C/C 复合材料与金属 Nb 的接头内部残余应力场分布规律的模拟结果；图 5-12(d)为使用 20vol%锂霞石颗粒增强复合钎料钎焊接头的残余应力模拟结果。

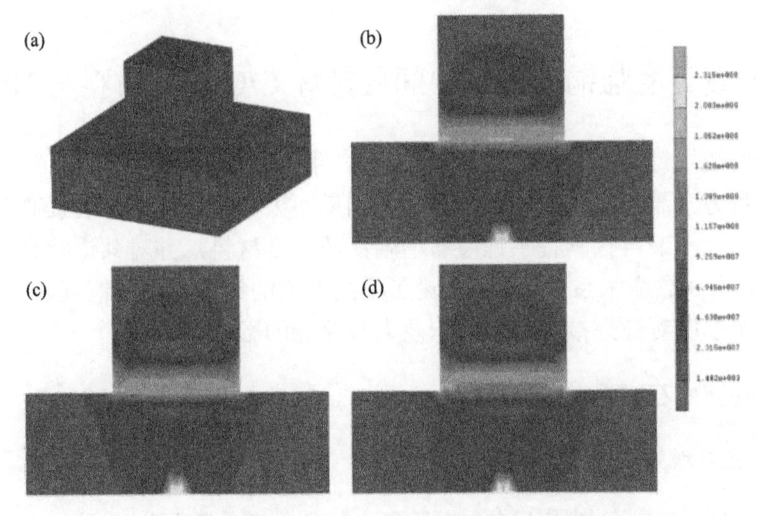

图 5-12　接头模型及残余应力分布图

(a) 网络模型；(b) AgCuTi；(c) AgCuTi-10vol%LAS；(d) AgCuTi-20vol%LAS

由图 5-13 可以看出，由于向 AgCuTi 钎料中添加了 20vol%锂霞石颗粒，残余应力在接头内部的分布发生了变化，残余应力峰值为 187MPa，小于使用 AgCuTi 钎料直接钎焊时的残余应力峰值 203MPa。同时，使用 AgCuTi 钎料直接钎焊时，钎缝中心的残余应力峰值较大，达到了 186MPa；而当使用 20vol%锂霞石颗粒增强复合钎料时，钎缝中心残余应力峰值明显减小，仅为 157MPa。总之，随着锂霞石颗粒的引入，以及锂霞石在复合钎料中含量的上升，钎焊接头内部残余应力逐渐减小。

综上所述，向 AgCuTi 钎料中加入锂霞石颗粒，可有效缓解接头中的残余应力，且随着锂霞石颗粒在复合钎料中含量的上升，接头残余应力会逐渐降低。

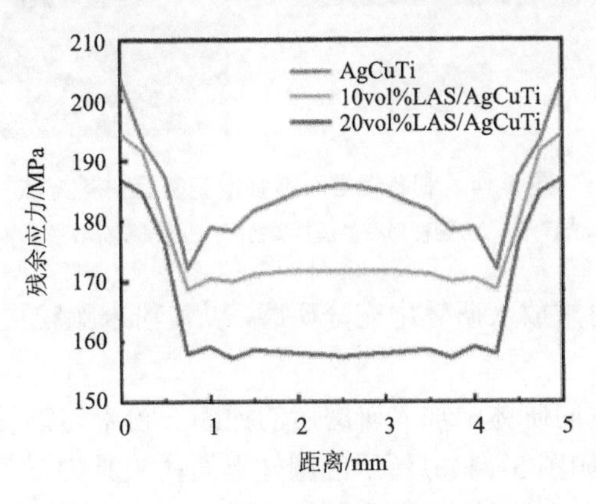

图 5-13　C/C 复合材料侧界面残余应力

5.2 锂霞石增强铜基复合中间层钎焊 C/C 复合材料与 Nb 金属

由于钎缝中锂霞石团聚现象严重，钎缝中孔洞缺陷增多，这会降低接头强度，所以以该种方式添加锂霞石，锂霞石的添加量不大。为了能够显著提高锂霞石的有效添加量，本节自行制备了锂霞石增强铜基复合材料，并对其进行组织形貌观察、成分分析及热膨胀系数测试，讨论了不同厚度的锂霞石增强铜基复合中间层，研究中间层厚度对钎焊接头界面组织及力学性能的影响。

5.2.1 制备锂霞石增强铜基复合材料

1. 锂霞石增强铜基复合材料制备过程

图 5-14(a)为制备锂霞石增强铜基复合材料的基本流程图。具体方法及步骤如下。

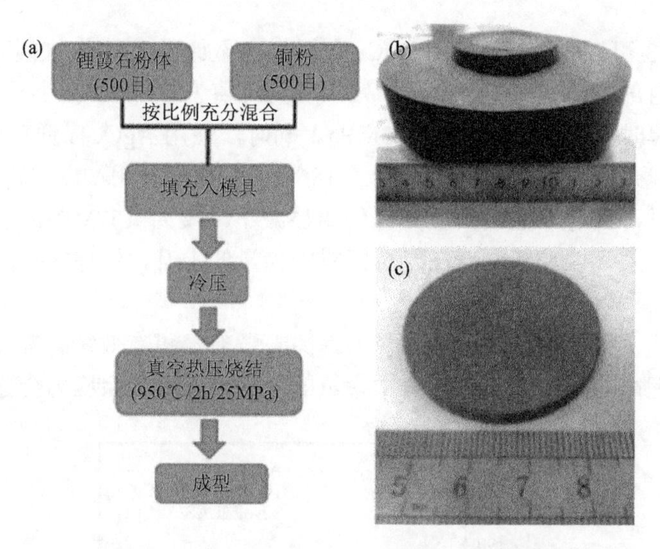

图 5-14　制备锂霞石增强铜基复合材料方法

(a)基本流程图；(b)圆柱形石墨模具实物图；(c)锂霞石增强铜基复合材料

(1)将锂霞石粉末放入研钵中充分研磨，以使粉末颗粒更细小均匀，有利于后续与铜粉的混合；

(2)按所需比例向研钵中加入研磨后的锂霞石粉末与铜粉，充分混合，并将混合好的粉末填充进如图 5-14(b)所示的圆柱形石墨模具中；

(3)在上方压块上施加一定压力，并放入真空加热炉中烧结(烧结温度为

950℃，保温时间为2h，压力为25MPa)，炉冷后取出。

2. 锂霞石增强铜基复合材料的表征及性能测试

本节对制备的锂霞石增强铜基复合材料进行了组织形貌观察、成分分析及热膨胀系数测试。

图5-15为锂霞石增强铜基复合材料的表征及性能测试。图5-15(a)～(c)分别为20vol%、40vol%、60vol%的锂霞石增强铜基复合材料微观组织的SEM图，能够看出，锂霞石在铜基复合材料中分布均匀；图5-15(d)为20vol%、40vol%、60vol%的锂霞石增强铜基复合材料的XRD图，可以看出，锂霞石与铜不反应，只有锂霞石和铜两种成分；图5-15(e)和(f)分别为20vol%、40vol%、60vol%的锂霞石增强铜基复合材料随温度的膨胀量变化曲线和热膨胀系数图，可以看出，锂霞石含量越高，铜基复合材料的热膨胀系数越小；随着温度的升高，铜基复合材料的热膨胀系数逐渐减小。

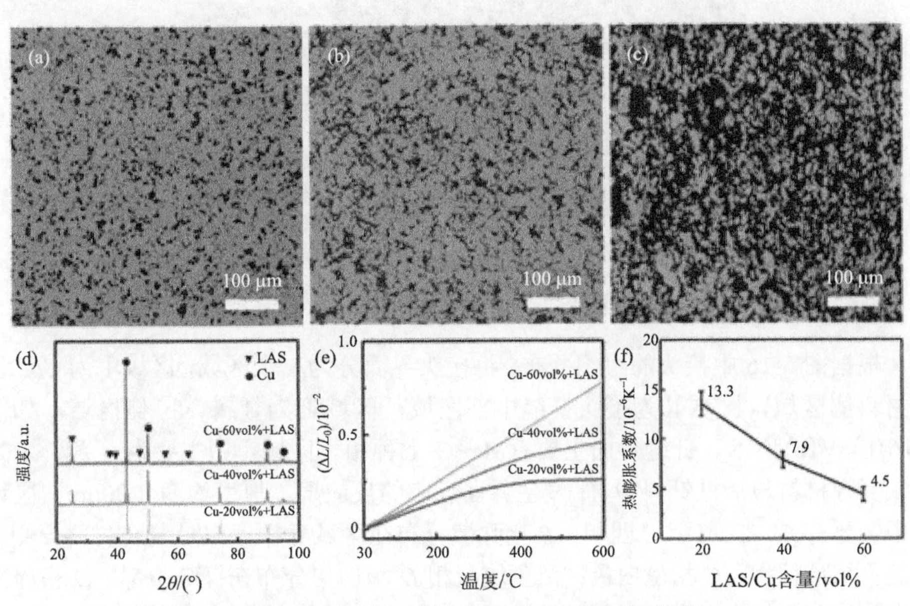

图5-15　锂霞石增强铜基复合材料表征及性能测试

(a) Cu-20vol%LAS；(b) Cu-40vol%LAS；(c) Cu-60vol%LAS；(d) XRD图；(e) 膨胀量随温度变化图；(f) 热膨胀系数图

5.2.2　锂霞石增强铜基复合材料辅助钎焊C/C复合材料和Nb金属

1. 接头典型界面组织结构分析

在钎焊温度880℃，保温时间10min下，使用40vol%的锂霞石增强铜基复合中间层、AgCuTi 钎料进行 C/C 复合材料与金属 Nb 之间的钎焊连接，接头典型界面结构如图 5-16 所示。图 5-16(a)为整体接头界面组织结构，界面结合良好，锂霞石增强铜基复合中间层结构保持良好，图 5-16(b)为 C/C 复合材料侧的放大区，图 5-16(c)为钎缝中部放大区，图 5-16(d)为金属 Nb 侧的放大区。

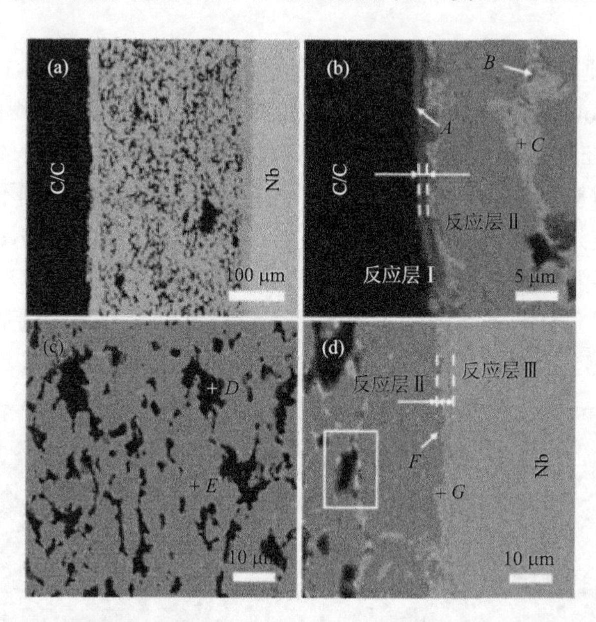

图 5-16　锂霞石增强铜基复合中间层钎焊接头典型界面组织结构

(a)接头整体形貌；(b)C/C 侧放大；(c)复合中间层内部放大；(d)Nb 侧放大

根据图 5-16 中接头的组织分布，将接头界面分为三个区域，区域Ⅰ为 C/C 复合材料侧区域，区域Ⅱ为接头钎缝中部区域，区域Ⅲ为金属 Nb 侧区域。如图 5-16(b)～(d)所示，钎缝界面主要有 *A*～*G* 七种相。区域Ⅰ中主要为 *A* 相：*A* 为 C/C 复合材料与活性钎料中 Ti 发生界面反应的反应层，厚度约为 1.00μm。区域Ⅱ中主要有 *B*、*C*、*D*、*E* 四相：*B* 相弥散分布在区域Ⅱ靠近 C/C 复合材料一侧，呈黑色细颗粒状；*C* 相呈白色；黑色块状相 *D* 相均匀分布在钎缝中部，*D* 相周围分布的浅灰色相为 *E* 相。从图 5-16(d)中可看到，在复合中间层表层发现 LAS 与 Ti 发生了反应。区域Ⅲ主要为 *F*、*G* 两相：*F* 相为分布在区域Ⅲ中的黑色颗粒，*F* 相为金属 Nb 溶解于钎缝中的灰色颗粒。

对图 5-16 中 *A*～*G* 相进行了点能谱测试，以分析接头中各相的具体组成成分，点能谱测试结果如表 5-3 所示。*A* 相连续分布在 C/C 复合材料与钎料界面上，由于 C 元素是轻量元素，在点能谱结果中偏差较大，但可判断该相成分主要为 Ti 元素和 C 元素，同时根据 Ti 元素与 C 元素之间的反应，并结合图 5-16 中接头的元素分布结果，推测 *A* 相可能为 TiC 相。*B* 相成分主要为 Ti 元素与 Cu 元素，根据原子百分比推测，弥散黑色颗粒的 *B* 相为 TiCu 相；呈白色的 *C* 相成分主要为 Ag 元素，推测为 Ag(s,s) 相；黑色块状的 *D* 相均匀分布在钎缝中部，位于复合中间层内部，由于 O 元素为轻量元素，在点能谱结果中偏差较大，但可判断该相主要成分为 Al、Si 及 O 元素，根据图 5-15 中铜基复合材料微观形貌及 XRD 图，并结合图 5-16 中接头元素分布结果分析，推测 *D* 相为 $LiAlSiO_4$ 相(锂霞石)；*E* 相主要成分为 Cu 元素，推测为 Cu(s,s)；*F* 相主要成分为 Ti 元素和 Cu 元素，Ti 和 Cu 原子比接近 1∶1，故推测 *F* 相为 TiCu 相。*G* 相为金属 Nb 溶解于钎缝中的灰色颗粒，且主要含 Nb 元素，推测 *G* 相为 Nb(s,s)。

表 5-3　锂霞石增强铜基复合中间层钎焊接头点能谱测试结果　(单位：at%)

位置	Ag	Cu	Ti	Si	Al	C	Nb	O	生成相
A	2.13	3.34	43.53	0.26	0.53	50.21	—	—	TiC
B	3.43	30.44	47.62	0.52	2.58	15.41	—	—	TiCu
C	86.97	9.62	0.83	—	—	—	2.58	—	Ag(s,s)
D	0.71	5.15	2.54	22.61	23.49	—	—	45.40	$LiAlSiO_4$
E	9.95	88.50	0.23	0.68	0.64	—	—	—	Cu(s,s)
F	3.18	50.38	42.44	1.15	1.63	—	1.22	—	TiCu
G	3.92	4.53	2.57	5.25	4.35	—	79.38	—	Nb(s,s)

如图 5-17 所示为 40vol%锂霞石增强铜基复合中间层钎焊接头界面的面扫描分析结果，从图 5-17(b) 中可看出 Ti 元素大部分分布在锂霞石增强铜基复合中间层表面，并对复合中间层有所渗入，在表层与锂霞石反应，产生 Cu_3Ti_3O 及 Ti_xO_y 反应层，如图 5-16(d) 所示。但从图中也可看出 Ti 元素仅存在于复合中间层表层，并未在复合中间层内部发现，这说明复合中间层内部未发生 Ti 元素与锂霞石的反应，能够有效减少锂霞石与 Ti 之间的反应，使锂霞石的有效添加量显著提高。同时，Ti 元素在 C/C 侧界面及 Nb 侧界面富集，验证 C/C 界面有 TiC 层的生成，Nb 侧界面有 TiCu 相的生成。从图 5-17(c) 中可看出 Cu 元素主要在复合中间层中及其两侧，结合图 5-17(d) 可看出，复合中间层两侧区域主要由 Ag(s,s) 及 Cu(s,s) 组成，且 Ag 元素向复合中间层内部扩散，在复合中间层侧内部形成 Ag 元素含量高的 Cu(s,s)。结合图 5-17(e)～(g)，Al、Si、O 元素主要集中在黑色块状相，验证黑色块状相为 $LiAlSiO_4$ 相，且 Cu(s,s) 在其周围分布，锂霞石增强铜基复合中间层结构保持良好。

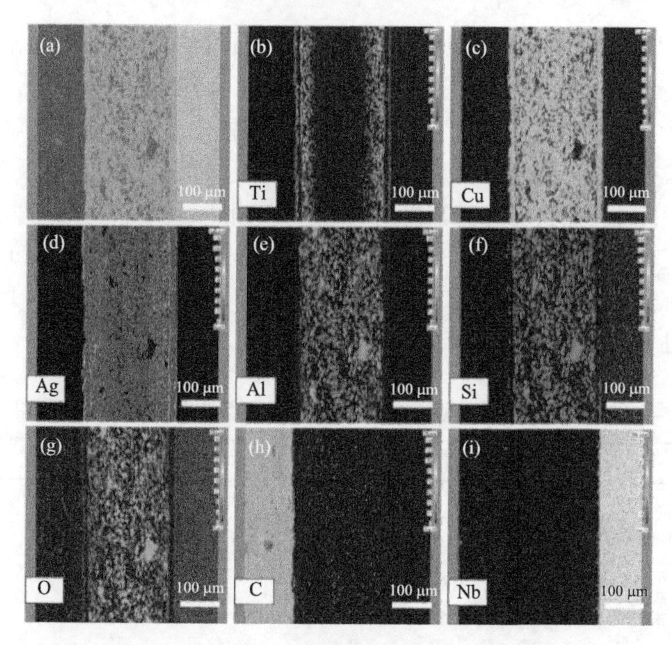

图 5-17　接头典型界面面扫描分析结果

(a)接头整体形貌；(b) Ti；(c) Cu；(d) Ag；(e) Al；(f) Si；(g) O；(h) C；(i) Nb

综上所述，在钎焊温度 880℃、保温时间 10min 的条件下，使用锂霞石增强铜基复合中间层钎焊 C/C 复合材料与金属 Nb 的接头界面结合良好，锂霞石增强铜基复合中间层结构保持良好，且复合中间层内部未发生 Ti 元素与锂霞石的反应，能够有效减少锂霞石与 Ti 之间的反应，使锂霞石的有效添加量得以显著提高，TiC 反应层的厚度约为 1.00μm，接头界面组织结构为 C/C 复合材料/TiC/Ag(s,s)+TiCu+ Cu_3Ti_3O+Ti_xO_y+$LiAlSiO_4$+Cu(s,s)/TiCu/Nb。

2. 锂霞石含量对接头界面组织结构及强度的影响

本小节在钎焊温度 880℃，保温时间 10min 参数下，在 C/C 复合材料/AgCuTi/Nb 体系基础上，使用厚度为 200μm，体积分数分别为 0%(Cu 中间层)、20%、40%、60%的锂霞石增强铜基复合中间层对 C/C 复合材料与金属 Nb 进行钎焊，接头界面结构如图 5-18 所示，锂霞石增强铜基复合中间层结构保持良好，可加入锂霞石含量显著提高，锂霞石分布较均匀，但当含量增加至 60vol%，反应层厚度减小明显。

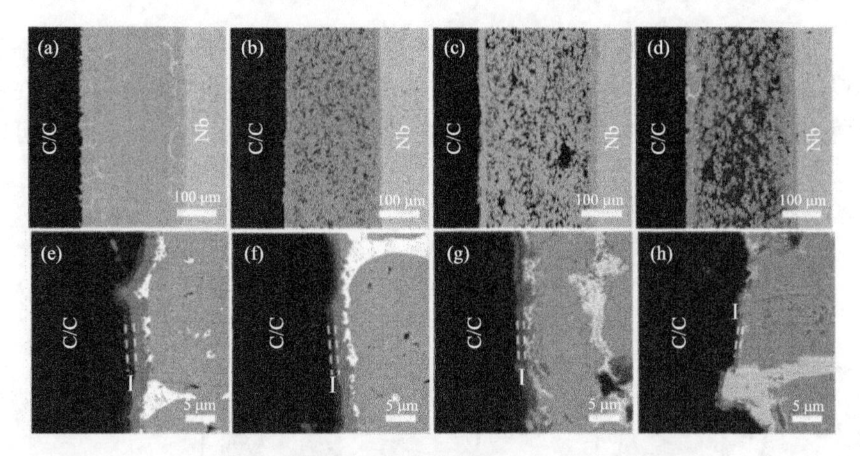

图 5-18 不同含量锂霞石对接头界面组织结构的影响

(a) (e) Cu 中间层；(b) (f) Cu-20vol%+LAS；(c) (g) Cu-40vol%+LAS；(d) (h) Cu-60vol%+LAS

接头反应层厚度变化如图 5-19 所示，可以看到，随着锂霞石在铜基复合中间层的含量增加，接头 C/C 复合材料侧的反应层厚度减小明显。这是由于铜基复合中间层表面的锂霞石与 AgCuTi 钎料接触，消耗了钎料中的 Ti，且锂霞石在铜基复合中间层的含量越大，铜基复合中间层表层的锂霞石越多。

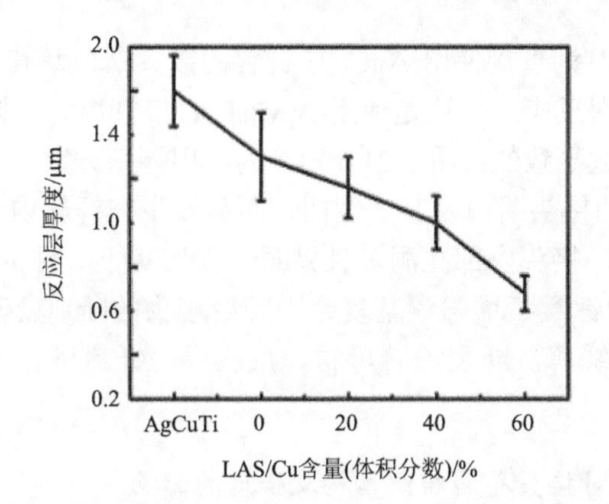

图 5-19 不同含量锂霞石对接头反应层厚度的影响

图 5-20 为钎焊温度 880℃，保温时间 10min 下获得的使用不同体积分数锂霞石增强铜基复合中间层钎焊接头的室温剪切强度。随着锂霞石含量的增加，钎缝线膨胀系数逐渐下降，有利于接头残余应力的缓解，接头强度明显提高，使用体积分数 40%的锂霞石增强铜基复合中间层时，接头的剪切强度最高，达到 42.3MPa，比只使用 AgCuTi 钎料时的 16.7MPa 提升了 252.8%。可加入的锂霞石量明显增加，这有效降低了钎缝的热膨胀系数；Cu 材料作为软中间层，通过塑性

变形可进一步缓解接头内部的残余应力；同时，这种添加锂霞石的方式(铜基复合中间层)能够有效减少内部锂霞石与 Ti 之间的反应。但当继续提高锂霞石在铜基复合中间层中的含量时，接头的剪切强度会出现下降现象，结合图 5-19 可以知道，反应层厚度下降明显，导致 C/C 复合材料与钎料界面结合强度减弱，最终使接头剪切强度减小。

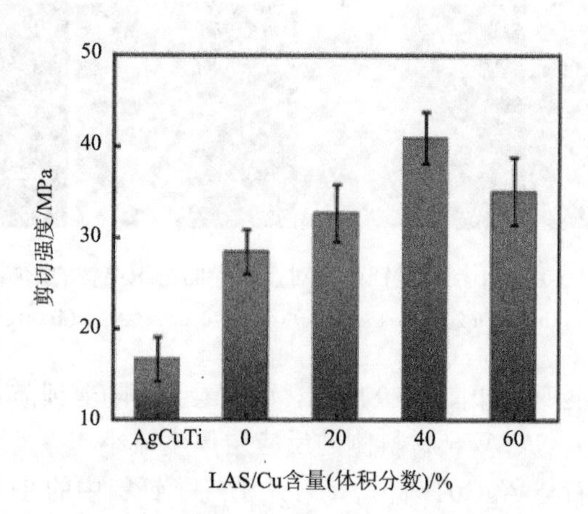

图 5-20　锂霞石含量对接头强度的影响

图 5-21(a)、(d)为直接使用 AgCuTi 钎料的接头断口及其放大图，从图中可以看出，断裂发生在反应层，这是使用 AgCuTi 直接钎焊时，接头 C/C 复合材料侧界面残余应力过大导致的；图 5-21(b)(e)为使用体积分数为 15%的锂霞石增强 AgCuTi 复合钎料的接头断口及其放大图，断裂发生在钎料内部，这是由于使用 15vol%复合钎料时，接头内部孔洞多且界面结合强度低；图 5-21(c)、(f)为使用体积分数为 40%的锂霞石增强铜基复合中间层接头的断口及其放大图，由于接头残余应力得到了缓解，断裂沿着母材、反应层、钎料进行，断裂路径长，接头强度高。

3. 中间层厚度对接头界面组织结构及强度的影响

本节在钎焊温度 880℃，保温时间 10min 参数下，在 C/C 复合材料/AgCuTi/Nb 体系基础上，使用体积分数为 40%，厚度分别为 100μm、200μm、300μm、400μm 的锂霞石增强铜基复合中间层对 C/C 复合材料与金属 Nb 进行钎焊，接头界面结构如图 5-22 所示，锂霞石分布较均匀，接头界面结合良好，锂霞石增强铜基复合材料结构保持良好，但从 C/C 复合材料侧界面组织结构放大图中可看到，随着中间层厚度的增加，反应层厚度逐渐减小。

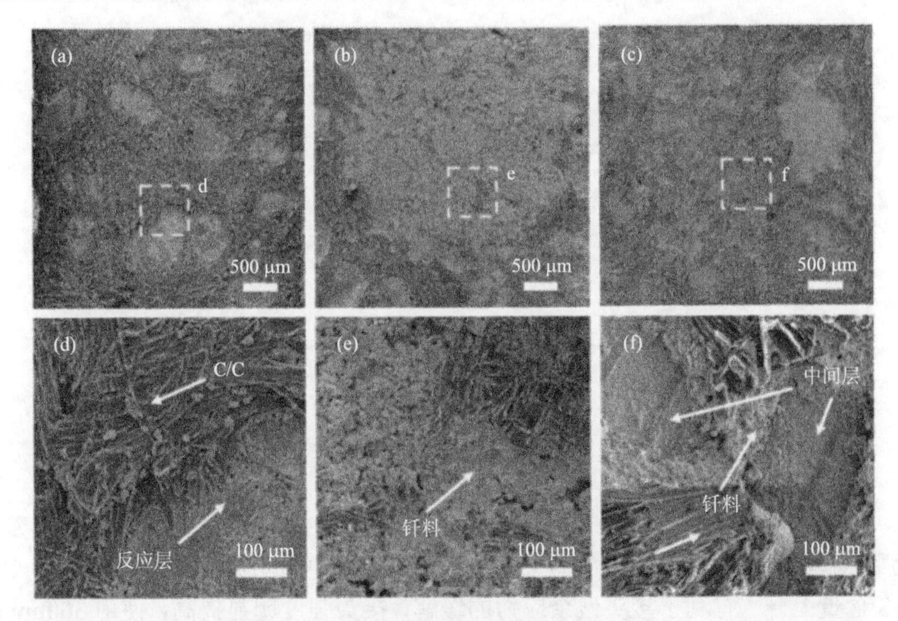

图 5-21　接头断口及其放大图

(a)(d) AgCuTi；(b)(e) AgCuTi-15vol%+LAS；(c)(f) Cu-40vol%+LAS

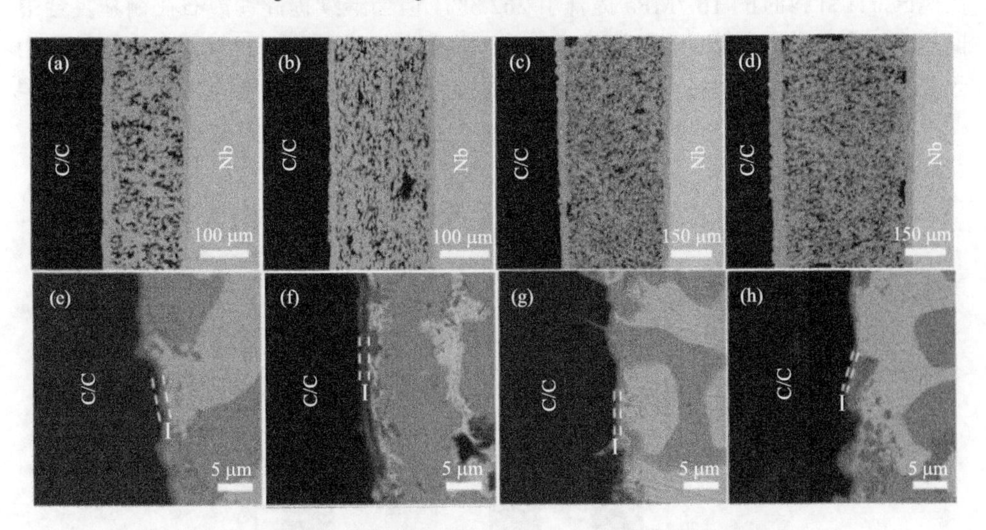

图 5-22 不同厚度中间层对接头界面组织结构的影响

(a)(e) 100μm；(b)(f) 200μm；(c)(g) 300μm；(d)(h) 400μm

接头反应层厚度变化如图 5-23 所示，可以看到，随着复合中间层的厚度增加，接头 C/C 复合材料侧的反应层厚度减小明显。这是由于铜基复合中间层表面的锂霞石与 AgCuTi 钎料接触，消耗了钎料中的 Ti，且铜基复合中间层厚度越大，铜基复合中间层与钎料接触的表面积越大，消耗的 Ti 越多，导致反应层厚度逐渐减小。

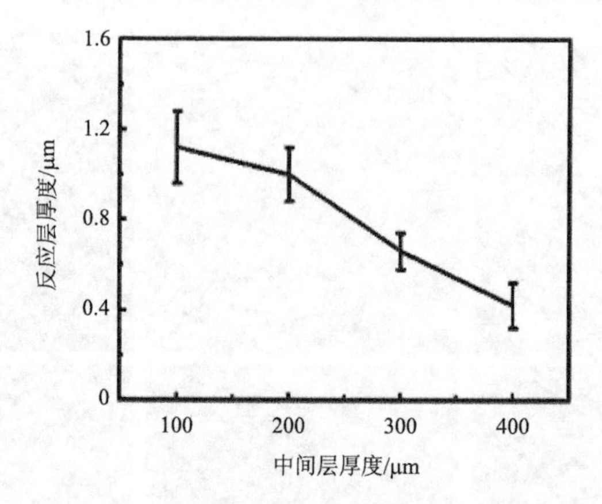

图 5-23 中间层厚度对接头反应层厚度的影响

图 5-24 为钎焊温度 880℃，保温时间 10min 下使用不同厚度的 40vol%锂霞石增强铜基复合中间层钎焊接头的室温抗剪强度。随着中间层厚度升高，钎缝中 Cu、LAS 含量上升，有利于接头残余应力的缓解，接头强度明显提高，使用 300μm 的锂霞石增强铜基复合中间层时，接头的剪切强度最高，达到 43.8MPa，相对只使用 AgCuTi 钎料时的 16.7MPa 提升了 262.3%。但当继续提高锂霞石在铜基复合中间层中的含量时，接头的剪切强度会出现下降现象，结合图 5-23 可以知道，这是由于复合中间层厚度越大，其与钎料接触的表面积越大，导致消耗的 Ti 增多，反应层厚度下降明显，C/C 复合材料与钎料界面结合强度减弱，最终使接头剪切强度降低。

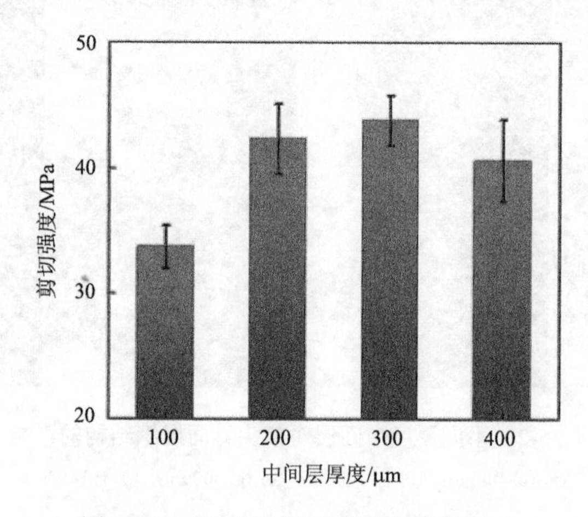

图 5-24 中间层厚度对接头强度的影响

5.2.3 锂霞石增强铜基复合中间层钎焊接头残余应力有限元模拟

通过上述研究发现，采用锂霞石增强铜基复合中间层对 C/C 复合材料与金属

Nb 进行钎焊，接头最高抗剪强度有明显提高。为评价锂霞石增强铜基复合中间层对焊后钎焊接头残余应力的影响，本节采用有限元数值模拟的方法对锂霞石增强铜基复合中间层缓解残余应力的机制进行分析。为直观地解明锂霞石增强铜基复合中间层对接头性能的增强机理，采用有限元数值模拟软件 Marc 对钎焊过程进行模拟，并对模拟接头的残余应力场的分布规律进行了研究。

相关材料的各项物理及力学性能如表 5-2 所示。通过式(5-1)计算锂霞石增强铜基复合中间层的热膨胀系数，式(5-2)计算锂霞石增强铜基复合中间层的弹性模量，基体为 Cu，增强相为 LAS。

如图 5-25 所示为使用不同含量锂霞石增强铜基复合中间层时，钎焊接头残余应力分布的有限元模拟结果。

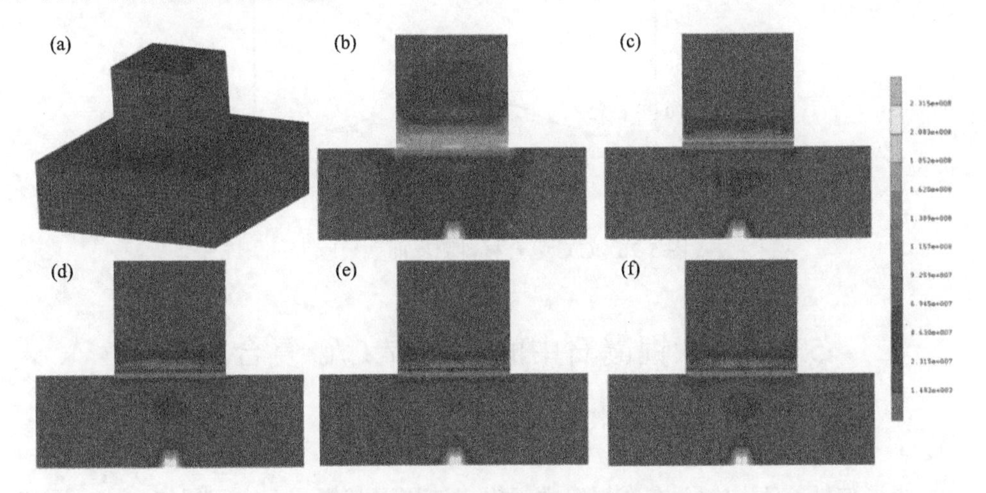

图 5-25　接头模型及残余应力分布图

(a) 网络模型；(b) AgCuTi；(c) Cu 中间层；(d) Cu-20vol%+LAS；(e) Cu-40vol%+LAS；(f) Cu-60vol%+LAS

有限元网格划分如下：模拟件 Nb 母材尺寸为 12mm×12mm×4mm；C/C 复合材料母材尺寸为 5mm×5mm×5mm；直接使用 AgCuTi 钎料的接头的钎缝厚度为 200μm；使用锂霞石增强铜基复合中间层的接头的钎缝厚度为 200μm。一般情况下，在钎缝附近的残余应力分布情况较复杂，对该区域的网格进行了更细致的划分。网格划分如图 5-25(a)所示。图 5-25(b)为 AgCuTi 钎料直接钎焊 C/C 复合材料与金属 Nb 的接头内部残余应力场分布规律的模拟结果；图 5-25(c)为使用 200μm 厚 Cu 中间层(体积分数为 0%的锂霞石增强铜基复合中间层)钎焊 C/C 复合材料与金属 Nb 的接头内部残余应力场分布规律的模拟结果；图 5-25(d)～(f)分别为使用体积分数为 20%、40%、60%的锂霞石增强铜基复合中间层钎焊 C/C 复合材料与金属 Nb 的接头内部残余应力场分布规律的模拟结果。

由图 5-26 可以看出，由于添加了锂霞石增强铜基复合中间层，残余应力在接头内部的分布也发生了变化，残余应力峰值为107MPa，远小于使用AgCuTi钎料直接钎焊时的残余应力峰值203MPa。使用AgCuTi钎料直接钎焊时，钎缝中心的残余应力峰值较大，为186MPa；而使用锂霞石增强铜基复合中间层时，钎缝中心残余应力峰值明显减小，为76MPa。总之，随着锂霞石增强铜基复合中间层的引入，以及锂霞石在复合中间层中含量的上升，钎焊接头内部残余应力逐渐减小。

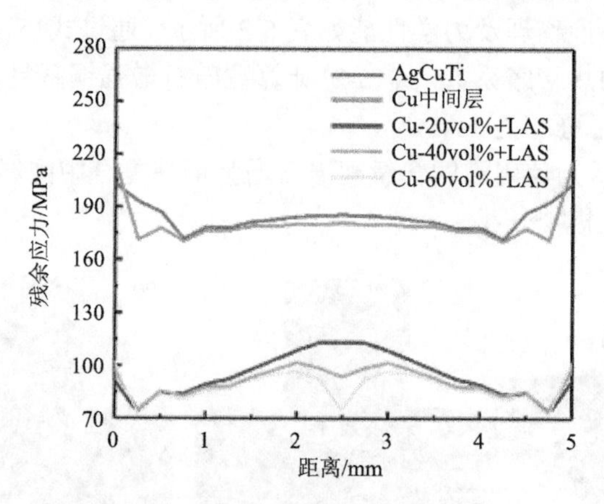

图 5-26　C/C 复合材料侧界面残余应力

5.3　网状锂霞石中间层钎焊 C/C 复合材料与 Nb 金属的工艺研究

为了使锂霞石均匀分布在焊缝中，提出使用网状锂霞石中间层的方式，网状结构有利于残余应力的缓解，并大幅度减小了锂霞石材料的比表面积[14-15]，减少与Ti的反应，达到提高接头强度的目的。首先制备了网状锂霞石材料，并对其组织形貌进行了观察。其次研究升温速率、煅烧温度、保温时间对网状锂霞石形貌的影响。最后利用网状锂霞石辅助钎焊C/C复合材料与Nb金属。

5.3.1　制备网状锂霞石材料

1. 网状锂霞石材料制备过程

本节采用模板法制备网状锂霞石材料。图5-27为自行制备网状锂霞石材料的基本流程图。具体方法及步骤如下。

(1) 取聚氨酯泡沫剪成一定尺寸(如10mm×10mm×3mm)，并进行预处理：将其放入10vol% NaOH溶液中，加热搅拌1h。

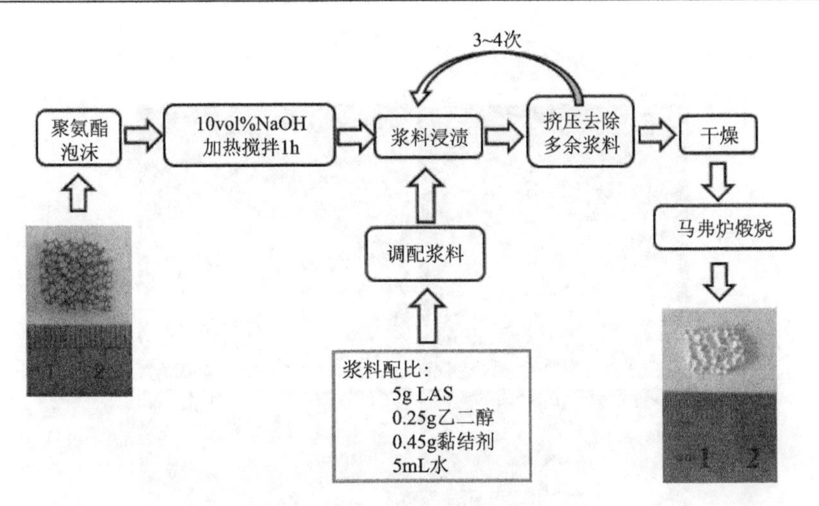

图 5-27　网状锂霞石制备流程图

(2) 调配浆料：将 5g 锂霞石、0.25g 乙二醇、0.45g 黏结剂、0.2g MgO、5mL 水搅拌研磨至糊状(水分批次加入)。

(3) 将预处理过的聚氨酯泡沫放入配好的浆料中浸泡，拿出后用平板挤压以去除多余浆料，然后再放入浆料中浸渍、拿出挤压，反复 3～4 次。

(4) 将挂满浆料的泡沫在 80℃温度下干燥 10min，之后放入马弗炉中煅烧，控制升温速率、煅烧温度及保温时间。炉冷后取出材料，即网状锂霞石材料。

2. 网状锂霞石宏观形貌

如图 5-28 所示分别为自行制备的 30PPI、40PPI、50PPI、60PPI 网状锂霞石的宏观形貌图(PPI 为孔隙密度单位，表示单位英寸长度上的平均孔数)。从图中可以看出所制备网状锂霞石材料孔隙均匀，网状结构保持较好。

3. 升温速率对网状锂霞石微观形貌的影响

图 5-29 分别为 2℃/min、5℃/min、10℃/min 和 15℃/min 的升温速率下网状锂霞石的微观形貌。从图中可以看出，随着升温速率的提升，材料出现裂纹、破碎现象，锂霞石成型变差。这是由于聚氨酯会在升温过程中分解，产生 CO_2、NO_2、H_2O 等气体。当升温速率过大时，会导致聚氨酯分解速率过大，产生大量气体冲破在其表面的锂霞石，破坏网状锂霞石的成型。所以本节以 2℃/min 的升温速率制备网状锂霞石。

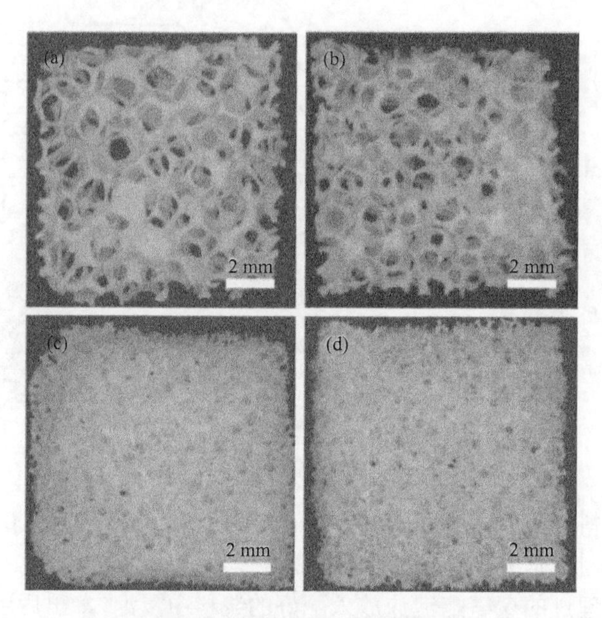

图 5-28　网状锂霞石宏观形貌

(a) 30PPI；(b) 40PPI；(c) 50PPI；(d) 60PPI

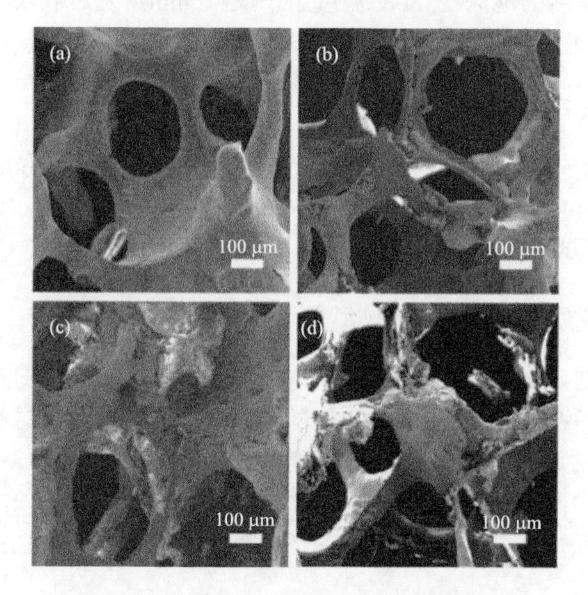

图 5-29　升温速率对网状锂霞石形貌的影响

(a) 2℃/min；(b) 5℃/min；(c) 10℃/min；(d) 15℃/min

4. 煅烧温度对网状锂霞石微观形貌的影响

图 5-30 分别为 1000℃、1100℃、1200℃和 1300℃的煅烧温度下网状锂霞石的微观形貌。

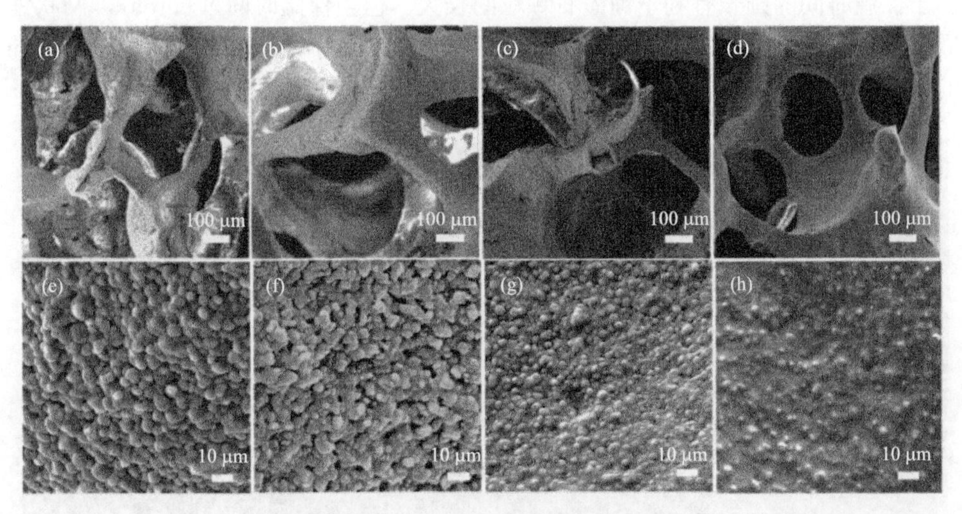

图 5-30　煅烧温度对网状锂霞石形貌的影响

(a) 1000℃；(b) 1100℃；(c) 1200℃；(d) 1300℃

从图中可以看出，随着煅烧温度的提高，锂霞石颗粒粒度由大变小，且逐渐连成面，这是由于煅烧温度的提高有利于突破锂霞石颗粒间表面能。但当煅烧温度达到 1400℃时，锂霞石网络结构坍塌，未能形成网状锂霞石，如图 5-31 所示。所以本节以 2℃/min 的升温速率，1300℃的煅烧温度制备网状锂霞石。

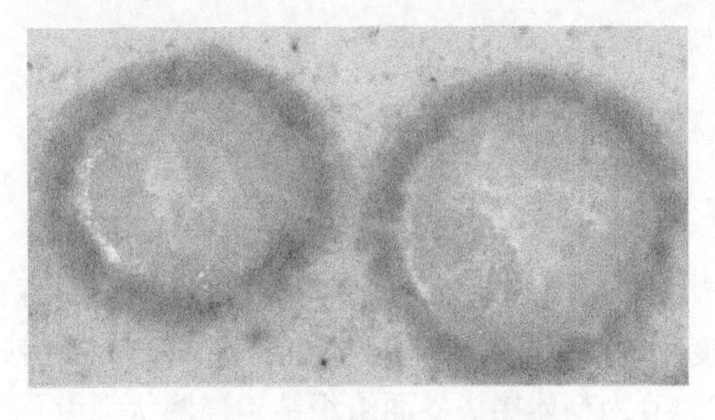

图 5-31　网状锂霞石结构坍塌

5. 保温时间对网状锂霞石微观形貌的影响

图 5-32 分别为 1h、2h、3h 和 4h 的保温时间下网状锂霞石的微观形貌。从图中可以看出，随着保温时间的增加，锂霞石颗粒由大变小，且逐渐连成面，这是由于保温时间的延长有利于锂霞石颗粒的长大。但当保温时间过长(6h)，网状锂霞石会形成粗大晶粒，如图 5-32(d)所示，影响材料的力学性能。所以本节以 2℃/ min 的升温速率，1300℃的煅烧温度，3h 的保温时间制备网状锂霞石。

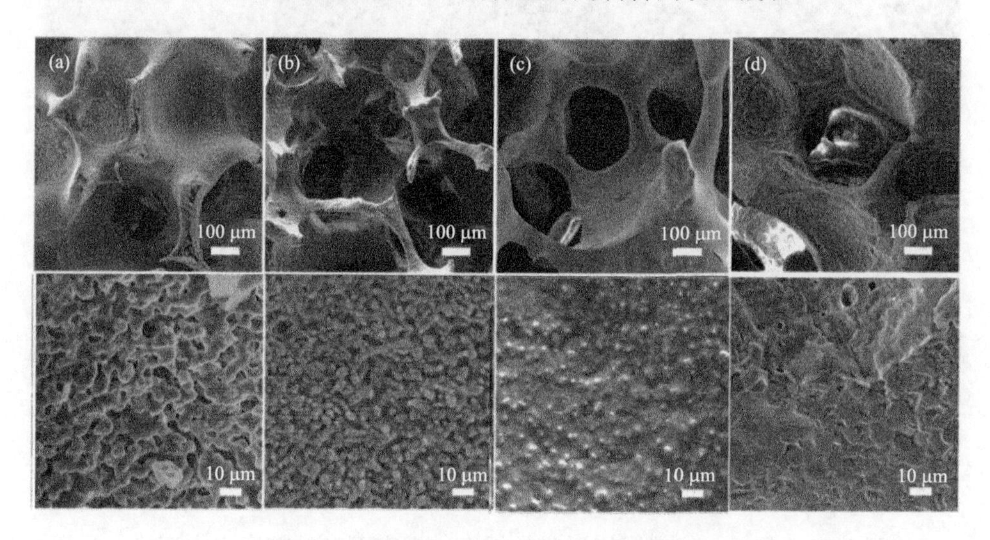

图 5-32 保温时间对网状锂霞石形貌的影响

(a) 1h；(b) 2h；(c) 3h；(d) 4h

综上所述，制备网状锂霞石的最佳工艺参数如下：2℃/min 的升温速率，1300℃的煅烧温度，3h 的保温时间。同时，本节在最佳工艺参数下制备网状锂霞石，并应用于 C/C 复合材料与金属 Nb 的钎焊连接。

5.3.2 网状锂霞石材料辅助钎焊 C/C 复合材料和 Nb 金属

1. 接头典型界面组织结构

本节在 880℃/10min 参数下，在 C/C 复合材料/AgCuTi/Nb 体系的基础上，使用 50PPI 孔隙密度的网状锂霞石中间层进行钎焊连接，接头典型界面结构如图 5-33 所示。图 5-33(a)为整体接头界面组织结构，网状锂霞石结构保持良好，钎料能够很好地填充进网状锂霞石，且钎料与网状锂霞石润湿良好，结合紧密，钎缝中未出现孔洞，图 5-33(b)为 C/C 复合材料侧的放大区，图 5-33(c)为网状锂霞石界面放大区，图 5-33(d)为 Nb 侧放大区。

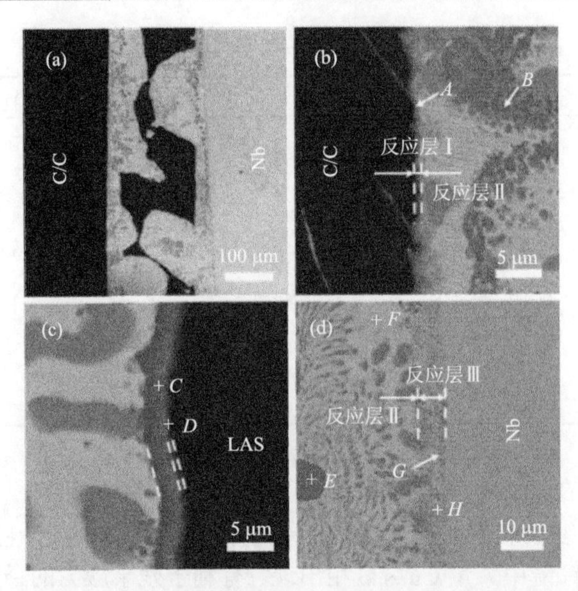

图 5-33　网状锂霞石中间层钎焊接头典型界面组织结构

(a)接头整体形貌；(b)C/C 侧放大；(c)网状锂霞石界面放大；(d)Nb 侧放大

根据图 5-33 中接头的组织分布，将接头界面分为三个区域如图 5-33(b)～(d)所示。钎缝界面主要有 *A*～*H* 八种相，区域Ⅰ中主要为 *A* 相：*A* 为 C/C 复合材料与活性钎料中 Ti 发生界面反应的反应层，厚度约为 0.62μm。区域Ⅱ中主要有 *B*、*C*、*D*、*E*、*F* 五相：*B* 相弥散分布在区域Ⅱ靠近 C/C 复合材料一侧，呈黑色细颗粒状；*C*、*D* 为锂霞石与 AgCuTi 发生界面反应的反应层，反应层为两层；灰色 *E* 相尺寸细小，分散在区域Ⅱ中；*F* 相呈白色；区域Ⅲ主要为 *G*、*H* 两相：*G* 相为分布在区域Ⅲ中的黑色颗粒，*H* 相为金属 Nb 溶解于钎缝中的灰色颗粒。

对图 5-33 中 *A*～*H* 相进行了点能谱测试，以分析接头中各相的具体组成成分，点能谱测试结果如表 5-4 所示。*A* 相连续分布在 C/C 复合材料与钎料界面上，由于 C 元素是轻量元素，在点能谱结果中偏差较大，但可判断该相成分主要为 Ti 元素和 C 元素，同时根据 Ti 元素与 C 元素之间的反应，推测 *A* 相可能为 TiC 相。*B* 相成分主要为 Ti 元素及 Cu 元素，且大部分在区域Ⅱ中靠近 C/C 复合材料的一侧，根据原子百分比推测，弥散黑色颗粒相 *B* 相为 TiCu 相；*C* 相主要成分为 Ti、Cu 及 O 元素，*D* 相成分主要为 Ti、O 元素，根据锂霞石与 AgCuTi 的界面反应推测，*C* 相为 Cu_3Ti_3O 相，*D* 相为 Ti_xO_y 相；*E* 相主要成分为 Cu 元素，推测为 Cu(s,s)；*F* 相成分主要为 Ag 元素，推测为 Ag(s,s)相；*G* 相主要成分为 Ti 元素和 Cu 元素，且原子百分比接近 1∶1，故推测 *G* 相为 TiCu 相。*H* 相为金属 Nb 溶解于钎缝中的灰色颗粒，且主要含 Nb 元素，推测 *H* 相为 Nb(s,s)。

表 5-4　网状锂霞石中间层钎焊接头典型界面能谱测试结果　（单位：at.%）

位置	Ag	Cu	Ti	Si	Al	C	Nb	O	生成相
A	3.35	1.68	46.43	—	—	48.54	—	—	TiC
B	6.21	36.52	43.25	—	—	14.02	—	—	TiCu
C	2.05	40.92	42.67	2.57	0.38	—	—	11.41	Cu_3Ti_3O
D	1.82	0.65	47.1	9.58	5.45	—	—	35.40	Ti_xO_y
E	3.26	94.59	1.66	0.13	0.36	—	—	—	Cu(s,s)
F	82.42	7.24	3.56	1.58	0.68	—	4.52	—	Ag(s,s)
G	5.41	41.68.	46.06	—	—	—	6.85	—	TiCu
H	2.74	6.23	4.26	—	—	—	86.77	—	Nb(s,s)

综上所述，在钎焊温度 880℃、保温时间 10min 的条件下，使用网状锂霞石中间层钎焊 C/C 复合材料与金属 Nb 的接头界面结合良好，钎料能够很好地填充进网状锂霞石，钎缝中大量 Cu(s,s)相出现，有利于残余应力的释放。其界面组织结构为 C/C 复合材料/TiC/Ag(s,s)+TiCu+LAS+Cu_3Ti_3O+Ti_xO_y+Cu(s,s)/TiCu/Nb，其中 TiC 反应层厚度约为 0.62μm。

2. 孔隙密度对接头界面组织结构及强度的影响

图 5-34 为不同孔隙密度网状锂霞石中间层钎焊 C/C 复合材料与金属 Nb 接头界面形貌。从图 5-34 中可看出，钎料能够很好地填充进网状锂霞石，且钎料与网状锂霞石润湿良好，结合紧密，钎缝中未出现孔洞。钎缝中大量 Cu(s,s)相出现，由于 Cu 的塑性较好，有利于残余应力的释放，且 Cu(s,s)相尺寸较小，C/C 复合材料侧的 TiCu 弥散层出现，都有利于改善接头的力学性能。从图中可看到，随着网状锂霞石中间层孔隙密度的升高，锂霞石含量上升，接头 C/C 复合材料侧的 TiC 反应层厚度逐渐降低。

图 5-35 为不同孔隙密度网状锂霞石中间层钎焊接头的反应层厚度及强度。从图 5-35 中可看出，使用 50PPI 网状锂霞石中间层时，剪切强度最高，为 45.5MPa，比只使用 AgCuTi 钎料时(16.7MPa)提升了 272.2%。这是由于随着网状锂霞石孔隙密度的上升，锂霞石含量增大，钎缝的热膨胀系数降低，提高接头的线膨胀系数匹配程度，形成线膨胀系数梯度过渡，残余应力得到缓解。但网状锂霞石表面积的增加会导致消耗 Ti 增多，导致反应层厚度减小，当孔隙密度过大时，由于反应层厚度过小，接头强度会下降。所以，当使用 50PPI 网状锂霞石中间层时，接头的剪切强度最高。

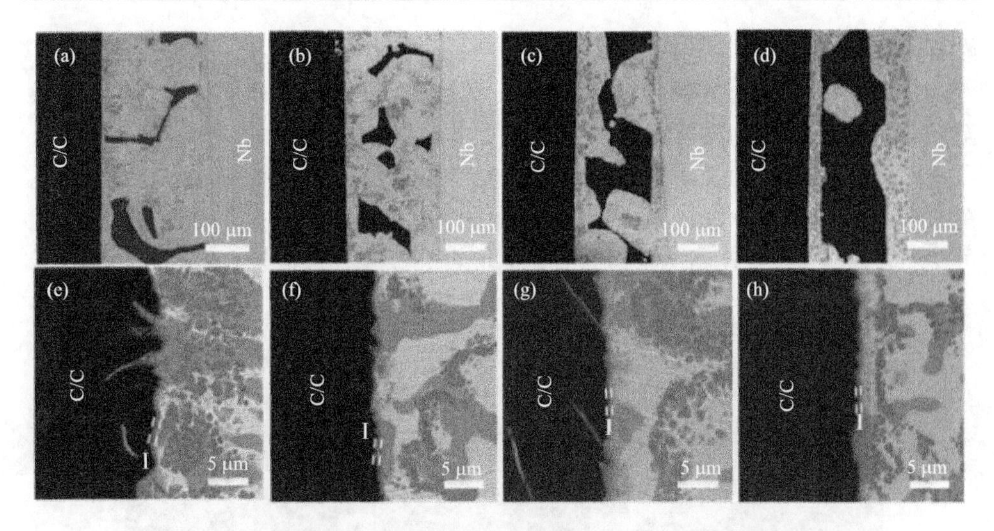

图 5-34　网状锂霞石中间层孔隙密度对钎焊接头界面形貌的影响

(a)和(e)30PPI；(b)和(f)40PPI；(c)和(g)50PPI；(d)和(h)60PPI

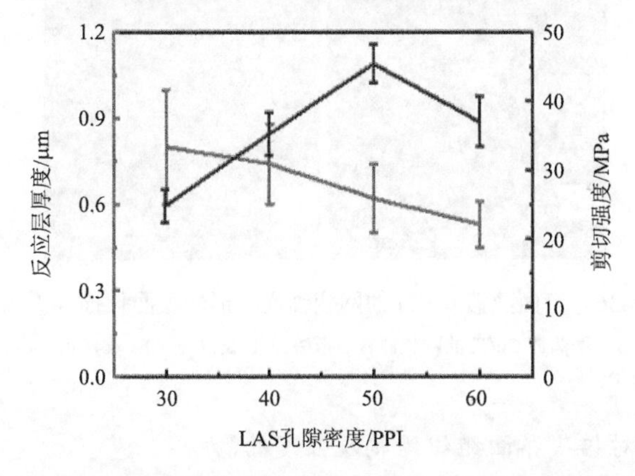

图 5-35　网状锂霞石中间层孔隙密度对反应层厚度及强度的影响

3. 网状锂霞石表面蒸镀 Cu/Ti 典型形貌

通过网状锂霞石中间层钎焊接头的研究发现，由于网状锂霞石与 Ti 的反应，网状锂霞石表面形成反应层，导致接头 C/C 复合材料侧 TiC 反应层，随着网状锂霞石的加入和孔隙密度的提高，逐渐减薄。故本小节采用在网状锂霞石表面蒸镀 Ti 的方式来缓解 TiC 反应层的减薄，并在已蒸镀 Ti 的网状锂霞石表面再蒸镀 Cu，以防止 Ti 的氧化。本小节将着重分析其对界面结构及接头强度的影响。

网状锂霞石表面蒸镀 Cu/Ti 的具体方法过程如下。

(1)使用马弗炉通过模板法在最优参数(2℃/min，1300℃，3h)下制备网状锂霞石；

(2)利用电阻式蒸发镀膜设备先将 Ti 蒸镀至网状锂霞石表面，再将 Cu 蒸镀至已蒸镀 Ti 的网状锂霞石表面。

如图 5-36 所示为表面蒸镀 Cu/Ti 的网状锂霞石的形貌及面扫描分析结果，从图 5-36 中可以看出，Ti 元素以及 Cu 元素在网状锂霞石表面上分布均匀。之后，可使用表面蒸镀 Cu/Ti 的网状锂霞石中间层对 C/C 复合材料与 Nb 进行钎焊。

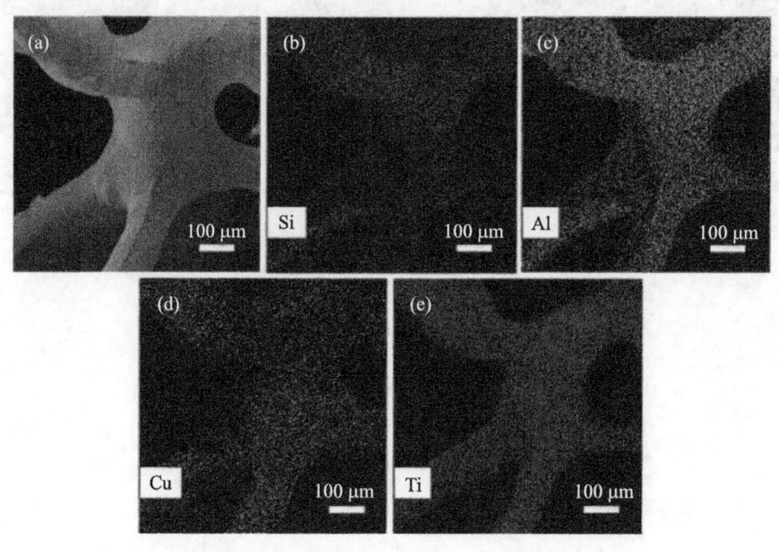

图 5-36　表面蒸镀 Cu/Ti 的网状锂霞石形貌及面扫描分析结果

(a)表面蒸镀 Cu/Ti 的网状锂霞石形貌；(b)Si；(c)Al；(d)Cu；(e)Ti

4. 孔隙密度对接头界面组织结构及强度的影响

利用表面蒸镀 Cu/Ti 的网状锂霞石中间层对 C/C 复合材料与金属 Nb 进行钎焊试验。图 5-37 为不同孔隙密度表面蒸镀 Cu/Ti 的网状锂霞石中间层钎焊 C/C 复合材料与金属 Nb 接头的界面形貌。从图 5-37 中可看出，AgCuTi 钎料与表面蒸镀 Cu/Ti 的网状锂霞石润湿良好，钎料能够填满网状锂霞石，钎缝中未出现孔洞，且界面结合良好。随着网状锂霞石中间层孔隙密度的升高，锂霞石含量上升，接头 C/C 复合材料侧的 TiC 反应层厚度逐渐降低，但相对比于未蒸镀 Cu/Ti 的网状锂霞石，TiC 反应层厚度均有所提高。

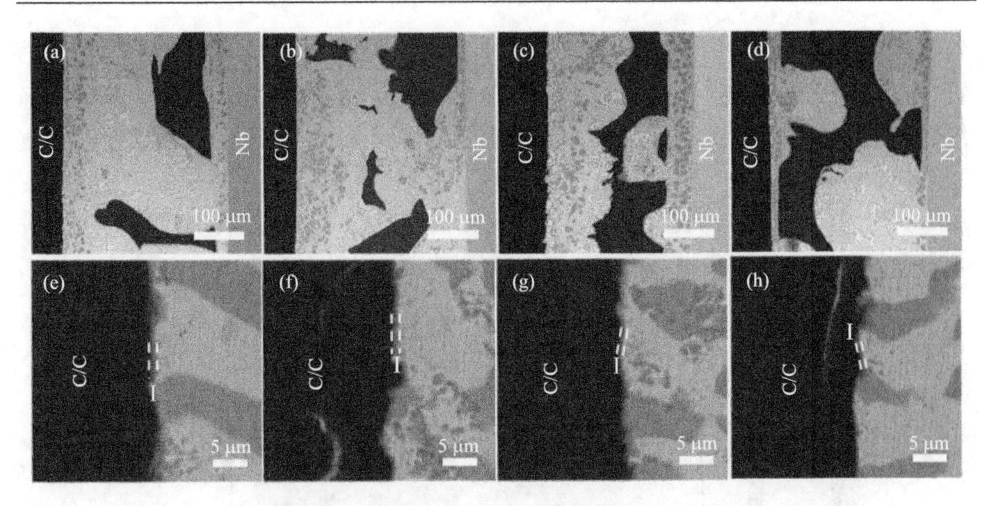

图 5-37　表面蒸镀 Cu/Ti 的网状锂霞石中间层孔隙密度对界面组织结构的影响

(a)和(e)30PPI；(b)和(f)40PPI；(c)和(g)50PPI；(d)和(h)60PPI

图 5-38 为不同孔隙密度表面蒸镀 Cu/Ti 的网状锂霞石中间层钎焊接头的反应层厚度。从图中可看出，随着孔隙密度的升高，反应层厚度逐渐降低，但相对比于未蒸镀 Cu/Ti 的网状锂霞石，TiC 反应层厚度提高，且孔隙密度较大时，反应层厚度增加更为明显。这是由于随着网状锂霞石孔隙密度的上升，网状锂霞石表面积增加，锂霞石与 Ti 反应消耗的 Ti 增多，当孔隙密度较大时，表面蒸镀的 Ti 能及时补充钎缝中的 Ti，反应层厚度有所提升。

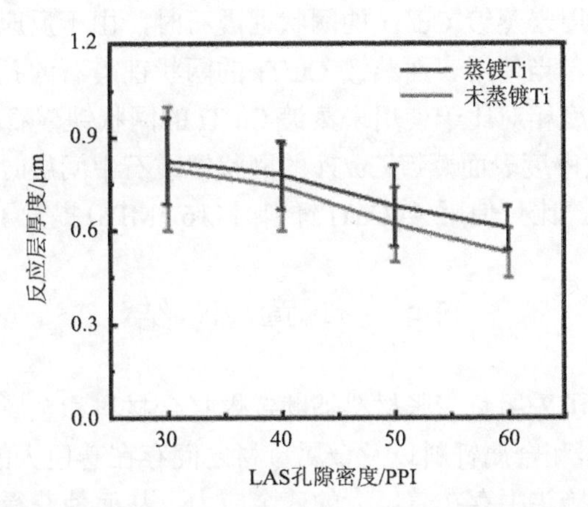

图 5-38　表面蒸镀 Cu/Ti 的网状锂霞石中间层孔隙密度对反应层厚度的影响

图 5-39 为不同孔隙密度表面蒸镀 Cu/Ti 的网状锂霞石中间层钎焊接头的强度。从图 5-39 中可看出，随着孔隙密度的上升，接头强度逐渐提高，且比使用未蒸镀 Cu/Ti 的网状锂霞石时接头强度均有所改善，当使用 50PPI 表面蒸镀 Cu/Ti

的网状锂霞石中间层时，接头的剪切强度最高，为 51.3MPa，比只使用 AgCuTi 钎料时(16.7MPa)提升了 307.2%。对于孔隙密度大的网状锂霞石来说，其能更好地提高接头的线膨胀系数匹配性，使残余应力得到缓解，而 TiC 反应层厚度是改善其接头强度的关键。根据图 5-38，当对其表面蒸镀 Cu/Ti 时，能够有效提高 TiC 反应层厚度，所以，当使用表面蒸镀 Cu/Ti 的网状锂霞石的孔隙密度较大时，接头强度相对比于使用未蒸镀 Cu/Ti 的网状锂霞石时提升明显。

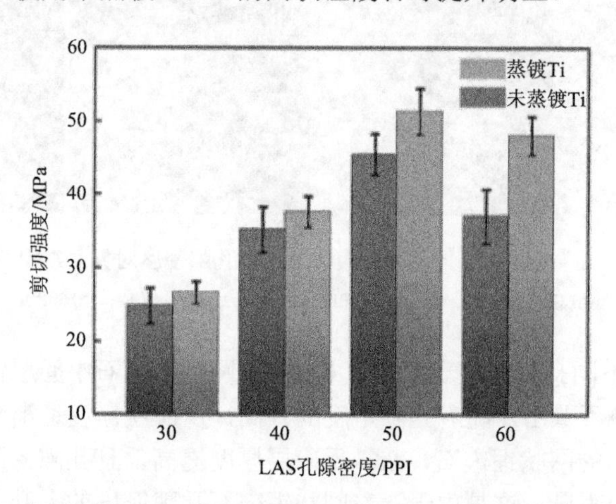

图 5-39　表面蒸镀 Cu/Ti 的网状锂霞石中间层孔隙密度对接头强度的影响

综上所述，使用表面蒸镀 Cu/Ti 的网状锂霞石中间层进行钎焊，接头界面结合良好，相比于使用未蒸镀 Cu/Ti 的网状锂霞石时，由于反应层厚度的提高，接头强度上升。同时，当使用表面蒸镀 Cu/Ti 的网状锂霞石的孔隙密度较大时，反应层厚度和接头强度相对比于使用未蒸镀 Cu/Ti 的网状锂霞石时提升明显。最后，当使用 50PPI 孔隙密度表面蒸镀 Cu/Ti 的网状锂霞石中间层时，接头的剪切强度最高，为 51.3MPa，比只使用 AgCuTi 钎料时(16.7MPa)提升了 307.2%。

5.4　本 章 小 结

本章详细讨论了采用负膨胀材料辅助钎焊复合材料和金属接头的工艺及机理探索。由于复合材料和金属钎料以及金属母材之间存在着巨大的热膨胀系数差异，因此在获得的异种接头中存在着巨大的残余应力，从而使获得的接头性能变差，甚至不能形成有效的连接。因此本章主要的目的是通过使用负膨胀材料来降低金属钎料的热膨胀系数，从而降低接头的残余应力，达到提高接头性能的目的。

在本章中，我们首先探索了锂霞石负膨胀材料在钎焊中的应用，首先通过颗粒状锂霞石增强 AgCuTi 钎料制备了复合钎料，获得了可靠的接头。然而在研究中发现使用颗粒状的锂霞石添加量有限，并且容易在接头中产生缺陷。因此，我们进一步开发了铜基复合材料以及网状锂霞石材料中间层，有效地解决了增强相团聚的问题，提高了负膨胀材料在中间层中的应用，降低了中间层的热膨胀系数，获得了高质量的异种接头。得到了以下结论。

(1) 将锂霞石颗粒引入 AgCuTi 钎料，随着锂霞石在复合钎料中含量的上升，C/C 复合材料/Nb 金属钎焊接头内部残余应力会逐渐减小，接头热膨胀系数不匹配程度下降，但也会使团聚现象逐渐加剧，钎缝中的孔洞增多增大，反应层厚度逐渐减薄，接头强度先升高再下降。

(2) 自行制备了锂霞石增强铜基复合材料，以该种方式加入锂霞石，可加入的量明显增加，显著降低钎缝热膨胀系数，Cu 通过塑性变形进一步缓解残余应力，同时，铜基复合中间层能够有效减少内部锂霞石与 Ti 之间的反应。

(3) 采用模板法自行制备网状锂霞石材料，发现随着网状锂霞石孔隙密度的上升，可增大锂霞石含量，降低钎缝的热膨胀系数，提高接头的热膨胀系数匹配性，使残余应力得到缓解，接头强度上升。

参考文献

[1] 赵建国, 李克智, 李贺军. 碳/碳复合材料导热性能的研究. 航空学报, 2005, 26(4): 501-504.

[2] 胡志彪, 李贺军, 陈强. 碳/碳复合材料摩擦学性能及摩擦机制研究进展. 材料工程, 2004, 12: 59-62.

[3] Wang J, Qian J, Qiao G, et al. A rapid fabrication of C/C composites by a thermal gradient chemical vapor infiltration method with vaporized kerosene as a precursor. Materials Chemistry and Physics, 2007, 101(1): 7-11.

[4] Wu M, Cao C Z, Wang Y, et al. Microstructure and mechanical properties of diamond/Cu composite joint using Ag-Cu-Ti active brazing alloy. Transactions of Materials and Heat Treatment, 2013, 34(3): 30-34.

[5] Ba J, Wang Y, Liu Y, et al. *In-situ* consume excessive Ti element and form fine Ti based compounds as reinforcements for strengthening C/C-TC4 joints. Vacuum, 2017, 143: 303-311.

[6] Wang Z Y, Li M N, Ba J, et al. *In-situ* synthesized TiC nano-flakes reinforced C/C composite-Nb brazed joint. Journal of the European Ceramic Society, 2018, 38(4): 1059-1068.

[7] Dadras P, Mehrotra G M. Joining of carbon-carbon composites by graphite formation. Journal of the American Ceramic Society, 1994, 77(6): 1419-1424.

[8] 陈俊华, 陈广立, 耿浩然. 碳/碳复合材料焊接技术研究进展. 热加工工艺, 2006, 35(11): 75-78.

[9] 秦优琼. C/C 复合材料与 TC4 钎焊接头组织及性能研究. 哈尔滨: 哈尔滨工业大学, 2007.

[10] 王杰, 李克智, 郭领军. 炭布叠层穿刺 C/C 复合材料螺栓连接件微观组织和力学性能. 固体火箭技术, 2012, 35: 248-252.

[11] Hatta H, Koyama M, Bando T, et al. The effects of processing variables on strength of carbon bonding between carbon/carbon composites. Materials Science and Engineering: A, 2009, 513: 138-144.

[12] Wu M, Cao C Z, Wang Y, et al. Microstructure and mechanical properties of diamond/Cu composite joint using Ag-Cu-Ti active brazing alloy. Transactions of Materials and Heat Treatment, 2013, 34(3): 30-34.

[13] Wang Z Y, Li M N, Ba J, et al. *In-situ* synthesized TiC nano-flakes reinforced C/C composite-Nb brazed joint. Journal of the European Ceramic Society, 2018, 38(4): 1059-1068.

[14] Wang Z, Wang G, Li M, et al. Three-dimensional graphene-reinforced Cu foam interlayer for brazing C/C composites and Nb. Carbon, 2017, 118: 723-730.

[15] Zhang K X, Zhao W K, Zhang F Q, et al. New wetting mechanism induced by the effect of Ag on the interaction between resin carbon and AgCuTi brazing alloy. Materials Science and Engineering: A, 2017, 696: 216-219.

第 6 章　表面改性辅助复合材料异质结构钎焊连接

工业生产中，异质材料的连接一直是无法避免的一环。尤其在航空航天领域中，由于各部位的不同功能性要求，复合材料和金属材料的连接成为航天器整体质量保证的前提之一。并且，伴随着现今航空航天技术的迅猛发展，航天器上所使用的材料不断更新换代。例如，陶瓷基复合材料由于其优异的尺寸稳定性、出众的透波能力、良好的力学性能，以及低密度等优势成为航天器天线罩的出色候选材料。然而，陶瓷基复合材料也同样带来了塑性变形能力差、脆等本质缺点，致使其难以直接制备成为大尺寸或具备复杂形状的构件。因此，在实际使用的过程中，陶瓷基复合材料需要配合金属材料形成一体构件。

但是由于陶瓷和金属材料的物理和化学性能差异过大，熔化焊接方法难以将二者同时熔化并形成永久性连接。而胶接形成的范德瓦耳斯力连接又往往难以承受高温冲击，并且随着储存时间的增长，胶接接头具有老化风险，需要定期检查和维护。而机械连接的方式对材料的结构要求高，需要进行破坏性加工，而且会额外增减飞行器重量。扩散连接等连接方法对复杂结构的适应性差，并需要针对不同形状设计复杂夹具，可操作性差。钎焊则因为去异种材料物化性质差异敏感性低、可针对不同性能接头的要求设计不同钎料完成连接、可操作性强等优势成为异种材料连接的广泛应用方法之一。在使用钎焊完成陶瓷和金属的连接时，由于使用的通常是金属钎料，需要解决的第一个难点就是金属钎料在陶瓷表面的润湿性问题。

陶瓷和金属的难以润湿的问题根源在于不同的化学键类型[1-3]。陶瓷内部的共价键不仅仅给陶瓷带来了无与伦比的强度以及耐腐蚀性能，也同样给予了陶瓷化学惰性。这导致了金属钎料难以通过物理润湿的方式在陶瓷表面铺展。而反应润湿则需要精确控制钎料中的活性元素成分，太低则会导致润湿性不好，太高则会引起界面处连续的脆性化合物的生成。因此，学者们提出在陶瓷/金属异种材料钎焊时，利用表面改性的方法去改善钎料在母材表面的润湿性，从而提高接头整体质量。

表面改性的主要意义在于改变了母材表面的化学键状态，使用极薄的一层表面层改变了钎料在母材表面的润湿情况，而通过控制表面改性层厚度，可以使其对焊接界面反应产物基本没有影响。因此，本章将对表面改性方法在陶瓷/金属异种材料钎焊连接中的应用展开具体的讨论。

6.1　润湿及表面改性的物理基础

6.1.1　润湿的物理含义及意义

润湿在钎焊中指液态钎料在母材表面附着或者浸润的现象。在钎料流动铺展的过程中，液态钎料与固体表面形成的夹角称为接触角，在某一特定条件(温度等)下，液态钎料与固体表面最终形成的稳定接触角被称为润湿角，如图 6-1 中的 θ。提到润湿角，就不能不提杨氏方程：

$$\sigma_{sg} = \sigma_{sl} + \sigma_{lg} \times \cos\theta \tag{6-1}$$

式中，σ_{sg}、σ_{lg}、σ_{sl} 分别为固气、液气、固液界面张力(或界面自由能)；θ 为最终稳定润湿角。杨式方程自从 1805 年提出以来，就成了润湿领域最基础的理论方程之一。从式(6-1)中可以看出，改变固体表面后，直接改变了 σ_{sg} 和 σ_{sl} 的大小，从而影响液体在固体表面的润湿情况。尽管杨氏方程中各项数据难以直接从试验中加以确定，从而削弱了其在实际试验过程中的意义。但近年来，不断有学者对其进行优化改善，其中，吴恒安教授等[4]从力学角度解析了杨式方程，建立了一个解释接触线处毛细作用力的模型，并验证了润湿角处毛细作用力的平衡。此成果使得杨氏方程中的各项数据有了力学上的可替代相并给予了各项更为明显的物理意义。

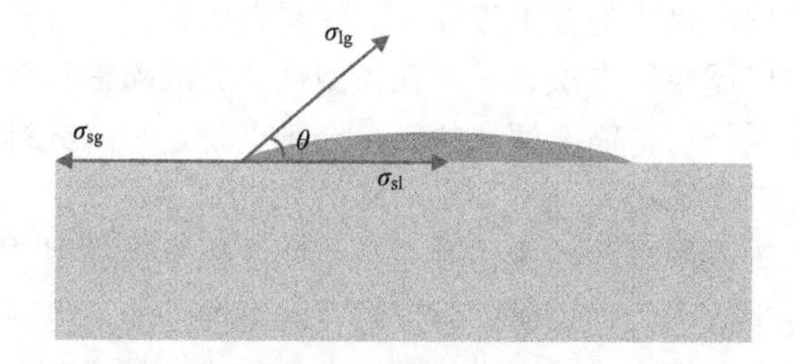

图 6-1　润湿示意图

在钎焊过程中，润湿角的测试更要考虑母材表面粗糙度的影响。杨式方程成立的前提为母材表面光滑平整。而实际钎焊中，母材状态难以同理想状态一样平整，往往是崎岖不平的。因此，将表面微观崎岖部分放大，如图 6-2(a)所示。润湿液体并不能完全填充母材表面的微观区域，会留下微小的孔洞。Cassie-Baxter 模型则对应实际情况下的润湿：

$$\cos\theta_C = \gamma\cos\theta_Y + f - 1 \tag{6-2}$$

式中，θ_C 为 Cassie-Baxter 模型下的润湿角；θ_Y 为杨式方程润湿角；γ 为表面粗糙

度因子，f 为实际润湿区域与润湿总面积的比值(0～1)。Cassie-Baxter 模型的润湿角区域在微观上实际角度可以是满足杨式方程的，但是宏观上测试的润湿角和微观上会有所差距。此外，虽然此模型可以较好地匹配实际润湿数据，但是实际润湿区域的值与润湿总面积的比值难以得到。而实际情况中，钎焊中润湿中 f 的值往往是接近 1 的，因此，Cassie-Baxter 的简化 Wenzel 模型被更广泛地使用：

$$\cos\theta_{\mathrm{W}} = \gamma\cos\theta_{\mathrm{Y}} \tag{6-3}$$

式中，θ_{W} 为 Wenzel 模型下的润湿角。相比于 Cassie-Baxter 模型，Wenzel 模型忽略了实际润湿面积的影响。值得一提的是，钎焊过程中往往伴随着复杂的界面反应，润湿角取决于最终的接触线处界面的实际情况。钎焊时，界面反应往往来不及进行到最终稳态就会达到接头所需的最佳状态，所以，长时间的润湿试验结果可能与钎焊实际过程中的液体钎料铺展有所差异。而针对反应润湿体系，Laurent 根据表面张力和界面自由能两方面的作用提出了反应润湿的最小接触角理论。

$$\cos\theta_{\min} = \cos\theta_{\mathrm{Y}} + \frac{\Delta\sigma_{\mathrm{r}}}{\sigma_{\mathrm{lv}}} - \frac{\Delta G_{\mathrm{r}}}{\sigma_{\mathrm{lv}}} \tag{6-4}$$

式中，$\theta_{\min}$ 为反应润湿中的最小润湿角；θ_{Y} 为杨式方程润湿角；σ_{lv} 为液体金属表面张力；$\Delta\sigma_{\mathrm{r}}$ 为单位面积由界面反应产生的 Gibbs 自由能变化；ΔG_{r} 为单位面积上的界面反应自由能。

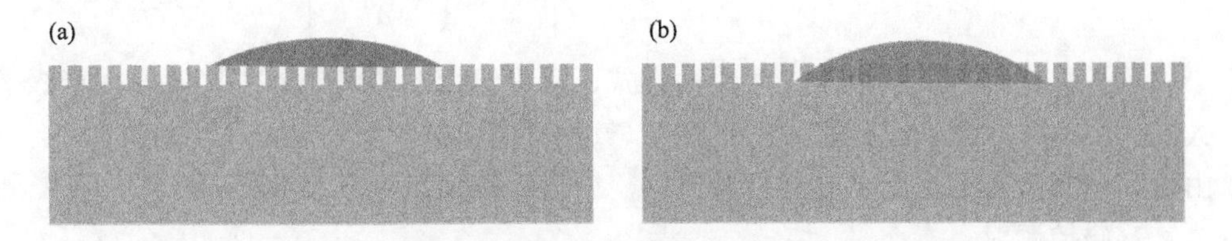

图 6-2　(a) Cassie- Baxter 润湿模型；(b) Wenzel 润湿模型

6.1.2　表面改性的物理基础

总的来说，表面改性技术指在保留材料原有性能的基础上，给予其表面与母材相异的性能，是采取特定的方法改变母材表面的化学状态的方法。在钎焊中，要求表面改性层不是简单的物理涂覆或者覆盖，而是拥有成键可能的改性层，并且对钎焊接头性能不能存在有害影响。本节将简述钎焊中使用或出现过的表面改性方法的原理。

1) 真空蒸镀

真空蒸镀是在钎焊中广泛使用的技术之一。利用电阻、离子束或激光等方式使膜材在真空室中蒸发/气化，从而转化成具有一定能量的分子或原子，一部分溢出的膜材粒子到达并吸附在待处理的基材表面。经过不断的累计，表面吸附的粒子团簇形核，最终扩散长大形成连续薄膜。

气体在基材表面形成薄膜的阶段可以按照经典形核长大理论解释。根据经典形核理论和玻尔兹曼分布，形核率 I_n(单位时间，单位体积内形成的新相形核数目)为

$$I_n \approx \frac{Nk_BT}{h}\exp\left(-\frac{\Delta G^*}{RT}\right)\exp\left(-\frac{\Delta G_n}{RT}\right) \tag{6-5}$$

式中，N 为粒子数目；k_B 为玻尔兹曼常数；T 为温度；h 为普朗克常数；ΔG^*为原子迁移到晶核的势垒；R 为气体常数；ΔG_n 为形成一个晶核的体系自由能变化。其中气相形核ΔG_n为

$$\Delta G_n = \frac{16\pi\sigma^3}{3\left(RT\ln\frac{p}{p^0}\right)^2} \tag{6-6}$$

式中，p^0 为新相对应饱和蒸汽压。将式(6-6)代入式(6-5)中可得

$$I_n \approx \frac{Nk_BT}{h}\exp\left(-\frac{\Delta G^*}{RT}\right)\exp\left[\frac{16\pi\sigma^3}{3R^3T^3\left(\ln\frac{p}{p^0}\right)^2}\right] \tag{6-7}$$

可见，通过真空蒸镀的表面改性方式，除去温度的影响之外，气压发挥着极大的作用。除此之外，蒸镀时的真空度(气压)同样决定了气体分子运动的平均自由程和碰撞次数。因此，在真空蒸镀中，应该特别注意气压参数[5]。

2) 磁控溅射

磁控溅射是另一种常用的物理气相沉积表面改性方法。和真空蒸镀类似，需要在高真空环境下，利用等离子体中的高能粒子轰击靶材表面，使靶材发生溅射。溅射出的离子在基材表面沉积聚集形核生长，最终形成薄膜。这是一种利用磁场与电场交互作用，使电子在靶表面附近成螺旋状运行，从而增大电子撞击氩气产生离子的概率，所产生的离子在电场作用下撞向靶面从而溅射出靶材的方式。作为一种可以低温高效成膜的工艺，磁控溅射可以用于柔性印刷板等高精密电子设备，也可以沉积金属、陶瓷等不同类型薄膜。

3) 化学气相沉积

化学气相沉积也同样可以做到对钎焊母材表面的改性，利用含有薄膜材料所需元素的单质或者化合物气体，在基材表面进行化学反应从而制备薄膜的方法。

以石墨烯的制备为例，将需要镀膜的基底放置于高温环境中，然后向其中通入甲烷、乙烯等可分解的气体，在高温下使得碳原子沉积在基材表面从而形成石墨烯。目前，已经在 Ni、Ir、Cu 等金属表面成功制得石墨烯[5-7]。等离子体辅助化学气相沉积是化学气相沉积方法中常用的一种，最大的特点在于利用电场电离出碳粒子，可以极大地降低常规化学气相沉积的制备温度。现今，等离子体辅助化学气相沉积使用的等离子体的产生方式主要有射频等离子体、直流等离子体、微波等离子体[8-11]。

以上三种方法是钎焊中最为常见的表面改性方法，但同样也有其他的表面改性方法，如表面涂刷等，其中绝大多数的目的在于改善表面润湿，进而优化钎料在母材表面的铺展流动，从而得到良好的钎焊接头。但并不代表表面改性的作用局限在润湿性改善，表面改性可以同样作用于微观界面结构调控和接头力学强度，但往往钎焊中设计母材表面改性的最初目的均在于润湿性改善。

6.2　陶瓷表面改性对润湿的影响

如 6.1 节所说，陶瓷表面改性设计的最初目的往往是改善金属钎料在陶瓷表面的润湿性，本节将详细叙述陶瓷在表面改性前后的润湿差异，以及引起差异的具体原因。

6.2.1　BN-SiO_2 复合材料的润湿

采用座滴法，即将固态钎料粉末提前放置在母材表面，而后加热到设置温度研究钎料熔化铺展润湿。如图 6-3 所示，称取 Ti-Ni 钎料 30mg 放置在 BN-SiO_2 母材表面，随后以 10℃/min 的升温速率加热到 1170℃，温度达到后开始观察钎料的润湿铺展过程的润湿角变化，从而确定活性金属钎料在母材 BN-SiO_2 的反应润湿机理[12]。Ti-Ni 钎料在 BN-SiO_2 母材表面的润湿大致分为三个阶段。快速铺展Ⅰ阶段：在 0s 开始，Ti-Ni 钎料开始熔化并与母材表面形成一个约为 79°的接触角，而在随后的时间里(0～500s)，液态钎料铺展面积迅速长大，接触角迅速减小至 51°。再进一步增加保温时间，则进入了稳定铺展Ⅱ阶段，该阶段的主要特点就是铺展速度相对阶段Ⅰ较低，接触角和铺展面积变化相对平稳，最后在 1500s 时，接触角达到 49°。1500s 后润湿达到稳定阶段Ⅲ，铺展面积和接触角不再发生变化，润湿角稳定为 42°。

同样，Ti-40Ni-20Nb(at%)钎料在 BN-SiO_2 母材表面 1453K 下的润湿情况与 Ti-Ni 类似，如图 6-4 所示[13]。润湿同样分为三个阶段：快速铺展阶段、稳定铺展阶段和稳定阶段。在前 500s 内，接触角从一开始的 90°减到 55°，最终在 2000s 后稳定在 22°。并且铺展的直径从最初的 4mm 扩展到 8.7mm。

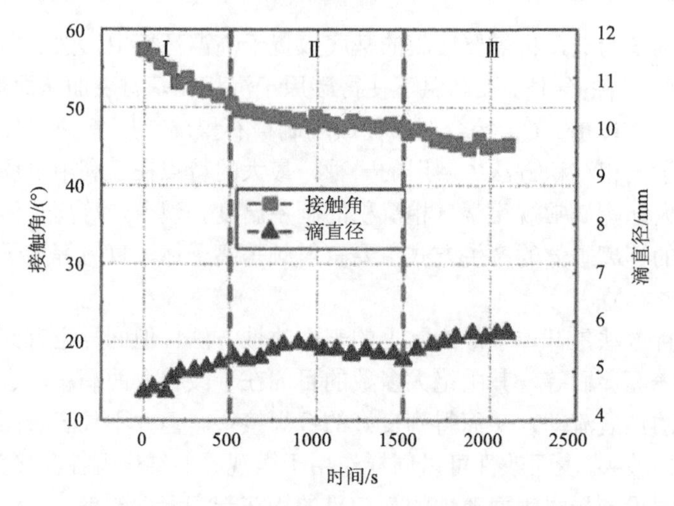

图 6-3 Ti-Ni 钎料在 BN-SiO_2 母材表面接触角与基底接触面积直径随时间变化[12]

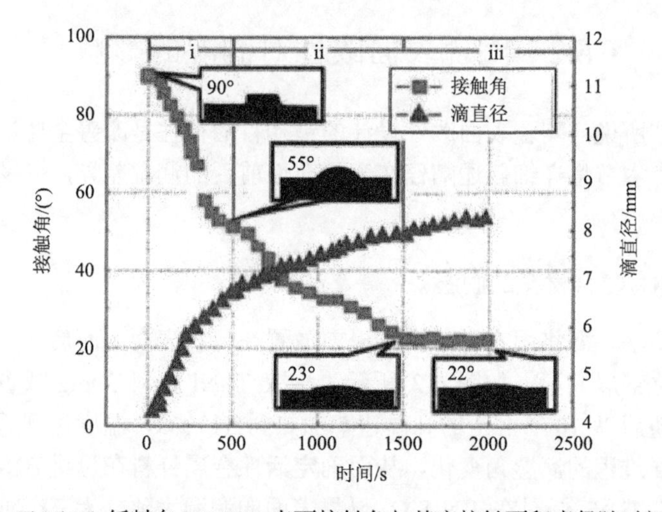

图 6-4 Ti-Ni-Nb 钎料在 BN-SiO_2 表面接触角与基底接触面积直径随时间变化[13]

类似地，TiZrNiCu 钎料在 BN-SiO_2 母材表面的润湿情况和前两者类似，其在 970℃最终润湿角为 24°，如图 6-5(a)所示。这种相似的润湿行为来自于钎料中相同的活性元素 Ti，即在这三种钎料界面反应中起决定作用的金属元素都是相同的 Ti 元素。Ti 元素与 SiO_2 和 BN 的各自吉布斯反应自由能分别如式(6-8)和式(6-9)所示：

$$8Ti + 3SiO_2 = Ti_5Si_3 + 3TiO_2 \quad \Delta G = -236.6 + 0.0014T(\text{kJ/mol}) \tag{6-8}$$

$$3Ti + 2BN = TiB_2 + 2TiN \quad \Delta G = -495.0 + 0.02675T(\text{kJ/mol}) \tag{6-9}$$

在润湿中，Ti 可与母材中 SiO_2 和 BN 反应生成反应层，从而改善金属钎料在氧化物陶瓷上难以润湿的问题。

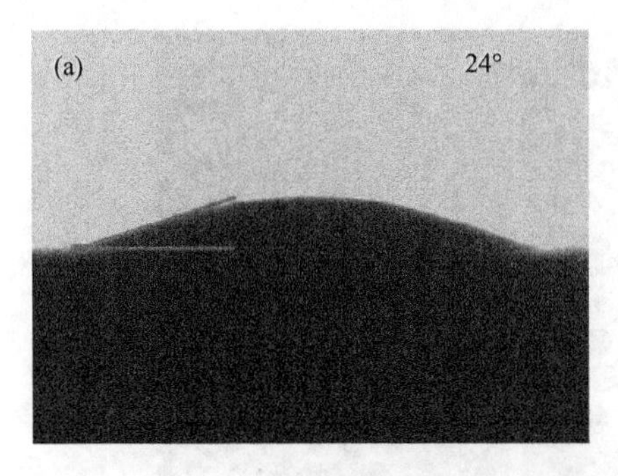

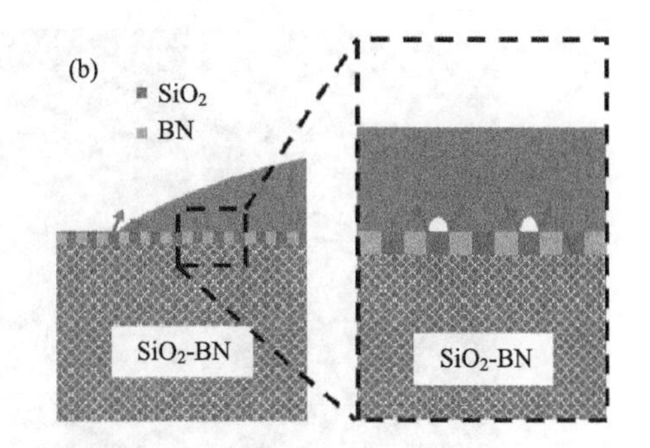

图 6-5　TiZrNiCu 钎料在 BN-SiO_2 母材表面的润湿情况

(a) TiZrNiCu 钎料在 BN-SiO_2 母材表面的润湿角；(b) TiZrNiCu 钎料在 BN-SiO_2 母材表面的润湿机理示意图[1]

SiO_2 陶瓷与含 Ti 活性金属钎料的润湿问题一直是学者关注的重点问题之一。首先，SiO_2 陶瓷与含 Ti 活性金属钎料的润湿关键在于表面的 $Cu_xTi_{6-x}O$ 反应层的形成[15]。而结晶 SiO_2 陶瓷与 AgCuTi 钎料的润湿性差的原因就在于 Ti 与拥有良好结晶性 SiO_2 陶瓷的反应产物并非 $Cu_xTi_{6-x}O$ 而是 Ti_3O_5 和 Ti_2O_3，因此 AgCuTi 在 840℃时在结晶性 SiO_2 陶瓷表面的润湿角仅为 87°[16]。而即使是非晶性的 SiO_2 陶瓷表面的含 Ti 活性钎料润湿也极大地受到 Ti 含量的限制[17]，润湿中所希望得到的理想界面如图 6-6 所示。因此，在金属活性钎焊中，对 SiO_2 材料的润湿控制显得尤为困难。相较之下，活性元素 Ti 与 BN 相的反应生成物就十分稳定，并且金属钎料能成功在其反应层上铺展润湿。总的说来，活性金属钎料在 BN-SiO_2 母材表面的润湿情况就如图 6-5 (b) 所示，BN 和 SiO_2 表面分别对应不同的反应产物，在表面接续形成。由于 BN 颗粒与钎料的良好反应与润湿性，钎料得以铺展，但 SiO_2 与钎料局部润湿性不良，将导致未焊合孔隙的产生。

6.2.2　表面腐蚀促进润湿

根据活性金属钎料在 BN-SiO_2 母材上不同的反应和润湿行为，霸金提出调控母材表面暴露的 BN 颗粒面积，从而改善润湿，影响钎焊接头质量的方法[1]。虽然 BN-SiO_2 陶瓷中 BN 体积含量往往大于 50%，但是由于采用的热压烧结工艺原因，即 1375℃热压烧结。对于熔点为 1650℃的 SiO_2 来说，可以是烧结前的固相颗粒间相互熔合，形成连续的基体。但是，同样条件下熔点高达 3000℃的 BN 颗粒不会有任何的变化，所以就形成了以 SiO_2 为基底，高含量 BN 颗粒固化其中的复合材料结构。对其结构的抛光扫描电子显微镜 (SEM) 图如图 6-7 (a) 所示，可见表面大范围暴露的相是熔融后凝固的 SiO_2 相，尽管 BN 体积含量达到了 60%，但是表面上鲜有显示，如图 6-7 (b) 所示。这样就导致了对 BN-SiO_2 复合材料的钎焊润湿过程相当于对纯 SiO_2 陶瓷润湿，从而只是钎料的铺展润湿过程受阻。

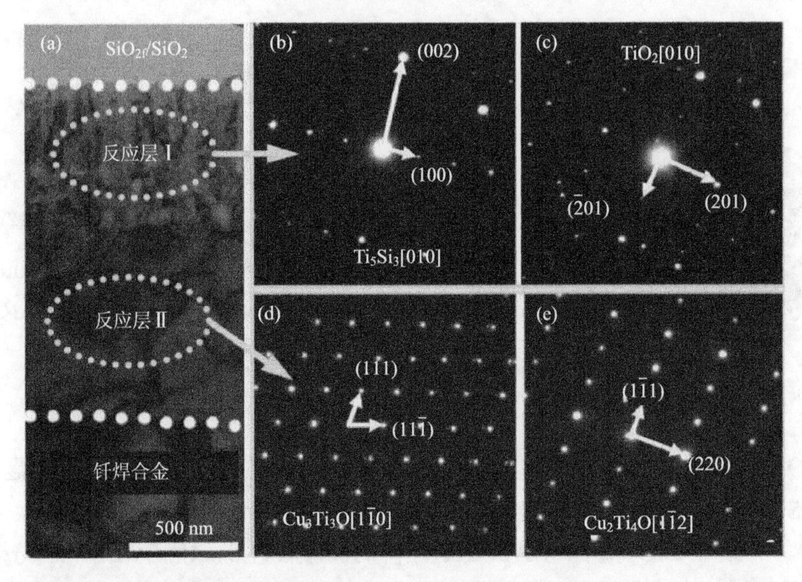

图 6-6 AgCuTi 在 SiO_2 表面润湿的理想界面[14]

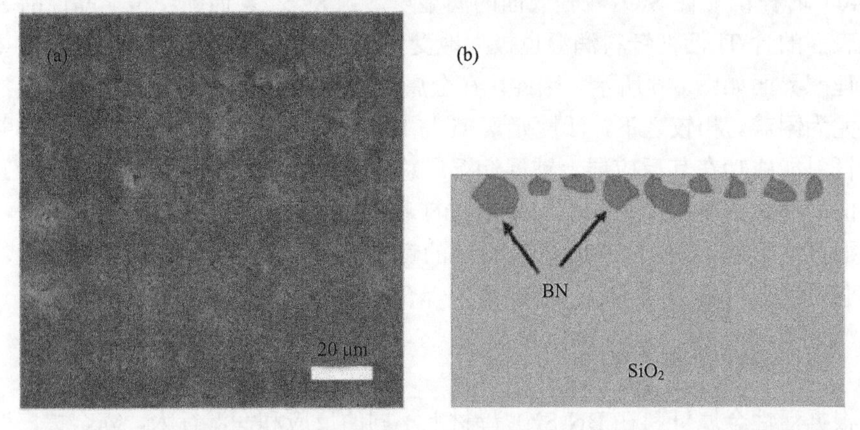

图 6-7 (a) BN-SiO_2 复合材料表面形貌；(b) BN-SiO_2 复合材料的截面示意图[1]

因此，如果在钎焊开始前可以对其表面进行处理，从而使 BN 颗粒更多地暴露出来并使 SiO_2 相含量减少，就可以有效地改善钎料在其表面的润湿以及最后的钎焊接头质量。经过查阅，霸金等发现氢氟酸可以有效地溶解 SiO_2 材料，并且不会腐蚀 BN 颗粒。由此，通过氢氟酸腐蚀母材表面，从而使母材表面暴露相从 SiO_2 转化为 BN。

此种表面结构改善方法可以有效地使 BN-SiO_2 复合材料表面暴露相从 SiO_2 转化为 BN，并且使母材表面从光滑结构转变为粗糙不平。润湿模型从而由杨氏润湿模型变成了 Wenzel 模型，进一步改善了活性金属钎料在其表面的润湿。总体看来，方法简单易行，缺点在于使用的氢氟酸药品危险性较大，需要操作人员格外小心。

6.2.3 原位合成碳纳米管表面处理

由于碳纳米管 CNTs 和 Ti 元素之间良好的亲和性，通过在 BN-SiO_2 复合材料表面原位生长 CNTs 的方法，改善金属钎料在其上的润湿性。

利用 Ni 纳米颗粒通过 PECVD 的方法可以在 BN-SiO_2 复合材料表面原位合成碳纳米管[18]。具体试验方法如下：在试验前，首先将陶瓷表面利用砂纸打磨光滑，而后使用 0.1mol/L $Ni(NO_3)_2$(99.9%纯度)的乙醇溶液通过旋涂均匀涂抹在陶瓷表面。乙醇溶液在随后的干燥步骤中挥发，留下单一的 $Ni(NO_3)_2$ 在陶瓷表面。而后，将 $Ni(NO_3)_2$/SiO_2-BN 放置于 PECVD 腔体中，保证表面水平，而后在氢气气氛下还原得到单质 Ni 纳米颗粒。之后，在 700℃的温度下，同时分别按照 40/10 SCCM 的气体流量同时通入 CH_4/H_2 气体，在射频产生的等离子体作用下，在 BN-SiO_2 复合材料表面成功合成了碳纳米管，如图 6-8(a)～(e)所示[19]。

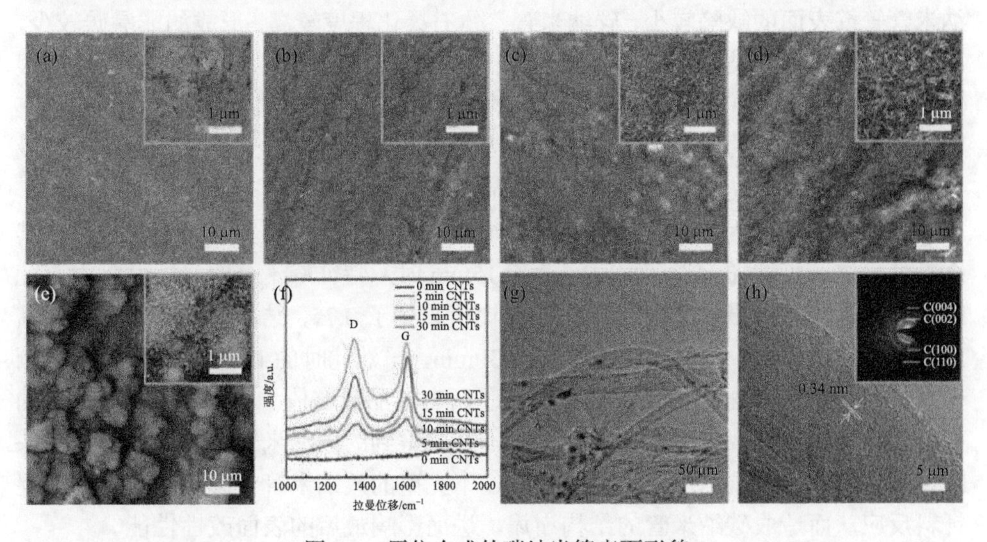

图 6-8　原位合成的碳纳米管表面形貌

(a)生长 0min；(b)5min；(c)10min；(d)15min；(e)30min；(f)不同生长时间的碳纳米管拉曼表征；(g)碳纳米管 TEM 形貌；(h)沉积 15min 的碳纳米管 HETEM 以及 CNT 衍射斑点图[19]

图 6-8(a)中可以看出经过打磨处理后的母材表面相对光滑，有利于碳纳米管的生长，也避免了催化剂颗粒在缺陷处大量聚集，从而影响碳纳米管的均匀性。5min 时，碳纳米管已经开始在表面生长，但是生长时间仍然较短，得到的碳管长度较短并且稀疏，如图 6-8(b)所示，整体上与未生长碳纳米管材料的表面形貌差异并不明显。当进一步增加沉积时间到 10min 时，碳纳米管长度进一步增加，覆

盖程度也有所改善；而进一步增加沉积时间到 15min 时，CNTs 的长度已经明显增加并且生长量大，完全覆盖了陶瓷表面；但是沉积时间达到 30min 之后，陶瓷表面已经开始大量出现团簇的碳纳米管，其原因在于在碳纳米管长度过长时，容易发生链间纠缠成团，并且在图 6-8(e)中可以观察到碳纳米管粗化，长度优势降低，团簇中由明显的碳颗粒形成。在此种情况下形成的碳颗粒往往是非晶结构，易与活性金属反应从而削弱钎料与其余部分的反应润湿，从而影响到整体的钎焊接头质量。

随后，为定量分析碳纳米管的结晶性，对各沉积参数下的样品进行了拉曼测试分析，结果如图 6-8(f)所示。未经过碳纳米管生长的表面在拉曼测试中没有任何的特征峰，表现为一条直线，在拉曼测试中可以作为其余样品的拉曼测试曲线背底。在其余参数下生长的碳纳米管样品，均出现了两个特征峰：在 $1350cm^{-1}$ 出现 D 峰，此峰反映碳材料的晶格畸变和缺陷；在 $1580cm^{-1}$ 位置出现 G 峰，此峰强度反映碳材料的石墨化程度。从而，通过对 D 峰和 G 峰的强度进行比值分析(I_D/I_G)，可以反映合成的碳纳米管的完整度和无序程度，I_D/I_G 比值越小，说明碳纳米管管壁表面的缺陷较少，碳纳米管整体石墨化程度较高，形成的非晶碳较少，所制备的碳纳米管结构也越完整。在沉积时间为 5min 时，D 峰和 G 峰强度均很低，对应 SEM 图中观察到的较小的碳纳米管生长量，I_D/I_G 比值计算为 0.93，有明显的结晶度不够的问题。这可能是因为 5min 对应为碳纳米管生长的初级阶段导致，在此阶段碳纳米管生长形态不明显结晶度低。当沉积时间到达 10min 时，I_D/I_G 比值已经降低为 0.87，对应此阶段形成的碳纳米管已经具有一定的长度，其结晶性也进一步增加。当沉积时间达到 15min 时，特征峰十分明显，并且由于此时的碳纳米管有着最长的程度，其 I_D/I_G 比值来到了 0.75，结晶性在所有测试样品中是最好的。而进一步增加沉积时间到 30min，虽然此时的 D 峰和 G 峰均为所测样品中的峰值，但是 I_D/I_G 比值反而得到了所有样品最高值 1.17。由于之前分析的碳纳米管纠缠团聚现象，在此种情况下，合成得到的碳纳米管有着极多的结晶缺陷，并伴随着非晶碳的形成。总的说来，不完整的碳纳米管将影响到最后的润湿钎料反应从而造成碳纳米管的结构崩塌，进而影响最后的表面改性性能。

为了更好地反映出沉积 15min 后的碳纳米管形貌和特征，对其进行了 TEM 表征，如图 6-8(g)、(h)所示。可见，沉积 15min 的碳纳米管有着良好的管状结构，并且在高分辨下晶格条纹明显，结晶性良好。而对其进行傅里叶变化的衍射斑点分析也证明了良好的结晶性和碳纳米管合成。

在 BN-SiO_2 复合材料经过不同表面处理后，进行 TiZrNiCu 钎料的润湿试验，如图 6-9 所示。可见，在沉积时间仅为 5min 时，润湿角已经大幅度降低，从 24°变为 12°。随后的沉积时间达到 10min 和 15min 时，润湿角进一步降低为 5°和 4°，充分证明了表面原位合成碳纳米管策略对于钎料润湿的改善作用。但是，当沉积时间进一步达到 30min 后，钎料在母材表面的润湿角反而增大至 33°，与沉积后表面形貌和拉曼分析结果一致。为了进一步分析得到的钎料润湿结果，做出了如图 6-9(f)的机理图。在未作出表面修饰之前，TiZrNiCu 钎料在 BN-SiO_2 复合材料表面的铺展润湿决定于钎料在 BN-SiO_2 复合材料表面的反应情况。由于表面 SiO_2 相与活性元素 Ti 反应难以得到连续的对润湿有利的反应相，由此阻碍了润湿[20]，而 BN 相和活性元素 Ti 有着很强的反应趋势，从而引导润湿[21]，最终形成了示意图中类似的结构。而在表面沉积了 15min 碳纳米管的 BN-SiO_2 复合材料，由于碳纳米管和活性金属元素之间有良好的润湿性，TiZrNiCu 钎料在陶瓷表面的润湿角迅速减小，并且碳纳米管阻断了活性元素 Ti 与 SiO_2 相之间的不利反应，使得金属钎料在表层碳纳米管之间铺展。另外，纳米尺度的碳纳米管提供了与金属钎料更多的接触与反应机会，从而改善接头质量与缓解残余应力。然后，当沉积时间达到 30min 时，拥有大量缺陷的碳纳米管极易与金属 Ti 发生反应生成 TiC，从而同时消耗了钎料中的活性金属 Ti 与母材表面的碳纳米管数量，并增加了液态金属钎料的黏度。此外，这样的反应增加了液态金属金属钎料 TiZrNiCu 与碳纳米管之间的表面能。在这两个原因的影响下，钎料的润湿角最终增大。

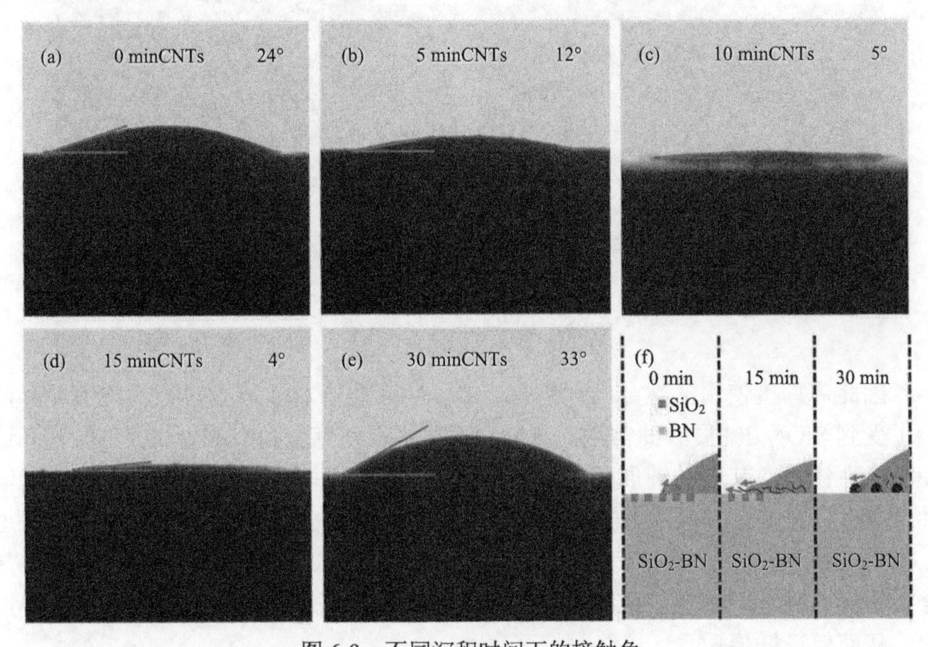

图 6-9　不同沉积时间下的接触角

(a) 0min；(b) 5min；(c) 10min；(d) 15min；(e) 30min；(f) 润湿示意图[19]

由此可见，在表面进行碳纳米管包覆是一种可以有效改善表面润湿性的方法。但是这种方法对于表面合成碳纳米管的完整度和结晶度有着较高的要求，在洁净度和完整度不好的情况下，碳纳米管反而会阻碍活性金属钎料在母材表面的润湿。

6.2.4　复合材料的润湿与改性情况

在前几节中，SiO_2 相与活性金属难以润湿的问题已经展开了详细的阐述，而针对二氧化硅增强二氧化硅复合材料 SiO_{2f}/SiO_2 的润湿问题则显得更加严峻。SiO_{2f}/SiO_2 复合材料作为目前新型的天线罩材料，主要是有着强度高，透波性能优异，耐热耐烧蚀能力强，并对裂纹气孔等缺陷不敏感的优点[22]。而且 SiO_{2f}/SiO_2 复合材料可避免传统 SiO_2 陶瓷天线罩瞬间脆性断裂带来的灾难性后果，提高整个系统的可靠性。

SiO_{2f}/SiO_2 复合材料往往是通过溶胶凝胶法制备得到，即通过重复在预先编制好的纤维上进行浸润和退火。通常具有疏松多孔，表面围观不平整的特点，如图 6-10 所示。图 6-10(a)显示 SiO_2 基底间不连续，存在这明显的裂纹和孔洞，图 6.10(b)中可以看出即使是 SiO_2 纤维束间也大范围分布着孔洞。

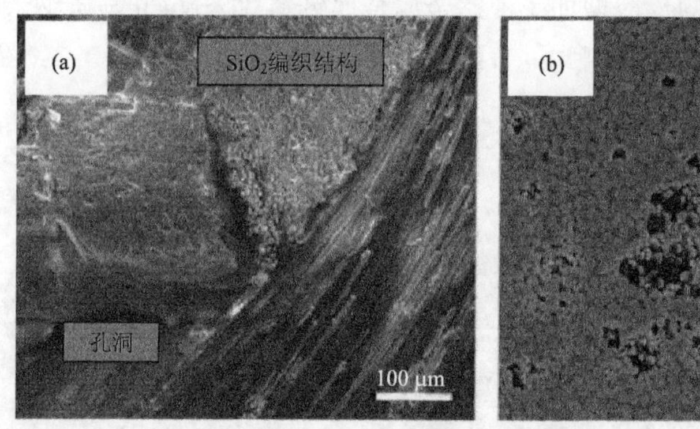

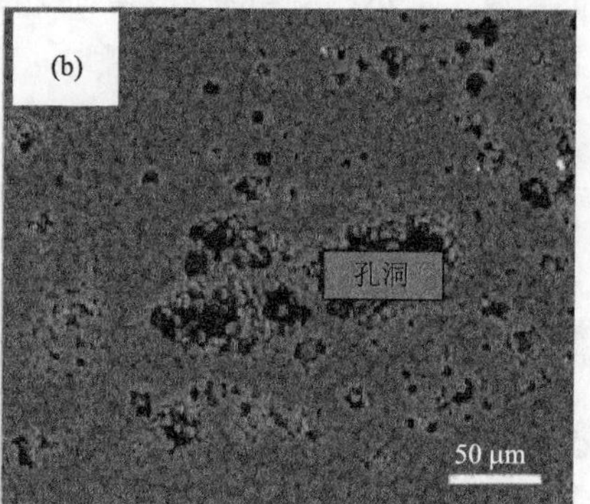

图 6-10　SiO_{2f}/SiO_2 复合材料表面形貌[23]

因此，直接使用活性金属钎料在 SiO_{2f}/SiO_2 复合材料表面进行润湿铺展时，除了受到 SiO_2 相铺展时的常规问题外，还需要额外克服由缺陷处带来的阻碍，这使得活性钎料在其上的铺展润湿进一步受阻。根据不同文献中的报道，含 Ti 的活性金属钎料在 SiO_{2f}/SiO_2 复合材料表面的润湿角基本在 50°以上[24-26]，甚至有报道在原始 SiO_{2f}/SiO_2 复合材料表面的润湿角达到 138°[27]。因此，对于 SiO_{2f}/SiO_2 复合材料的异种钎焊接头，往往均需要表面改性使得钎料有一个良好的铺展润湿过程，从而保证钎焊质量。

1. 表面腐蚀

首先介绍表面腐蚀的方法，不同工艺得到的 SiO_{2f}/SiO_2 复合材料具有不同的特性，总的来说，二氧化硅纤维相对于二氧化硅基底其结构更加致密，力学性能和耐腐蚀性能均更加优异。SiO_{2f}/SiO_2复合材料中二氧化硅纤维通常经过高温拉丝得到，往往是非晶结构，而二氧化硅基底由于工艺处理问题，非晶体和结晶体均有可能得到。在基底是结晶体的情况下，氢氟酸对结晶体的腐蚀速度远大于非晶体。因此，通过在6.3.2节中介绍的利用氢氟酸腐蚀的方法对SiO_{2f}/SiO_2复合材料进行处理，从而暴露非晶态的二氧化硅纤维。利用非晶态二氧化硅对活性钎料润湿性更好的特点去改善润湿结果。

针对此种复合材料的表面改性研究，马蕾利用表面腐蚀成功地改善了活性金属钎料在其表面的润湿性。她首先通过SEM和XRD对SiO_{2f}/SiO_2复合材料进行了物相鉴定，结果如图6-11所示。二氧化硅纤维以6～8μm左右的直径以编织的方式存在于二氧化硅基底中，XRD结果表明复合材料由两种不同形态的二氧化硅组成，后续证明其由内部非晶态的石英纤维和外部包裹纤维的石英基底组成。

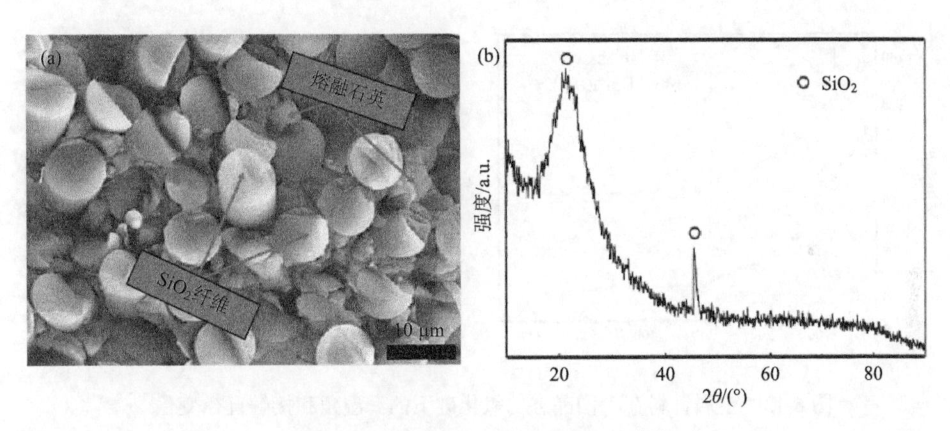

图6-11　SiO_{2f}/SiO_2复合材料表征[28]

为了更加直观地展示在不同晶态下钎料的润湿结果，图6-12展示了AgCuTi钎料在不同二氧化硅上的润湿实验结果。可见，AgCuTi钎料在SiO_{2f}/SiO_2复合材料和基体石英上表现为不润湿，润湿角分别为131°和134°，而在SiO_{2f}上的润湿结果为37°。

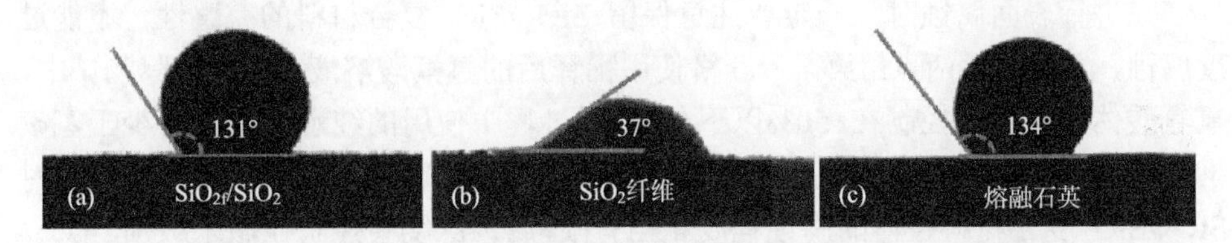

图6-12　SiO_{2f}/SiO_2复合材料、SiO_{2f}纤维以及基底石英的润湿图

(a)复合材料；(b)纤维；(c)基底

因为纤维结构松散，在做润湿试验时容易因为重力作用而向下沉积减少润湿角。因此，又使用了非晶态要的二氧化硅陶瓷与晶态的二氧化硅进行对比，如图6-13所示。在840℃温度的润湿试验中，AgCuTi金属钎料在熔融状态下会因为液体表面张力的作用首先团聚成球，而后在材料表面进行铺展润湿。在0～20min内，钎料与母材的润湿角不断减小到最后达到稳定状态。前600s内，液态金属钎料的润湿角变化明显，而后其变化速度明显下降，在保温时间到达20min后，液态钎料的接触角已经稳定，不再发生变化。此时，非晶态和晶态二氧化硅表面的润湿角分别稳定在54°和95°。在不同时间下的对比中可以发现，活性金属钎料在非晶性二氧化硅上的润湿结果均优于结晶性二氧化硅。接触角上，在润湿铺展的全阶段，非晶二氧化硅上的接触角均小于结晶二氧化硅 30°以上，而最终稳定的差距达到了 41°。同样，非晶二氧化硅上的接触面直径同样大于结晶二氧化硅上的接触面直径，最后分别稳定在1.4mm和1.1mm。

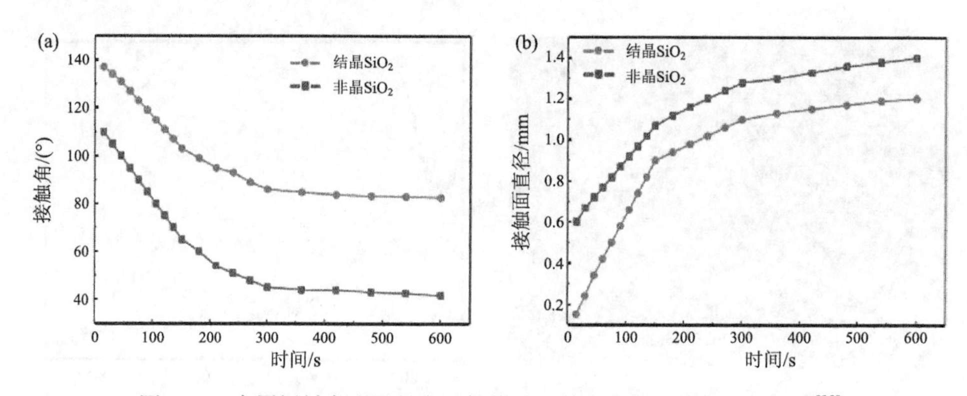

图6-13　金属钎料在不同晶态二氧化硅下的润湿角和接触直径变化[28]

表面腐蚀方法十分适用于此种情况的 SiO_{2f}/SiO_2 复合材料。SiO_{2f}/SiO_2 复合材料的表面腐蚀后得到的表面形貌如图 6-14 所示。可以看出，经过表面腐蚀后，SiO_{2f}/SiO_2 复合材料表面粗糙度明显上升。在进一步的放大图中可以发现，经过腐蚀后，表面原本填充于二氧化硅纤维之间的基底已经消失，而二氧化硅纤维基本保留了原有的形状，仅有部分表面有腐蚀痕迹。

在进行表面腐蚀时，一定要注意保留 SiO_{2f}/SiO_2 复合材料的完整性，不能过度腐蚀，主要注意两点：第一，严格使用稀释后的氢氟酸溶液，在次实际测试中，氢氟酸体积溶度应控制在 50%以下(即稀释过程中使用的纯水体积应不少于氢氟酸溶液)，并且腐蚀时间尽量控制在 1min 以内，因为在 1min 以内的腐蚀，对 SiO_{2f}/SiO_2 复合材料整体的腐蚀程度相当有限，腐蚀深度会控制在微米级别。第二，腐蚀时一定要注意 SiO_{2f}/SiO_2 复合材料的纤维编织结构，如果是二维编织方式，那腐蚀方向要避免垂直于层间方式，从而造成单层纤维的整体脱落。三维编制的

SiO_{2f}/SiO_2 复合材料各个方向腐蚀均可。

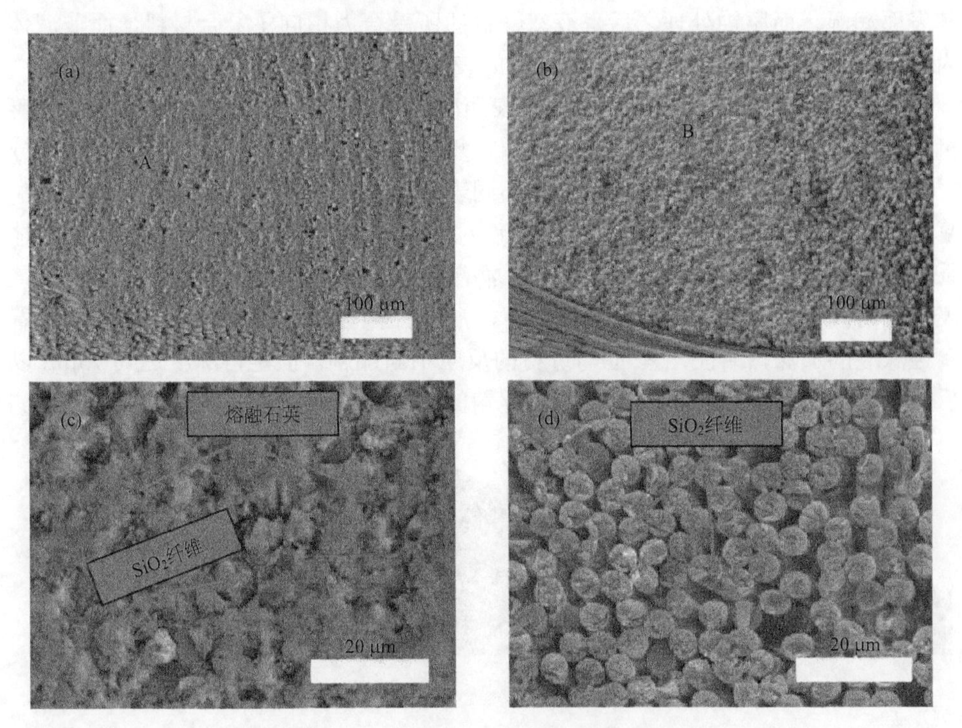

图 6-14　表面腐蚀对微观形貌影响[28]

(a) 原始表面；(b) 腐蚀后表面；(c) a 中放大区域；(d) b 中放大区域

对腐蚀前后的 SiO_{2f}/SiO_2 复合材料样品进行 AgCuTi 钎料的润湿试验，如图 6-15 所示。在腐蚀前，AgCuTi 钎料在复合材料表面润湿角为 138°，而腐蚀后将为了 37°。充分说明了表面腐蚀在改善金属活性钎料在 SiO_{2f}/SiO_2 复合材料润湿性上的有效作用。针对这种 AgCuTi-SiO_{2f}/SiO_2 复合材料润湿体系，AgCuTi 在 SiO_{2f}/

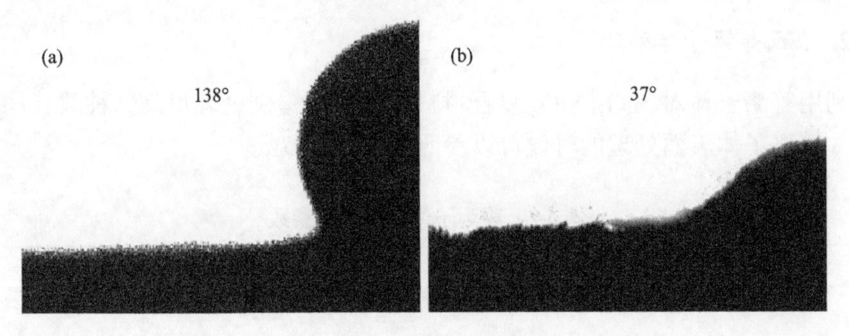

图 6-15　SiO_{2f}/SiO_2 复合材料腐蚀前后对比[28]

SiO_2复合材料表面并不润湿，即此时的液态钎料合力指向液体内部，从而不能在其表面润湿。而腐蚀处理之后，液态钎料的所受合力指向了复合材料，而非液体内部，充分说明了 SiO_{2f}/SiO_2 复合材料的表面状态发生了改变。

如图 6-16 所示，为了进一步探究表面腐蚀对 SiO_{2f}/SiO_2 复合材料的润湿改善机理，通过控制表面腐蚀处理时间来调节复合材料表层的腐蚀深度，再利用成分质量相同的 AgCuTi 活性钎料分别在不同表面腐蚀深度(0～150μm)的 SiO_{2f}/SiO_2 复合材料进行润湿实验，进而探究表面腐蚀对 AgCuTi-SiO_{2f}/SiO_2 复合材料润湿体系的影响机理。随着腐蚀深度的提高，润湿角逐渐减少。复合材料经过腐蚀后，表层阻碍润湿的基底被消除。此情况下，液态钎料与母材的接触面积增大，随着腐蚀深度的加深，活性元素 Ti 与母材的反应不断加剧。但是再深度达到 75μm 以后，由于反应中不断消耗 Ti，导致润湿角的进一步降低受阻，润湿改善不明显。

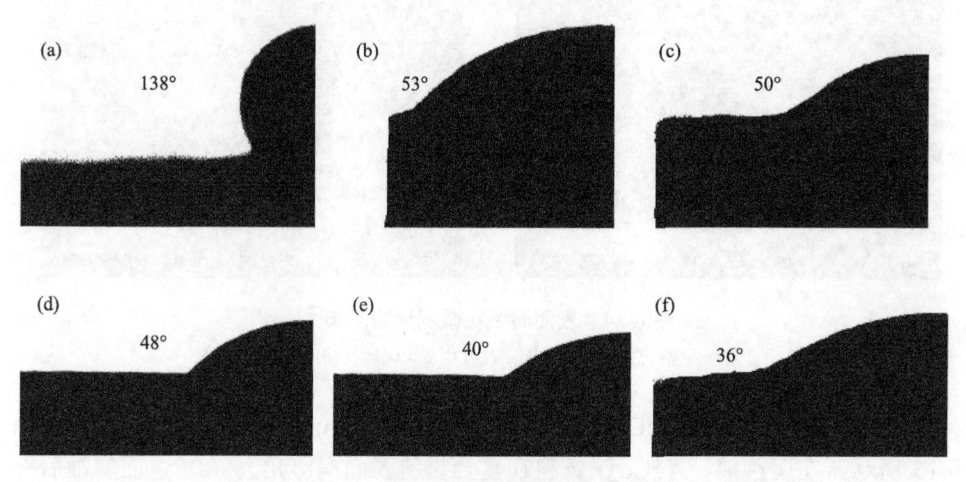

图 6-16 不同腐蚀深度的润湿角[28]

(a) 0μm；(b) 50μm；(c) 75μm；(d) 100μm；(e) 125μm；(f) 150μm

2. 表面等离子体处理

利用等离子体对 SiO_{2f}/SiO_2 复合材料表面进行覆碳处理也是一种改善润湿的方法。等离子体表面处理的时候可以参照表 6-1 的参数。

表 6-1　等离子体表面改性参数

参数	参数值
Ar(SCCM)	90
CH_4(SCCM)	90
温度/℃	400

续表

参数	参数值
射频功率/W	200
压强/Pa	300
时间/min	5～30

经过覆碳处理后，复合材料表面形貌变化基本没有变化，但是不同等离子体处理时间后 SiO_{2f}/SiO_2 复合材料的 AgCuTi 润湿试验变化明显，如图 6-17 所示，所有的润湿数据均在 860℃下测得。

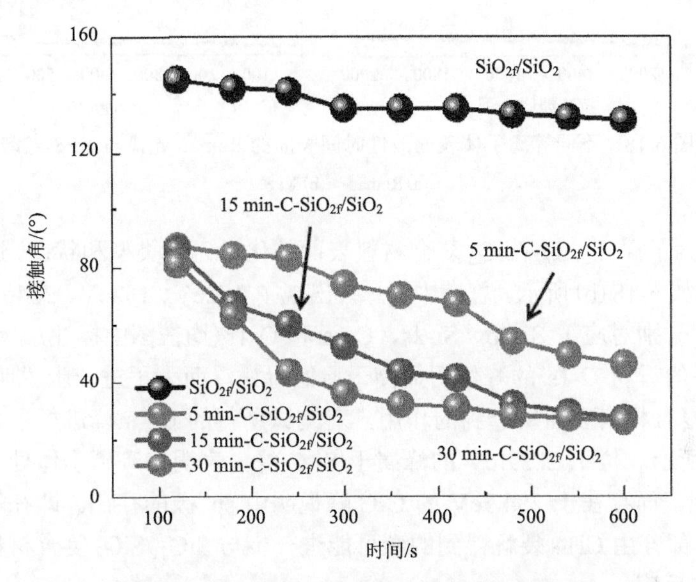

图 6-17　不同等离子体处理时间下的接触角[3]

测试中发现，原始的 SiO_{2f}/SiO_2 复合材料润湿角为 131℃，远大于 90℃，呈现不润湿的特征。而相比之下，经过等离子体改性后的 SiO_{2f}/SiO_2 复合材料出现的接触角均小于 90 ℃，呈现明显的润湿特征。在 0～15min 的时间内，接触角明显随着等离子体处理时间的增加不断下降，而在 15min 后，继续增加等离子体处理时间，接触角不再持续下降，说明了 15min 为等离子体改善母材润湿性的阈值。

为了说明等离子体处理的润湿改善机理，首先研究了 SiO_{2f}/SiO_2 复合材料表面状态的变化。Raman 光谱可反映一些特殊的振动模式，被广泛应用于分析碳材料的结晶性、价键形态和材料的有序化程度。首先对材料进行了 Raman 测试，结果如图 6-18(a)所示。在 Raman 光谱中碳材料最主要的两个特征峰分别出现在 1350 cm^{-1} 和 1580 cm^{-1} 附近，习惯称为 D 峰和 G 峰。D 峰是由具有较小尺寸的纳米颗粒、非晶的碳颗粒以及一些无序结构和晶体缺陷引起的，而 G 峰则是由石墨的 E_{2g} 振动模式引起的，它与二维六方晶格的石墨层内碳原子的 sp^2 键振动有关。D 峰与 G 峰的出现即可证明碳材料的存在[29]。

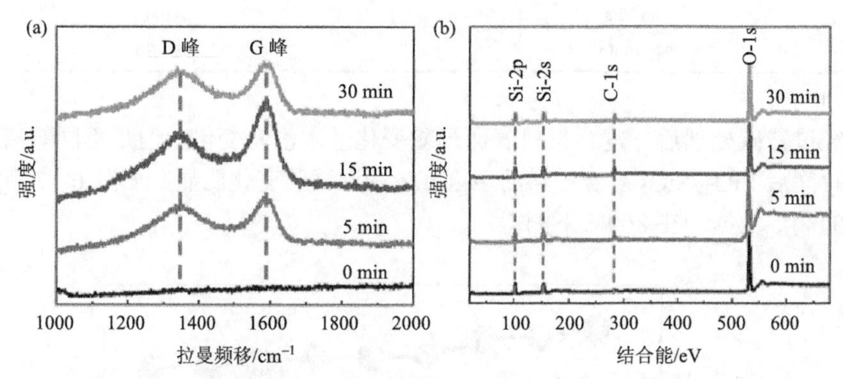

图 6-18　不同等离子体表面改性时间表面的 Raman 光谱与 XPS 光谱

(a) Raman；(b) XPS

而后，为了探究 SiO_{2f}/SiO_2 复合材料表面的化学元素类型和状态，进行了 XPS 测试，结果如 6-18(b) 所示。总谱中，一共出现了 102eV、152eV、284eV 和 533eV 四处峰位，分别对应了 Si-2p、Si-2s、C-1s 和 O-1s(均在图中标注)。而经过等离子体处理后的母材 C-1s 的峰位明显高于原始母材。而为了进一步说明 C 原子在 SiO_{2f}/SiO_2 复合材料表面所起到的作用，对测试所得的 C-1s 峰进行了分峰拟合，如图 6-19 所示。位于 283.4eV 的峰属于 Si-C 峰，表明在等离子体处理过程中出现了 SiC 相。而存在于 284.5eV 的 C-C 峰说明由 sp^3 碳的存在。即在等离子体处理过程中，部分由 CH4 裂解得到的碳可能进一步与 SiO_{2f}/SiO_2 复合材料发生了式 6-10 的碳热反应：

$$SiO_2 + 3C \xlongequal{\quad} SiC + 2CO \tag{6-10}$$

对不同等离子体表面改性处理后的 XPS 能谱进行面积积分处理可以得到不同元素的相对含量，结果如表 6-2 所示。结果进一步说明，经过等离子体处理后，SiO_{2f}/SiO_2 复合材料表面出现了大量的 C 原子，在处理时间达到 30min，C 原子浓度已经达到了 30.9%。

表 6-2　不同时间等离子体处理后的元素含量

时间/min	Si/%	C/%	O/%	C-C/%	Si-C/%
0	30.1	0.9	69.0	0.8	0.1
5	29.5	8.8	61.7	6.2	2.6
15	26.6	23.3	50.1	8.7	14.6
30	23.8	30.9	45.3	12.5	18.4

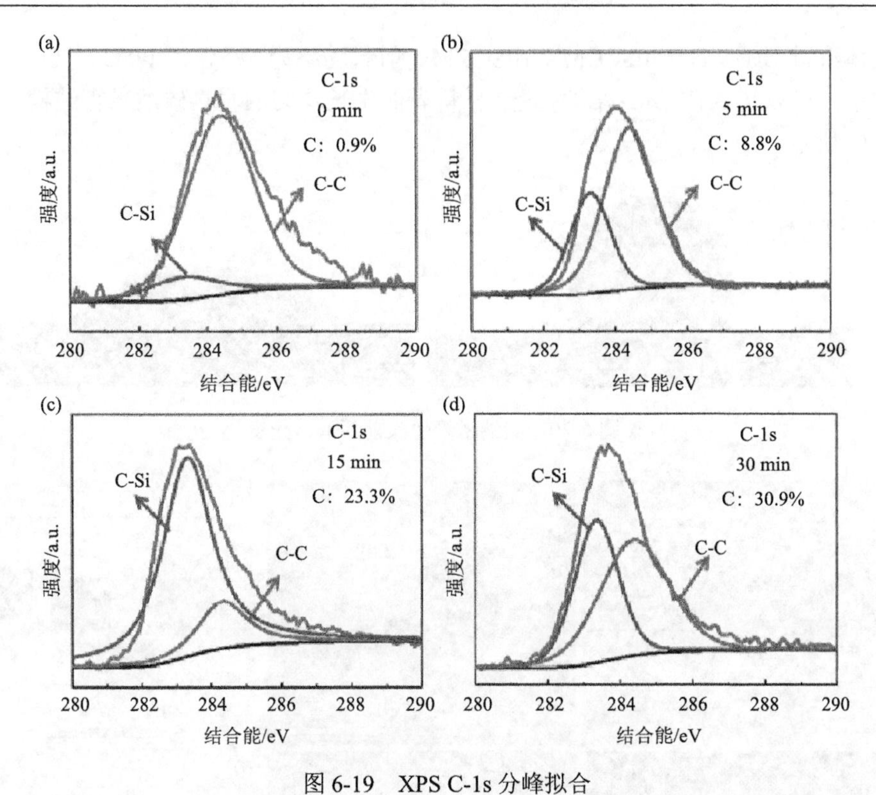

图 6-19　XPS C-1s 分峰拟合

(a) 0min；(b) 5min；(c) 15min；(d) 30min

因此，对于等离子体表面改性处理的 SiO_{2f}/SiO_2 复合材料的润湿改善是由于其表面的 SiC 和 C 薄层。

3. 复合材料表面生长碳纳米管

与 SiO_2-BN 复合材料的处理方法类似，在 SiO_{2f}/SiO_2 复合材料表面生长碳纳米管同样需要在表面引入催化剂。但是，SiO_{2f}/SiO_2 复合材料表面状态远不如复合材料光滑，存在裂纹和孔洞。因此，对 SiO_{2f}/SiO_2 复合材料的表面催化剂处理就需要使用浸泡提拉法而非涂刷法。在 SiO_{2f}/SiO_2 复合材料表面经过 850℃、700Pa、10min 和 0.1mol/L 的催化剂浓度工艺处理后，其润湿结果变化如图 6-20 所示。在 850℃和 10min 的润湿条件下，钎料在 SiO_{2f}/SiO_2 复合材料表面的润湿角从 136°减小为 43°。

值得一提的是，这样的催化剂沉积方法可以在 SiO_{2f}/SiO_2 复合材料表面制备出垂直的碳纳米管阵列。在生长垂直碳纳米管时，所使用的催化剂浸泡方法与参数与前者生长碳纳米管一致，由于前者已经在前言里详细描述，此处不在多加探讨。之后，同样把经过前置处理的 SiO_{2f}/SiO_2 复合材料在 PECVD 腔体中，在 200Pa、

气体流量 CH_4 : H_2=40SCCM : 10SCCM、射频功率为 175W、800℃、10min 的参数下，可以得到在 SiO_{2f}/SiO_2 复合材料表面生长均匀的垂直碳纳米管结构，如图 6-21 所示。

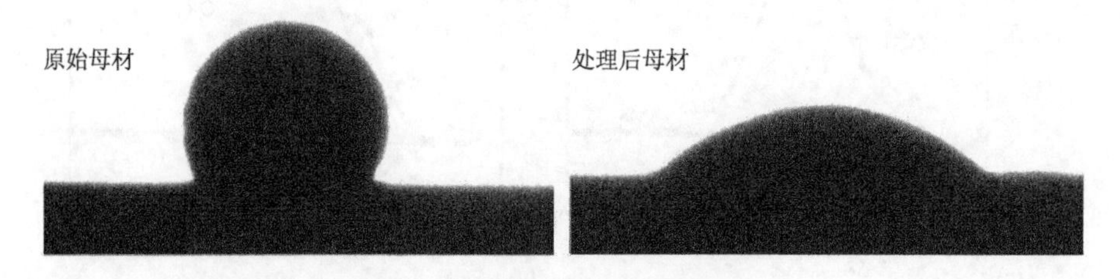

图 6-20　碳纳米管生长前后润湿角变化

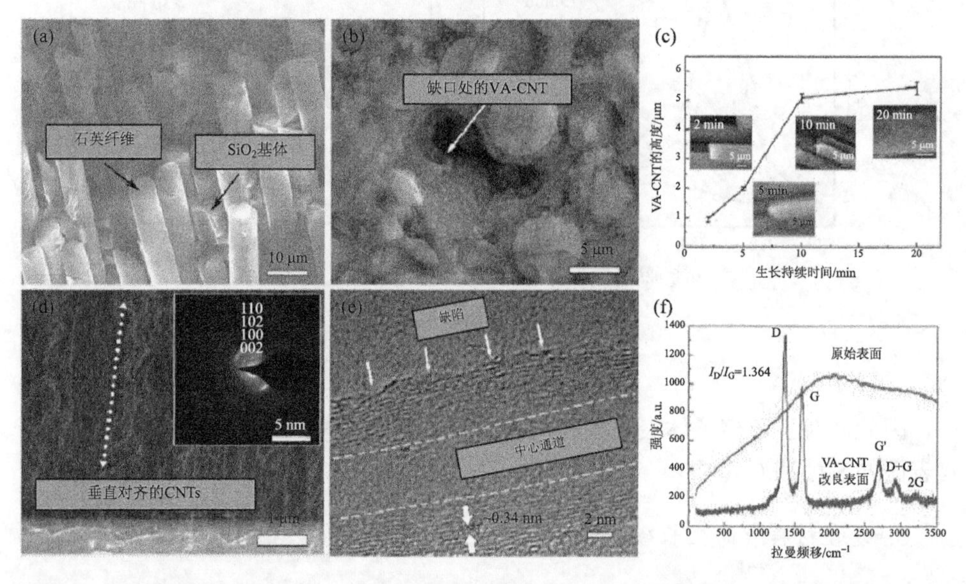

图 6-21　(a) 原始复合材料表面；(b) 垂直碳纳米管生长表面；(c) 生长时间对碳纳米管生长高度影响；(d) 碳纳米管 TEM 图和对应衍射；(e) 垂直碳纳米管 HRTEM 图；(f) 碳纳米管 Raman 测试[30]

在经过垂直碳纳米管生长后，在原本光滑无物的二氧化硅纤维表面出现了明显的覆盖物。更重要的是，即使是复合材料表面的孔洞和间隙里也同样存在着垂着生长的碳纳米管阵列，如图 6-21 (b) 所示。图 6-21 (c) 中展示了不同生长时间下的碳纳米管高度，可见在 10min 以前，碳纳米管迅速生长达到 5μm 高度。而在后续持续增加生长时间，碳纳米管的高度基本不再发生变化。由于单碳纳米管尺寸微小，为了更好地证明碳纳米管生长方向，使用了 TEM 观察 SiO_{2f}/SiO_2 复合材料表面的碳纳米管，如图 6-21 (d) 所示。可以明显观察到碳纳米管垂直于母材生长，按照在图中的生长密度，其在母材表面生长的密度推断为 288/μm^2。对碳纳米管区域的电子衍射斑点证明其表面有着结晶石墨烯特征。对单根的碳纳米管 HRTEM 显示，单根碳纳米管的显示的晶面间距约为 0.34nm，和石墨烯结构一致。并且，图中可以明显看到碳纳米管的中空结构。在碳纳米管外层可以看到几处不完整的结构，即碳纳米管的外层缺陷。

对制备得到的最佳样品进行 Raman 分析，得到合成的碳纳米管的完整性和结晶性。Raman 测试石墨烯结构中有两个主要的峰位，其中 15.91.8cm^{-1} 的 G 峰对应着 sp^2 杂化碳原子的径向 E_{2g} 振动信号；1350cm^{-1} 的 D 峰对应 sp^3 杂化的缺陷处碳原子或非晶碳原子的伸缩振动信号。I_D/I_G 值达到了 1.364，代表所合成的垂直碳纳米管有着大量的 sp^3 杂化的缺陷处碳原子。此外，Raman 测试中出现的 G'，D+G 和 2G 峰属于 Raman 测试中 2500～3300cm^{-1} 的次级区域。

图 6-22 首先比较了拥有不同生长时间碳纳米管的 SiO_{2f}/SiO_2 复合材料表面的润湿角变化，在未经过表面改性处理的原始复合材料表面，AgCuTi 钎料还是表现为不润湿，但是经过仅仅 2min 的处理，AgCuTi 金属钎料已经可以润湿其表面，并且在生长时间达到 10min 时，其表面润湿角仅为 30.8°。但后续继续延长保温时间并不能带来进一步的润湿改善。图 6-22(b)比较了原始样品和生长垂直碳纳米管后的样品接触角变化过程。在原始的 SiO_{2f}/SiO_2 复合材料表面，AgCuTi 钎料需要 1000s 以上的时间才能达到 60°左右的接触角，而相比之下，拥有垂直碳纳米管结构的 SiO_{2f}/SiO_2 复合材料表面，在温度达到 870℃时的接触角已小于原始样品的最终稳定值。并且在刚开始 500s 的时间内，润湿角已经迅速降为 31.1°。后续则进入稳定润湿阶段。

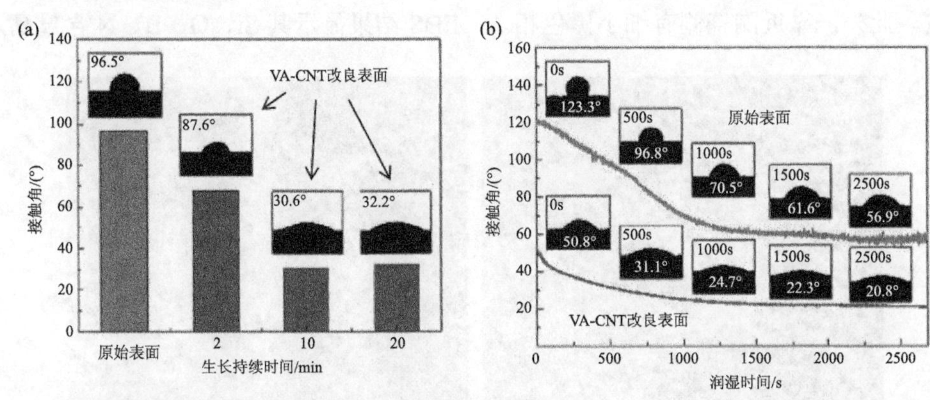

图 6-22　(a)不同碳纳米管生长时间下的润湿角；(b)生长碳纳米管前后的复合材料表面接触角变化[30]

垂直碳纳米管结构的最大优势在于克服了复合材料表面由于其制备工艺特点带来的孔洞、间隙等缺陷引起的润湿阻碍。在催化剂浸泡处理并生长垂直碳纳米管后，即使在表面间隙中也同样生长了碳纳米管结构。这样的表面处理使得原本在表面间隙处被阻碍的液态金属钎料，在碳纳米管阵列的毛细作用牵引力下，顺畅地进入间隙实施填补，并进一步提升铺展润湿速度。与表面等离子体覆碳处理不同，其不需要碳纳米管完全覆盖 SiO_{2f}/SiO_2 复合材料表层，进而改善润湿，而是在表层分布了碳纳米管阵列，为钎料的润湿铺展提供了额外的牵引力，并且不会被钎焊本身的界面反应产生不利影响。这一点将在 6.3 节中进行详细论述。

6.3 表面改性后界面结构分析

众所周知，钎焊接头的性能有很大一部分取决于接头的界面结构，包括反应产物、相分布等情况。一个良好的界面组织是一次成功钎焊的保证。因此，在本节中，我们将对表面改性后的钎焊界面组织结构进行讨论，从而更好地给出表面改性对于钎焊过程的改善机理。由于金属活性钎焊中表面改性技术均应用于陶瓷侧，界面反应的改变也体现在陶瓷侧，故在本节中除非金属侧有特别影响，均忽略了金属侧的界面反应情况。并且，在金属和陶瓷的异种连接中，连接的难点也出现在陶瓷侧，因此，这样偏向陶瓷侧的界面分析并不会显得片面。

6.3.1 SiO_2-BN 复合材料表面改性界面结构

SiO_2-BN 复合材料使用 TiZrNiCu 直接钎焊 TC4 时的典型接头，如图 6-23 所示。接头整体可以分为三个部分，区域Ⅰ为陶瓷和钎料的反应侧，Ⅱ为焊缝区，Ⅲ为金属侧扩散区。对陶瓷反应侧区域放大可以明显看出，界面处有未焊合的痕迹。此外，靠近陶瓷侧有细小黑色相 A，EDS 结果显示其 Si、O、B、N 含量高，

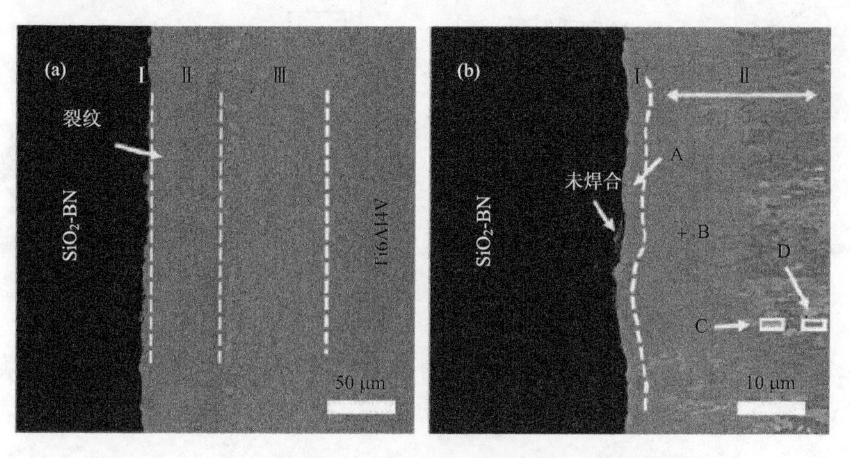

图 6-23 TiZrNiCu 钎焊 SiO_2-BN 复合材料和 TC4 接头界面[1]

(a) 整体形貌；(b) 陶瓷侧

为钎料和母材的反应产物。XRD 结果显示陶瓷侧的主要成分相为 Ti_5Si_3、TiO_2、TiB_2 和 TiN。由于 Ti 元素持续向陶瓷侧扩散反应，形成了连续的 Ti_2(Cu, Ni) 相层。整体来说区域 I 主要有连续的脆性化合物组成，在高残余应力或承受实际载荷时，容易因为不能进行塑性变形缓解应力从而产生裂纹。上述的接头界面结构是经过了钎焊工艺参数优化后的结果，最后的钎焊接头剪切强度也仅为 8.8MPa，可见直接活性钎焊的方法并不是合适的方法。

如图 6-24 所示，在同样的 970℃/min 的钎焊参数下，经过不同时间表面腐蚀的钎焊接头界面在陶瓷侧则显示出了不一样的特征。在腐蚀时间为 1min 时，由于 BN 颗粒的暴露量初步增加，焊缝中出现的 TiN、TiB 含量增大，并且颗粒大小相对于原始样品有明显增大。在腐蚀时间达到 3min 后，BN 暴露量进一步增加，并且可以为 TiB 晶须提供异质形核界面，从而有长短不一的 TiB 晶须形成。在钎焊时间达到 5min 时，界面处的 TiB 晶须含量明显变多，基本覆盖了整个焊接界面，晶须长度达到了 30μm，呈放射状。在腐蚀时间来到 10min 后，其界面分布情况和腐蚀 1min 界面类似。界面结构随着腐蚀时间的变化产生了循环性特征。

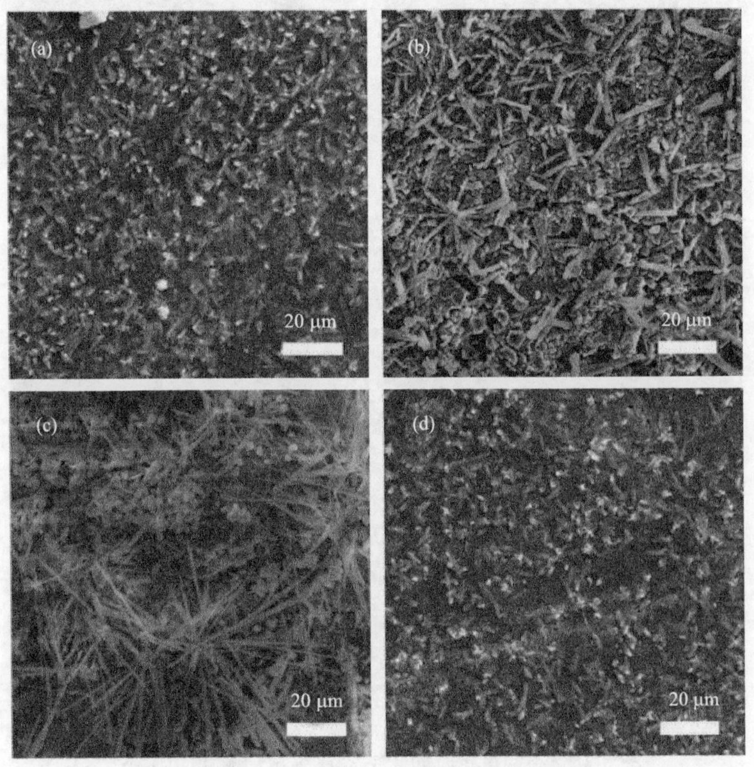

图 6-24　不同腐蚀的陶瓷侧接头界面[1]

(a) 1min；(b) 3min；(c) 5min；(d) 10min

综上所述，BN 颗粒的暴露情况直接影响了陶瓷侧 TiB 的合成于分布情况，TiB 晶须在 BN 颗粒足够的情况下会异质形核生长，腐蚀 5min 时，接头剪切强度达到了 29.6MPa。

最后解析 SiO_2-BN 复合材料表面生长碳纳米管后的界面变化情况，如图 6-25 所示。当有碳纳米管修饰 SiO_2-BN 复合材料表面时，起初陶瓷侧的界面反应层保持完整，是由于碳纳米管只是增加了钎料在母材上的铺展速度，从而提高了反应速率。碳纳米管在陶瓷侧反应层中复合，会适当增加反应层的强度。同时，引入的碳纳米管会降低焊缝的热膨胀系数从而减少热失配。此外，部分碳纳米管在钎焊时会从 SiO_2-BN 复合材料表面脱落进入到钎焊焊缝中充当形核位点进入改善界面相尺寸。随着碳纳米管的增多，连续相逐渐消失，在生长时间在 15min 时，接头剪切强度达到了 35.3MPa。但是，同样也需要注意，在沉积时间达到 30min 时，由于表面大量的非晶碳以及碳纳米管的丰富缺陷，大量 Ti 元素会和碳反应生成 TiC 相，由于大量的碳层消耗了钎料中大量的 Ti，SiO_2-BN 复合材料于钎料的直

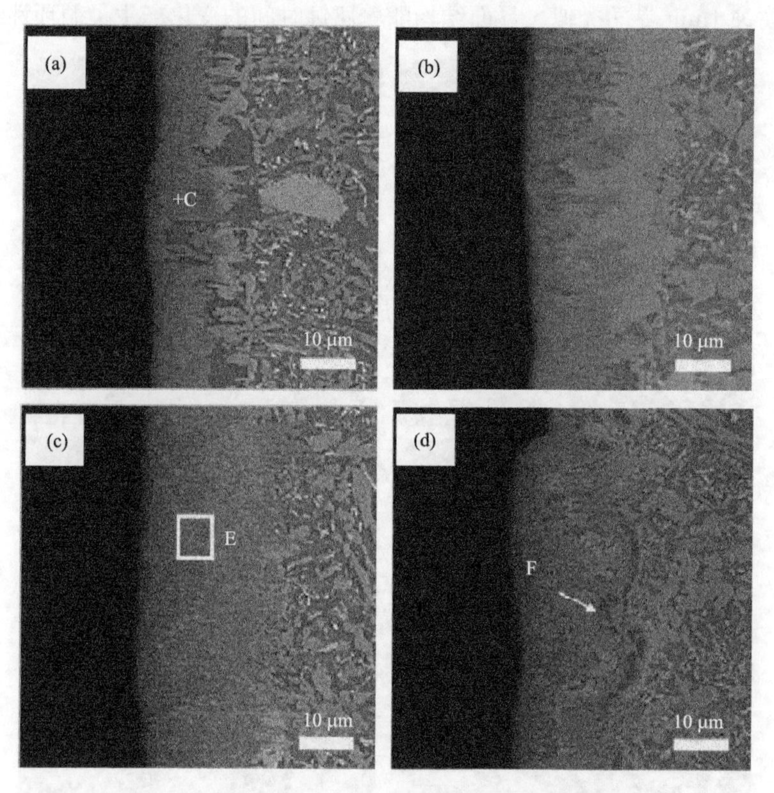

图 6-25　不同沉积时间碳纳米管对陶瓷侧界面影响[1]

(a) 5min；(b) 10min；(c) 15min；(d) 30min

接接触机会大量减少，从而在陶瓷侧出现了大量的裂纹和空洞。同时，大量的 TiC 颗粒团聚也会造成孔洞的形成，进而削弱接头强度。总的看来，碳纳米管对陶瓷侧界面的作用主要在于提供异质形核位点，细化晶粒，以及作为复合相改善陶瓷反应侧的热膨胀系数和强度。

6.3.2　SiO_{2f}/SiO_2 复合材料表面改性界面特点

首先对原始的 AgCuTi 钎料润湿晶态 SiO_2 的界面进行观察，如图 6-26 所示。润湿界面成型较好无裂纹，界面处没有连续的反应层，而是有颗粒相分布。对界面各处相进行 EDS 分析及 XRD 测试，结果表明 A 处主要有 Cu 组成，并有少量的 Ag，推测其为 Cu(s,s)；B 处主要由 Ti、O 组成，推测为界面反应产物 Ti_3O_5、Ti_2O_3；C 处由 Ti，Si 组成，推测相为 $TiSi_2$；D 处由 Si、O 组成，推测为 SiO_2 相。因此，在结晶态 SiO_2 相的润湿界面由不连续的 $TiSi_2$ 相组成，并在靠近母材侧有颗粒状 Ti_3O_5、Ti_2O_3 分布。

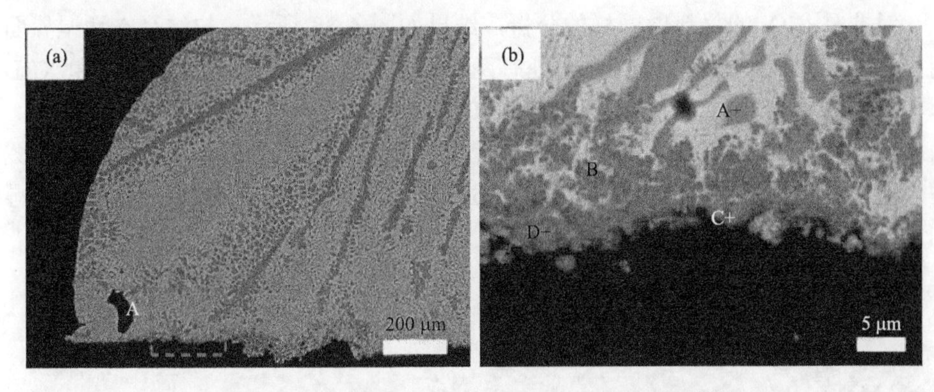

图 6-26　AgCuTi 润湿结晶态 SiO_2 材料界面图[28]

为了对结晶态 SiO_2 的界面元素分布有更清晰的解读，对润湿界面处进行了元素面扫描分析，结果如图 6-27 所示。界面上的不连续反应相主要由 Ti、Si 元素组成，与 EDS 点扫描结果一致，证明不连续界面反应层为 $TiSi_2$。活性金属元素 Ti 没有均匀分布在焊缝中，而是集中聚集在靠近母材的反应层区域，且不连续，进一步说明活性金属 Ti 是发生界面反应的保证。而 O 元素在靠近陶瓷侧以分散形式出现。从元素的面扫描结果看，其结果与界面图 6-26 分析结果一致，在结晶性 SiO_2 上不能形成连续的有利于润湿的界面反应物。

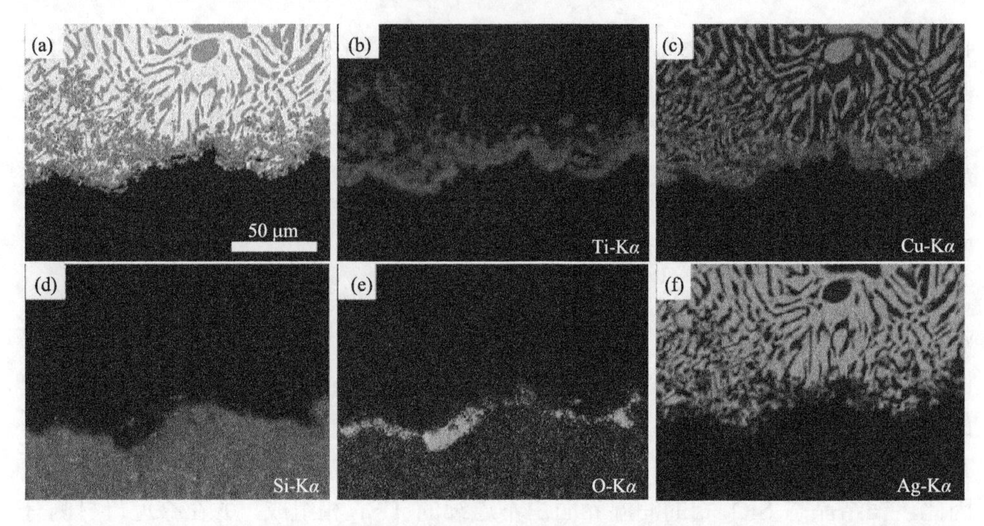

图 6-27　AgCuTi-结晶 SiO_2 润湿界面元素面分布[28]

对非晶 SiO_2 的材料做同样的分析，结果如图 6-28 所示。与结晶态润湿界面明显不同的是，在非晶态母材界面处有两层连续的界面反应层。经过能谱和 XRD 分析，Ⅰ层紧邻母材，主要由 $TiSi_2$ 和 Ti_2O_3 组成；Ⅱ层是直接接触金属钎料，由 Cu_3Ti_3O 组成。而 Cu_3Ti_3O 层是决定活性金属钎料的能否在 SiO_2 表面润湿的关键[31]。因此可见，非晶二氧化硅材料更容易与金属钎料发生有利于钎料铺展润湿的反应，形成连续的 Cu_3Ti_3O 层。

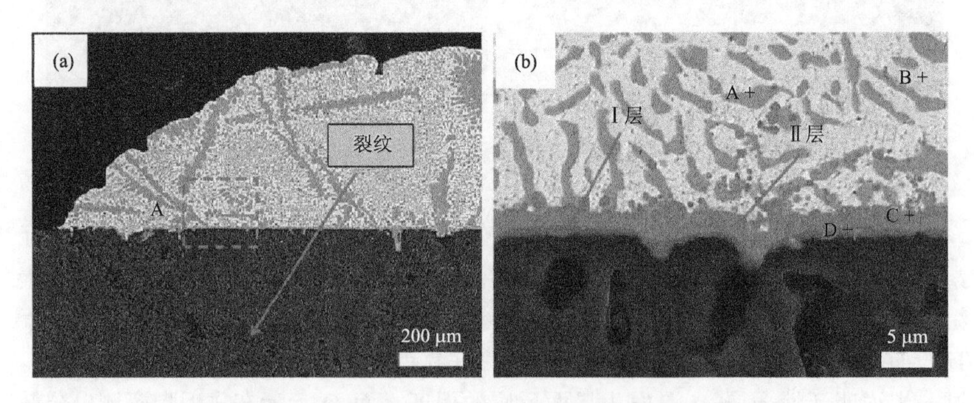

图 6-28　AgCuTi 润湿非晶态 SiO_2 材料界面图[28]

针对此种情况，使用表面腐蚀技术后可以有效地暴露表面非晶二氧化硅纤维，进而改善界面结构，如图 6-29 所示。在没有腐蚀前，界面没有渗入区，反应仅在表层发生，由于结晶基底的影响，复合材料侧也没有连续的界面反应层产生。在降温过程中，由于热失配，界面处出现贯穿性裂纹。当腐蚀深度达到 50μm 时，钎料渗入腐蚀区，这个渗入的区域可以作为过渡区域缓解钎料与复合材料之间的热膨胀系数不匹配，然而由于深度不够，在渗入区和复合材料的交界处出现了明显裂纹。这样的现象在深度达到100μm时消失，此时的界面反应层明显，钎料与复合材料之间形成了完整的钉扎互锁结构，有利于缓解热失配，提高接头性能。在此腐蚀深度下，SiO_{2f}/SiO_2-Nb接头剪切强度达到了52.9MPa，而未经腐蚀处理的样品，接头强度仅不足5MPa，提高了9倍以上。在深度达到150μm时，金属钎料也能完成填补界面中由结晶性石英被腐蚀导致的空隙，但是明显表层留下的钎料量大幅度降低，在利用有限元模拟验证后发现，在腐蚀深度来到150μm时，其钎焊残余应力反而增大，实际测试中，其接头剪切强度也下降为20MPa左右。

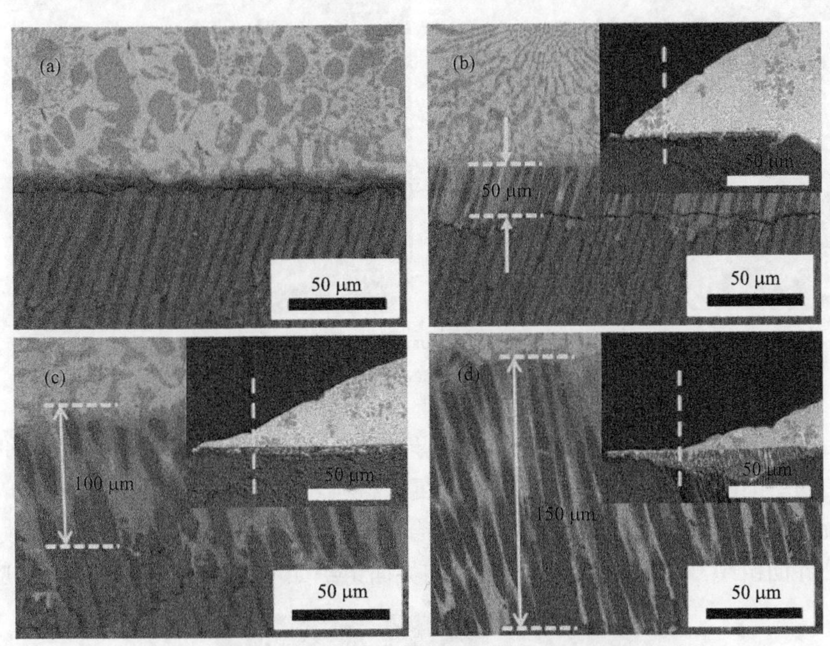

图6-29　不同腐蚀深度SiO_{2f}/SiO_2复合材料界面特征[28]

(a) 0μm；(b) 50μm；(c) 100μm；(d) 150μm

综上所述，表面腐蚀对含有不同结晶类型的二氧化硅复合材料具有良好的界面结构控制效果。除了改善润湿性方面，表面腐蚀更多地表现为控制界面结构，形成钉扎互锁的过渡强化区，从而改善接头性能。但是，在利用表面腐蚀时，腐蚀深度一定要准确控制。接头强度并非随着深度的提高而单一增加，而是在腐蚀深度达到一定时会出现峰值。

而经过等离子体覆碳处理的后界面如图6-30所示。未经过表面等离子体处理SiO_{2f}/SiO_2复合材料表面出现了常见的裂纹、界面结合情况不佳、反应不均匀等缺点。值得一提的是，这次试验的复合材料是非晶基底，经过XRD和EDS分析，

界面反应产物为 $TiSi_2$ 和 Cu_3Ti_3O。但是由于缺少表面腐蚀对界面结构的优化，表面反应的情况依然不佳，并且有裂纹出现。但是经过表面等离子体处理后的界面，界面反应明显进行得更加均匀，但是界面连续反应层的生成情况依旧不佳。由于在表面等离子体处理后，表面的残余碳含量不够高，并未对整体的界面情况产生大幅度改善。因此经过表面等离子体处理后的 SiO_{2f}/SiO_2 复合材料-TC4 接头剪切强度进上升了 3.5MPa 左右，效果有限。

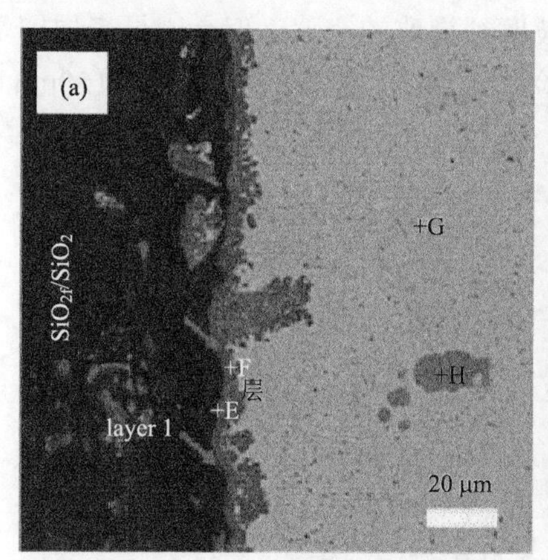

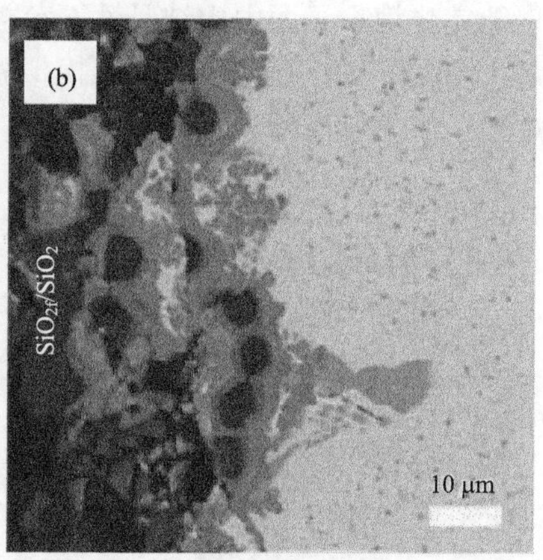

图 6-30　等离子体覆碳处理前后 SiO_{2f}/SiO_2 复合材料处界面[3]

(a) 未处理；(b) 等离子体处理后

相比之下，其余的表面覆碳方法反而能得到更好的界面反应结果。孙湛和曹雨等[32,33]利用酚醛树脂涂抹在 SiO_{2f}/SiO_2 复合材料表面，随后利用高温管式炉退火后发现经过碳热还原反应，SiO_{2f}/SiO_2 复合材料出现了 SiC 相，从而进一步改善了接头的界面组织。经过碳热反应还原后的界面组织如图 6-31 所示。在碳热反应后，

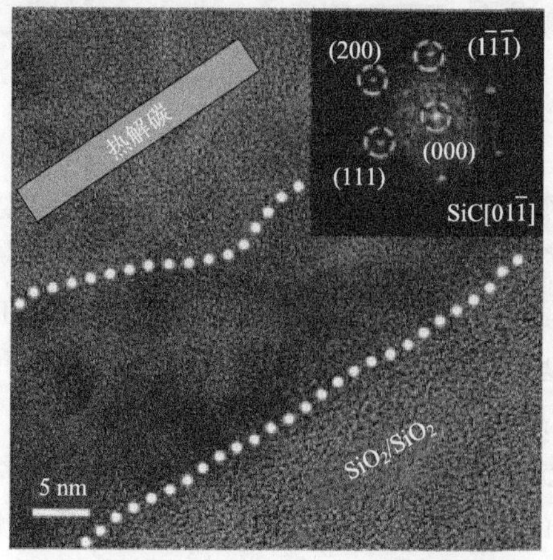

图 6-31　碳热还原后的复合材料界面组织[32]

TEM 的结果显示复合材料表面由 3 层结构组成，首先是最底层保持原始状态的 SiO_{2f}/SiO_2 复合材料；其次是中间的碳热反应产生的 SiC 中间层，最后是表层的非晶碳层。

而后，经过 AgCuTi 润湿后的界面组织如图 6-32 所示。可见界面从焊缝金属到复合材料母材明显分为 4 层。首先与复合材料接触的 I 层是由和 TiO_2 共同组成

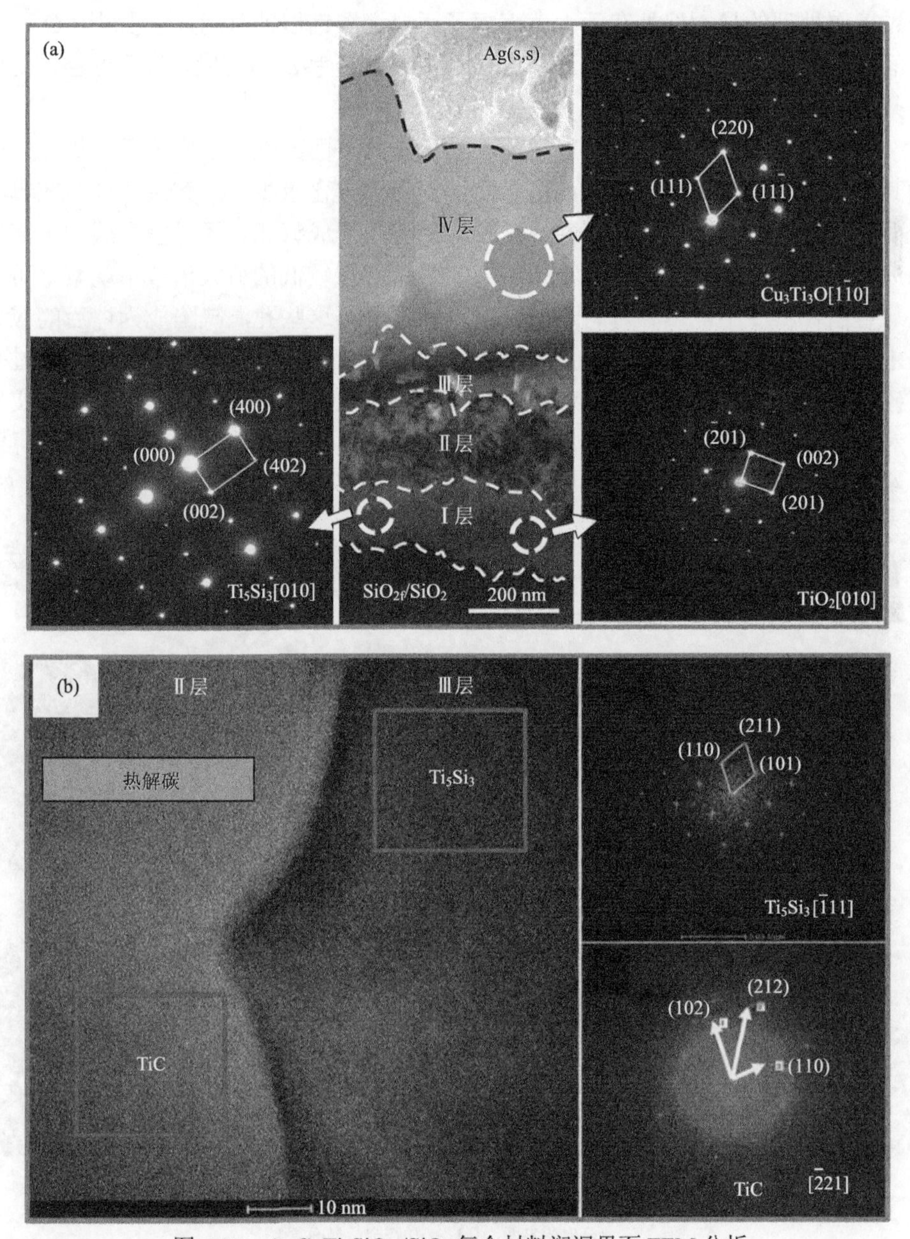

图 6-32　AgCuTi-SiO_{2f}/SiO_2 复合材料润湿界面 TEM 分析

的，与未经过表面修饰的理想 AgCuTi 润湿 SiO_{2f}/SiO_2 复合材料界面相同。Ⅱ层是特有的 TiC 反应层，而后分别为 Ti_5Si_3 和最后与金属钎料接触一侧为 Cu_3Ti_3O 层，这一层是金属钎料在复合材料表面拥有良好铺展润湿行为的保证。

经过表面碳热还原后的界面组织表明，活性金属钎料与复合材料的连接还是主要靠 Ti 与母材反应生成多层的界面反应层，这是良好的钎焊接头的保证。包面经过覆碳处理的最大好处在于大大缩短了钎料润湿铺展的时间，并且利用 C 和 Ti 之间的良好亲和性，可以使 Ti 在界面处有更快的迁移渗透速度，从而更容易生成完整的界面反应层。

在这样的思路指导下，垂直生长碳纳米管的表面改性方法应该更加优异。因为其提供了额外的铺展润湿动力，界面上的整体碳含量少，且解决了钎料在母材表面缺陷处铺展受阻的难题，并使钎料容易渗入形成钉扎。经过垂直碳纳米管生长后的 SiO_{2f}/SiO_2 复合材料界面如图 6-33 所示。在较低的放大倍数下观察，可以明显看出钎料并不能填补母材表面的缺陷，这使得这些孔洞缺陷成为焊后的应力集中点，在实际使用中往往成为裂纹源，使得接头的整体强度降低。但是经过垂直碳纳米管修饰后的界面可以观察到金属钎料进入到了母材表面的间隙中，实现了对原本缺陷位的填补。并且，在对界面样品的进一步 TEM 分析中发现，界面组织仍然由三层界面反应层组成，与金属钎料润湿 SiO_{2f}/SiO_2 复合材料所需要的

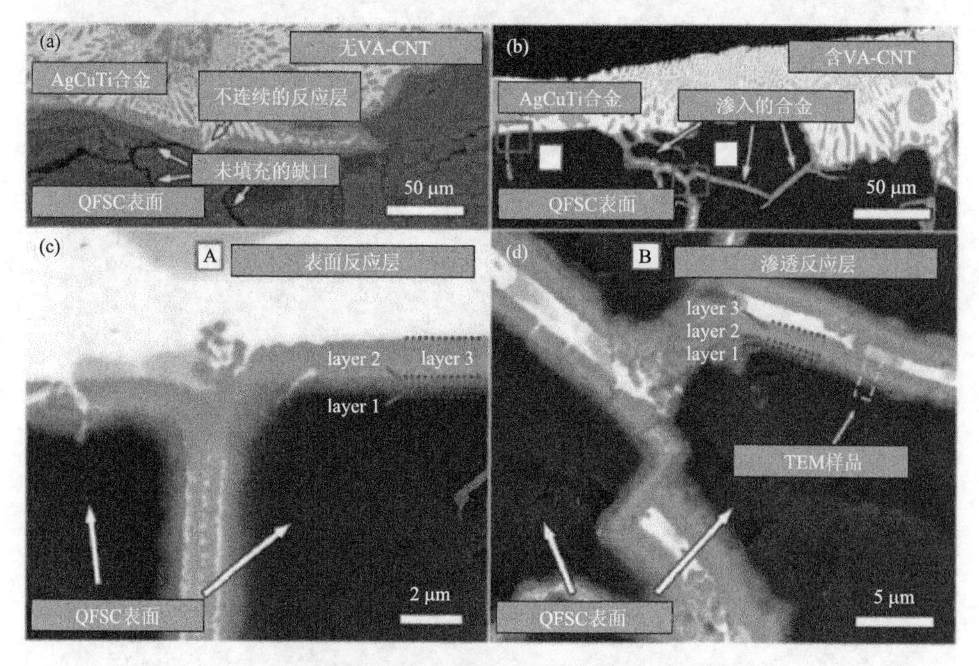

图 6-33　垂直碳纳米管修饰前后 SiO_{2f}/SiO_2 复合材料界面

(a) 原始界面；(b)～(d) 修饰后界面

理想界面反应层结构一致。碳纳米管由于其微弱的含量，并未改变原有的界面组织结构，因此也不会过多消耗原始钎料中的活性元素 Ti。利用这样的优点，AgCuTi 钎料即使有着与母材极为不符的热膨胀系数，也实现了 SiO_{2f}/SiO_2 复合材料自身连接 19MPa 的接头剪切强度，而原始的样品直接使用 AgCuTi 钎焊并不能实现 5MPa 以上的强度，效果明显。

6.4 本 章 小 结

本章详细讨论了表面改性技术在复合材料异质钎焊中的原理、目的以及应用等。总体说来，表面改性技术是由于金属活性钎料往往不能在复合材料侧实现良好的界面反应润湿结果从而选择的一种手段。在目前的异质接头钎焊报道中，主要使针对氧化物复合材料(尤其是二氧化硅材料)的润湿差问题。主要的表面改性方法有气相沉积和表面腐蚀等。当然，由于篇幅有限，本章不可能囊括所有出现的表面改性方法，而是针对表面润湿改善目的描述了几种可行方法，有其余未提及的方法其原理与过程也不会脱离在 6.2 节中讨论的范畴。而实际应用中需要读者自行进行更加广泛与深入的调研。

总体看来，对于由两种或者以上不同相组成的复合材料，如果在两相间存在明显的润湿性结果差异，表面选择性腐蚀的方法可以有效地改善金属活性钎料地铺展润湿情况，但是需要注意选择合适的腐蚀剂和腐蚀工艺。

气相沉积方法或者等离子体改性地方法可以不受母材条件的限制，但是需要注意母材与活性钎料反应的差异与理想结果。这是由于表面改性层往往厚度不大，在有效地改善了活性金属钎料的润湿结果后，对于后续的界面反应能起到的作用往往微乎其微。如何利用表面改性层使得金属钎料和母材间出现良好的界面反应层是重点。

参 考 文 献

[1] J Fan, De Coninck J, Wu H, et al. Microscopic Origin of Capillary Force Balance at Contact Line. Phys Rev Lett, 2020, 124(12): 125502.

[2] 邱肖盼. 真空蒸发制备锌镁合金镀层的沉积工艺与机理研究. 钢铁研究总院, 2021.

[3] Coraux J, Alpha-T N D, Busse Carsten, et al. Structural Coherency of Graphene on Ir(111). Nano Letters, 2008, 8(2): 565-570.

[4] X Li, Cai W, An J, et al. Large-area synthesis of high-quality and uniform graphene films on copper foils. Science, 2009, 324(5932): 1312-1314.

[5] Zheng B, Zhu W, Ma W, et al. Vertically Oriented Graphene Bridging Active-Layer/Current-Collector Interface for Ultrahigh Rate Supercapacitors. Advanced Materials, 2013, 25(40):

5799-5806.

[6] Yang Q D, Dou W D, Wang C D, et al. Effects of graphene defect on electronic structures of its interface with organic semiconductor. Applied Physics Letters, 2015, 106 (13): 133502.

[7] Krysova H, Ladislav K, Zuzana-Vlckova Z, et al. Dye-sensitization of boron-doped diamond foam: champion photoelectrochemical performance of diamond electrodes under solar light illumination. RSC Advances, 2015, 5 (99): 81069-81077.

[8] Yang C, Hui B, Wan D, et al. Direct PECVD growth of vertically erected graphene walls on dielectric substrates as excellent multifunctional electrodes. J. Mater. Chem. A, 2013, 1 (3): 770-775.

[9] Liang Y, Liang X, Zhang Z, et al. High mobility flexible graphene field-effect transistors and ambipolar radio-frequency circuits. Nanoscale, 2015, 7 (25): 10954-10962.

[10] 杨景红. 复相陶瓷 BN-SiO_2 与 Nb 钎焊界面结构及其形成机理. 哈尔滨: 哈尔滨工业大学, 2019.

[11] Yang J H, Zhang L X, Sun Z, et al. Wetting and reaction of BN-SiO_2 ceramic by molten Ti-40Ni-20Nb (at. %) filler alloy. Applied Surface Science, 2020, 499 (1): 143912.

[12] 霸金. 表面结构调控辅助钎焊 SiO_2-BN 陶瓷与 TC4 合金工艺研究. 哈尔滨: 哈尔滨工业大学, 2018.

[13] Zhang L X, Chang Q, Sun Z, et al. Wetting and interfacial reaction between liquid Ag-Cu-Ti and SiO_{2f}/SiO_2 composites. Vacuum, 2020, 171: 109042.

[14] Wang H, Lin J, Qi J, et al. Joining SiO_2 based ceramics: recent progress and perspectives. Journal of Materials Science & Technology, 2022, 108: 110-124.

[15] Q Ma, Li Z R, Niu H W, et al. The effect of crystal structure of SiO_2 on the wettability of AgCuTi SiO_{2f}/SiO_2 system. Vacuum, 2018, 157: 124-127.

[16] Xin C, Yan J, Xin C, et al. Effects of Ti content on the wetting behavior and chemical reaction in AgCuTi/SiO_2 system. Vacuum, 2019, 167: 152-158.

[17] Teo K, Hash D B, Lacerda R G, et al. The Significance of Plasma Heating in Carbon Nanotube and Nanofiber Growth. Nano Letters, 2004, 4 (5): 921-926.

[18] Ba J, Zheng X H, Ning R, et al. Brazing of SiO_2-BN modified with in situ synthesized CNTs to Ti6Al4V alloy by TiZrNiCu brazing alloy. Ceramics International, 2018, 44 (9): 10210-10214.

[19] Liu H B, Zhang L X, Wu L Z, et al. Vacuum brazing of SiO_2 glass ceramic and Ti-6Al-4V alloy using AgCuTi filler foil. Materials Science and Engineering: A, 2008, 498 (1-2): 321-326.

[20] Ding W F, Xu J H, Shen M, et al. Behavior of titanium in the interfacial region between cubic BN and active brazing alloy. International Journal of Refractory Metals and Hard Materials, 2006, 24 (6): 432-436.

[21] Sun Z, Zhang L X, Chang Q, et al. Active brazed Invar-SiO_{2f}/SiO_2 joint using a low-expansion composite interlayer. Journal of Materials Processing Technology, 2018, 255: 8-16.

[22] Wang H, Wang P, Zhong Z, et al. Microstructure evolution and mechanical properties of SiO_{2f}/SiO_2 composites joints brazed by bismuth glass. Ceramics International, 2021, 48 (4):

5840-5844.

[23] Lin J, Ba J, Liu Y, et al. Interfacial microstructure and improved wetting mechanism of SiO_{2f}/SiO_2 brazed with Nb by plasma treatment. Vacuum, 2017, 143: 320-328.

[24] Wu S B, Xiong H P, Chen B, et al. Joining of SiO_{2f}/SiO_2 composite to Al_2O_3 ceramic using AgCu-Ti brazing filler metal. Welding in the World, 2017, 61(1): 181-186.

[25] Qiang M, Li Z R, Chen S L, et al. Regulating the surface structure of SiO_{2f} /SiO_2 composite for assisting in brazing with Nb. Materials Letters, 2016, 182: 159-162.

[26] Qiang M, Li Z R, Yang L S, et al. The relation between residual stress, interfacial structure and the joint property in the SiO_{2f}/SiO_2-Nb joints. Scientific Reports, 2017, 7(1): 4187.

[27] 马蔷. SiO_{2f}/SiO_2复合材料表面改性及其与铌的钎焊机理研究. 哈尔滨: 哈尔滨工业大学, 2019.

[28] Swain B P. The analysis of carbon bonding environment in HWCVD deposited a-SiC: H films by XPS and Raman spectroscopy. Surface and Coatings Technology, 2006, 201(3-4): 1589-1593.

[29] 张俊杰. SiO_{2f}/SiO_2表面生长碳纳米管及与 TC4 钎焊工艺及机理研究. 哈尔滨: 哈尔滨工业大学, 2012.

[30] Zhang L X, Chang Q, Sun Z, et al. Wetting of AgCuTi alloys on quartz fiber reinforced composite modified by vertically aligned carbon nanotubes. Carbon, 2019, 154: 375-383.

[31] 孙湛. SiO_{2f}/SiO_2的石墨烯修饰及与 Invar 钎焊界面结构形成机理研究. 哈尔滨: 哈尔滨工业大学, 2018.

[32] 罗大林. SiO_{2f}/SiO_2复合材料润湿性及其与 TC4 钛合金钎焊机理研究. 哈尔滨: 哈尔滨工业大学, 2017.

[33] Zhan S, Cao Y, Zhang L, et al. Carbothermal reduction reaction enhanced wettability and brazing strength of AgCuTi-SiO_{2f}/SiO_2 system. Journal of the European Ceramic Society, 2020, 40(4): 1488-1495.

第7章 表面微结构调控辅助复合材料异质结构钎焊连接

当陶瓷材料与金属结构件连接时，由于两种材料的热膨胀系数不匹配，接头中会形成很大的残余应力，降低接头强度[1-5]。目前，针对纤维增强陶瓷基复合材料,采用优化陶瓷材料表面结构来缓解接头残余应力的方法受到学者的广泛关注。本章采用表面选择性化学腐蚀处理的方法对 SiO_{2f}/SiO_2 复合材料、SiO_2-BN 陶瓷表面结构进行调控，通过研究腐蚀工艺参数与两种材料表面润湿性的关系，来阐明两种材料表面润湿性改善的原因及其表面结构与其润湿性的关系。采用有限元模拟与钎焊实验相结合的方法,揭示陶瓷-金属钎焊接头结构对残余应力分布的影响。通过电化学腐蚀的方法对 C/SiC 复合材料表面结构进行调控，从制约接头强度的残余应力缓解和它的高温性能两个方面出发，设计复合材料表面结构，有效地缓解接头的残余应力，提高接头强度。

7.1 表面选择性腐蚀处理方法调控微观结构

7.1.1 SiO_{2f}/SiO_2 表面结构优化辅助润湿机理及接头力学性能研究

1. 腐蚀处理对 SiO_{2f}/SiO_2 复合材料表面结构的影响

根据前面对 SiO_{2f}/SiO_2 复合材料的表征可知，SiO_{2f}/SiO_2 复合材料是由三维编织的 SiO_2 纤维作为增强相，熔石英作为填充物所组成的，从而建立 SiO_{2f}/SiO_2 复合材料的示意图，如图 7-1 所示。沿着编织方向的 SiO_2 纤维为经纱，垂直于编织方向的 SiO_2 纤维为纬纱。粉色和黄色的柱状体代表 SiO_2 纤维，蓝色透明立方体代表熔石英，即熔石英填充于 SiO_2 纤维间的空隙中，由于粉色、黄色与蓝色的交叉会使一些交织区域产生视觉色差，与结构和组成物质无关。本研究所采用的 SiO_{2f}/SiO_2 复合材料是由直纬纬纱和一组正弦经纱组成,且相邻的纬纱通过经纱交织在一起。经纱按照一定的角度放置，该角称为起伏角度。这种 SiO_{2f}/SiO_2 复合材料的结构为近净型，不但生产时间降低，而且相应的生产成本也得到降低[6]。

经过文献调研[7, 8]说明 HF 水溶液对不同结晶态的 SiO_2 化合物的腐蚀作用具有选择性。进而本研究则采用表面腐蚀处理的方法将导致 AgCuTi 活性钎料在 SiO_{2f}/SiO_2 复合材料表面不润湿的熔石英腐蚀掉，而润湿性好的 SiO_2 纤维保留下来，从而改善 AgCuTi 活性钎料在 SiO_{2f}/SiO_2 复合材料表面的润湿性。

图 7-2 为 SiO_{2f}/SiO_2 复合材料表面经过腐蚀处理前后宏观形貌示意图。首先，将 SiO_{2f}/SiO_2 复合材料的待焊表面一侧用 1500#、2000#金刚石水砂纸进行逐级打磨，然后对打磨好的 SiO_{2f}/SiO_2 复合材料超声清洗 5min 到 10min，从而得到焊接所需预备的 SiO_{2f}/SiO_2 复合材料。接下来准备表面腐蚀处理所需的 HF 酸溶液，将溶度为 40%的 HF 酸溶液与蒸馏水按照体积比 1∶1 混合，从而得到稀释后体积分数为 50%的稀 HF 溶液。随后，用胶头滴管将稀释后的 HF 溶液缓慢滴落在清理好的 SiO_{2f}/SiO_2 复合材料待焊表面，静止时间为 10～60s，随后马上用蒸馏水对腐蚀表面进行清洗，从而得到经过表面腐蚀处理的 SiO_{2f}/SiO_2 复合材料，即 E-SiO_{2f}/SiO_2 复合材料。正如图 7-2 所示，对 SiO_{2f}/SiO_2 复合材料表面进行选择性腐蚀处理，而腐蚀处理后，表层熔石英被消耗掉，SiO_2 纤维保留下来。

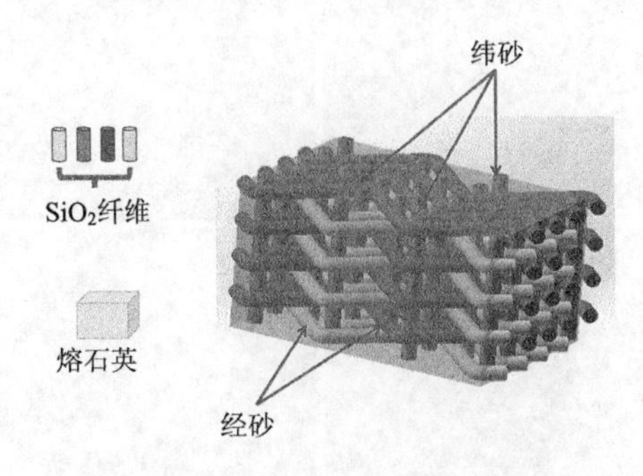

图 7-1　SiO_{2f}/SiO_2 复合材料示意图

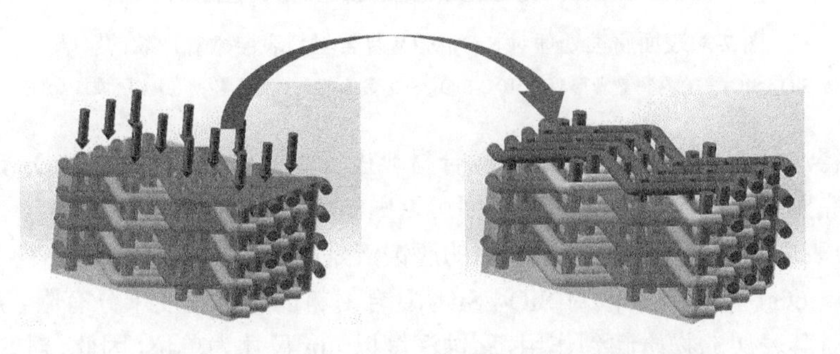

图 7-2　SiO_{2f}/SiO_2 复合材料表面腐蚀处理示意图

接下来，通过对表面腐蚀处理前后 SiO_{2f}/SiO_2 复合材料表层的微观组织观察来验证以上理论猜想是否正确。如图 7-3 所示为表面腐蚀处理对 SiO_{2f}/SiO_2 复合材料表层微观形貌的影响。由图 7-3(a)和图 7-3(b)对比可以看出，初始的 SiO_{2f}/SiO_2 复合材料表面相对平整，SiO_2 纤维作为主要结构，熔石英作为 SiO_2 纤维间空隙的填充物。经过表面腐蚀处理后，SiO_{2f}/SiO_2 复合材料表面由初始的平整状态变为凹凸不平的表面。再结合图 7-3(c)和图 7-3(d)对比可以看出，经过表面腐蚀处理后 SiO_{2f}/SiO_2 复合材料表层的熔石英被腐蚀掉，虽然 SiO_2 纤维能够完整地保留下来，但其表面有很小程度的腐蚀破坏痕迹。由此可以推测，HF 水溶液对熔石英和 SiO_2 纤维都会起到腐蚀的作用，如式(7-3)所示，但 HF 水溶液对熔石英的腐蚀速率要远大于其对 SiO_2 纤维的腐蚀速率，因此，相对于 SiO_2 纤维，HF 水溶液更易于对熔石英进行腐蚀。这可能是因为 SiO_2 纤维为柱状，熔石英为颗粒状，在表面腐蚀过程中 HF 水溶液与熔石英的接触面积要远大于其与 SiO_2 纤维的接触面积，所以 HF 水溶液对熔石英的腐蚀速率要远大于其对 SiO_2 纤维的腐蚀速率。

$$SiO_2+4HF=\!=\!=SiF_4+2H_2O \tag{7-1}$$

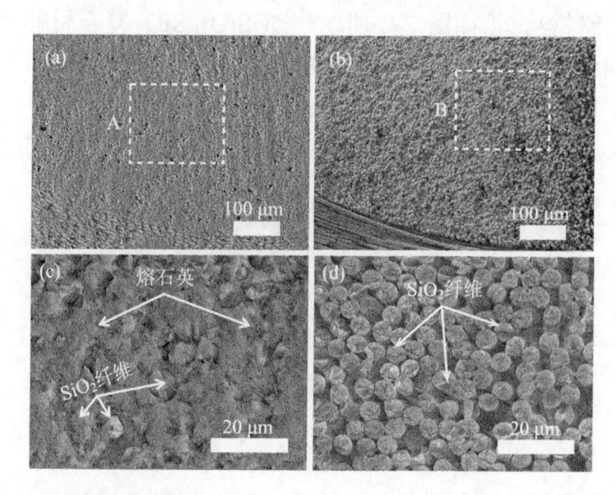

图 7-3　表面腐蚀处理对 SiO_{2f}/SiO_2 复合材料表层微观形貌的影响

(a) SiO_{2f}/SiO_2 复合材料微观形貌；(b) E-SiO_{2f}/SiO_2 复合材料微观形貌；(c) A 区域；(d) B 区域

值得注意的是，对 SiO_{2f}/SiO_2 复合材料进行表面腐蚀处理后，SiO_{2f}/SiO_2 复合材料的完整性并没有被破坏，其原因可以归结为以下两点。

(1)表面腐蚀处理过程中所采用的腐蚀液是被稀释后的 HF 水溶液，且腐蚀时间在 10～60s，所以该溶液对 SiO_{2f}/SiO_2 复合材料的腐蚀程度十分有限，腐蚀处理也只是对其表层的物质起到作用，腐蚀深度以 μm 尺寸为单位，因此，对 SiO_{2f}/SiO_2 复合材料进行表面腐蚀处理后，SiO_{2f}/SiO_2 复合材料的完整性并没有被破坏。

(2)本研究所采用的 SiO_{2f}/SiO_2 复合材料是由大量编织成准三维骨架结构的 SiO_2 纤维作为主体，熔石英仅为其中的填充物。所以，对 SiO_{2f}/SiO_2 复合材料进行表面腐蚀处理后，只是作为填充物的熔石英被消耗掉，而作为主体的 SiO_2 纤维得以保留下来，也就是说，SiO_{2f}/SiO_2 复合材料的完整性并没有被破坏。

根据以上针对表面腐蚀处理对 SiO_{2f}/SiO_2 复合材料表层微观形貌的影响可知，SiO_{2f}/SiO_2 复合材料经过表面腐蚀处理后，表层的熔石英被消耗掉，SiO_2 纤维保留下来且呈现三维编织形态，因此可以断定表面腐蚀处理是一种调节 SiO_{2f}/SiO_2 复合材料表层状态的简单、有效的方法。

2. SiO_{2f}/SiO_2 复合材料表面结构对润湿性的影响

众所周知，材料的表面状态会直接影响活性钎料在其表面的润湿性，也就是说表面腐蚀处理能够调节 SiO_{2f}/SiO_2 复合材料表层状态，从而使 AgCuTi 活性钎料在 SiO_{2f}/SiO_2 复合材料表面的润湿性发生改变。接下来为了进一步研究表面腐蚀处理对 SiO_{2f}/SiO_2 复合材料表面润湿性的影响，采用两组成分、质量完全相同的 AgCuTi 箔片分别在初始 SiO_{2f}/SiO_2 复合材料表面和经过表面腐蚀处理后的 SiO_{2f}/SiO_2 复合材料表面进行润湿实验，并对润湿结果进行对比分析。

图 7-4 为表面腐蚀处理对 AgCuTi-SiO_{2f}/SiO_2 体系润湿性的影响。从图 7-4(a)中可以看出，AgCuTi 活性钎料在 SiO_{2f}/SiO_2 复合材料表面的润湿角为 138°，说明活性钎料在 SiO_{2f}/SiO_2 复合材料表面的润湿性差。值得注意的是图 7-4(b)所显示出的润湿结果 AgCuTi 活性钎料在 E-SiO_{2f}/SiO_2 复合材料表面的润湿角为 37°，说明活性钎料在 E-SiO_{2f}/SiO_2 复合材料表面的润湿性良好。

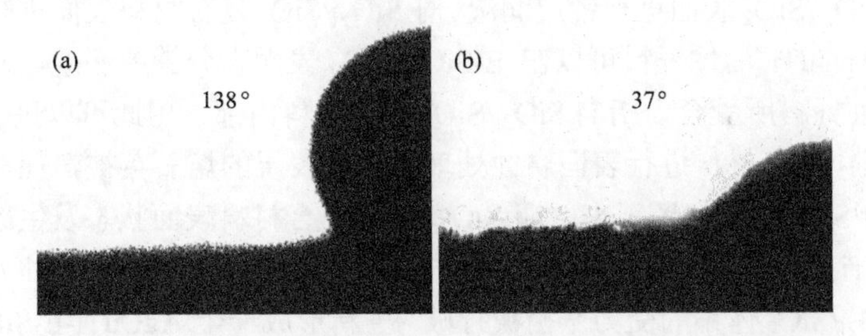

图 7-4　表面腐蚀处理对 AgCuTi-SiO_{2f}/SiO_2 体系润湿性的影响

(a) AgCuTi-SiO_{2f}/SiO_2；(b) AgCuTi-E-SiO_{2f}/SiO_2

钎料与基体间不存在物理互溶、渗透以及任何化学反应的条件下，根据杨氏方程式(7-2)推算出润湿角与表面张力的式(7-3)。

$$\cos(\theta)=\frac{\sigma_{sg}-\sigma_{sl}}{\sigma_{lg}} \tag{7-2}$$

$$\gamma_s=\gamma_{sl}+\gamma_l\cos(\theta) \tag{7-3}$$

式中，θ 为润湿角；γ_s 为固体表面张力；γ_l 为液体表面张力；γ_{sl} 为液固界面张力。

当 θ=0°时，液态钎料在固态母材上为完全润湿；而当 θ=180°时，为液态钎料在固态母材上完全不润湿。在润湿实验过程中，θ=180°通常是液态钎料在固态母材表面润湿尚未开始阶段，表达式为

$$\gamma_s = \gamma_{sl} + \gamma_l \tag{7-4}$$

由式(7-4)可以推测出，若要实现液态钎料在固态母材上润湿铺展良好，就要保证γ_{sl}和γ_l同时满足尽可能降低的润湿条件。

图7-5(a)为液态钎料与固态母材的界面关系，并从能量的角度进行解释[7, 8]，液态钎料在固态母材表面能否润湿取决于固体分子与液体分子之间的相互作用力(即附着力)和液体分子之间的相互吸引力(即内聚力)。值得注意的是液态钎料与固态母材的接触区域往往会形成一层附着层，而只有附着层内部的分子才会受到液态钎料分子和固态母材分子的同时影响。如图7-5(a)中的质点A即为附着层内部的分子。当内聚力＞附着力时，质点A受到的合力(F)垂直于附着层并指向液态钎料内部，此时为液态钎料在固态母材上不易润湿状态，如图7-5(b)所示。反之，当内聚力＜附着力时，F垂直于附着层并指向固态母材内部，此时为液态钎料在固态母材上易润湿状态，如图7-5(c)所示。由此可以推测，若要满足液态钎料在固态母材表面能够铺展润湿，就要使附着层所有分子所受合力始终指向固态母材内部。针对本研究的AgCuTi-SiO_{2f}/SiO_2润湿体系，AgCuTi活性钎料在SiO_{2f}/SiO_2表面并不润湿，即此时液态AgCuTi活性钎料所受合力指向其内部，从而无法在SiO_{2f}/SiO_2表面进行铺展润湿。对SiO_{2f}/SiO_2复合材料表面进行腐蚀处理后，液态AgCuTi活性钎料可以在E-SiO_{2f}/SiO_2表面充分铺展润湿，而此时液态AgCuTi活性钎料所受合力指向SiO_{2f}/SiO_2复合材料内部。由此可以进一步推断，对SiO_{2f}/SiO_2复合材料进行表面腐蚀处理后，其表层的熔石英被消耗掉，呈三维编制结构的SiO_2纤维保留下来，即SiO_{2f}/SiO_2复合材料表面状态发生改变，从而液态AgCuTi活性钎料与SiO_{2f}/SiO_2复合材料间的附着层受到一个外力的作用，AgCuTi-SiO_{2f}/SiO_2体系的受力平衡被打破，重新形成一个AgCuTi-E-SiO_{2f}/SiO_2体系的受力平衡，且平合力指向SiO_{2f}/SiO_2复合材料内部。

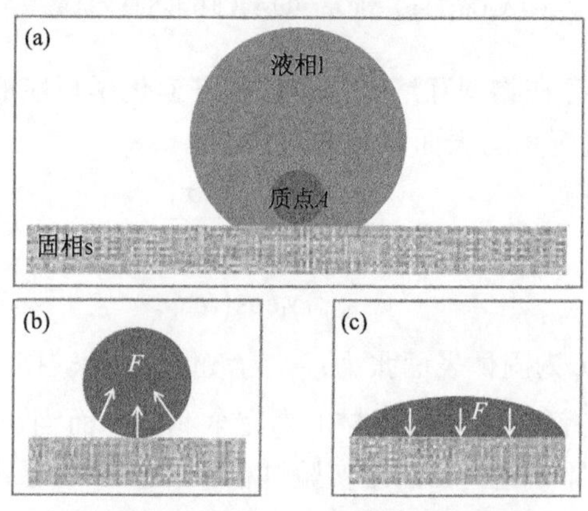

图7-5　液态钎料与固态母材的界面关系

(a)润湿初始阶段；(b)不润湿状态；(c)润湿状态

3. 结构优化辅助研究 E-SiO_{2f}/SiO_2 体系润湿改善机理

为了进一步研究表面腐蚀处理改善 AgCuTi-SiO_{2f}/SiO_2 体系润湿机理，通过控制表面腐蚀处理时间来调节 SiO_{2f}/SiO_2 复合材料表层的腐蚀深度，再采用成分、质量完全相同的AgCuTi活性钎料分别在不同表面状态的SiO_{2f}/SiO_2复合材料表面进行润湿实验，从而探索出 SiO_{2f}/SiO_2 复合材料表面状态与 AgCuTi-SiO_{2f}/SiO_2 体系润湿性的关系。在相同润湿温度、保温时间条件下，对表层腐蚀深度不同的SiO_{2f}/SiO_2 复合材料，即 0μm/E-SiO_{2f}/SiO_2、50μm/E-SiO_{2f}/SiO_2、75μm/E-SiO_{2f}/SiO_2、100μm/E-SiO_{2f}/SiO_2、125μm/E-SiO_{2f}/SiO_2，以及 150μm/E-SiO_{2f}/SiO_2 分别进行润湿实验，实验结果如图 7-6 所示。图 7-6 为 AgCuTi 活性钎料在不同腐蚀深度SiO_{2f}/SiO_2 复合材料表面的润湿角。从图 7-6(a)可以看出，AgCuTi 活性钎料在未经过表面腐蚀处理的 SiO_{2f}/SiO_2 复合材料表面的润湿角为钝角(>90°)，说明AgCuTi 活性钎料在未经过表面腐蚀处理的 SiO_{2f}/SiO_2 复合材料表面不易铺展润湿。如图 7-6(b)所示，SiO_{2f}/SiO_2 复合材料表面经过腐蚀处理后，AgCuTi 活性钎料在其表面润湿角明显减小成锐角(<90°)，说明 AgCuTi 活性钎料易在经过表面腐蚀处理的 SiO_{2f}/SiO_2 复合材料表面铺展润湿。图 7-6(b)～(f)显示出，随着SiO_{2f}/SiO_2 复合材料表层腐蚀深度的增加，AgCuTi 活性钎料在其表面润湿角随之减小。

值得注意的是，AgCuTi 活性钎料在 SiO_{2f}/SiO_2 复合材料表面的润湿角是不对称的圆形，且左侧的润湿角都要小于右侧的润湿角角度。导致这一现象的原因主要归纳为以下两点。

(1)润湿实验中采用 SiO_{2f}/SiO_2 复合材料是经过切割、打磨获得的，然后其润湿表面在润湿实验前又经过表面腐蚀处理，且经过表面腐蚀处理后，SiO_{2f}/SiO_2 复合材料初始的平整面变得凹凸不平，甚至会使整个平面略有倾斜，从而导致 AgCuTi 活性钎料在 SiO_{2f}/SiO_2 复合材料表面的润湿角是不对称的椭圆形。

(2)在润湿实验过程中，为保证炉仓内的真空度，机械泵和分子泵会对其不断地进行抽真空操作，而抽真空所产生的气流会影响液态 AgCuTi 活性钎料在SiO_{2f}/SiO_2 复合材料表面的稳定性，从而使得 AgCuTi 活性钎料在 SiO_{2f}/SiO_2 复合材料表面的润湿角是不对称的椭圆形。

然而，AgCuTi 活性钎料在 SiO_{2f}/SiO_2 复合材料表面左侧和右侧的润湿角都会随着腐蚀深度的增加而不断减小，且在 SiO_{2f}/SiO_2 复合材料表层相同腐蚀深度条件下，AgCuTi 活性钎料在 SiO_{2f}/SiO_2 复合材料表面左侧的润湿角均小于其右侧润湿角。钎料在基板表面的润湿角较大则表明钎料在基板上不易润湿，而针对本研究若右侧较大润湿角为钎料在复合材料表面易润湿状态，则可以说明 AgCuTi 活

性钎料在 SiO_{2f}/SiO_2 复合材料表面易于润湿，因此，以右侧润湿角为 AgCuTi 活性钎料在 SiO_{2f}/SiO_2 复合材料表面润湿性的评判标准。

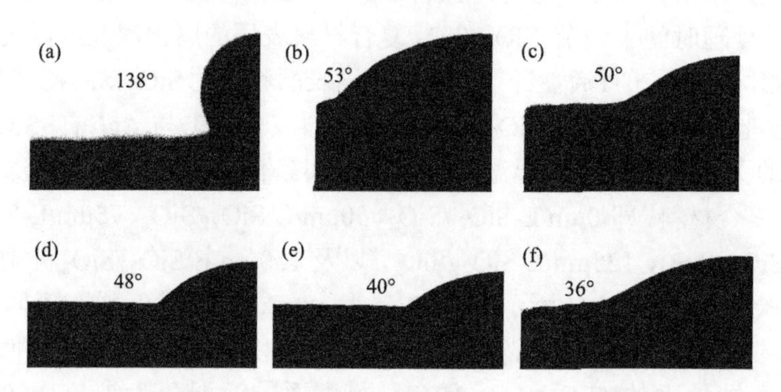

图 7-6　AgCuTi 活性钎料在不同腐蚀深度 SiO_{2f}/SiO_2 复合材料表面的润湿角

(a) 0μm/E-SiO_{2f}/SiO_2；(b) 50μm/E-SiO_{2f}/SiO_2；(c) 75μm/E-SiO_{2f}/SiO_2；(d) 100μm/E-SiO_{2f}/SiO_2；(e) 125μm/E-SiO_{2f}/SiO_2；(f) 150μm/E-SiO_{2f}/SiO_2

图 7-7(a)和图 7-7(b)分别为液态 AgCuTi 活性钎料在 SiO_{2f}/SiO_2 复合材料表面润湿角和接触面直径随 SiO_{2f}/SiO_2 复合材料表层腐蚀深度的变化曲线。从图 7-7(a)和图 7-7(b)可以看出，液态 AgCuTi 活性钎料在初始 SiO_{2f}/SiO_2 复合材料表面润湿角为 138°，接触面直径为 0.8mm。SiO_{2f}/SiO_2 复合材料经过表面腐蚀处理后，液态 AgCuTi 活性钎料在其表面的润湿角为 80°，接触面直径为 2.7mm。随着 SiO_{2f}/SiO_2 复合材料表层腐蚀深度从 25μm 增加到 125μm 时，液态 AgCuTi 活性钎料在 E-SiO_{2f}/SiO_2 复合材料表面的润湿角显著减小，接触面直径大幅增加。而随着 SiO_{2f}/SiO_2 复合材料表层腐蚀深度继续增加到 200μm 时，液态 AgCuTi 活性钎料在 E-SiO_{2f}/SiO_2 复合材料表面的润湿角缓慢减小，接触面直径小幅增加。

SiO_{2f}/SiO_2 复合材料经过表面腐蚀处理后，其表层导致不润湿的熔石英被消耗掉，润湿性良好的 SiO_2 纤维保留下来，所以，与初始 SiO_{2f}/SiO_2 复合材料相比，AgCuTi 活性钎料在 E-SiO_{2f}/SiO_2 复合材料表面的润湿得到显著改善，该情况下，AgCuTi 活性钎料与 SiO_{2f}/SiO_2 复合材料的接触面直径变大。随着 SiO_{2f}/SiO_2 复合材料表层腐蚀深度从 25μm 增加到 125μm 时，钎料中的活性元素 Ti 与 SiO_2 纤维能够发生强烈的界面反应，从而促进液态 AgCuTi 活性钎料在 E-SiO_{2f}/SiO_2 复合材料表面铺展润湿，该情况下，AgCuTi 活性钎料与 SiO_{2f}/SiO_2 复合材料的接触面直径显著变大。而随着 SiO_{2f}/SiO_2 复合材料表层腐蚀深度继续增加，由于钎料中的活性元素 Ti 被逐渐消耗，活性受到抑制，所以活性元素 Ti 与 SiO_2 纤维之间发生的界面反应变得缓慢，从而液态 AgCuTi 活性钎料在 E-SiO_{2f}/SiO_2 复合材料表面铺展润湿过程受到抑制，该情况下，AgCuTi 活性钎料与 SiO_{2f}/SiO_2 复合材料的接触面直径基本没有发生明显变化。

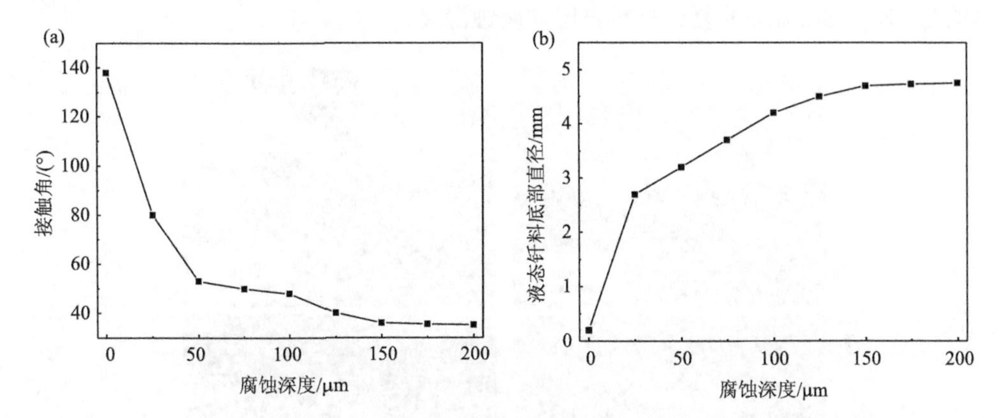

图 7-7　SiO_{2f}/SiO_2 复合材料表层腐蚀深度对 AgCuTi-SiO_{2f}/SiO_2 体系润湿性的影响

(a) 润湿角；(b) 润湿角直径

为了更直观地了解 SiO_{2f}/SiO_2 复合材料表层腐蚀深度对 AgCuTi-SiO_{2f}/SiO_2 体系润湿性的影响，针对 AgCuTi-SiO_{2f}/SiO_2 体系润湿界面的微观组织进行观察，如图 7-8 所示。图 7-8 为 SiO_{2f}/SiO_2 复合材料表层腐蚀深度对 AgCuTi-SiO_{2f}/SiO_2 体系润湿界面的影响。从图 7-8(a) 可以看出，AgCuTi 活性钎料与初始 SiO_{2f}/SiO_2 复合材料之间没有形成良好的冶金结合并有裂纹产生。这可能是因为 AgCuTi 活性钎料在 SiO_{2f}/SiO_2 复合材料表面润湿性差，从而 AgCuTi 活性钎料无法在 SiO_{2f}/SiO_2 复合材料表面充分进行铺展润湿，所以活性钎料与 SiO_{2f}/SiO_2 复合材料间没有形成良好的冶金结合。此外，由于 AgCuTi 活性钎料的热膨胀系数与 SiO_{2f}/SiO_2 复合材料的热膨胀系数不匹配，且润湿过程结束后真空室会随炉进行冷却，所以在 AgCuTi-SiO_{2f}/SiO_2 润湿体系内会形成较大的残余应力，从而在润湿界面处形成连续的裂纹。从图 7-8(b) 中可以看出，SiO_{2f}/SiO_2 复合材料经过表面腐蚀处理后，表层的熔石英被消耗掉，SiO_2 纤维保留下来，且 AgCuTi 活性钎料浸入 E-SiO_{2f}/SiO_2 复合材料表层，填补了被消耗掉熔石英的空间，AgCuTi 活性钎料与 SiO_2 纤维间形成良好的冶金结合。图 7-8(b)～(d) 说明，随着 SiO_{2f}/SiO_2 复合材料表层腐蚀深度的增加，AgCuTi 活性钎料浸入 E-SiO_{2f}/SiO_2 复合材料的深度随之增加，且铺展更加充分。以上的实验结果再一次证实，熔石英是导致活性钎料在 SiO_{2f}/SiO_2 复合材料表面不润湿的根本原因，且活性钎料与 SiO_2 纤维之间的润湿性良好。此外可以推测出，只要钎料中活性元素的含量足够，那么消耗掉熔石英的空间就可以完全被活性钎料所填满。

一般来说，在相同的润湿条件下，当润湿基体的材料属性和表面状态相同时，钎料在基体表面的润湿性不会发生变化。在本研究中，SiO_{2f}/SiO_2 复合材料经过表面腐蚀处理后，表层的熔石英被消耗掉，SiO_2 纤维保留下来，然后通过调节腐蚀时间，控制 SiO_{2f}/SiO_2 复合材料表层的腐蚀深度。

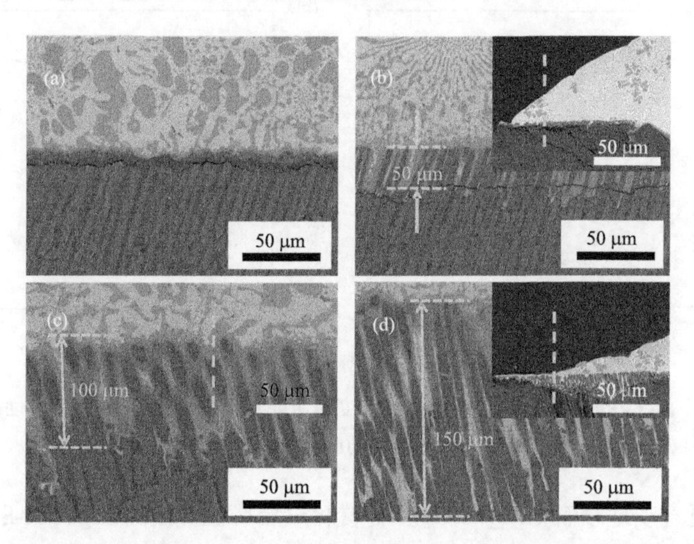

图 7-8　SiO_{2f}/SiO_2 复合材料表层腐蚀深度对 AgCuTi-SiO_{2f}/SiO_2 体系润湿界面的影响

(a) 0μm/E-SiO_{2f}/SiO_2；(b) 50μm/E-SiO_{2f}/SiO_2；(c) 100μm/E-SiO_{2f}/SiO_2；(d) 150μm/E-SiO_{2f}/SiO_2

在前期的实验中发现，随着 SiO_{2f}/SiO_2 复合材料表层的腐蚀深度增加，其物质属性并没有发生实质的变化，都是由编织成三维结构的 SiO_2 纤维所组成。为了更好地说明表面腐蚀处理对 AgCuTi-SiO_{2f}/SiO_2 体系润湿过程的影响，建立以下物理模型，如图 7-9 所示。图 7-9 为表面腐蚀处理对 AgCuTi-SiO_{2f}/SiO_2 体系润湿过程的影响示意图。从图 7-9 (a) 可以看出，SiO_{2f}/SiO_2 复合材料经过表面腐蚀处理后，表层的熔石英被消耗掉，SiO_2 纤维保留下来，并随着 SiO_{2f}/SiO_2 复合材料表层腐蚀深度的增加，E-SiO_{2f}/SiO_2 复合材料表层的熔石英被消耗的量增加，AgCuTi 活性钎料浸入 E-SiO_{2f}/SiO_2 复合材料表层的深度增加，也就是说 AgCuTi 活性钎料填补了被消耗掉的熔石英的空间，且润湿过程中所采用的 AgCuTi 活性钎料成分和质量完全相同，那么，随着 AgCuTi 活性钎料浸入 E-SiO_{2f}/SiO_2 复合材料表层的量增加，其留在 E-SiO_{2f}/SiO_2 复合材料表面的量就会随之减小，也就是如图 7-6 和图 7-7 所示的，随着 SiO_{2f}/SiO_2 复合材料表层腐蚀深度的增加，AgCuTi 活性钎料在 SiO_{2f}/SiO_2 复合材料表面的润湿角会随之减小。当然，SiO_{2f}/SiO_2 复合材料经过表面腐蚀处理后，其表层导致不润湿的熔石英被消耗掉，润湿良好的 SiO_2 纤维保留下来，所以经过表面腐蚀处理后，AgCuTi 活性钎料在 SiO_{2f}/SiO_2 复合材料表面能够很好地进行铺展润湿。然而，值得注意的是，随着 SiO_{2f}/SiO_2 复合材料表层腐蚀深度的增加，SiO_{2f}/SiO_2 复合材料表层的物质属性并没有发生实质上的改变，只是其表层的腐蚀深度发生了变化。

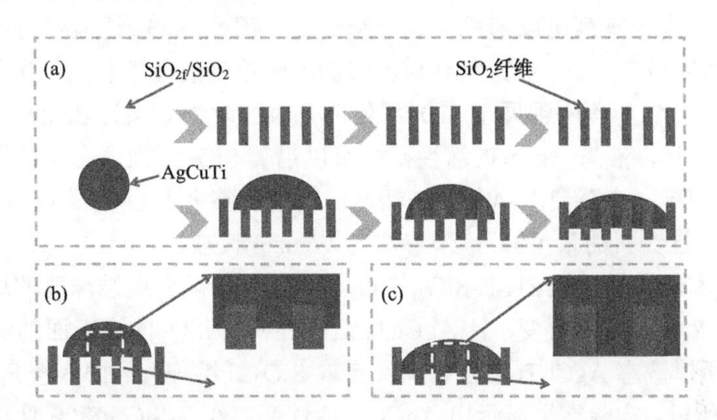

图 7-9　表面腐蚀处理对 AgCuTi-SiO_{2f}/SiO_2 体系润湿过程的影响示意图

根据式(7-2)，可知只有固液之间的界面能足够小，才能保证液体在固体表面能够铺展润湿。本研究对 SiO_{2f}/SiO_2 复合材料进行表面腐蚀处理后，SiO_{2f}/SiO_2 复合材料表面形成一系列定向的编织结构，正是因为形成的钉扎结构使得液态 AgCuTi 活性钎料与 SiO_{2f}/SiO_2 复合材料表面的接触状态发生了改变，所以液态 AgCuTi 活性钎料对定向且呈三维编制结构的 SiO_2 纤维的润湿性在润湿铺展过程中起到至关重要的作用。

而液体对这种定向且呈三维编制结构的阵列式表面的润湿性由 Cassie-Baxter 和 Wenzel 两种方程来进行表征[9, 10]。若液体在阵列表面的润湿性差，则该液体就无法在阵列表面进行铺展润湿，此时液体与基体间的接触面为阵列和阵列之间的空隙相交替所构成的，此时的润湿状态由 Cassie-Baxter 方程进行评定。若液体在阵列表面的润湿性好，则该液体就可以在毛细作用下，对阵列进行充分的铺展和润湿，从而使液体在基体表面润湿，此时的润湿状态为 Wenzel 方程进行评定。

通过前期的润湿实验可知，液态 AgCuTi 活性钎料对 SiO_2 纤维润湿性良好，液态 AgCuTi 活性钎料可以充分浸入到呈三维编制结构的 SiO_2 纤维阵列当中，所以液态 AgCuTi 活性钎料在定向 SiO_2 纤维表面的润湿状态为 Wenzel。在 Wenzel 状态下，液态 AgCuTi 活性钎料在定向 SiO_2 纤维表面的润湿由式(7-5)所决定。

$$\cos\theta_{\omega}=R\cos\theta_0 \tag{7-5}$$

式中，θ_0 为液态 AgCuTi 活性钎料在平整固体表面润湿角；θ_{ω} 为液态 AgCuTi 活性钎料在定向 SiO_2 纤维阵列表面润湿角；R 为固体表面粗糙度。

根据前面针对 AgCuTi-非晶 SiO_2 体系润湿性的研究可知，AgCuTi 活性钎料在 SiO_2 陶瓷表面的润湿角为锐角(<90°)，即 $\theta_0<90°$。当 $\theta_0<90°$时，液态 AgCuTi

活性钎料在定向 SiO_2 纤维阵列表面润湿角 θ_ω，随着固体表面粗糙度 R 的增大而减小。因为 SiO_2 纤维为微米尺度，所以相应的定向 SiO_2 纤维阵列就为微米级，而这种微米尺度的阵列可以形成很大的粗糙度，因此 SiO_2 纤维阵列可以对液态 AgCuTi 活性钎料在 SiO_{2f}/SiO_2 复合材料表面的润湿铺展过程起到促进作用。当液态 AgCuTi 活性钎料刚刚铺展于 SiO_2 纤维阵列表面时为 Cassie-Baxter 状态，随着润湿过程的进行，液态 AgCuTi 活性钎料可以沿着 SiO_2 纤维表面及纤维之间的间隙进行铺展润湿，直至液态 AgCuTi 活性钎料填满整个 SiO_2 纤维阵列的空隙(只要 AgCuTi 活性钎料的量足够)，最终成为 Wenzel 状态。

而针对本研究的 AgCuTi-E-SiO_{2f}/SiO_2 润湿体系，随着腐蚀深度的增加，固体表面粗糙度 R 没有发生改变，且 AgCuTi 活性钎料在 SiO_2 陶瓷表面的润湿角也为恒定的值，所以液态 AgCuTi 活性钎料在定向 SiO_2 纤维阵列表面润湿角 θ_ω 就不会发生变化。所以，实验结果显示出 AgCuTi 活性钎料在 E-SiO_{2f}/SiO_2 复合材料表面润湿角，随 E-SiO_{2f}/SiO_2 复合材料表层腐蚀深度的增加而减小的现象，但此现象只是针对于留在 E-SiO_{2f}/SiO_2 复合材料表面那部分钎料而言，实际上 AgCuTi 活性钎料在 E-SiO_{2f}/SiO_2 复合材料表层底部的润湿角并没有发生改变。

7.1.2 SiO_{2f}/SiO_2-Nb 接头体系残余应力与接头结构和力学性能之间的关系

1. 典型的 SiO_{2f}/SiO_2-Nb 接头界面组织对比分析

采用 AgCuTi 活性钎料对 SiO_{2f}/SiO_2 复合材料和 E-SiO_{2f}/SiO_2 复合材料分别与金属 Nb 在相同的焊接条件下进行钎焊实验。图 7-10 为在 840℃，保温 10min 钎焊条件下，采用 AgCuTi 活性钎料连接经过表面腐蚀处理前后 SiO_{2f}/SiO_2 复合材料与金属 Nb 的接头界面微观组织结构。图 7-10(a)是没有经过表面腐蚀处理的 SiO_{2f}/SiO_2 复合材料与金属 Nb 钎焊接头的微观组织结构。从图中可以看出，AgCuTi 活性钎料与 SiO_{2f}/SiO_2 复合材料母材间未形成良好的致密连接，且在 SiO_{2f}/SiO_2 复合材料侧产生连续的裂纹。这个问题大致可以归结为以下两点原因。

(1) AgCuTi 活性钎料在初始 SiO_{2f}/SiO_2 复合材料表面润湿性差，AgCuTi 活性钎料与 SiO_{2f}/SiO_2 复合材料间界面化学反应不足导致冶金结合弱，从而所形成的钎焊接头力学性能差。

(2) SiO_{2f}/SiO_2 复合材料的热膨胀系数大约为 2.0×10^{-6}/K(CTE_{SiO_{2f}/SiO_2}=～2.0×10^{-6}/K)，金属 Nb 的热膨胀系数大约是 7×10^{-6}/K(CTE_{Nb}=～7×10^{-6}/K)，以及 AgCuTi 活性钎料的热膨胀系数大约是 15.4×10^{-6}/K(CTE_{AgCuTi}=～15.4×10^{-6}/K)[11-15]。根据以上数据可知 SiO_{2f}/SiO_2 复合材料与金属 Nb 或者 AgCuTi 活性钎料间的热膨胀系数不匹配度较大，所以在钎焊的冷却过程中会产生较大的残余应力，从而在 SiO_{2f}/SiO_2 复合材料侧形成裂纹。

从图 7-10(a)中接头的整体界面形貌可以看出，根据界面的组织形态可将整个钎焊接头分为三个区域，即靠近 SiO_{2f}/SiO_2 复合材料侧区域为区域Ⅰ，焊缝反应层的主体区域为区域Ⅱ(钎料母材区)，靠近金属 Nb 侧区域为区域Ⅲ。且区域Ⅱ的宽度大约为 300μm。

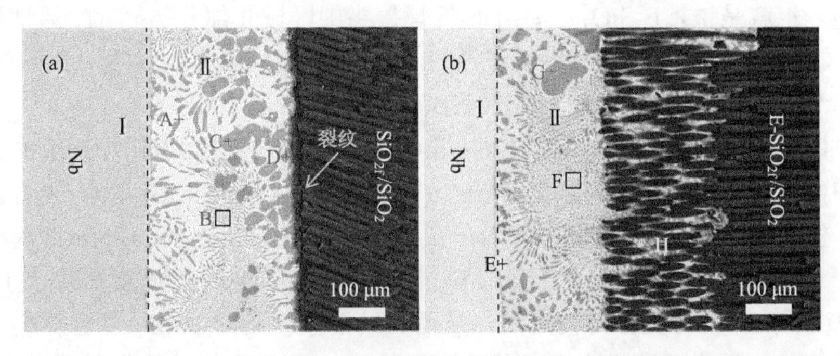

图 7-10　腐蚀前后 SiO_{2f}/SiO_2-Nb 钎焊接头界面微观组织

(a) SiO_{2f}/SiO_2-Nb；(b) E-SiO_{2f}/SiO_2-Nb

图 7-10(b)为经过表面腐蚀处理的 SiO_{2f}/SiO_2 复合材料与金属 Nb 钎焊接头的微观组织形貌。可以看出，E-SiO_{2f}/SiO_2-Nb 接头界面成型完好，无裂纹、气孔等缺陷形成，AgCuTi 活性钎料浸入 E-SiO_{2f}/SiO_2 复合材料表层，填补 E-SiO_{2f}/SiO_2 复合材料表层被腐蚀掉的熔石英的空间，且 AgCuTi 活性钎料与 SiO_2 纤维间产生良好的冶金反应，从而使二者的结合更为可靠。基于 E-SiO_{2f}/SiO_2-Nb 接头的整体界面组织结构可将整个钎焊接头分为四个区域，即靠近 SiO_{2f}/SiO_2 复合材料侧区域为区域Ⅰ，焊缝反应层的主体区域为区域Ⅱ，AgCuTi 活性钎料浸入 E-SiO_{2f}/SiO_2 复合材料表层区域为区域Ⅲ，靠近金属 Nb 侧区域为区域Ⅳ。且区域Ⅱ的宽度大约为 200μm，区域Ⅲ的宽度大约为 230μm。

根据 SiO_{2f}/SiO_2-Nb 钎焊接头和 E-SiO_{2f}/SiO_2-Nb 钎焊接头微观形貌的对比可知，E-SiO_{2f}/SiO_2-Nb 钎焊接头成型完好，无裂纹、气孔等缺陷形成，AgCuTi 活性钎料浸入 E-SiO_{2f}/SiO_2 复合材料表层且能够与 SiO_2 纤维间形成良好的冶金结合，同时 E-SiO_{2f}/SiO_2-Nb 钎焊接头中由于 AgCuTi 活性钎料浸入复合材料表层，从而形成区域Ⅲ，且区域Ⅱ宽度变窄。以上这些变化可以归结为以下几点原因。

(1) SiO_{2f}/SiO_2 复合材料经过表面腐蚀处理后得到 E-SiO_{2f}/SiO_2 复合材料，AgCuTi 活性钎料在 E-SiO_{2f}/SiO_2 复合材料表面润湿得到极大改善，从而活性钎料可以在 E-SiO_{2f}/SiO_2 复合材料表层充分浸入并能够与 SiO_2 纤维间形成良好的冶金结合，这为 E-SiO_{2f}/SiO_2-Nb 接头提供连接基础。

(2) 因为在以上两个钎焊过程中所采用 AgCuTi 活性钎料的成分和质量完全相同，所以在钎焊过程中，SiO_{2f}/SiO_2-Nb 和 E-SiO_{2f}/SiO_2-Nb 两种钎焊接头焊缝整体区域的 AgCuTi 活性钎料的量是完全相同的。SiO_{2f}/SiO_2-Nb 钎焊接头微观组织中的钎缝部分(区域Ⅱ)都是由 AgCuTi 活性钎料所组成的，而针对 E-SiO_{2f}/SiO_2-Nb 钎焊接头，钎缝部分(区域Ⅱ)是由 AgCuTi 活性钎料所组成，过渡区域(区域Ⅲ)是由 E-SiO_{2f}/SiO_2 复合材料腐蚀层的 SiO_2 纤维和浸入其中的 AgCuTi 活性钎料所组成的。也就是说，E-SiO_{2f}/SiO_2-Nb 钎焊接头中区域Ⅱ部分 AgCuTi 活性钎料会浸入区域Ⅲ部分当中，从而 E-SiO_{2f}/SiO_2-Nb 钎焊接头中区域Ⅱ部分与 SiO_{2f}/SiO_2-Nb 钎焊接头相比会明显减小。

对比了表面腐蚀处理前后的 SiO_{2f}/SiO_2 复合材料与金属 Nb 钎焊接头的微观组织结构可知，表面腐蚀处理有助于 AgCuTi 活性钎料浸入 E-SiO_{2f}/SiO_2 复合材料腐蚀层，使之与 SiO_2 纤维发生有效的冶金结合，并在 E-SiO_{2f}/SiO_2-Nb 钎焊接头中形成一个三维的活性钎料-复合材料过渡区。该过渡区的热膨胀系数应介于 AgCuTi 活性钎料与复合材料之间，从而有助于减缓 SiO_{2f}/SiO_2 复合材料与金属 Nb 或 AgCuTi 活性钎料间的热膨胀系数不匹配度，形成良好的热胀系数梯度过渡，进而会使 SiO_{2f}/SiO_2-Nb 钎焊接头的力学性能得到显著提高。

接下来，为了分析 SiO_{2f}/SiO_2-Nb 和 E-SiO_{2f}/SiO_2-Nb 钎焊接头微观组织的相组成，对两种钎焊接头分别作了 EDS 和 XRD 测试，如表 7-1 和图 7-10 所示。结合图 7-10 和表 7-1 分析可知，*A* 点和 *E* 点主要包含大量的 Ag 元素和少量的 Cu 元素，并通过点分析进一步确认该两点及其类似的相为 Ag 基固溶体[Ag(s,s)]；*C* 点和 *G* 点则刚好相反包括大量的 Cu 元素和少量的 Ag 元素，也通过点分析确认该两点及其相类似的相为 Cu 基固溶体[Cu(s,s)]。而对于 *B* 点和 *F* 点都主要包含原子比大约为 1∶1 的 Ag 元素和 Cu 元素，根据点分析确认该两点及其相类似的相为 Ag-Cu 共晶(Ag-Cu)。而根据靠近 SiO_{2f}/SiO_2 复合材料侧的 *D* 点的点分析原子比结果，可以推测出该化合物反应层主要包括 Cu_3Ti_3O 相和 $TiSi_2$ 相。

表 7-1　图 7-10 中各点成分

位置	成分/at%					相
	O	Si	Ag	Ti	Cu	
A	—	—	81.06	—	18.94	Ag(s,s)
B	—	—	52.92	—	47.08	Ag-Cu
C	—	—	10.60	—	89.40	Cu(s,s)
D	8.34	14.43	1.65	44.86	30.72	$Cu_3Ti_3O+TiSi_2$
E	—	—	79.56	—	20.44	Ag(s,s)
F	—	—	54.84	—	45.16	Ag-Cu
G	—	—	12.58	—	87.42	Cu(s,s)
H	7.38	55.05	1.43	30.59	5.55	$TiSi_2$

值得注意的是，AgCuTi-SiO_{2f}/SiO_2 体系润湿性的研究指出 Cu_3Ti_3O 相能够促进 AgCuTi 活性钎料在其表面充分进行铺展润湿过程，而 SiO_{2f}/SiO_2-Nb 钎焊接头中靠近 SiO_{2f}/SiO_2 复合材料侧的反应层中有 Cu_3Ti_3O 相形成，这与 AgCuTi 活性钎料在 SiO_{2f}/SiO_2 复合材料表面难润湿的结果相左。导致这个现象的原因可以归结如下，SiO_{2f}/SiO_2 复合材料是由 SiO_2 纤维和熔石英所组成，而 EDS 的点分析只是几微米的圆形空间，所以，在 EDS 点分析测试时所选取的区域恰好是 AgCuTi 活性钎料与 SiO_2 纤维相接触的区域。而针对靠近 SiO_2 纤维侧的 H 点的点分析原子比结果，可以推测出该化合物反应层主要是由 $TiSi_2$ 相组成。值得注意的是该反应层中并没有 Cu_3Ti_3O 相形成，这可能是因为 AgCuTi 活性钎料与 SiO_2 纤维间的接触面积过大，所以 AgCuTi 活性钎料中的 Ti 元素被 SiO_2 纤维过分消耗，从而反应层中只有 $TiSi_2$ 相而没有 Cu_3Ti_3O 相形成。

为了进一步确定 E-SiO_{2f}/SiO_2-Nb 钎焊接头微观组织的相组成，对 E-SiO_{2f}/SiO_2-Nb 接头逐级打磨进行剥离，制备 E-SiO_{2f}/SiO_2 复合材料侧的 XRD 试样，并在 20°～100°分别进行 XRD 衍射分析测试。测试结果如图 7-11 所示，其中，图 7-11(a)为靠近 E-SiO_{2f}/SiO_2 复合材料母材侧，即区域Ⅲ反应层的 XRD 结果，图 7-11(b)为钎缝，即区域Ⅱ的 XRD 结果。由 XRD 测试结果可知，E-SiO_{2f}/SiO_2 复合材料侧的反应层主要包括 Cu_3Ti_3O 相和 $TiSi_2$ 相，焊缝主要包括 Ag(s,s)和 Cu(s,s)。

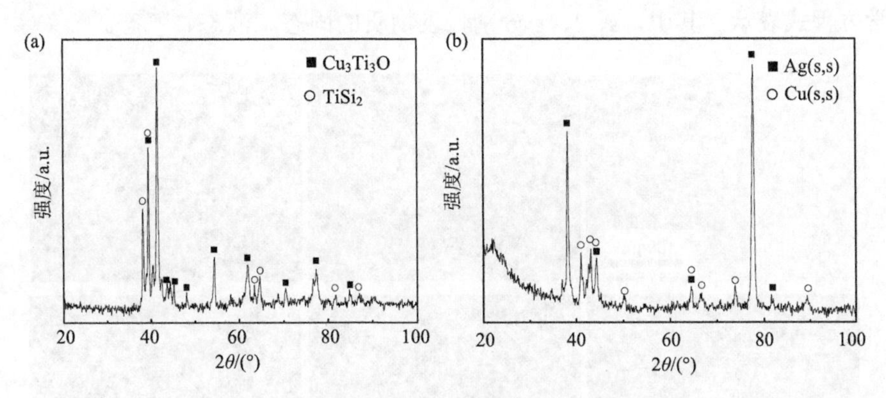

图 7-11　E-SiO_{2f}/SiO_2-Nb 钎焊接头 XRD 测试结果

(a)区域Ⅲ反应层；(b)区域Ⅱ反应层

接下来，为了确定各元素扩散过程，对 E-SiO_{2f}/SiO_2-Nb 钎焊接头中各元素的扩散做了面扫描分析，分析结果如图 7-12 所示。其中，图 7-12(a)为 E-SiO_{2f}/SiO_2-Nb 钎焊接头的界面组织结构，从图 7-12 中可以清晰地看出接头界面成型完好，无裂纹、气孔等缺陷形成。图 7-12(b)～(f)分别为 Ag、Cu、Ti、Si、Nb 元素面分布图。从图 7-12(b)和图 7-12(c)可以看出，Ag 和 Cu 元素分布于整个焊缝当中。结合图7-12(d)和图7-12(e)可知Ti元素主要集中在E-SiO_{2f}/SiO_2复合材料反应层侧，这个现象表明 Ti 与 Si 之间有强烈的化学反应趋势。值得注意的是，Ti 元素在E-SiO_{2f}/SiO_2复合材料侧的分布并不均匀，而是主要集中于过渡区的前部，在过渡区的后部仅有少量分布。这可能是因为在钎焊过程中随着 AgCuTi 活性钎料浸入E-SiO_{2f}/SiO_2复合材料腐蚀层，Ti 元素首先与 Si 元素发生反应，而随着反应的进行，活性钎料中 Ti 的含量逐渐减少，从而当 AgCuTi 活性钎料浸入 E-SiO_{2f}/SiO_2复合材料腐蚀层后部时，Ti 元素的含量减少，与 Si 的化学反应强度减弱，Ti 在过渡区的后部仅有少量的分布。此外，从图 7-12(e)和图 7-12(f)可知，E-SiO_{2f}/SiO_2复合材料和金属 Nb 两种母材并没有发生扩散，这为后面的模拟计算提供模型建立基础。也就是说，用于模拟计算的模型由三部分组成，即 SiO_{2f}/SiO_2 复合材料或 E-SiO_{2f}/SiO_2复合材料部分、AgCuTi 活性钎料部分以及金属 Nb 部分。值得注意的是 E-SiO_{2f}/SiO_2复合材料部分结构十分复杂，需要一个全新的设计体系。

根据以上对 E-SiO_{2f}/SiO_2-Nb 钎焊接头组织结构的观察和分析测试，接下来尝试基于 E-SiO_{2f}/SiO_2复合材料侧界面反应产物的 EDS 和 XRD 结果和相应的界面反应热力学计算，推测出 E-SiO_{2f}/SiO_2-Nb 接头体系的物相反应机理。在钎焊过程中，随着加热温度升高达到 AgCu 共晶点，Ti 原子不断向 AgCu 共晶中溶解，且在化学势的驱动下 Ti 原子首先在 AgCuTi 活性钎料与 E-SiO_{2f}/SiO_2复合材料界面处富集[16]。Ti 原子与 SiO_2 纤维充分接触并发生化学反应，反应过程可以用如下化学方程式表示，其中，s、l、g 分别代表物质的固态、液态、气态。

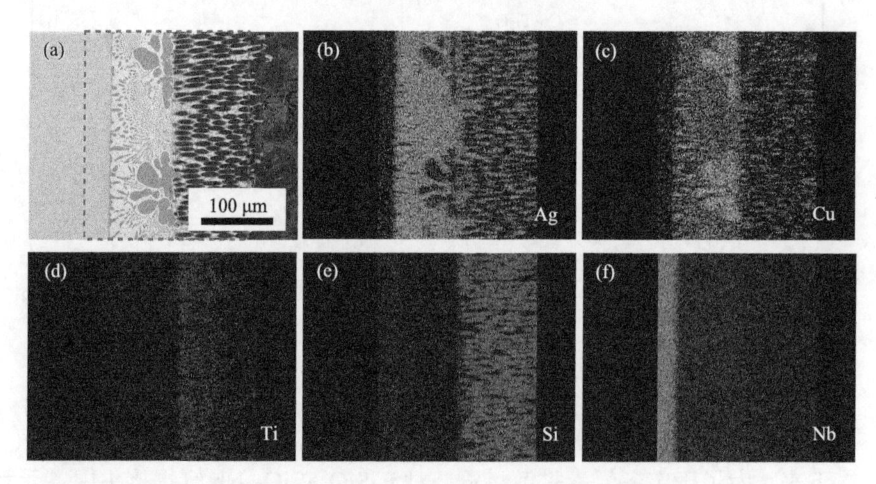

图 7-12　E-SiO_{2f}/SiO_2-Nb 钎焊接头界面组织及相应元素面分布分析

(a) E-SiO_{2f}/SiO_2-Nb 接头微观组织；(b) Ag；(c) Cu；(d) Ti；(e) Si；(f) Nb 元素分布

$$Ti(l)+SiO_2(s)=\!=\!=TiO_2(s)+Si(s) \tag{7-6}$$

$$\Delta G_{1173K}=-34.21kJ/mol$$

$$Ti(l)+2SiO_2(s) = TiSi(s)+2O_2(g) \tag{7-7}$$

$$\Delta G_{1173K}=1287.45kJ/mol$$

$$Ti(l)+2Si(s) = TiSi_2(s) \tag{7-8}$$

$$\Delta G_{1173K}=-106.57kJ/mol$$

$$3Ti(s)+3Cu(s)+\frac{1}{2}O_2(g) = Cu_3Ti_3O(s) \tag{7-9}$$

$$\frac{1}{5}TiO_2(s)+Ti(l)+\frac{6}{5}Cu(l) = \frac{2}{5}Cu_3Ti_3O(s) \tag{7-10}$$

反应产物的成分确定依据 EDS 和 XRD 测试结果。其中，式(7-7)的 $\Delta G_{1173K}=1287.45kJ/mol>0$，所以从热力学角度判断该反应不可能会优先发生。而式(7-8)和式(7-10)均可能发生，因为式(7-6)的 $\Delta G_{1173K}=-34.21kJ/mol<0$，式(7-8)的 $\Delta G_{1173K}=-106.57kJ/mol<0$。从而可以推断，当 AgCuTi 活性钎料中的 Ti 原子向 E-SiO_{2f}/SiO_2 复合材料侧扩散并聚集时，首先是 Si-O 键打开，然后 Ti 原子分别与 Si 原子和 O 原子反应，形成 TiO_2 相和 $TiSi_2$ 相，从而这两种反应相构成了靠近 E-SiO_{2f}/SiO_2 复合材料侧的第一层反应层。随着钎焊过程的继续进行，因为 Cu-Ti 间的亲和性要比 Ag-Ti 间的强很多[17]，所以 AgCuTi 活性钎料中残余的 Ti 原子会与 Cu 原子一起富集在 TiO_2 和 $TiSi_2$ 的反应层附近，随后会发生式(7-9)和式(7-10)所示的化学反应。根据参考文献数据[18-20]，式(7-9)和式(7-10)的吉布斯自由能分别为–511 kJ/mol 和–63.5 kJ/mol，且均为负数，所以这两个化学反应可以发生，E-SiO_{2f}/SiO_2 复合材料侧的界面演变机理可以从理论上根据式(7-6)～式(7-10)来说明。综上实验结果分析可知，SiO_{2f}/SiO_2-Nb 与 E-SiO_{2f}/SiO_2-Nb 两种钎焊接头的界面组织均为 SiO_{2f}/SiO_2/$TiSi_2$/Cu_3Ti_3O/Cu(s,s)+Ag(s,s)/Nb。其中，E-SiO_{2f}/SiO_2-Nb 接头中形成的三维活性钎料-复合材料过渡区有助于接头中形成良好的热膨胀系数梯度过渡，从而缓解残余应力，提高接头强度。

2. *表面腐蚀处理对 SiO_{2f}/SiO_2-Nb 力学性能的影响*

分析表面腐蚀处理对 SiO_{2f}/SiO_2-Nb 钎焊接头界面微观组织的影响后，需要通过抗剪强度测试来表征表面腐蚀处理对 SiO_{2f}/SiO_2-Nb 钎焊接头体系力学性能的影响。图 7-13 为表面腐蚀处理对 SiO_{2f}/SiO_2-Nb 钎焊接头体系抗剪强度的影响。从图 7-13 中可以看出，经过表面腐蚀处理后，E-SiO_{2f}/SiO_2-Nb 钎焊接头的抗剪强度为 52.9MPa，是未经过表面腐蚀处理的 SiO_{2f}/SiO_2-Nb 钎焊接头抗剪强度的近 10 倍之多。而接头的抗剪强度与其相应的界面微观组织结构密切相关。SiO_{2f}/SiO_2 复合材料经过表面腐蚀处理后，其表层导致不润湿的熔石英被消耗掉，而 AgCuTi 活性钎料可以在保留下来的 SiO_2 纤维表面充分进行铺展润湿过程。所以在钎焊过程中，AgCuTi 活性钎料可以十分顺利地浸入 E-SiO_{2f}/SiO_2 复合材料表层填补被腐蚀掉的熔石英的空间，形成一个三维结构的 AgCuTi 活性钎料和 E-SiO_{2f}/SiO_2 复合材料组成的过渡区。此外，保留下来的 SiO_2 纤维结构完整并与 SiO_{2f}/SiO_2 复合材料本体处于连接状态，从而 AgCuTi 活性钎料与复合材料的连接面积增加。AgCuTi 活性钎料与 SiO_{2f}/SiO_2 复合材料间的热膨胀系数相差较大，而这个三维结构的过渡区可以使活性钎料和复合材料间的热膨胀系数的差异得到有效缓解，从而形成一个良好的热胀系数的梯度过渡，降低 E-SiO_{2f}/SiO_2-Nb 钎焊接头中的残余应力，提高接头强度。所以，经过表面腐蚀处理后 E-SiO_{2f}/SiO_2-Nb 钎焊接头的抗剪强度达到 52.9MPa，是未经过腐蚀处理的 SiO_{2f}/SiO_2-Nb 钎焊接头的抗剪强度的 10 倍左右。

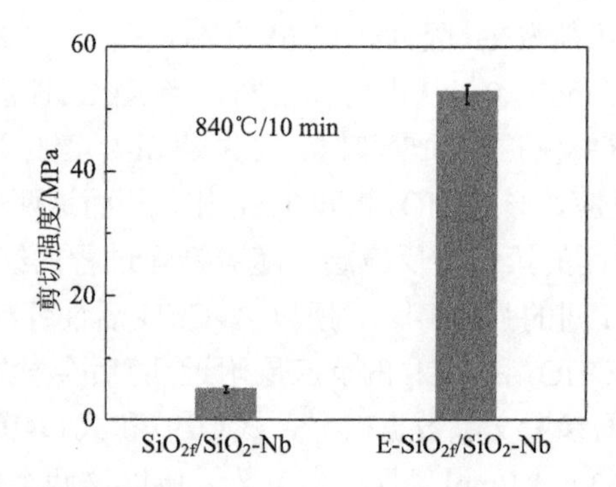

图 7-13　表面腐蚀处理对 SiO_{2f}/SiO_2-Nb 钎焊接头体系抗剪强度的影响

钎焊接头界面组织结构的变化会对其抗剪强度产生直接影响，而接头断口形貌能够反映出界面组织结构的变化，因此可以通过对断口形貌的观察来确定接头的断裂位置，进而分析对接头强度影响最大的因素。接下来，为了进一步确定表面腐蚀处理对 SiO_{2f}/SiO_2-Nb 钎焊接头体系的强化效果，对抗剪强度测试后的 SiO_{2f}/SiO_2-Nb 和 E-SiO_{2f}/SiO_2-Nb 钎焊接头进行断口形貌的观察和对比分析。图 7-14 为表面腐蚀处理对 SiO_{2f}/SiO_2-Nb 钎焊接头体系断口形貌的影响。其中，图 7-14(a)为 SiO_{2f}/SiO_2-Nb 钎焊接头断口形貌，从图中可以清晰地观察到断口仅由断裂的 SiO_2 纤维组成，此现象说明断裂发生在靠近焊缝的 SiO_{2f}/SiO_2 复合材料母材处。根据前面的分析对 SiO_{2f}/SiO_2-Nb 钎焊接头断口的断裂位置做出如下解释：AgCuTi 活性钎料在 SiO_{2f}/SiO_2 复合材料表面难润湿，无法进行铺展，从而活性钎料与复合材料间不能形成有效的冶金结合，该区域就是 SiO_{2f}/SiO_2-Nb 钎焊接头的薄弱环节，为接头断裂提供裂纹源；由于 SiO_{2f}/SiO_2 复合材料与 AgCuTi 活性钎料或金属 Nb 间的热膨胀系数不匹配度较大，在钎焊的冷却过程中会使 SiO_{2f}/SiO_2-Nb 钎焊接头中产生较大的残余应力，所以极易在靠近焊缝的 SiO_{2f}/SiO_2 复合材料母材处发生断裂。而图 7-14(b)为 E-SiO_{2f}/SiO_2-Nb 钎焊接头断口形貌，可以看到断口是由 SiO_2 纤维和浸入其中的 AgCuTi 活性钎料共同组成，此现象说明断裂发生在 E-SiO_{2f}/SiO_2-Nb 钎焊接头的钉扎过渡区中。根据前面的分析对 SiO_{2f}/SiO_2-Nb 钎焊接头断口的断裂位置做出如下解释：经过表面腐蚀处理后，AgCuTi 活性钎料在 E-SiO_{2f}/SiO_2 复合材料表面的润湿性得到极大改善，从而活性钎料可以在复合材料表面进行充分铺展，且活性钎料与 SiO_2 纤维间能够形成良好的冶金结合；AgCuTi 活性钎料可以浸入 E-SiO_{2f}/SiO_2 复合材料表面腐蚀层形成一个三维的活性钎料-复合材料钉扎过渡区，从而在 E-SiO_{2f}/SiO_2-Nb 钎焊接头中形成良好的热胀系数梯度过渡，接头中的残余应力得到显著降低，提高接头抗剪强度达到 52.9MPa，大约是 SiO_{2f}/SiO_2-Nb 钎焊接头抗剪强度的 10 倍。值得注意的是，AgCuTi 活性钎料浸入 E-SiO_{2f}/SiO_2 复合材料表面腐蚀层，虽然能够在接头中形成良好的热胀系数梯度过渡有效缓解接头中的残余应力，同时 AgCuTi 活性钎料浸入 E-SiO_{2f}/SiO_2 复合材料表面腐蚀层，这增加了活性钎料与 SiO_2 纤维间的接触面积，但由于腐蚀过程对表层 SiO_2 纤维并没有断裂和破坏，这也间接加大了活性钎料与复合材料间的连接面积，进而提高了接头的连接强度。

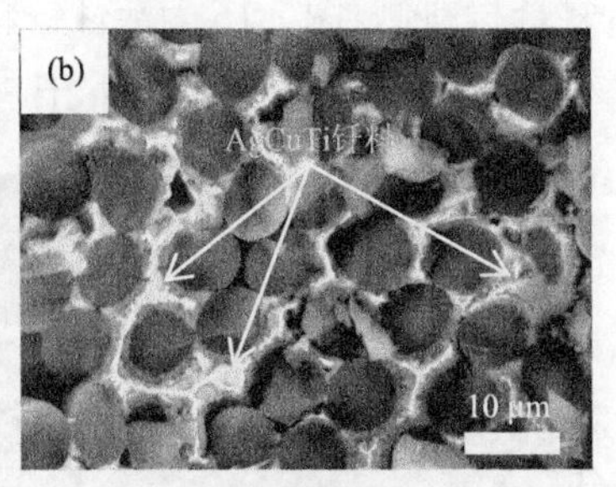

图 7-14　SiO_{2f}/SiO_2-Nb 钎焊接头体系断口形貌

(a) SiO_{2f}/SiO_2-Nb 接头断口形貌；(b) E-SiO_{2f}/SiO_2-Nb 接头断口形貌

根据表面腐蚀处理对 SiO_{2f}/SiO_2-Nb 钎焊接头组织和性能影响的分析可知，SiO_{2f}/SiO_2 复合材料经过表面腐蚀处理后所形成的 E-SiO_{2f}/SiO_2-Nb 钎焊接头中，有三维的活性钎料-复合材料钉扎过渡区形成，该过渡区能够有效降低 SiO_{2f}/SiO_2 复合材料与 AgCuTi 活性钎料或金属 Nb 间热膨胀系数的不匹配度，形成良好的热膨胀系数梯度过渡。此外，还增加了 AgCuTi 活性钎料与 SiO_{2f}/SiO_2 复合材料间的接触面积。因此，E-SiO_{2f}/SiO_2-Nb 钎焊接头的残余应力得到显著降低，接头抗剪强度提高到 52.9MPa，约为 SiO_{2f}/SiO_2-Nb 钎焊接头抗剪强度的 10 倍。

同时，由于 AgCuTi 活性钎料浸入 E-SiO_{2f}/SiO_2 复合材料表层会形成一个钉扎过渡层，而该过渡层使接头中的残余应力变化及分布情况变得更加复杂，因此，本研究将针对 SiO_{2f}/SiO_2-Nb 钎焊接头体系中残余应力情况做系统深入研究。

3. SiO_{2f}/SiO_2-Nb 接头结构与残余应力间的作用关系

运用 Marc 有限元模拟软件对以上建立的接头构件模型进行残余应力模拟计算。图 7-15 为 SiO_{2f}/SiO_2-Nb 钎焊接头体系中残余应力的分布状况。从图 7-15 中可以看出，未经表面腐蚀处理的 SiO_{2f}/SiO_2-Nb 钎焊接头中，残余应力主要集中在 SiO_{2f}/SiO_2 复合材料靠近焊缝处，沿着垂直且远离焊缝方向逐渐减小；经过表面腐蚀处理后 E-SiO_{2f}/SiO_2-Nb 钎焊接头中的残余应力主要集中在活性钎料-复合材料过渡区，且随腐蚀深度的增加，接头中残余应力的分布发生明显的变化。当腐蚀深度从 0μm 增加到 100μm 时，接头中的残余应力逐渐减小；当腐蚀深度从 100μm 增加到 150μm 时，接头中的残余应力逐渐增大。也就是说当腐蚀深度为 100μm 时，接头中的残余应力为最小值。

为了进一步分析活性钎料-复合材料过渡区中残余应力随 E-SiO_{2f}/SiO_2-Nb 钎焊接头体系界面结构的变化，对过渡区中残余应力的分布进行更细致的模拟计算。而由于 SiO_{2f}/SiO_2 复合材料的热膨胀系数相比于 AgCuTi 活性钎料和金属 Nb 的热膨胀系数小很多，所以在钎焊冷却过程中，接头中产生的残余应力主要集中在 SiO_{2f}/SiO_2 复合材料侧。图 7-16 为活性钎料-复合材料过渡区中不同结构 SiO_{2f}/SiO_2 侧残余应力的分布状况。从图 7-16 中可以清晰地看到，经过表面腐蚀处理后，

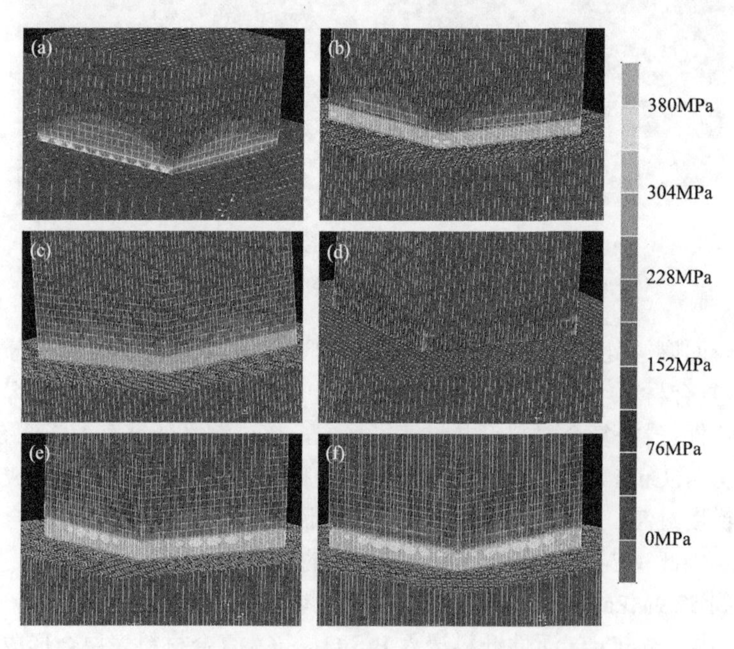

图 7-15 SiO_{2f}/SiO_2-Nb 钎焊接头体系中残余应力的分布

(a) 0μm/E-SiO_{2f}/SiO_2；(b) 50μm/E-SiO_{2f}/SiO_2；(c) 75μm/E-SiO_{2f}/SiO_2；(d) 100μm/E-SiO_{2f}/SiO_2；(e) 125μm/E-SiO_{2f}/SiO_2；(f) 150μm/E-SiO_{2f}/SiO_2

E-SiO_{2f}/SiO_2-Nb 钎焊接头中的残余应力峰值的集中区域由 SiO_{2f}/SiO_2 复合材料靠近焊缝处转移至 E-SiO_{2f}/SiO_2 复合材料腐蚀层中 SiO_2 纤维上，且随着腐蚀深度的增加，过渡区中残余应力的分布发生明显的变化。当腐蚀深度从 0μm 增加到 100μm 时，接头中的残余应力逐渐减小；当腐蚀深度从 100μm 增加到 150μm 时，接头中的残余应力逐渐增大。也就是说当腐蚀深度为 100μm 时，接头中的残余应力为最小值。

根据以上对 E-SiO_{2f}/SiO_2-Nb 钎焊接头体系中残余应力与接头结构之间关系的模拟计算结果可以推测出：经过表面腐蚀处理后的 E-SiO_{2f}/SiO_2-Nb 钎焊接头体系中产生的“三维钉扎结构”不仅能够有效降低接头中的残余应力，而且改变接头中残余应力的分布情况，其原因可以归结如下。

(1) 针对初始 SiO_{2f}/SiO_2-Nb 钎焊接头，由于 SiO_{2f}/SiO_2 复合材料与 AgCuTi 活性钎料及金属 Nb 间的热膨胀系数存在较大差异，所以在 SiO_{2f}/SiO_2 复合材料靠近焊缝处就会产生较大的残余应力。经过表面腐蚀处理后，AgCuTi 活性钎料能够充分浸入 E-SiO_{2f}/SiO_2 复合材料腐蚀层形成“三维钉扎结构”，而该结构有助于在 E-SiO_{2f}/SiO_2-Nb 钎焊接头中形成一个三维的复合材料-活性钎料过渡区。从而，SiO_{2f}/SiO_2 复合材料与 AgCuTi 活性钎料及金属 Nb 间的热膨胀系数的不匹配度得到有效缓解，降低接头中的残余应力。

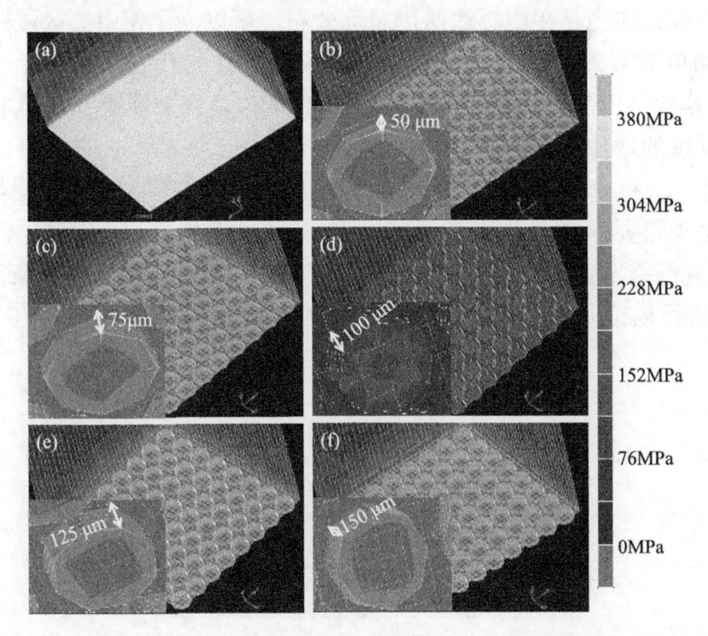

图 7-16　活性钎料-复合材料过渡区中不同结构 SiO_{2f}/SiO_2 侧残余应力的分布

(a) 0μm/E-SiO_{2f}/SiO_2；(b) 50μm/E-SiO_{2f}/SiO_2；(c) 75μm/E-SiO_{2f}/SiO_2；(d) 100μm/E-SiO_{2f}/SiO_2；(e) 125μm/E-SiO_{2f}/SiO_2；(f) 150μm/E-SiO_{2f}/SiO_2

(2) E-SiO_{2f}/SiO_2-Nb 钎焊接头中形成的“三维钉扎结构”改变原始 SiO_{2f}/SiO_2-Nb 钎焊接头中 AgCuTi 活性钎料与 SiO_{2f}/SiO_2 复合材料间的接触面，从而，由以上两种材料热膨胀系数不匹配度较大引起的残余应力的分布情况会随之发生变化。

然而，虽然复合材料-活性钎料过渡区能够有效减低接头中的残余应力，但是以上模拟计算结果中的一个现象值得注意。随着腐蚀深度从 100μm 增加到 150μm 时，接头中的残余应力不升反降。基于前面的推测对其继续进行解释：随着腐蚀深度的进一步增加，复合材料-活性钎料过渡区的宽度不断增加，从而 SiO_{2f}/SiO_2 复合材料与 AgCuTi 活性钎料及金属 Nb 间的热膨胀系数的不匹配度也会随之继续降低，接头中的残余应力减小。显然以上推测并不适用于分析腐蚀深度为 100μm 增加到 150μm 时接头中残余应力的变化原因。

也就是说，经过表面腐蚀处理后，E-SiO_{2f}/SiO_2-Nb 钎焊接头中形成的复合材料-活性钎料过渡区能够有效降低接头中残余应力，但同时正因为 AgCuTi 活性钎料向 E-SiO_{2f}/SiO_2 复合材料表面腐蚀层的浸入，过渡区的残余应力分布也变得更加复杂。

接下来，主要针对复合材料-活性钎料过渡区的残余应力进行分析计算，E-SiO_{2f}/SiO_2-Nb 钎焊接头整体模型的剖面示意图如 7-17 所示。由于 E-SiO_{2f}/SiO_2-Nb 钎焊接头中残余应力是在中心线两边对称分布，所以为了使中心区域残余应力的分析变得简单清晰，选取 *A* 区域中的 SiO_2 纤维作为代表区域进行计算。根据 E-SiO_{2f}/SiO_2-Nb 钎焊接头体系的结构可以推测出，垂直于焊缝方向的主应力 σ_z 会随着腐蚀深度的增加发生改变，而另外两个方向的应力 σ_x 和 σ_y 并不会发生明显的改变。此外，τ_{xz} 和 τ_{yz} 这两个剪应力也不会随腐蚀深度的增加而发生明显变化，从而另一个至关重要的应力为 τ_{xy}，且在 σ_z 和 τ_{xy} 这两个主要应力的共同作用下才可以引发 SiO_2 纤维发生断裂[21]。所以，在本研究中主要针对最大主拉应力 σ_z 和剪应力 τ_{xy} 来进行模拟分析，其计算结果如图 7-18 所示。

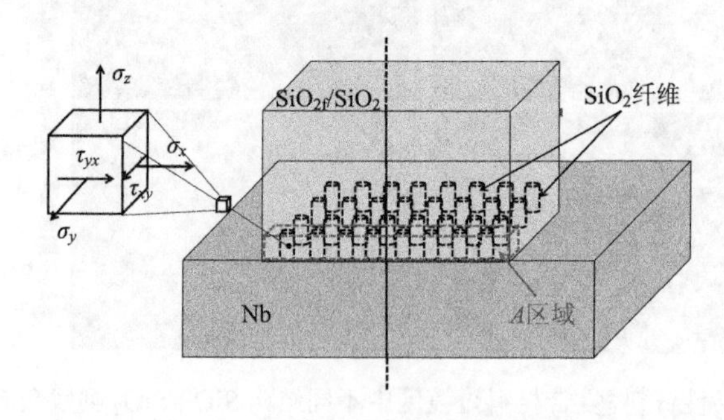

图 7-17 E-SiO_{2f}/SiO_2-Nb 钎焊接头整体模型的剖面示意图

图 7-18 为 E-SiO_{2f}/SiO_2-Nb 钎焊接头体系结构对接头中 A 区域残余应力分布的影响。从图 7-18(a)可以看出，经过表面腐蚀处理后，当腐蚀深度从 0μm 增加到 100μm 时，σ_z 显著降低，而随着腐蚀深度继续增加至 150μm 时，σ_z 并没有随腐蚀深度的增加发生明显变化。然而，值得注意的是，当腐蚀深度从 100μm 增加到 150μm 时，τ_{xy} 反而明显增加，如图 7-18(b)所示。因此，E-SiO_{2f}/SiO_2-Nb 钎焊接头所受到的最大残余应力会随着腐蚀深度的增加先减小后增大，且当腐蚀深度为 100μm 时，接头中所受到的残余应力为最小值，如图 7-19 所示。

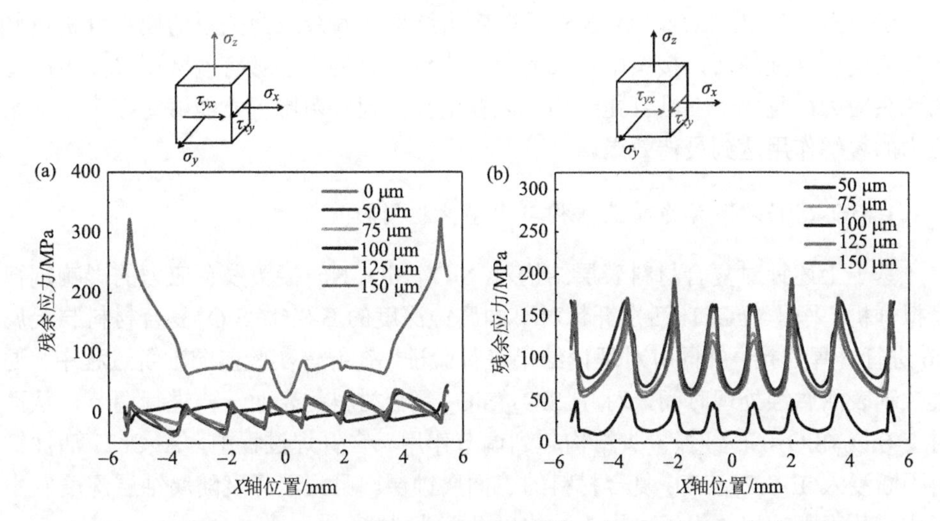

图 7-18　为 E-SiO_{2f}/SiO_2-Nb 钎焊接头体系结构对接头中 A 区域残余应力分布的影响

(a) σ_z；(b) τ_{xy}

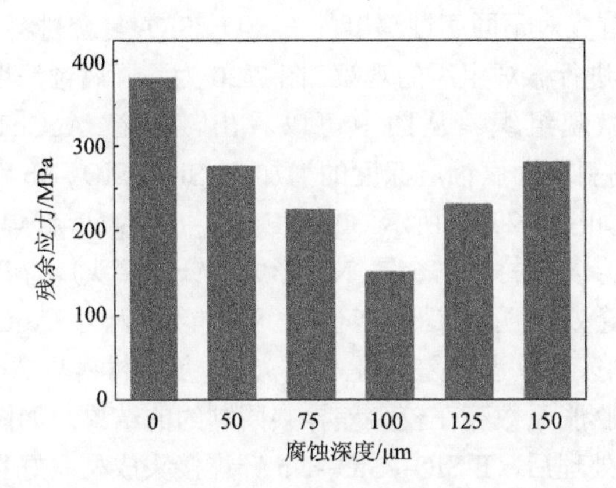

图 7-19　E-SiO_{2f}/SiO_2-Nb 钎焊接头结构对残余应力的影响

根据以上计算结果可以推测出，当腐蚀深度从 0μm 增加到 100μm 时，E-SiO_{2f}/SiO_2-Nb 钎焊接头中的残余应力逐渐减小。这个现象是因为经过表面腐蚀处理后，接头中形成的复合材料-活性钎料过渡区能够有效降低 SiO_{2f}/SiO_2 复合材料、AgCuTi 活性钎料及金属 Nb 间的热膨胀系数的不匹配度，从而实现连接接头性质的梯度过渡，缓解接头残余应力。然而，随着腐蚀深度从 100μm 进一步增加至 150μm，接头中的残余应力并没有继续降低，反而开始增加。这个现象是因为 AgCuTi 活性钎料浸入 E-SiO_{2f}/SiO_2 的腐蚀层，增加了活性钎料与 SiO_2 纤维间的接触面，从而在复合材料-活性钎料过渡区引入了 τ_{xy}，而该剪应力 τ_{xy} 会随腐蚀深度的增加而增大，从而接头中的残余应力会随着腐蚀深度的进一步增加，不减反升。

综合以上对 E-SiO_{2f}/SiO_2-Nb 钎焊接头结构与残余应力关系的模拟分析可知经过表面腐蚀处理后，接头中形成的“三维钉扎结构”能够有效降低接头中产生的残余应力，且此“三维钉扎结构”须在恰当的尺寸范围内才能够对接头中残余应力的缓解作用达到最佳效果。

4. SiO_{2f}/SiO_2-Nb 体系接头结构与力学性能间的关系

基于上述针对复合材料表层结构对 SiO_{2f}/SiO_2-Nb 接头残余应力的影响规律模拟分析，采用 AgCuTi 活性钎料对不同腐蚀深度的 E-SiO_{2f}/SiO_2 复合材料与金属 Nb 进行钎焊连接，并同时对理论结果进行验证。在钎焊实验前的准备过程中，通过控制表面腐蚀处理时间，对 E-SiO_{2f}/SiO_2 复合材料的表面结构进行调节，从而对 E-SiO_{2f}/SiO_2-Nb 钎焊接头结构起到调节作用。在钎焊过程中，AgCuTi 活性钎料不断浸入 E-SiO_{2f}/SiO_2 复合材料的表面腐蚀层，且浸入深度随腐蚀层深度发生变化，从而影响焊缝组织、接头结构以及接头性能。

为了研究复合材料表层结构对 SiO_{2f}/SiO_2-Nb 接头力学性能影响规律，需在相同的焊接条件下，首先对不同腐蚀深度的 E-SiO_{2f}/SiO_2 复合材料与金属 Nb 进行钎焊连接得到的接头进行微观组织的观察。图 7-20 为不同腐蚀深度 E-SiO_{2f}/SiO_2-Nb 钎焊接头的典型微观组织。从图中可以看出，随着 AgCuTi 活性钎料浸入 E-SiO_{2f}/SiO_2 复合材料表面腐蚀层深度的增加，E-SiO_{2f}/SiO_2-Nb 钎焊接头的微观组织发生明显变化。如图 7-20(a)所示，0μm/E-SiO_{2f}/SiO_2-Nb 钎焊接头(即未经过腐蚀处理的 SiO_{2f}/SiO_2 复合材料与金属 Nb 形成的钎焊接头)，在浸入 E-SiO_{2f}/SiO_2 复合材料靠近焊缝处有明显裂纹产生。这可能是因为 AgCuTi 活性钎料在 SiO_{2f}/SiO_2 复合材料表面润湿性差以及 SiO_{2f}/SiO_2 复合材料与 AgCuTi 活性钎料或者金属 Nb 间的热膨胀系数存在较大差异共同制约的结果。如图 7-20(b)～(f)所示，经过表面腐蚀处理后，E-SiO_{2f}/SiO_2-Nb 钎焊接头成型完好且均有三维的复合材料-活性钎料过渡区形成，该过渡区的宽度随着腐蚀深度的增加而增大。值得注意的是，AgCuTi 活性钎料可以充分填满腐蚀层中 SiO_2 纤维间的空间，而且 AgCuTi 活性钎料与 SiO_2 纤维间能够发生良好的冶金反应。这可能是因为 AgCuTi 活性钎料在 SiO_2 纤维表面的润湿性良好。此外，E-SiO_{2f}/SiO_2-Nb 钎焊接头中形成的“三维缓冲层”能够有效降低接头中的残余应力，从而减少接头中连续裂纹的产生。

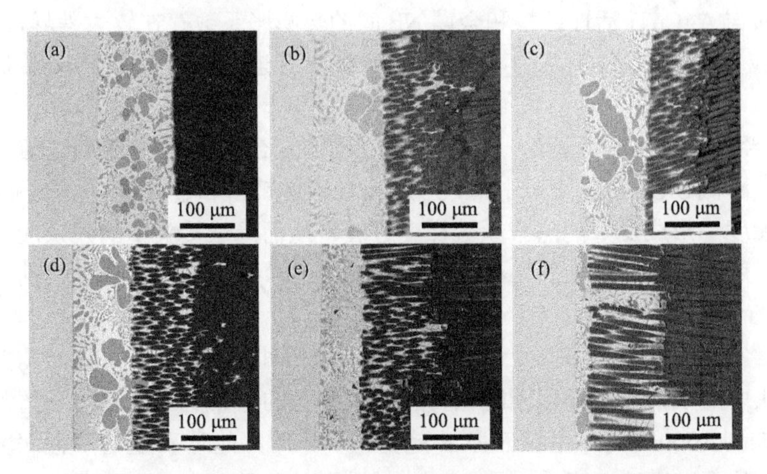

图 7-20　不同微观结构 E-SiO_{2f}/SiO_2-Nb 钎焊接头的典型微观组织

(a) 0μm/E-SiO_{2f}/SiO_2-Nb；(b) 50μm/E-SiO_{2f}/SiO_2-Nb；(c) 75μm/E-SiO_{2f}/SiO_2-Nb；(d) 100μm/E-SiO_{2f}/SiO_2-Nb；(e) 125μm/E-SiO_{2f}/SiO_2-Nb；(f) 150μm/E-SiO_{2f}/SiO_2-Nb

为了研究接头结构与力学性能的关系，对不同结构的 E-SiO_{2f}/SiO_2-Nb 钎焊接头进行压剪实验，实验结果如图 7-21 所示。图 7-21 为 E-SiO_{2f}/SiO_2-Nb 钎焊接头微观结构对其抗剪强度的影响。

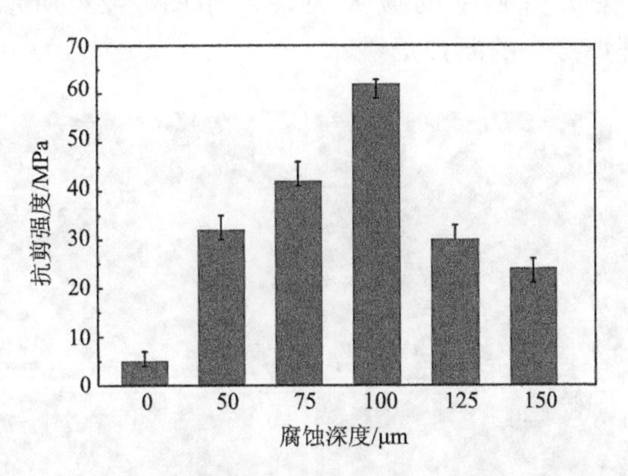

图 7-21　E-SiO_{2f}/SiO_2-Nb 钎焊接头微观结构对其抗剪强度的影响

从图 7-21 中可以看出，经过表面腐蚀处理后，接头抗剪强度从不足 5MPa 提高到 32MPa 左右，且随着腐蚀深度增加到 100μm，接头强度逐渐提高到大约 61.9MPa，然而，随着腐蚀深度进一步增加至 150μm，接头的抗剪强度又不断降低。基于以上对不同结构的 E-SiO_{2f}/SiO_2-Nb 钎焊接头的微观组织观察及力学性能测试可以推测出以上实验现象的原因可以归结为以下几点。

(1) AgCuTi 活性钎料在初始 SiO_{2f}/SiO_2 复合材料表面润湿性差且 SiO_{2f}/SiO_2 复合材料与 AgCuTi 活性钎料和金属 Nb 间的热膨胀系数存在较大差异，从而在较大残余应力作用下 SiO_{2f}/SiO_2-Nb 钎焊接头中有连续裂纹形成，接头强度不足 5MPa。

(2) 经过表面腐蚀处理后，接头中有三维的复合材料-活性钎料过渡区形成，能够有效降低 SiO_{2f}/SiO_2 复合材料与 AgCuTi 活性钎料和金属 Nb 间的热膨胀系数的不匹配度，形成良好的热胀系数梯度过渡，从而降低接头中的残余应力提高接头强度。所以，经过表面腐蚀处理后，E-SiO_{2f}/SiO_2-Nb 钎焊接头的抗剪强度提高到 32MPa 左右。

(3) 经过表面腐蚀处理后，接头中有"三维钉扎"结构形成，该结构能够有效降低接头中的残余应力，但同时也使得残余应力的分布更加复杂。当腐蚀深度从 0μm 增加到 100μm 时，主拉应力 σ_z 起到主要作用，此时 σ_z 随着腐蚀深度的增加而变小，从而当腐蚀深度为 100μm 时，接头强度达到 61.9MPa；而当腐蚀深度从 100μm 增加到 150μm 时，过渡区中 AgCuTi 活性钎料与 SiO_2 纤维间的主剪应力 τ_{xy} 起主要作用，且 τ_{xy} 随腐蚀深度的增加而增大，在此过程中，接头抗剪强度逐渐降低。

由以上分析可知，钎焊接头的微观结构与接头抗剪强度有着直接的联系，于是为了确定具有不同微观结构的钎焊接头的断裂位置，对接头的断裂面进行分析，从而揭示影响接头抗剪强度的最大因素，如图 7-22 所示为不同微观结构 E-SiO_{2f}/SiO_2-Nb 钎焊接头的断口形貌。

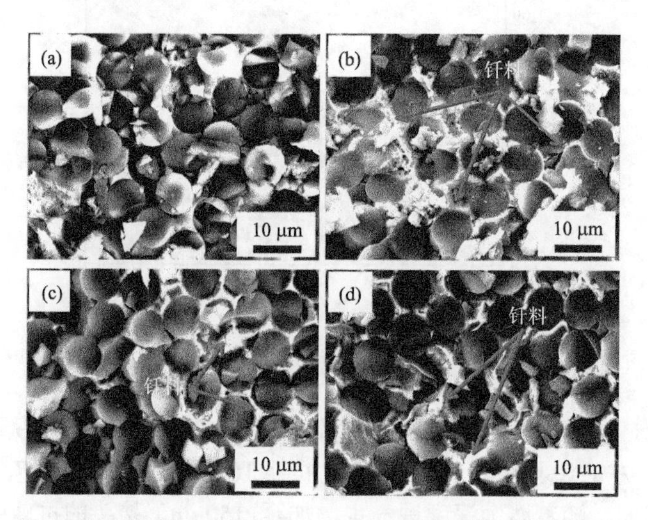

图 7-22　不同微观结构 E-SiO_{2f}/SiO_2-Nb 钎焊接头的断口形貌

(a) 0μm/E-SiO_{2f}/SiO_2-Nb；(b) 50μm/E-SiO_{2f}/SiO_2-Nb；(c) 100μm/E-SiO_{2f}/SiO_2-Nb；(d) 150μm/E-SiO_{2f}/SiO_2-Nb

从图 7-22(a)中可以清晰地看到 SiO_{2f}/SiO_2-Nb 钎焊接头的断口仅由断裂的 SiO_2 纤维组成。这可能是因为 AgCuTi 活性钎料在 SiO_{2f}/SiO_2 复合材料表面润湿性差以及 SiO_{2f}/SiO_2 复合材料与 AgCuTi 活性钎料或者金属 Nb 间的热膨胀系数存在较大差异，从而在 SiO_{2f}/SiO_2 复合材料靠近焊缝处产生连续裂纹，进而 SiO_{2f}/SiO_2-Nb 钎焊接头在该裂纹处发生断裂。从图 7-22(b)～(d)可以看出，经过腐蚀处理后形成的 E-SiO_{2f}/SiO_2-Nb 钎焊接头的断口形貌几乎相同，都是由 AgCuTi 活性钎料和 SiO_2 纤维组成。

接下来，为了确定不同微观结构 E-SiO_{2f}/SiO_2-Nb 钎焊接头断口的反应产物，对其分别进行 XRD 测试，测试结果如图 7-23 所示。

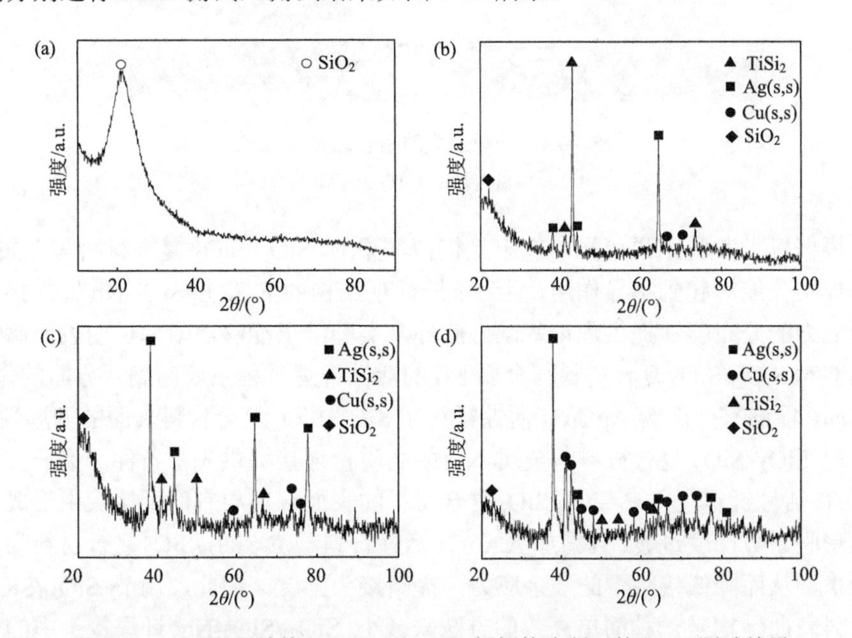

图 7-23　不同微观结构 E-SiO_{2f}/SiO_2-Nb 钎焊接头断口的 XRD 测试结果

(a) 0μm/E-SiO_{2f}/SiO_2-Nb；(b) 50μm/E-SiO_{2f}/SiO_2-Nb；(c) 100μm/E-SiO_{2f}/SiO_2-Nb；(d) 150μm/E-SiO_{2f}/SiO_2-Nb

从图 7-23(a)中可以看出，SiO_{2f}/SiO_2-Nb 钎焊接头的断口仅由非结晶态的 SiO_2 相组成。而如图 7-23(b)～(d)所示，50μm/E-SiO_{2f}/SiO_2-Nb、100μm/E-SiO_{2f}/SiO_2-Nb 和 150μm/E-SiO_{2f}/SiO_2-Nb 钎焊接头的断口是由非结晶态的 SiO_2、$TiSi_2$、Ag(s,s)和 Cu(s,s)等反应生成相所组成。从 XRD 的测试结果可以推断出，SiO_{2f}/SiO_2-Nb 钎焊接头的断裂产生在 SiO_{2f}/SiO_2 复合材料母材侧。这可能是因为接头中的残余应力主要在 SiO_{2f}/SiO_2 复合材料靠近焊缝处发生集中。而对于 50μm/E-SiO_{2f}/SiO_2-Nb、100μm/E-SiO_{2f}/SiO_2-Nb 和 150μm/E-SiO_{2f}/SiO_2-Nb 钎焊接头发生在三维过渡区。而值得注意的是，虽然这三种接头的断口形貌几乎相同，但是其力学性

能却截然不同。这可能是因为三种钎焊接头的微观结构完全不同，从而导致该三维过渡区的残余应力也不相同。

根据以上对不同微观结构 E-SiO_{2f}/SiO_2-Nb 钎焊接头断口微观形貌及其成分分析可以推测出接头的断裂路径如图 7-24 所示。由图 7-24(a)可知，SiO_{2f}/SiO_2-Nb 钎焊接头的断裂发生在 SiO_{2f}/SiO_2 复合材料靠近焊缝处。而如图 7-24(b)所示，E-SiO_{2f}/SiO_2-Nb 钎焊接头的断裂发生在复合材料-活性钎料过渡区。

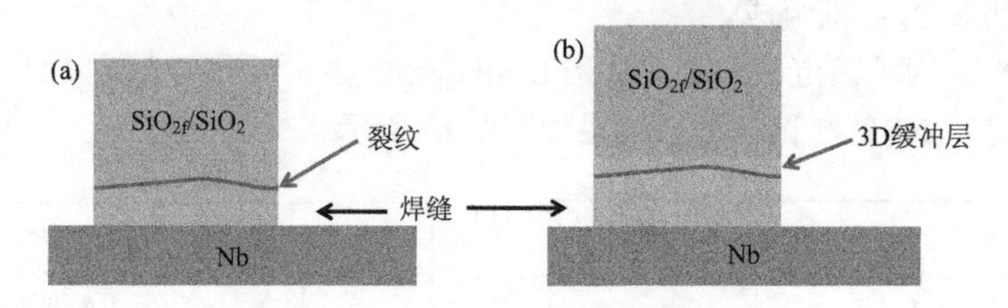

图 7-24　钎焊接头的断裂路径示意图

(a) SiO_{2f}/SiO_2-Nb；(b) E-SiO_{2f}/SiO_2-Nb

根据以上实验结果可知，有限元模拟结果对 SiO_{2f}/SiO_2 复合材料与金属 Nb 的钎焊实验能够起到指导作用，且为不同微观结构的 E-SiO_{2f}/SiO_2-Nb 钎焊接头中残余应力的分布能够提供理论基础。此外，实验结果能够清晰地说明表面腐蚀处理能够对 SiO_{2f}/SiO_2 复合材料与金属 Nb 的活性钎焊过程主要起到两方面的作用。一方面，能够有效改善 AgCuTi 活性钎料在 SiO_{2f}/SiO_2 复合材料表面的润湿性，这为实现 SiO_{2f}/SiO_2 复合材料与金属 Nb 的高质量连接提供先决条件。另一方面，AgCuTi 活性钎料浸入 E-SiO_{2f}/SiO_2 复合材料的表面腐蚀层有助于接头中形成良好的热膨胀系数梯度过渡，且增加 AgCuTi 活性钎料与 E-SiO_{2f}/SiO_2 复合材料间的连接面积，从而降低接头中的残余应力，提高接头强度。因此，调节 SiO_{2f}/SiO_2 复合材料表面结构是一种简单高效的方法来减小 SiO_{2f}/SiO_2-Nb 钎焊接头中的残余应力，从而提高接头强度。有限元模拟结果和钎焊实验结果都同时说明，100μm/E-SiO_{2f}/SiO_2-Nb 钎焊接头的力学性能最好。

7.2　SiO_2-BN 陶瓷表面状态调控及钎焊工艺研究

氮化硼增强二氧化硅基陶瓷(SiO_2-BN)是一种先进的复合材料，在保持良好透波性能的同时，具有比单一成分陶瓷更高的力学性能与抗高温烧蚀性能，满足航空航天领域超高速飞行器对陶瓷材料更为苛刻的要求。在实际应用中，SiO_2-BN 陶瓷常作为功能构件与 TC4 合金基体进行钎焊连接使用。然而，SiO_2-BN 陶瓷与 TC4 合金的钎焊连接存在界面反应不充分，钎焊过程中 TC4 合金中 Ti 元素过量溶解导致的脆性相过多以及接头残余应力大等难题，限制了 SiO_2-BN 陶瓷性能的发挥与应用。因此，采用陶瓷表面状态调控辅助钎焊连接对上述问题进行解决，从而实现了 SiO_2-BN 陶瓷与 TC4 合金的高质量连接。

7.2.1　SiO_2-BN 陶瓷表面结构优化

不同氢氟酸腐蚀 SiO_2-BN 陶瓷表面形貌如图 7-25 所示。通过腐蚀后，陶瓷表面出现许多 BN 颗粒，纳米尺度的小颗粒呈现六棱柱形状，符合 h-BN 颗粒的六方晶体结构，腐蚀后 BN 颗粒的凸出使得 BN 所占面积增加，增强钎料与陶瓷的反应。氢氟酸的腐蚀时间直接影响 SiO_2 基体的腐蚀深度，进而增大 BN 颗粒的含量。当氢氟酸腐蚀时间为 1min 时，由于腐蚀深度较浅陶瓷表面只有少量颗粒，颗粒形状不明显[图 7-25(a)]。当腐蚀时间为 3min 时，陶瓷表面 BN 颗粒数量增加，颗粒形状明显尺寸为 5μm 左右[图 7-25(b)]。随着腐蚀时间增加为 5min 时，陶瓷表面基本由 BN 颗粒组成，并且 SiO_2 基体溶解较深不再呈现凹凸表面，并出现腐蚀孔洞利用钎料的渗入形成钉扎作用[图 7-25(c)]。而当腐蚀时间过长时，腐蚀时间为 10min 时 SiO_2 基体溶解过度，虽然 BN 颗粒含量会增多，但此时 BN 颗粒会因与 SiO_2 结合力不强产生较为严重的脱附现象，反而导致 BN 含量的降低类似于腐蚀 3min 时的形貌[图 7-25(d)]。综上，在一定腐蚀时间内，随着腐蚀时

图 7-25　不同腐蚀时间下陶瓷表面形貌

(a) 1min；(b) 3min；(c) 5min；(d) 10min

间的增加，BN 颗粒含量增加，而过度腐蚀之后 BN 颗粒的脱附导致 BN 含量降低，形成 BN 颗粒含量的循环变化。当腐蚀时间为 5min 时，BN 颗粒含量最多，SiO_2 基体孔洞较多。

7.2.2　氢氟酸腐蚀时间对界面结构的影响

为研究腐蚀时间对界面结构的影响，确定陶瓷表面优化对陶瓷侧反应层的强化机制，通过在 970℃/10min 条件下对不同腐蚀时间的陶瓷进行钎焊试验，接头界面结构如图 7-26 所示。当腐蚀时间为 1min 时，如图 7-26(a)所示，BN 颗粒中 B 与 N 元素溶解进入焊缝中，在陶瓷侧形成些许黑色颗粒，为生成物 TiN 与 TiB，但由于 BN 颗粒含量较低，对陶瓷侧金属间化合物层的界面结构影响不大。而当腐蚀为 3min，如图 7-26(c)所示，由于 BN 颗粒含量增加，溶解于焊缝中的 B 与 N 元素增多，TiB 产生些许的晶须特征，由于 TiN 与 TiB 的存在，使得金属间化合物层的相细化并产生分离，脆性连续形貌得到改善。而当腐蚀深度为 5min 时，如图 7-26(e)所示，由于 SiO_2 的大量溶解，单纯由 BN 组成的陶瓷表面将形成大量孔洞，钎料渗入其中形成钉扎，因此焊缝宽度减小，由于 BN 颗粒互联成网状，陶瓷侧反应界面不再为平面形貌，并且金属间化合物层也被 BN 打破形成网状结构，并且在靠近陶瓷部位的表面形成了明显的 TiB 晶须，如图 7-26(f)所示将增强陶瓷与钎料的界面结合。由于 TiB 在反应界面的形成，再加上 BN 颗粒对陶瓷侧热膨胀系数的降低，陶瓷侧的应力将得到局部缓解，接头强度将得到提高，对于陶瓷表面的优化对焊缝的界面结构调节有限，焊缝中的相仍较为连续。而当腐蚀时间为 10min 时如图 7-26(g)所示，陶瓷侧反应变得曲折而无钎料渗入，由于 BN 颗粒的减少，反应层界面结果如腐蚀时间 1min 类似，界面结构产生循环性特征。

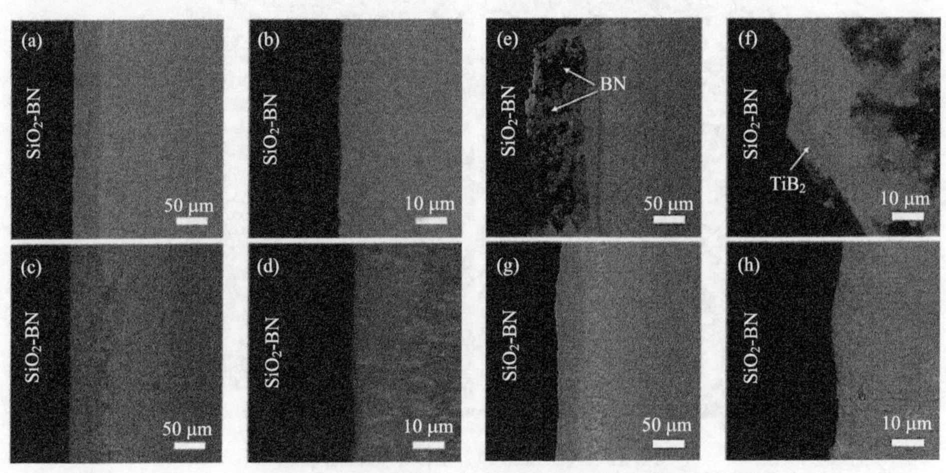

图 7-26　不同腐蚀时间对接头界面结构的影响

(a)(b)1min；(c)(d)3min；(e)(f)5min；(g)(h)10min

7.2.3　氢氟酸腐蚀时间对反应层形貌及接头力学性能的影响

为充分研究腐蚀时间对陶瓷界面反应的影响作用，以及 BN 颗粒含量对 TiB 晶须含量的影响，我们对焊接后的接头进行氢氟酸腐蚀，溶解钎料与其他反应物，留存 TiB 在陶瓷表面进行观测。

当腐蚀时间为 1min 时如图 7-27(a)所示，TiB 的含量增大并且晶须形状更大明显，但由于 BN 含量较低，TiB 晶须比未处理 SiO_2-BN 表面只有些许增加。而当腐蚀时间进步增加至 3min 时如图 7-27(b)所示，BN 颗粒的增强使得 TiB 形核更为充分，陶瓷表面可以明显看到 TiB 晶须向钎料层生长。当腐蚀时间为 5min 时如图 7-27(c)所示，BN 颗粒的大幅增加使得 TiB 晶须含量显著增大覆盖整个陶瓷表面，晶须长度为 30μm 左右放射状生长，将与钎料增大接触面积，起到较好的钉扎作用。而腐蚀时间达 10min 时，BN 脱落使得 BN 含量降低，TiB 晶须含量也随之减少，类似于腐蚀 1min 时的形貌。综上所述，BN 的含量直接影响了 TiB 的数量与结晶长度，晶须从 BN 颗粒位置长出故呈现放射状生长。

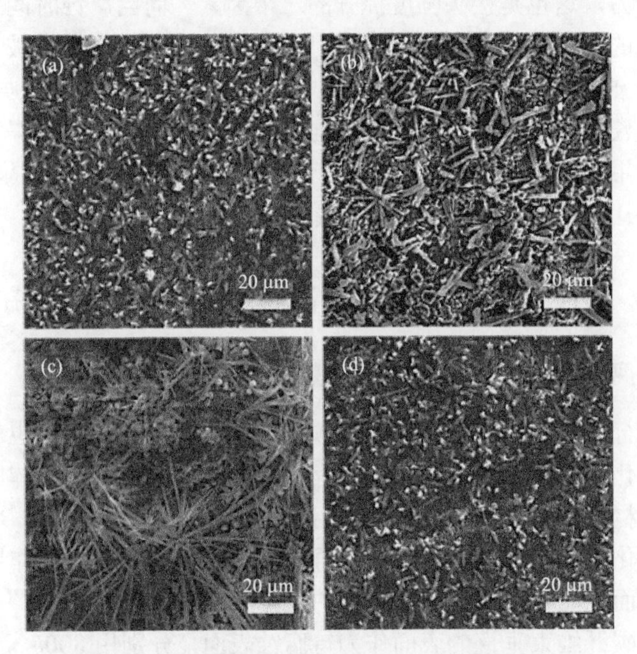

图 7-27　不同腐蚀时间对接头反应界面的影响

(a) 1min；(b) 3min；(c) 5min；(d) 10min

陶瓷不同腐蚀时间的接头剪切强度如图 7-28 所示，随着腐蚀试验的延长，剪切强度为上升趋势，腐蚀时间的增加使得 BN 颗粒增多，扩散溶解进入钎料中的 B 和 N 元素将会增多，一方面 TiB 的形成将打破陶瓷侧金属间化合物层的连续性，另一方面 B 元素的溶解利于 TiB 晶须向钎料方向的形成，增强陶瓷反应界面的结合性能，使得剪切强度得到提高。

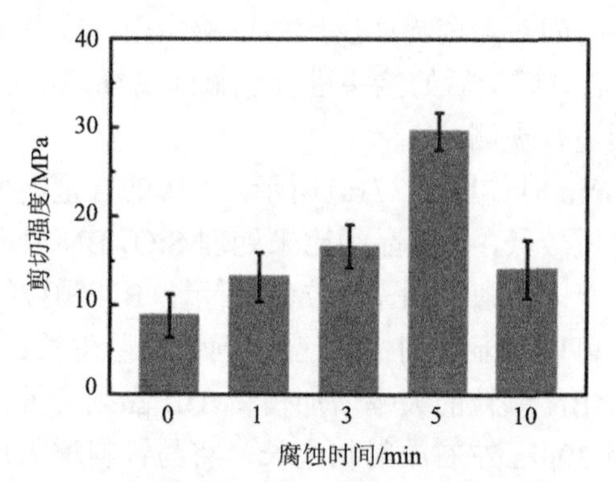

图 7-28　不同腐蚀时间对接头剪切强度的影响

BN 颗粒与 TiB 晶须将降低反应层处的热膨胀系数，一定程度上缓解陶瓷界面处的残余应力，这也是接头强度提升的一个因素。而当腐蚀时间为 5min 时，钎料渗入形成的钉扎作用以及 BN 颗粒对陶瓷侧金属间化合物的破坏将极大程度地优化，剪切强度达到最大的 29.6MPa，比不做任何处理的接头强度提高了 2.4 倍。腐蚀对陶瓷界面的优化改善了钎料与陶瓷的界面结合，但对焊缝整体的热膨胀系数调节作用不大，过大的残余应力仍是限制接头强度提高的显著问题，在第 8 章将从添加中间层的方法缓解接头的残余应力问题。

7.3　C/SiC 表面状态调控及钎焊工艺研究

7.3.1　电化学腐蚀参数对 C/SiC 表面形貌的影响规律

C/SiC 复合材料是由碳纤维编织，碳化硅基体浸渗形成的，也就是在碳纤维的周围存在碳化硅基体，在 C/SiC 内部存在着碳纤维与碳化硅基体的界面。在进行 C/SiC 复合材料的电化学腐蚀时，采用 NaOH 溶液作为电解液，将 C/SiC 复合材料装置在电化学工作站上，由于碳纤维的导电性质，在电流的作用下，碳纤维会被腐蚀，从而完成在 C/SiC 复合材料的表面的结构设计。

首先选择碳纤维束垂直的表面作为待腐蚀表面，分别用 800#、1000#、1500# 砂纸将此表面进行平整化处理，接着用丙酮进行超声清洗，去除残留在表面的碎屑等杂质。为了保证在电化学腐蚀过程中仅对需要腐蚀的面进行腐蚀，对 C/SiC 进行灌制。将垂直与待处理面的任意两个面用导电胶将其与导线连接，除待处理面外其他表面均灌制在树脂中，保证在腐蚀过程中，其他表面不与电解液接触，这样就可以只对需要腐蚀的面进行腐蚀，而其他表面不受损伤。

在电化学腐蚀过程中，腐蚀电压和腐蚀时间是影响腐蚀程度的关键因素，因此，本节研究了腐蚀参数对 C/SiC 复合材料表面形貌的影响。选择 6mol/L 的 NaOH 水溶液作为电解液，在腐蚀过程中会有放热现象，因此在试验过程将整个装置置于冷水中对其进行冷却。在腐蚀完成后，将树脂灌制的件在丙酮中进行处理，但是在腐蚀表面仍会残留一些杂质，诸如碱，通过多次重复将其在酸与碱中不断清洗，直到杂质被清洗干净，最后用清水冲洗几遍即可。

本节通过改变腐蚀电压和腐蚀时间来探究腐蚀参数对 C/SiC 复合材料表面形貌的影响规律。本试验中我们将腐蚀电压定为 0.8V、1.0V、1.2V、1.4V，将腐蚀时间定为 0.5h、1h、2h、3h。

1. 腐蚀电压对 C/SiC 表面形貌的影响规律

为了研究腐蚀电压对 C/SiC 复合材料表面形貌的影响规律，选择 6mol/L 的 NaOH 溶液作为电解液，固定腐蚀时间为 2h，改变腐蚀电压这个变量来研究。本试验分别在腐蚀电压为 0.8V、1.0V、1.2V、1.4V 的条件进行腐蚀试验。C/SiC 复合材料在电化学腐蚀过后如图 7-29 所示。

可以看出，随着腐蚀电压的增加，碳纤维被腐蚀的程度增加。当腐蚀电压增加至 1.2V 时，碳纤维的尖端明显锐化，并且已经开始变细，发生折断的现象。当腐蚀电压继续增大到 1.4V 的时候，可以从图 7-29(g)看出 C/SiC 复合材料的表面已经被破坏，表面的碳纤维束被全部腐蚀，在材料表面出现凹坑，只留碳化硅基体存在于表面，从图 7-29(h)中可以看出碳纤维已经被腐蚀得非常细，多根变细的碳纤维已经断裂，此时已经造成对 C/SiC 复合材料表面的破坏。

通过研究腐蚀电压对其表面形貌的影响，首先验证了在腐蚀过程中，碳纤维在电流的作用下被腐蚀，而碳化硅基体保持完整，在 C/SiC 复合材料表面得到了预想的微观结构，为后续的钎焊试验做好了准备。过大的腐蚀电压会造成材料表面的破坏，通过试验发现最佳的腐蚀电压参数是 1.2V。

2. 腐蚀时间对 C/SiC 表面形貌的影响规律

腐蚀时间同样也是影响腐蚀程度的关键因素。为了研究腐蚀时间对 C/SiC 复合材料表面形貌的影响规律，本节选择 6mol/L 的 NaOH 溶液作为电解液，保持腐蚀电压为最优的 1.2V，分别在腐蚀时间为 0.5h、1h、2h、3h 下进行研究。图 7-30 是不同腐蚀时间下，C/SiC 复合材料的表面形貌。

从图 7-30 可以发现，腐蚀时间对 C/SiC 复合材料表面形貌的影响也很大，与腐蚀电压的影响规律类似，随着腐蚀时间的延长，碳纤维被腐蚀的程度越来越大，这很容易理解，时间的积累，在电流的作用下碳纤维慢慢被腐蚀。但是与腐蚀电压不同的是，长时间的腐蚀不会造成碳纤维很剧烈的腐蚀，由图 7-30(g)和(h)可

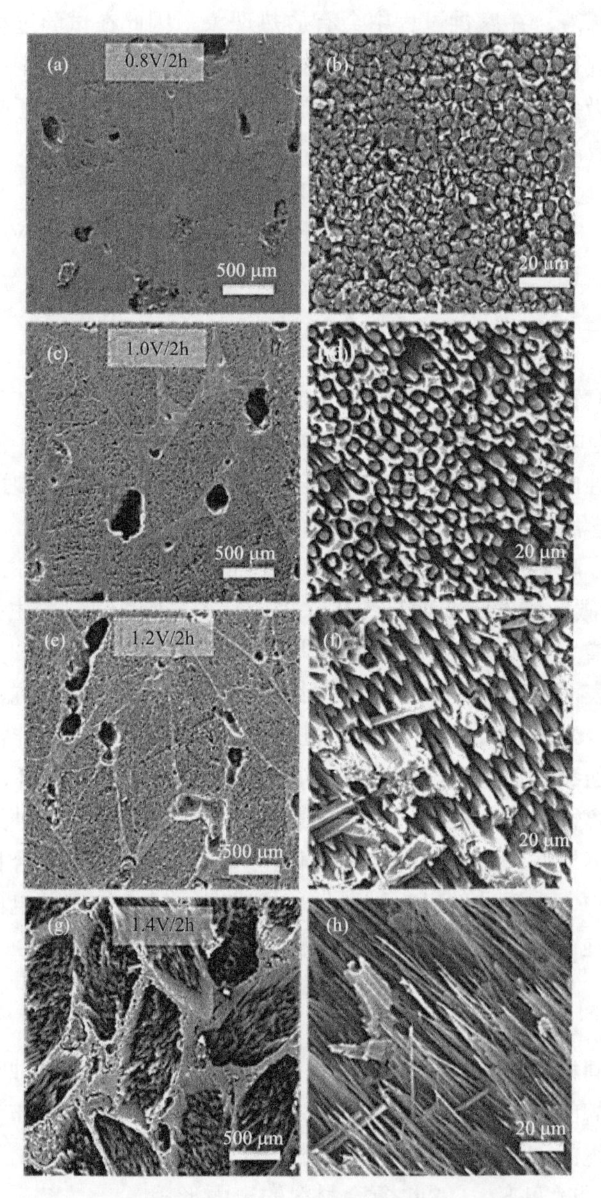

图 7-29　腐蚀电压对 C/SiC 复合材料表面形貌的影响

(a) (b) 0.8V；(c) (d) 1.0V；(e) (f) 1.2V；(g) (h) 1.4V

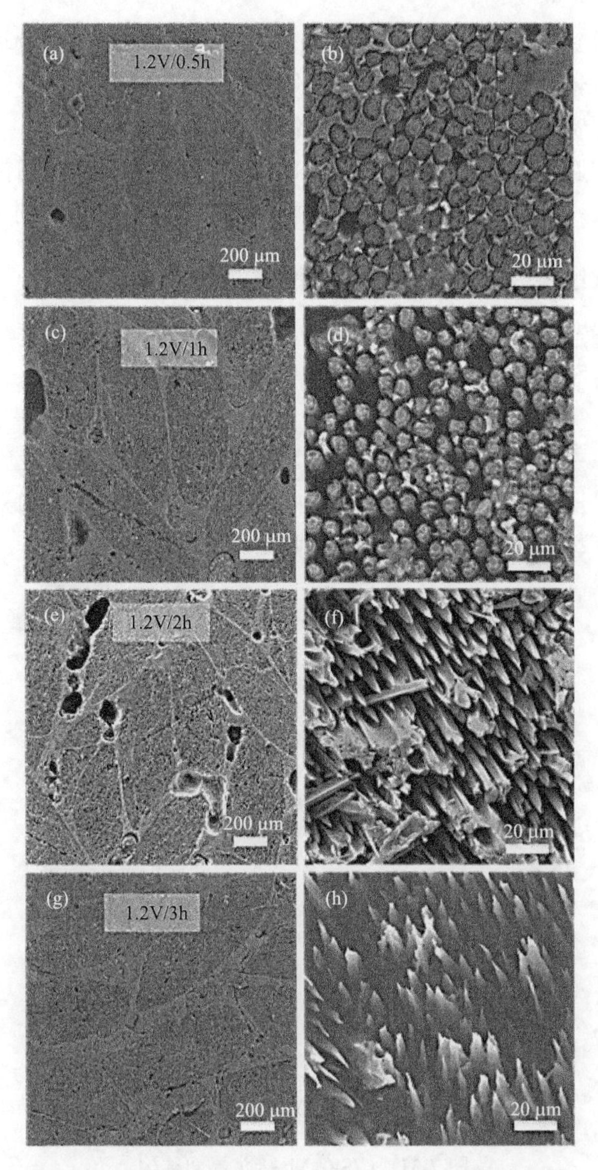

图 7-30　腐蚀时间对 C/SiC 复合材料表面形貌的影响

(a)(b) 0.5h；(c)(d) 1h；(e)(f) 2h；(g)(h) 3h

知，尽管腐蚀时间已经增加到 3h，但是碳纤维未发生断裂，而在 C/SiC 表面也未出现碳纤维束被全部腐蚀的现象，依然能够保证 C/SiC 表面的完整性，未对材料造成损伤。但是也并非腐蚀时间越长，腐蚀效果就越好。从试验结果得知，最佳的腐蚀时间参数是 2h。

通过研究腐蚀电压和腐蚀时间对 C/SiC 复合材料表面形貌的影响，可以从其形貌大概上可以知道腐蚀的程度，但是不能准确地描述腐蚀参数与腐蚀深度的关系，只能由碳纤维被腐蚀的程度来定性的判断。后面的钎焊试验可以从焊缝前端的钎料的浸渗区宽度可以准确测量腐蚀的深度。

腐蚀电压和腐蚀时间的优化对于 C/SiC 复合材料表面结构调控有着重要的意义，通过实验发现最佳的腐蚀参数是：腐蚀电压为 1.2V，腐蚀时间为 2h。

7.3.2 电化学腐蚀参数对 C/SiC-Nb 界面结构的影响规律

为了研究通过电化学腐蚀在 C/SiC 表面设计的结构对钎焊接头的影响，本试验进行 C/SiC 与 Nb 的钎焊连接。钎料为商用的 AgCuTi。

1. C/SiC-Nb 接头典型界面

为了进行对比，分别试验了经过电化学腐蚀处理的 C/SiC 和未经过电化学腐蚀处理的 C/SiC 与 Nb 的连接，其接头如图 7-31 所示。

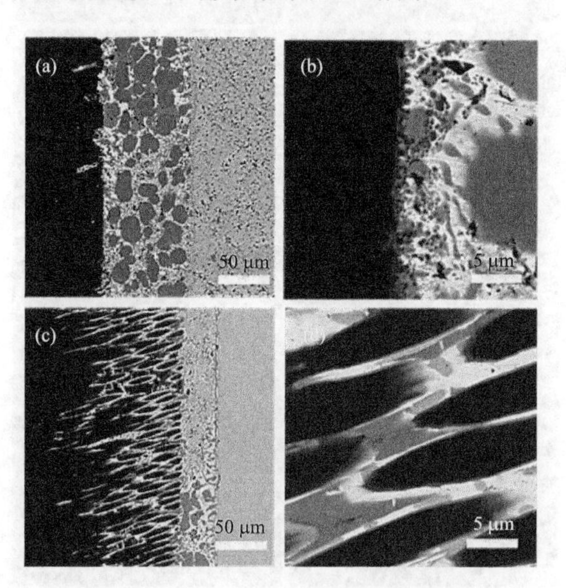

图 7-31 C/SiC-Nb 接头界面结构

(a)(b)未处理；(c)(d)1.2V/2h

可以看出两种接头的界面完全不同，在陶瓷侧有着巨大的差别。未处理的接头处有一层平直的反应层将其连接起来，但是经过电化学腐蚀的陶瓷在焊缝的前端出现了一个浸渗区，这是因为电腐蚀的作用碳纤维变细与碳化硅基体之间产生了间隙，钎料向其中渗入形成，可以通过浸渗区的宽度来定量描述 C/SiC 复合材料被腐蚀的深度。

为了确定钎焊机理，对图 7-32 所示的接头典型的界面结构进行分析。在焊缝前端的浸渗区内，钎料向碳纤维与碳化硅基体之间的间隙内进行渗入，形成了碳纤维-反应层-碳化硅基体的浸渗区。而这些浸渗区均是在碳纤维束内部形成，焊缝整体由这些浸渗区组成。

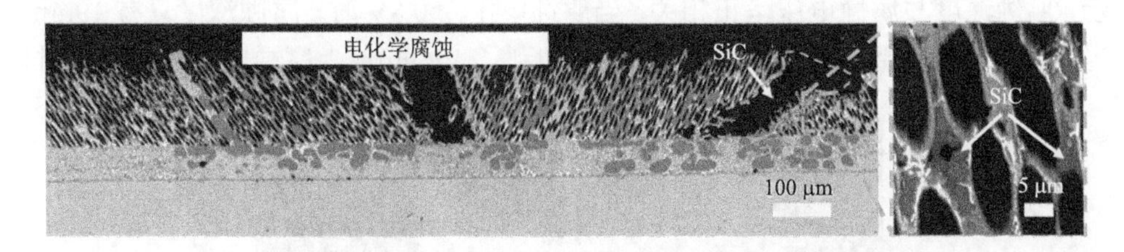

图 7-32　腐蚀处理的 C/SiC 复合材料与金属 Nb 接头典型界面结构

为了进一步确定碳纤维-反应层-碳化硅基体之间的物质组成，对焊缝中的浸渗区如图 7-33(a)所示的区域进行透射试验和面扫，结构如图 7-33 所示。发现在碳纤维与碳化硅基体之间存在着反应层，依次是碳纤维/TiC/Ti_5Si_3/TiC/碳化硅基体。那就可以说，在焊接接头处，由于电化学的腐蚀，在焊缝前端出现浸渗区，而这些区域是由很多纤维-反应层-碳化硅基体的片区组成，与未处理的焊接头差异明显，由这些浸渗区取代平直的反应层。

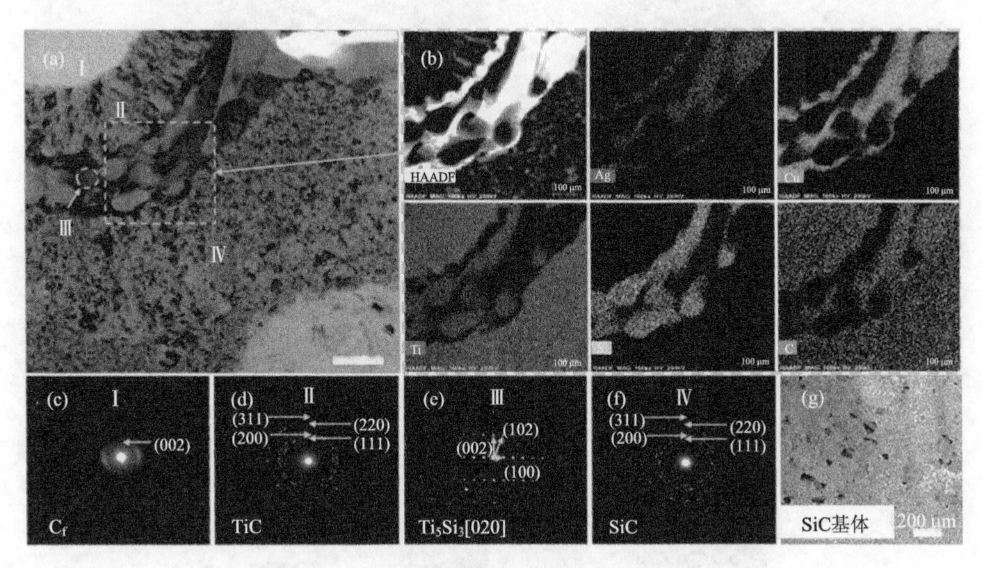

图 7-33　C/SiC 复合材料/Nb 接头组织分析

(a) SEM；(b) 面扫；(c)～(g) 透射分析

2. 腐蚀电压对 C/SiC-Nb 界面结构的影响

为了研究腐蚀电压对 C/SiC 表面腐蚀深度的影响，本试验控制腐蚀电压作为变量进行腐蚀处理，然后与 Nb 进行钎焊连接。不同腐蚀电压下接头如图 7-34 所示，腐蚀深度与腐蚀电压呈正相关，当腐蚀电压为 0.8V 时，腐蚀深度只有 19μm；当腐蚀电压增加到 1.2V 时，腐蚀深度增加到了 106μm，当腐蚀电压继续增大时，

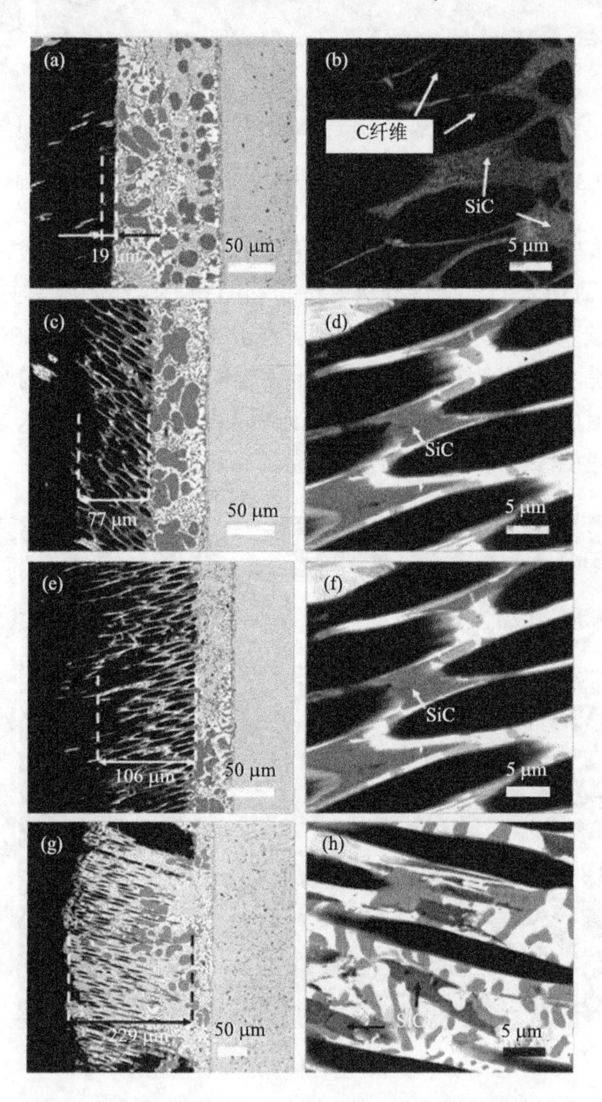

图 7-34　腐蚀电压对 C/SiC/AgCuTi/Nb 界面结构的影响

(a) (b) 0.8V；(c) (d) 1.0V；(e) (f) 1.2V；(g) (h) 1.4V

腐蚀深度也继续增加，但是由于碳纤维的严重腐蚀，钎料涌入被腐蚀掉的炭纤维束端部，只有极少量的碳纤维存在，出现了腐蚀过度的现象，这也与前面的现象一致，碳纤维被严重腐蚀，变细，折断，使 C/SiC 复合材料表面的碳纤维束向内凹进，造成钎料涌入。这样的渗入现象与希望的结果不符，但是可以通过控制腐蚀电压来控制腐蚀程度，进而获得希望的腐蚀深度。

通过试验可以发现，当腐蚀电压过小时，腐蚀深度很浅，钎料渗入效果不明显，当腐蚀电压过大时，C/SiC 复合材料表面腐蚀严重，造成钎料大量涌入。得到的最佳的腐蚀深度为腐蚀电压为 1.2V 时的 106μm。此时，钎料均匀渗入碳纤维与碳化硅基体之间的间隙。

在焊缝的前端形成了一定宽度的浸渗区，浸渗区由碳纤维/TiC+Ti_5Si_3/TiC/碳化硅基体的小单元组成；C/SiC 复合材料与金属 Nb 的连接方式发生改变，钎料向 C/SiC 复合材料内部嵌入，间接增加了连接面积，同时这些小单元可以起到类似钉扎的效果，有效改善了焊接接头反应层薄弱的现象。而且浸渗区具有小单元组成的结构形式，对接头的残余应力缓解有积极作用。浸渗区宽度可以直接反映 C/SiC 复合材料表面的腐蚀深度；腐蚀电压增大，腐蚀深度增加。当腐蚀电压为 1.4V 时，深度达到 229μm，但碳纤维束被整体破坏使得小单元结构消失，试验得出最佳的腐蚀电压参数为 1.2V。

3. 腐蚀时间对 C/SiC-Nb 界面结构的影响

同样，为了研究腐蚀时间对 C/SiC 表面腐蚀深度的影响，控制腐蚀时间作为变量进行腐蚀处理，然后与 Nb 进行钎焊连接。不同腐蚀时间下接头如图 7-35 所示，腐蚀深度与腐蚀时间呈正相关，与腐蚀电压有着相似的影响。

通过对进行电化学腐蚀处理过的 C/SiC 复合材料与金属 Nb 的钎焊连接，从接头的界面结构可以发现，不同的腐蚀参数能够产生不同的腐蚀深度，钎料在被腐蚀出来的间隙内渗入，与碳纤维和碳化硅基体发生反应，生产 TiC 和 Ti_5Si_3 反应层，但是这些反应层不是平直的分布与焊缝中间，而是以微小的环状结构均匀分布于焊缝前端的浸渗区内，这样的结构相比于平直的反应层连接，不仅可以间接增加连接面积，而且这些微小的反应层分布于焊缝中，能够起到焊缝增强的作用，同时也可以减小焊缝处的残余应力，对接头强度的提升产生有利的影响，这在后面的接头强度测试以及残余应力模拟中能够得到验证。

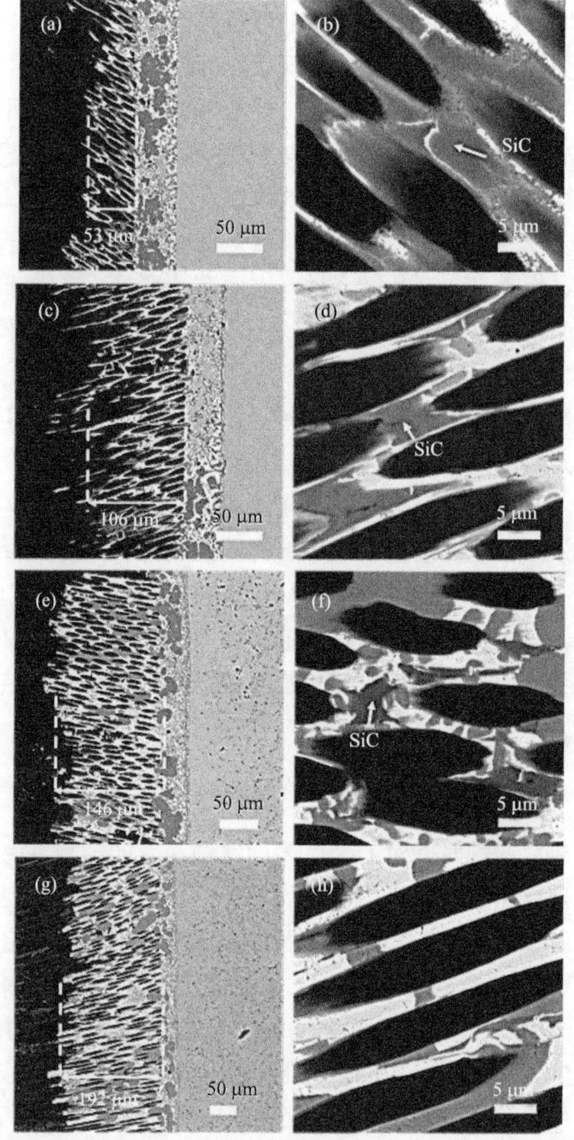

图 7-35　腐蚀时间对 C/SiC/AgCuTi/Nb 界面结构的影响

(a)(b) 0.5h；(c)(d) 1h；(e)(f) 2h；(g)(h) 3h

7.3.3　腐蚀深度对钎焊接头力学性能的影响及接头的断裂模式

由前面的试验知道，可以通过控制腐蚀参数来在 C/SiC 复合材料表面获得一定深度的腐蚀。把不同腐蚀参数下的 C/SiC 与 Nb 进行钎焊连接，通过测试接头的剪切强度来研究腐蚀深度对焊接接头的影响。测试结果如图 7-36 所示，当腐蚀深度为 106μm 时，接头的强度达到峰值，为 164MPa。

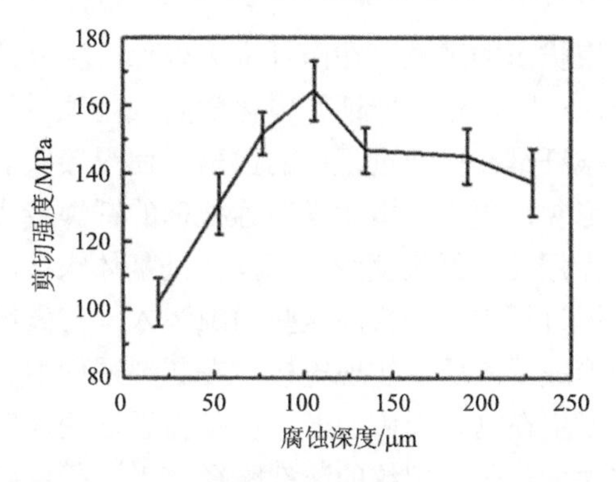

图 7-36　腐蚀深度对钎焊接头力学性能的影响

从不同腐蚀深度下的钎焊接头界面可以看出，当腐蚀深度在 106μm 之内时，在焊缝前端的浸渗区内存在着上述的特殊结构，但是当腐蚀深度过深时，由于碳纤维被严重腐蚀，整体的炭纤维束发生腐蚀，在 C/SiC 复合材料表面表现出凹坑，钎料不能渗入碳纤维与碳化硅基体之间的间隙内，而是整个填充到整根纤维束中，未能起到增强的作用，对于焊缝处的残余应力也不能有效缓解，因而会造成钎焊接头强度的下降，但是仍高于未腐蚀处理的钎焊接头。

如图 7-37 所示的断口可以看出，断裂位置均在陶瓷侧。但是可以明显观察到经过电化学腐蚀处理的钎焊接头的断口与未处理的有着很大的区别。如图 7-37(a)和(b)所示，未处理的接头断口是纤维被剪断，如图 7-37(c)和(d)所示，断口凹

图 7-37　不同腐蚀深度下接头的断口形貌

(a)(b)初始；(c)(d)106μm

凸不平，出现碳纤维束拔出的现象，在碳纤维束内部，独立的碳纤维也出现了拔出的现象，断裂在反应层上，这也验证了电化学腐蚀处理过后的接头强度明显提升的原因。正是这些碳纤维在抗剪过程中的拔出，使得接头的剪切强度增加。

根据上述的断口形貌，提出了电化学腐蚀处理的钎焊接头的断裂路径。如图 7-38 所示，电腐蚀的作用使碳纤维变细，而碳化硅基体未被腐蚀，因而在两者之间产生了间隙，在钎焊过程中，钎料向这些间隙渗入，与碳纤维和碳化硅基体发生反应，在两者之间形成反应层，实现连接。在断裂过程中，由于这些反应层性脆的原因，断裂首先发生在这些反应层上，但是由于这些反应层在被腐蚀区域被成环状均匀分布，这大大延长了裂纹的断裂路径，当这些反应层的裂纹汇聚时，就沿着碳纤维断裂，呈现出如图 7-37(d)所示的纤维拔出的现象。这种特殊的反应层结构大大延长了裂纹断裂路径，增强了钎焊接头的力学性能。

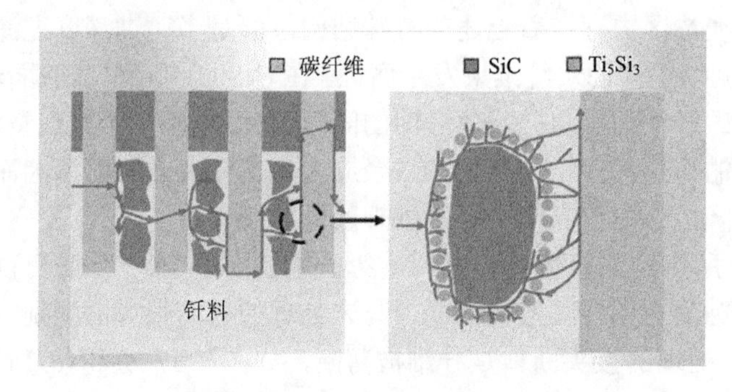

图 7-38　钎焊接头断裂路径示意图

7.3.4　钎焊接头残余应力分析

为了研究通过电化学腐蚀在 C/SiC 复合材料表面获得的微观结构对钎焊接头残余应力的影响，通过有限元模拟的方法对钎焊接头进行残余应力分布的模拟。建立与实际焊件大小为 1∶1 的模型，如图 7-39 所示，为了更加精确地模拟焊缝处的实际残余应力，在靠近焊缝的区域进行较细的网格划分。

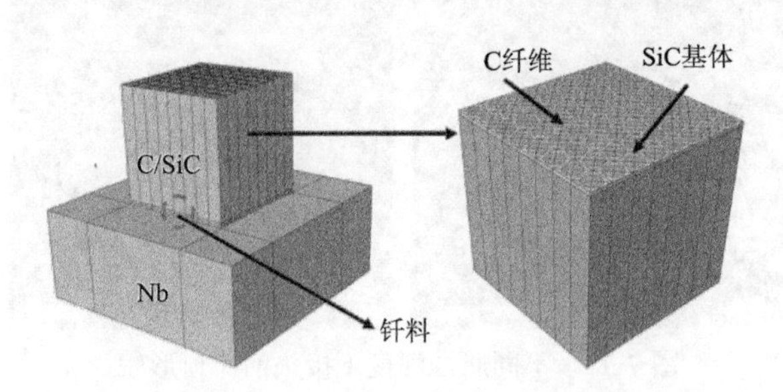

图 7-39　C/SiC/Nb 钎焊接头模型的网格划分

首先对未进行处理的钎焊接头处的残余应力进行模拟，从图 7-40 的模拟结果可以知道，确实在焊缝处存在着很大的残余应力，这也很容易理解，因为陶瓷、中间层以及 Nb 之间的 CTE 差异很大，热失配导致产生残余应力，与实际相符合。因为造成钎焊接头残余应力的原因是各个材料之间存在着物理性质的差异。

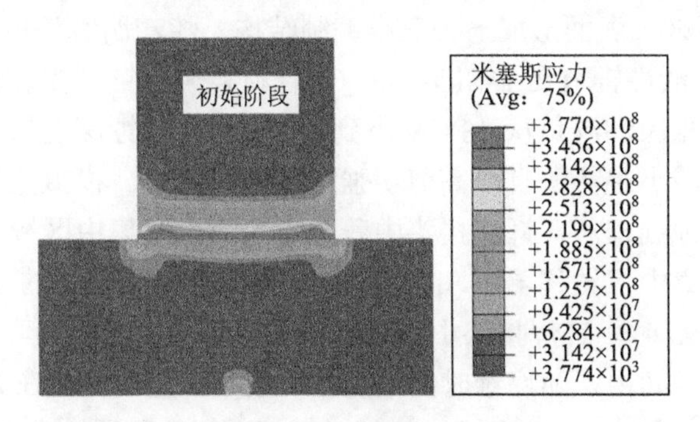

图 7-40　未处理的 C/SiC-Nb 接头残余应力分布云图

接着以腐蚀深度为变量模拟了接头的残余应力，分别模拟了腐蚀深度为 50μm、100μm、150μm、200μm 的接头。由图 7-41 可知，腐蚀深度增加，界面处的残余应力首先是发生了明显的改善，但是当腐蚀深度过深时，接头处的残余应力有有所增加，但是较未处理的接头，残余应力发生了改善。因此，本节可以得到：这样的腐蚀结构能有效地缓解焊缝处的残余应力，这也为接头强度提高起到了作用。

适宜的腐蚀深度能够有效地缓解焊缝处的残余应力，前面知道可以通过调节腐蚀参数来控制腐蚀深度，因此在最优的腐蚀参数下可以获得理想的腐蚀深度，这样的表面结构能够有效改善焊缝处的残余应力。

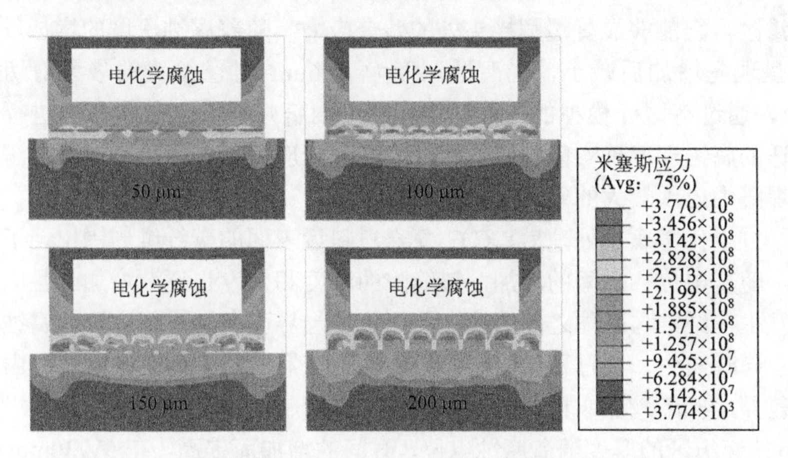

图 7-41　不同腐蚀深度 C/SiC/Nb 钎焊接头残余应力分布云图

7.4 本章小结

经过表面选择性腐蚀处理后，E-SiO_{2f}/SiO_2 复合材料表层熔石英被消耗掉，SiO_2 纤维保留下来，表面形成一种三维编制结构。随着腐蚀深度从 0μm 增加至 150μm，AgCuTi 活性钎料在 E-SiO_{2f}/SiO_2 复合材料表面铺展更加充分，浸入腐蚀层的深度越深，相应润湿角从 138°减小到 36°。随着腐蚀深度的增加，接头强度呈现出先增加后减小趋势，且最高剪切强度为 61.9MPa。模拟分析结果表明，经过表面选择性腐蚀处理后，钎焊接头中残余应力的主要集中区域由 SiO_{2f}/SiO_2 复合材料上的应力集中点转移至 E-SiO_{2f}/SiO_2 复合材料腐蚀层中的 SiO_2 纤维上。当腐蚀深度为 100μm 时，钎焊接头中残余应力为最小值。

在一定腐蚀时间内，随腐蚀时间增长 BN 颗粒含量增加，在腐蚀为 5min 时，BN 颗粒含量达到最大，SiO_2 基体被腐蚀处孔洞，TiB 晶须长度达 30μm，基本覆盖整个陶瓷表面。而当腐蚀时间过长时，BN 将发生脱落，相当于对陶瓷表面磨削一层，陶瓷表面将产生周期性变化。随着陶瓷表面 BN 含量的增多，溶解进入钎料的 B 与 N 元素含量增多，相应地，生成的 TiN 与 TiB 含量增多，并且 TiB 逐渐产生晶须结构。当腐蚀时间为 5min 时，钎料渗入陶瓷内部形成钉扎，并在反应层处形成较多晶须。接头剪切强度也随腐蚀时间逐渐增加，在腐蚀时间为 5min 达到最大 29.6MPa。

随着腐蚀电压的增大或者腐蚀时间的增长，腐蚀深度逐渐增加。当腐蚀电压或者腐蚀时间过大时，由于腐蚀作用对 C/SiC 复合材料表面的碳纤维束造成损伤。最佳的腐蚀参数为：腐蚀电压为 1.2V、腐蚀时间为 2h，可以在 C/SiC 表面形成深度约为 106μm 的结构。经过电化学腐蚀处理的钎焊接头在近陶瓷侧出现了一定深度的浸渗区，它能够显著缓解接头处的残余应力。随着腐蚀深度的增加，钎焊接头强度呈现先增加后减小，当腐蚀深度为 106μm 时，接头的最大剪切强度为 164MPa。通过有限元模拟的方法对腐蚀深度对钎焊接头的残余应力进行分析可知，合适的腐蚀深度确实能够缓解焊缝中的残余应力，但是腐蚀深度过深时，反而会在焊缝中出现较大的残余应力。

在经过电化学腐蚀处理后，C/C 复合材料近表面的碳纤维周围出现了三维缝隙结构，随着电位、时间的增加，该缝隙的深度和宽度也逐渐增加。且电化学腐蚀首先发生在纤维与基体之间的连接界面处，当界面腐蚀进行完毕，腐蚀在纤维与基体上同时发生，此过程伴随着纤维的变细变短以及基体的脱落。但由于两者电阻率差异，电流更倾向于从电阻较小的纤维中流通，因此纤维更容易发生腐蚀。C_f/AgCuTi 交织区的厚度随着腐蚀电位、时间的增加而提高，在 5V/30min 时交织区厚度最大可达到 127μm。通过有限元模拟的 C_f/AgCuTi 为 75μm 厚时，接头残余应力分布会达到最佳状态。经测试发现腐蚀深度 80μm 所对应的 3V/30min 为最佳电化学腐蚀参数。

参 考 文 献

[1] 马蕾. SiO_{2f}/SiO_2 复合材料表面改性及其与铌的钎焊机理研究. 哈尔滨: 哈尔滨工业大学, 2019.

[2] 霸金. 表面结构调控辅助钎焊 SiO_2-BN 陶瓷与 TC4 合金工艺研究. 哈尔滨: 哈尔滨工业大学, 2018.

[3] 王斌. C/SiC 与 Nb 的钎焊连接工艺及机理研究. 哈尔滨: 哈尔滨工业大学, 2021.

[4] 纪旭. 电化学腐蚀辅助钎焊 C/C 与 Nb 的工艺与强化机制研究. 哈尔滨: 哈尔滨工业大学, 2021.

[5] Feng J C, Liu D, Zhang L X, et al. Effects of processing parameters on microstructure and mechanical behavior of SiO_2/Ti-6Al-4V joint brazed with AgCu/Ni interlayer. Materials Science and Engineering A, 2010, 527(6): 1522-1528.

[6] Xiao Z H, Sun X Y, Zhang H F, et al. Low temperature sintered magneto-dielectric ferrite ceramics with near net-shape derived from high-energy milled powders. Journal of Alloys and Compounds, 2018, 751: 28-33.

[7] Watanabe D, Aoki H, Itano M, et al. High selectivity (SiN/SiO_2) etching using an organic solution containing anhydrous HF. Microeletronic Engineering, 2009, 86: 2161-2164.

[8] Bensliman F, Mizuta N, Matsumura M. Anodic current transient for n-Si/SiO_2 electrodes in HF solution: the relationship between the current and the interface structure. Journal of Electroanalytical Chemistry, 2004, 568: 353-363.

[9] Zhou D M, Chen G L, Yu G H, et al. On the projection-based commuting solutions of the Yang-Baxter matrix equation. Applied Mathematics Letters, 2018, 79: 155-161.

[10] Parry V, Berthome G, Joud J C. Wetting properties of gas diffusion layers: Application of the Cassie-Baxter and Wenzel equations. Applied Surface Science, 2012, 258: 5619-5627.

[11] Wang T P, Ivas T, Lee W J, et al. Relief of the residual stresses in Si_3N_4/Invar joints by multi-layered braze structure-Experiments and simulation. Ceramics International, 2016, 42: 7080-7087.

[12] Gong J M, Jiang W C, Fan Q S, et al. Finite element modelling of brazed residual stress and its influence factor analysis for stainless steel plate-fin structure. Journal of Materials Processing Technology, 2009, 209: 1635-1643.

[13] Akbari M, Buhl S, Leinenbach C, et al. Thermomechanical analysis of residual stresses in brazed diamond metal joints using Raman spectroscopy and finite element simulation . Mechanics of Materials, 2012, 52: 69-77.

[14] Zhang L X, Yang J H, Sun Z, et al. Vacuum brazing Nb and BN-SiO_2 ceramic using a composite interlayer with network reinforcement architecture. Ceramics International, 2017, 43:

8126-8132.

[15] Zhang Y C, Jiang W C, Zhao H Q, et al. Brazed residual stress in a hollow-tube stacking: Numerical simulation and experimental invertigation. Journal of Manufacturing Processes, 2018, 31: 35-45.

[16] Sun C T, Xue D F. Crystallization: A phase transition process driving by chemical potential decrease. Journal of Crystal Growth, 2017, 470: 27-32.

[17] Wisniewska M, Chibowski S, Urban T, et al. CoMParison of adsorption affinity of anionic polyacrylamide for nanostructured silica-titania mixed oxides. Journal of Molecular Liquids, 2018, 258: 27-33.

[18] Arzpeyma G, Gheribi A E, Medraj M. On the prediction of Gibbs free energy of mixing of binary liquid alloys. J. Chemical. Thermodynamics, 2013, 57: 82-91.

[19] Luo W H, Deng L, Su K L, et al. Gibbs free energy approach to calculate the thermodynamic properties of copper nanocrystals. Physica B, 2011, 406: 859-863.

[20] Balcerzak T. Thermodynamics of the small clusters: The Gibbs free-energy derivation for the Honmura-Kaneyoshi method. Journal of Magnetism and Magnetic Materials, 2008, 320: 2359-2363.

[21] Zhao W S, Chen W Z, Zhao K. Laboratory test on foamed concrete-rock joints in direct shear . Construction and Building Materials, 2018, 173: 69-80.

第 8 章　网络中间层辅助复合材料异质结构钎焊连接

接头中形成良好的热膨胀系数梯度过渡是缓解接头残余应力、提高接头力学性能的主要考虑因素，而形成良好的热膨胀系数梯度过渡有两大关键问题：首先增强相会直接影响复合钎料的流动性，因此其添加量严格控制在质量系数 6%以下，接头残余应力的缓解作用十分有限。其次是引入的热膨胀系数与复合材料相近的中间层会因钎料无法充分浸润或自身硬度较高导致接头中形成孔洞、裂纹等缺陷，这反而会使接头的力学性能降低。网络中间层不仅有助于形成良好的热膨胀系数梯度过渡，而且凭借自身的网络结构促使钎料能够在焊缝中充分浸入、铺展和润湿，因此，引入网络中间层辅助陶瓷/金属钎焊连接的方法受到学者的广泛关注。本章主要介绍低膨胀疏松中间层、泡沫铜中间层、CNTs-泡沫镍中间层及碳层网络复合中间层材料作为来辅助钎焊陶瓷及陶瓷基复合材料与金属；分析中间层对接头组织及力学性能的影响，揭示中间层成分、结构与接头力学性能间的关系[1-4]。

8.1　低膨胀疏松中间层对接头结构和组织性能的影响

8.1.1　AgCuTi 活性钎料在 3D-SiO_{2f}表面润湿性的研究

图 8-1 为复合材料向金属热膨胀系数的梯度过渡示意图，通过表面腐蚀处理的方法可以改善 SiO_{2f}/SiO_2-Nb 钎焊接头中过渡区的微观结构，从而缓解接头中的残余应力。在 SiO_{2f}/SiO_2-Nb 钎焊接头的连接过程中还需特别关注另一部分钎缝对接头残余应力的影响，而 AgCuTi 活性钎料在 3D-SiO_{2f} 复合材料表面的润湿性是其能否起到缓解残余应力的基础，于是对 AgCuTi-3D-SiO_{2f} 体系的润湿性进行研

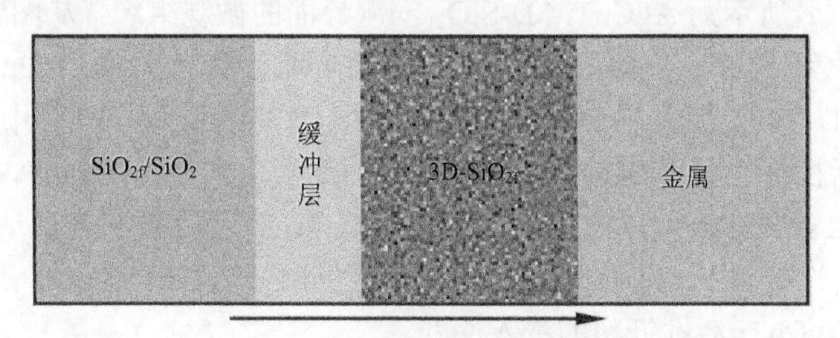

图 8-1　复合材料向金属热膨胀系数的梯度过渡示意图

究。图 8-2 为 3D-SiO_{2f}复合材料表面形貌及 AgCuTi-3D-SiO_{2f}体系润湿角形貌。如图 8-2(a)和图 8-2(b)所示，3D-SiO_{2f}是由 SiO_2 纤维编织而成的疏松、多孔结构的复合材料。

增强相能够在焊缝中大量添加且均匀分布对钎焊接头中形成良好热膨胀系数梯度过渡起到至关重要的作用，而由于多孔陶瓷自身的脆性大及润湿性差往往会导致接头中形成缺陷。因此，对 AgCuTi 活性钎料在 3D-SiO_{2f}复合材料表面润湿性的研究至关重要，AgCuTi 活性钎料和 AgCuTi+Ti 活性钎料在 3D-SiO_{2f}复合材料表面润湿角形貌分别如图 8-2(c)和 8-2(d)所示。从图 8-2(c)中可以看出，AgCuTi 活性钎料在 3D-SiO_{2f}复合材料表面润湿角达到 90°，说明该种情况下润湿性差。从图 8-2(d)中可以看出，AgCuTi+Ti 活性钎料在 3D-SiO_{2f}复合材料表面润湿角降低到 3°，说明此情况下润湿性极好。以上实验结果说明：AgCuTi+Ti 活性钎料在 3D-SiO_{2f}复合材料表面可以充分进行铺展润湿。

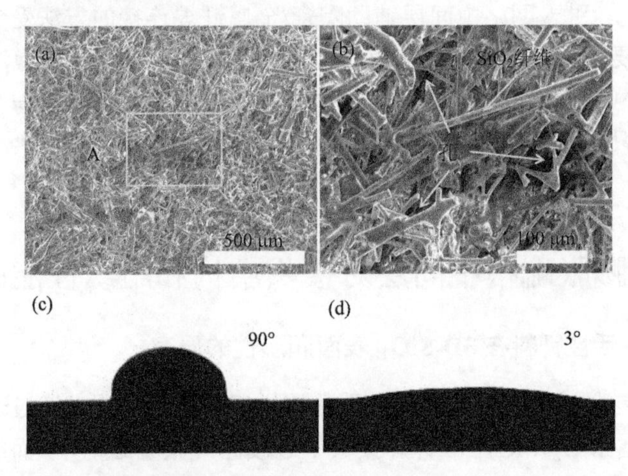

图 8-2　3D-SiO_{2f}复合材料表面形貌及 AgCuTi-3D-SiO_{2f}体系润湿角形貌

接下来，为了分析 AgCuTi-3D-SiO_{2f} 体系的润湿机理，对其润湿界面进行观察。如图 8-3(a)所示为 AgCuTi-3D-SiO_{2f}润湿界面的微观组织，从图中可以看出，AgCuTi 活性钎料浸入 3D-SiO_{2f} 复合材料的深度仅有大约 150μm。相应的 AgCuTi+Ti-3D-SiO_{2f} 润湿界面的微观组织如图 8-3(b)所示，从图中可以看出，AgCuTi+Ti 活性钎料浸入 3D-SiO_{2f}复合材料的深度达到大约 500μm。

根据以上实验结果可以推测出，因为 AgCuTi+Ti 活性钎料的流动性要明显好于 AgCuTi 活性钎料[1]，从而 AgCuTi+Ti 活性钎料浸入 3D-SiO_{2f}复合材料的深度要明显大于 AgCuTi 活性钎料的浸入深度。

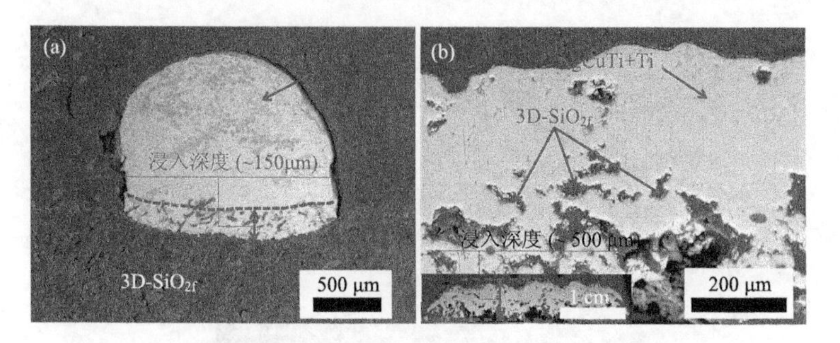

图 8-3　AgCuTi-3D-SiO_{2f}体系润湿界面的微观组织

(a) AgCuTi-3D-SiO_{2f}；(b) AgCuTi+Ti-3D-SiO_{2f}

8.1.2　典型界面组织分析

由于 SiC 陶瓷凭借其优异的高温力学性能，极好的热震稳定性以及良好的耐辐射性而广泛应用于航空航天和核工业领域[5,6]，所以在本节的研究中采用 SiC 陶瓷作为钎焊母材进行初步实验探索。

图 8-4 为 3D-SiO_{2f}中间层辅助钎焊 SiC 陶瓷和金属 Nb 的装配示意图。如图 8-4(a)所示，从上至下依次为 SiC 陶瓷、AgCuTi 活性钎料、金属 Nb，此装配情况下获得的钎焊接头为 SiC-Nb；如图 8-4(b)所示，从上至下依次为 SiC 陶瓷、AgCuTi 活性钎料、3D-SiO_{2f}中间层、AgCuTi 钎焊合金以及金属 Nb，此装配情况下获得的钎焊接头为 SiC-Nb/3D-SiO_{2f}；如图 8-4(c)所示，从上至下依次为 SiC 陶瓷、金属 Ti 箔、AgCuTi 活性钎料、3D-SiO_{2f}中间层、AgCuTi 钎焊合金以及金属 Nb，此装配情况下获得的钎焊接头为 SiC-Nb/3D-SiO_{2f}+Ti。其中，可对靠近 SiC 陶瓷侧的金属 Ti 箔加入量进行调控，从而使 SiC-Nb/3D-SiO_{2f}+Ti 的微观组织得到优化。值得注意的是，本研究中加入的金属 Ti 为箔片形式而非粉末形式，因为 Ti 含量相同的 AgCuTi 箔片活性钎料的熔点要远低于粉末钎料[7, 8]。

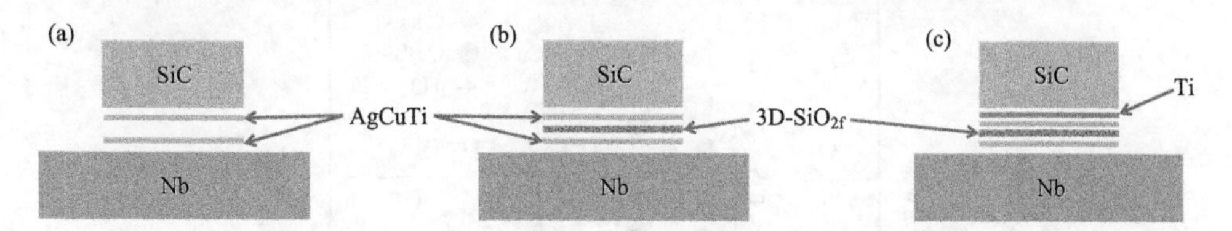

图 8-4　3D-SiO_2-fiber 中间层辅助钎焊 SiC 陶瓷和金属 Nb 的装配示意图

(a) SiC-Nb，(b) SiC-Nb/3D-SiO_{2f} joint，(c) SiC-Nb/3D-SiO_{2f}+Ti joint

图 8-5 为加热温度 970℃，保温 20min 条件下，采用 3D-SiO_{2f}作中间层辅助钎焊 SiC 陶瓷和金属 Nb 所形成的接头的界面组织。

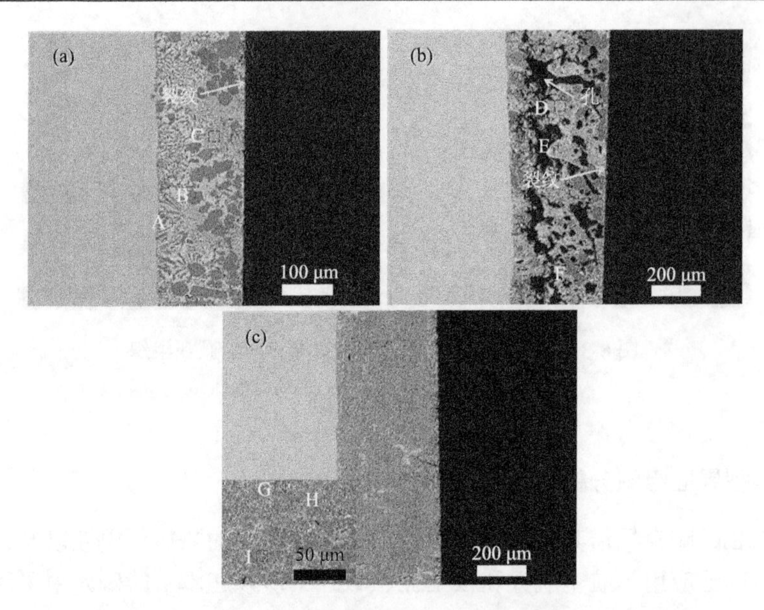

图 8-5　3D-SiO_{2f}中间层辅助钎焊 SiC-Nb 接头的断口形貌

(a) SiC-Nb；(b) SiC-Nb/3D-SiO_{2f} joint；(c) SiC-Nb/3D-SiO_{2f}+Ti joint

如图 8-5(a)所示，在 SiC-Nb 钎焊接头中有连续的裂纹产生，这可能是由 SiC 陶瓷的热膨胀系数与 AgCuTi 活性钎料或金属 Nb 的热膨胀系数之间的不匹配度较大，从而向接头中引入较大残余应力所导致的。如图 8-5(b)所示，SiC-Nb/3D-SiO_{2f} 钎焊接头中，不但连续的裂纹没有消失，而且又有大量的气孔形成。如图 8-5(c)所示，SiC-Nb/3D-SiO_{2f} +Ti 钎焊接头成形完好，无气孔裂纹等缺陷形成，且有大量颗粒相在焊缝中均匀分布。

接下来，为了确定三种钎焊接头的微观组织分别对其进行 XRD 和 EDS 测试，测试结果如图 8-6 和表 8-1 所示。

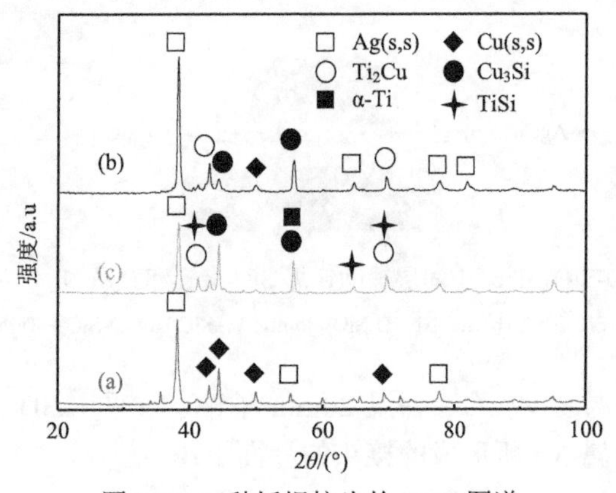

图 8-6　三种钎焊接头的 XRD 图谱

表 8-1　图 8-5 中各点化学成分

位置	成分(at%)					相
	O	Si	Ag	Ti	Cu	
A	—	—	83.46	—	16.54	Ag(s.s)
B	—	—	13.32	—	86.68	Cu(s,s)
C	—	—	52.73	—	47.27	Ag-Cu
D	8.77	67.78	4.34	—	19.11	Cu_3Si
E	—	—	81.56	—	18.44	Ag(s,s)
F	—	—	14.48	—	85.52	Cu(s,s)
G	—	—	83.98	—	16.02	Ag(s,s)
H	9.35	28.43	7.64	13.86	40.72	Cu_3Si+TiSi
I	—	—	2.67	68.87	28.46	αTi+Ti_2Cu

结合图 8-6 和表 8-1 所示的测试结果可知，SiC-Nb 钎焊接头的微观组织主要为 Ag(s,s)，Cu(s,s)和 Ag-Cu；SiC-Nb/3D-SiO_{2f}钎焊接头有少量 Cu_3Si 颗粒相形成；而 SiC-Nb/3D-SiO_{2f}+Ti 钎焊接头中则有大量弥散分布的 Cu_3Si、TiSi、α-Ti 及 Ti_2Cu 颗粒相形成。

8.1.3　3D-SiO_{2f}中间层对接头力学性能的影响

为了研究 3D-SiO_{2f}中间层对 SiC-Nb 钎焊接头力学性能的影响，分别对五组 SiC-Nb、SiC-Nb/3D-SiO_{2f}以及 SiC-Nb/3D-SiO_{2f}+Ti 钎焊接头进行压剪实验，并对相应的断口形貌进行观察，其中，以接头抗剪强度的平均值作为其实际抗剪强度。三种钎焊接头的断口形貌及抗剪强度如图 8-7 所示。基于图 8-7(b)所示的 SiC-Nb 钎焊接头断口形貌可知，裂纹在 SiC 陶瓷母材靠近焊缝处产生并向 SiC 内部蔓延，由此可以推断：较大的残余应力在 SiC 陶瓷母材内部发生集中导致裂纹形成，从而降低 SiC-Nb 钎焊接头力学性能，抗剪强度不足 5MPa，如图 8-6(a)所示。针对图 8-7(c)所示的 SiC-Nb/3D-SiO_{2f}钎焊接头断口形貌可知，裂纹在 SiC 陶瓷母材侧的反应层上产生并向 SiC 内部蔓延。

由此说明：引入 3D-SiO_{2f}中间层后，接头中的残余应力得到一定程度的降低，抗剪强度提高到 10MPa 左右，如图 8-7(a)所示。由图 8-7(d)所示的 SiC-Nb/3D-SiO_{2f}+Ti 钎焊接头断口形貌可知，此种钎焊接头的断口形貌与 SiC-Nb/3D-SiO_{2f}相同，然而，值得注意的是 SiC-Nb/3D-SiO_{2f}+Ti 钎焊接头的抗剪强度显著提高到 45MPa 左右，如图 8-7(a)所示。结合以上实验结果对这一现象进行如下解释：向钎料中加入适量的活性元素 Ti 能够有效提高活性钎料的流动性，从而保证 3D-SiO_{2f}中间层能够被活性钎料填满，充分起到缓解残余应力的作用。

此外，焊缝中形成的大量弥散分布的 Cu_3Si、TiSi、α-Ti 及 Ti_2Cu 颗粒相能够降低 SiC，Nb 及 AgCuTi 活性钎料间热膨胀系数的不匹配度，有助于接头中形成良好的热膨胀系数梯度过渡，从而缓解接头中的残余应力，提高接头强度。

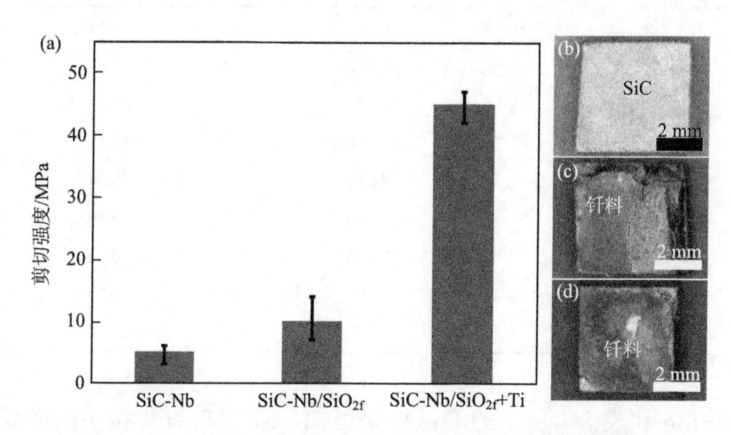

图 8-7 三种钎焊接头的抗剪强度及相应的断口形貌

(a) 接头剪切强度；(b) SiC-Nb；(c) SiC-Nb/3D-SiO_{2f}；(d) SiC-Nb/3D-SiO_{2f}+Ti 接头断口形貌

基于以上实验结果可知，采用 AgCuTi+Ti 活性钎料和韧性较好、呈疏松多孔结构的 3D-SiO_{2f} 中间层结合的方法辅助钎焊连接能够实现热膨胀系数低的 SiO_2 短纤维大量且均匀加入钎料之中，从而接头中形成大量且弥散分布的 Cu_3Si、TiSi、α-Ti 及 Ti_2Cu 颗粒相，降低残余应力，提高接头强度。

8.1.4 钎焊温度对接头微观组织及力学性能的影响

图 8-8 为钎焊温度对 SiC-Nb/3D-SiO_{2f}+Ti 钎焊接头微观组织的影响。经过前期的钎焊实验研究探索出 AgCuTi+Ti 活性钎料在 940℃的钎焊温度下才会发生熔化，因此本节所展示的实验结果从该钎焊温度下开始，且保温时间为 20min。经过对比分析图 8-8 (a)～(e) 所示的微观组织随钎焊温度变化可知，随钎焊温度的升高，接头中 SiO_2 短纤维逐渐被消耗并形成大量颗粒相，且颗粒相逐渐变得弥散分布。当颗粒相已经弥散分布后，接头的微观组织并不会随钎焊温度的升高而发生变化。

为了分析钎焊温度对接头力学性能的影响，则对不同钎焊温度，保温 20min 条件下获得的钎焊接头分别进行剪切实验，实验结果如图 8-9 所示。经过对剪切实验结果的分析可知，当钎焊温度从 940℃增加至 970℃时，接头的剪切强度从 15MPa 提高到 45MPa；而随着钎焊温度继续升高，接头强度开始下降。结合图 8-8 和图 8-9 实验结果分析可知，随钎焊温度从 940℃增加至 970℃时，活性钎料中的 Ti 元素不断与中间层中的 SiO_2 短纤维发生反应，形成 Cu_3Si、TiSi、α-Ti 及

Ti_2Cu 颗粒相，且随钎焊温度的升高，反应越发充分，颗粒相逐渐变得弥散分布，从而有助于接头中形成良好的热膨胀系数梯度过渡，降低残余应力，提高接头强度。然而，随着钎焊温度进一步升高，虽然接头结构没有发生明显改变，但接头中的残余应力会提高，从而影响接头的强度。

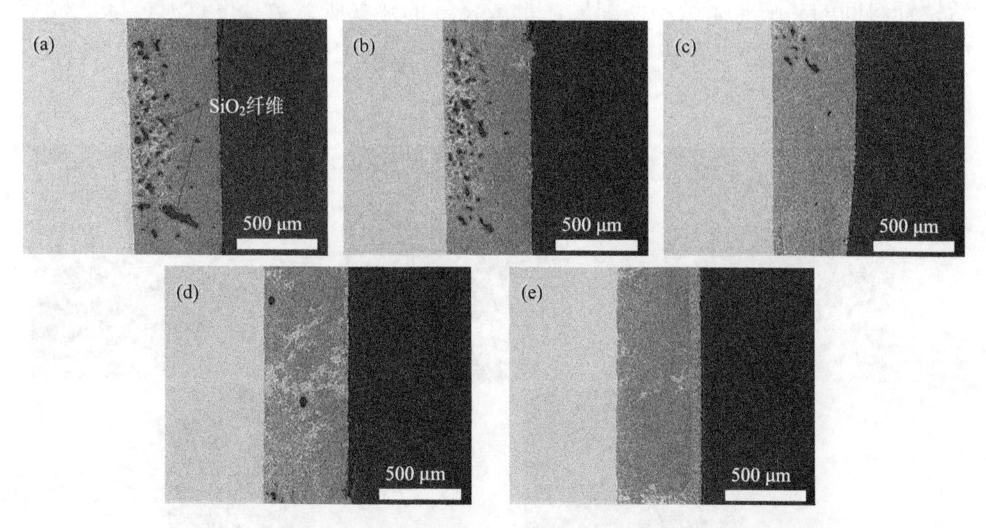

图 8-8　钎焊温度对 SiC-Nb/3D-SiO_{2f}+Ti 钎焊接头微观组织的影响

(a) 940℃；(b) 950℃；(c) 960℃；(d) 970℃；(e) 980℃

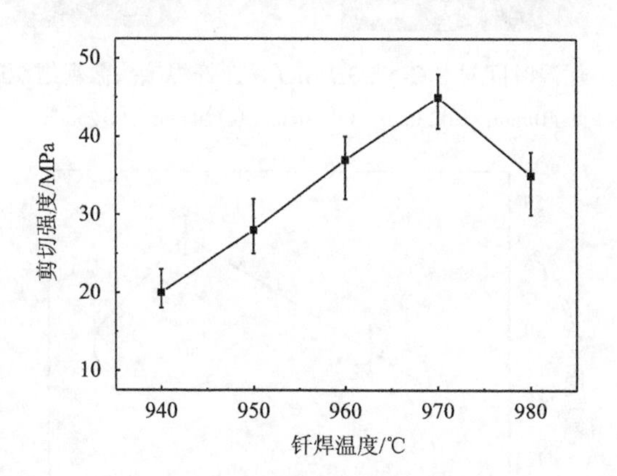

图 8-9　钎焊温度对 SiC-Nb/3D-SiO_{2f}+Ti 钎焊接头剪切强度的影响

8.1.5　保温时间对接头微观组织及力学性能的影响

图 8-10 为钎焊温度对 SiC-Nb/3D-SiO_{2f}+Ti 钎焊接头微观组织的影响。经过对比分析图 8-10 (a) ～ (e) 所示的微观组织随保温时间变化可知，随保温时间的延长，

SiO_2短纤维与活性钎料的冶金反应更加充分，形成大量颗粒相，且颗粒相逐渐弥散分布。结合分析图8-11所示的不同钎焊温度下所获得接头的剪切强度可知，随保温时间从10min延长至25min，接头中形成大量的Cu_3Si、TiSi、α-Ti及Ti_2Cu颗粒相，且逐渐变得弥散分布，从而能够显著降低SiC陶瓷与金属Nb或AgCuTi活性钎料间的热膨胀系数不匹配度，形成良好的热膨胀系数梯度过渡，降低残余应力，提高接头强度。随着保温时间继续延长，接头中形成的残余应力反而增加，从而降低接头强度。

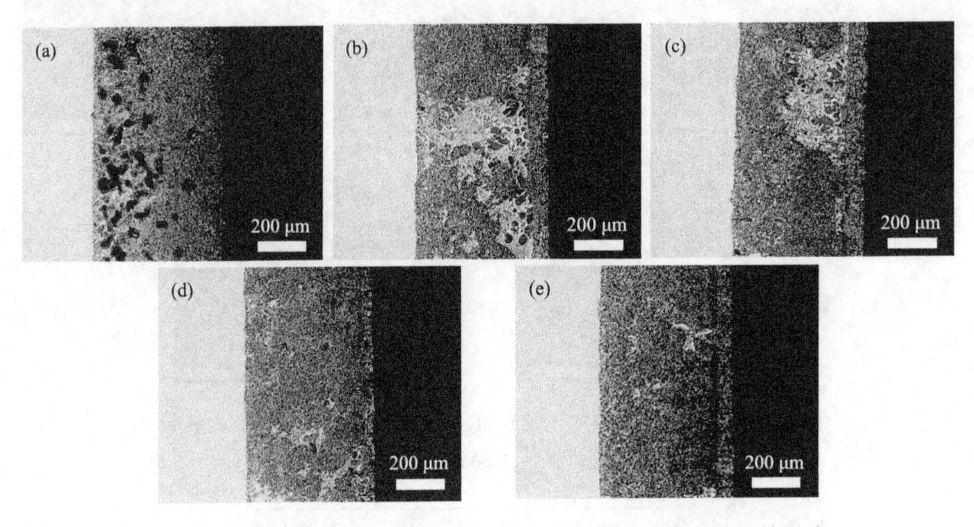

图8-10　保温时间对SiC-Nb/3D-SiO_{2f}+Ti钎焊接头微观组织的影响

(a) 10min；(b) 13min；(c) 18min；(d) 20min;；(e) 25min

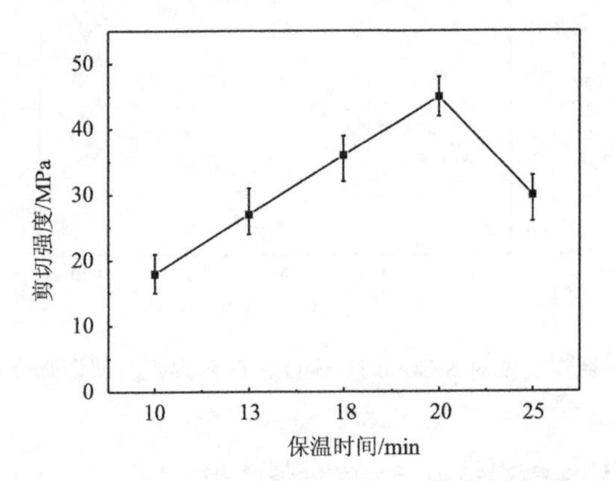

图8-11　保温时间对SiC-Nb/3D-SiO_{2f}+Ti钎焊接头剪切强度的影响

8.2　泡沫铜中间层辅助钎焊

加入泡沫 Cu 中间层能进一步消耗过度扩散的 Ti，生成均匀分布的 Cu 基固溶体，降低脆性反应层厚度至 0.18μm，使焊缝宽度增加至 93.4μm，且在较低温度便可起到软性中间层的作用，缓解残余应力，接头强度可达 61.1MPa，实现了 SiO_{2f}/SiO_2 复合材料与 TC4 的高质量连接。而本节为了解决 SiO_{2f}/SiO_2 复合材料润湿性差的问题，在 SiO_{2f}/SiO_2 复合材料表面进行等离子活化处理，形成 C-SiO_{2f}/SiO_2 复合材料，并以 C-SiO_{2f}/SiO_2 复合材料作为母材进行钎焊连接。

8.2.1　接头界面组织分析

图 8-12 是分别采用 Ag-Cu-Ti/Cu/Ag-Cu-Ti 和 Ag-Cu-Ti/泡沫 Cu/Ag-Cu-Ti 两种不同的中间层装配方式，在钎焊温度为 900℃，保温 10 min 条件下进行钎焊试验获得的 C-SiO_{2f}/SiO_2 复合材料-TC4 钛合金钎焊接头界面 SEM 照片。

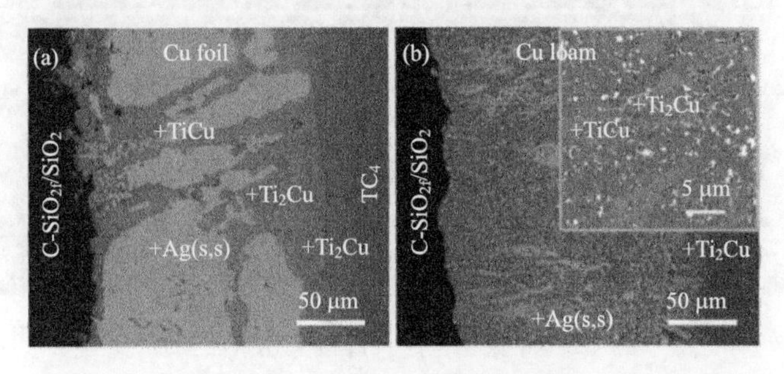

图 8-12　不同中间层 C-SiO_{2f}/SiO_2 复合材料-TC4 接头界面

(a) Cu 箔中间层；(b) 泡沫 Cu 中间层

图 8-12(a)为采用 Cu 箔中间层辅助钎焊的接头界面，相对于未加入中间层的接头界面对界面产物组成具有一定的调控效果，呈絮状与条状的 TiCu 在焊缝中出现且其表面有 Ti_2Cu 颗粒生成，消耗从 TC4 向钎料中过度扩散的 Ti 原子，然而贯穿整个焊缝的 TiCu 仍然为 Ti 原子向陶瓷侧的快速扩散提供渠道，从剪切强度测试的结果来说有一定程度的提升，但仍不够理想。

图 8-12(b)为采用泡沫 Cu 中间层辅助钎焊的接头界面，与采用 Cu 箔作为中间层相比，焊缝组织结构发生较大变化，由于泡沫 Cu 的特殊三维结构，其不仅能消耗过度扩散的 Ti 原子，生成更多的 Ti-Cu 化合物，而且由于 TC4 和钎料之间发生密集的元素相互扩散，促进更多的 Ti-Cu 化合物生成，使 Ag 基固溶体与 Ti-Cu 化合物在焊缝中呈现弥散分布，可以起到弥散强化的作用，显著提高合金的力学

性能，降低残余应力，提高抗剪强度，并使塑性和韧性不发生太大改变。

为确定元素的扩散过程，对采用 Cu 箔中间层和泡沫 Cu 中间层辅助钎焊的接头界面元素进行面分布扫描，如图 8-13 所示。可以清楚地看到，与加入 Cu 箔中间层的接头界面相比，加入泡沫 Cu 中间层的界面中 Ti、Cu、Ag 三元素分布更加均匀。Ti 与 Cu 已经扩散分布到整个焊缝中，这表明，加入泡沫 Cu 中间层，使得反应界面形成了均匀细小的 Ti-Cu 化合物。并且由于泡沫 Cu 的三维孔状结构，焊缝中大块的 Ag 基固溶体更加细化，在焊缝中呈弥散分布状态，有效提升接头强度。

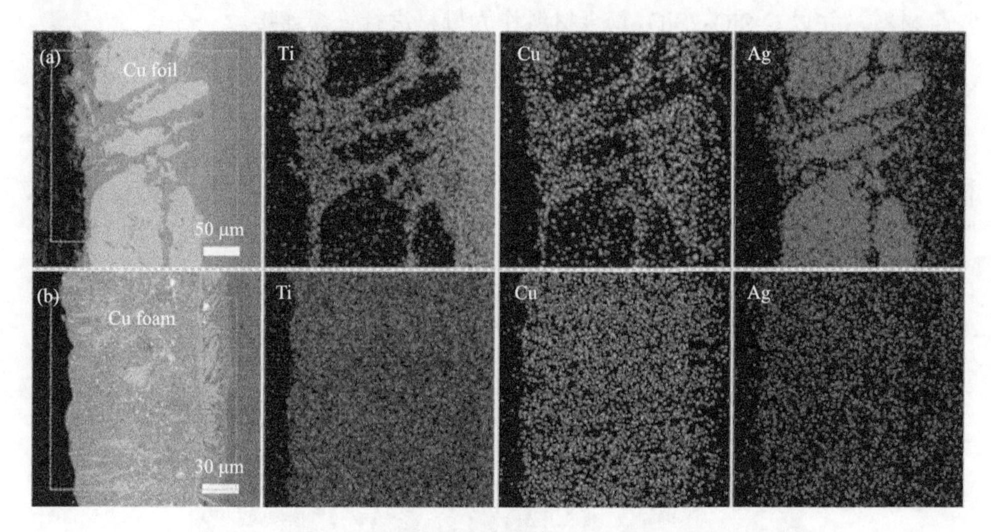

图 8-13　不同中间层钎焊接头元素面扫描

(a) Cu 箔中间层；(b) 泡沫 Cu 中间层

8.2.2　接头室温强度测试及断口分析

对采用不同中间层辅助钎焊的接头进行抗剪强度试验，结果如图 8-14 所示，可以看到加入泡沫 Cu 中间层的接头平均抗剪强度达到 59.6 MPa，几乎为加入 Cu 箔中间层接头平均抗剪强度的 3 倍，为未加中间层接头平均抗剪强度的 14 倍。泡沫 Cu 中间层能起到如此的强化作用，主要归因于以下三个方面：

(1) 泡沫 Cu 独特的三维结构可使其极大地优化在焊缝处形成的界面化合物的分布；

(2) 泡沫 Cu 可消耗更多的 Ti 原子，有效抑制 C-SiO_2/SiO_{2f} 与 Ti 原子发生反应生成连续脆性化合物；

(3) 在钎焊过程中生成的均匀弥散分布的细小 Ti-Cu 化合物有着显著的强化作用，可以缓解接头残余应力并在接头中形成良好的应力过渡。

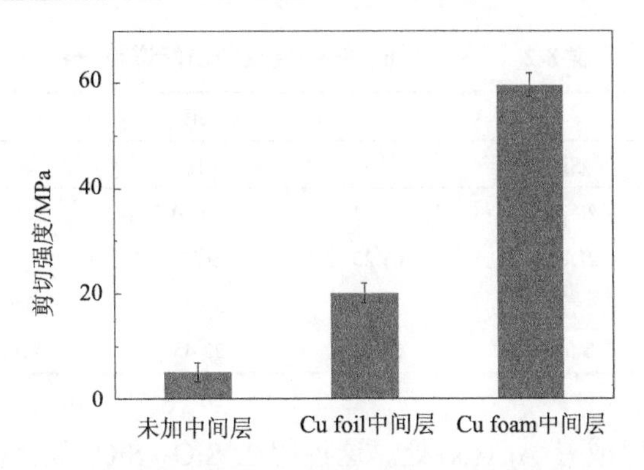

图 8-14　C-SiO_2/SiO_{2f}-TC4 不同中间层钎焊接头剪切强度对比

为了进一步确定泡沫 Cu 对接头的强化效果，我们通过 SEM 和 EDS 对抗剪强度试验后的断口进行断裂分析，以确定焊接接头的断裂位置，其扫描图与成分分析表如图 8-15 与表 8-2 所示。图 8-15(a)、(d)所示分别为采用 Cu 箔和泡沫 Cu 两种不同的中间层辅助钎焊的接头断口光镜(光学显微镜)对比照片，图 8-15(b)、(c)、(e)、(f)为对应的放大图。从图中可以明显观察到，图 8-15(a)中存在微裂纹，这是在抗剪强度试验前就存在的，它是在该区域由大量残余应力堆积造成的。结合 A、B 两点的 EDS 成分分析结果，可知断裂部分发生在焊缝反应层两侧的

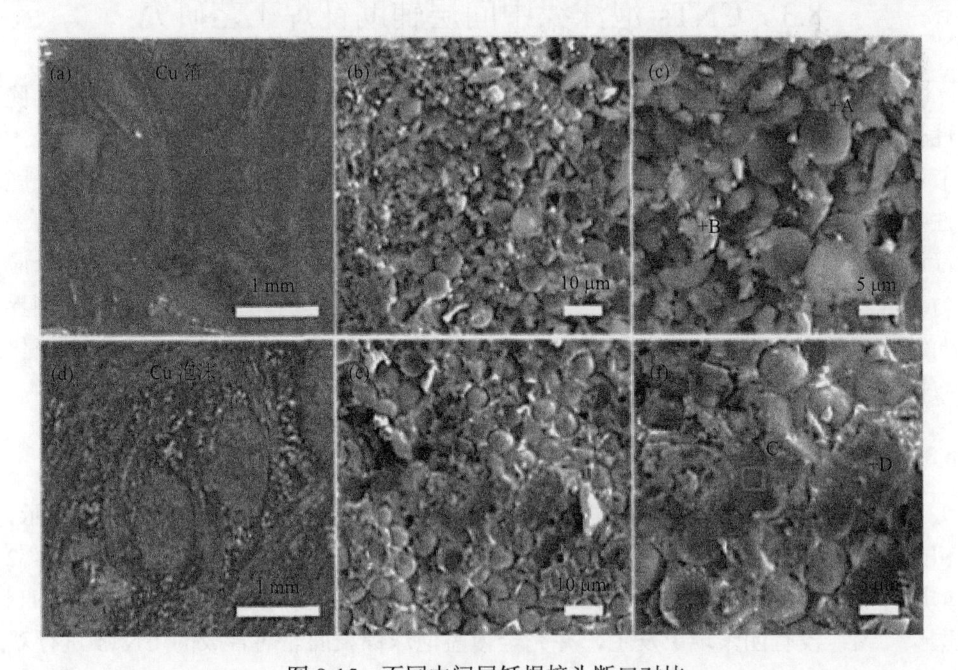

图 8-15　不同中间层钎焊接头断口对比

(a)～(c) Cu 中间层接头断口光镜及 SEM 照片；(d)～(f) 泡沫 Cu 中间层接头断口光镜及 SEM 照片

表 8-2　不同中间层钎焊接头断口能谱点分析

位置	含量(at%)				
	Si	Ag	Ti	Al	Cu
A	28.24	24.93	39.70	—	7.13
B	21.84	63.25	9.55	—	5.35
C	—	—	50.78	13.33	35.90
D	5.54	51.88	23.45	4.73	14.39

SiO_{2f}/SiO_2 复合材料或者 Ag(s,s)处，这说明在 SiO_{2f}/SiO_2 复合材料反应界面附近有相当大的残余应力。而对于中间层为泡沫 Cu 的钎焊接头，它有不同的断裂形态。结合 C、D 两点的 EDS 成分分析，由 Ag 基固溶体与 Ti-Cu 化合物的测定可以得知中间层为泡沫 Cu 的钎焊接头，断裂发生在焊缝处，最后延展至 SiO_{2f}/SiO_2 复合材料。这种断裂的方式，由于反应产物的均匀分布、接头形成良好的应力过渡，残余应力有了很大的缓解。结合图 8-14 可以知道，加入泡沫 Cu，相对加入 Cu 箔作为中间层，其强度有了明显的提高，与断口分析相吻合。加入泡沫 Cu 中间层的钎焊接头抗剪强度已经达到可以实际使用的程度。

8.3　CNTs-泡沫镍中间层辅助钎焊工艺研究

在钎焊过程中，钛合金中的钛元素往往因过度溶解而在陶瓷侧形成连续的脆性化合物，并且由于陶瓷与金属的热膨胀系数的差异会产生较大的残余应力。本节利用添加泡沫镍中间层的方法对溶解的钛元素进行消耗控制，从源头上减小脆性反应层的形成倾向，利用泡沫镍上原位合成的碳纳米管对焊缝整体界面接头进行调节，并通过降低钎料的热膨胀系数减小陶瓷与钎料的热错配，进而对残余应力缓解。本节研究了泡沫镍对界面结构及力学性能的影响，并研究不同陶瓷侧界面结构优化方法与碳纳米管增强泡沫镍中间层进行搭配，分析接头界面结构演化与接头强化机制。

8.3.1　CNTs 增强泡沫镍中间层制备与表征

CNTs 在泡沫镍表面的原位合成通过 PECVD 的方式实现，如图 8-16(a)所示，初始泡沫镍表面平整洁净，并且拥有极大的比表面积。CNTs 的合成工艺于第 2 章所述相同，当沉积时间为 10min 时，如图 8-16(b)所示，泡沫镍上生长的 CNTs 生长均匀，没有团聚现象发生，并完全覆盖泡沫镍表面。对合成的 CNTs 进行观察可以看出如图 8-16(c)所示，CNTs 的长度为 3μm，并且垂直成束状生长，CNTs 之间不发生缠绕，经计算 CNTs 在焊缝中的含量为体积分数 2.7%。

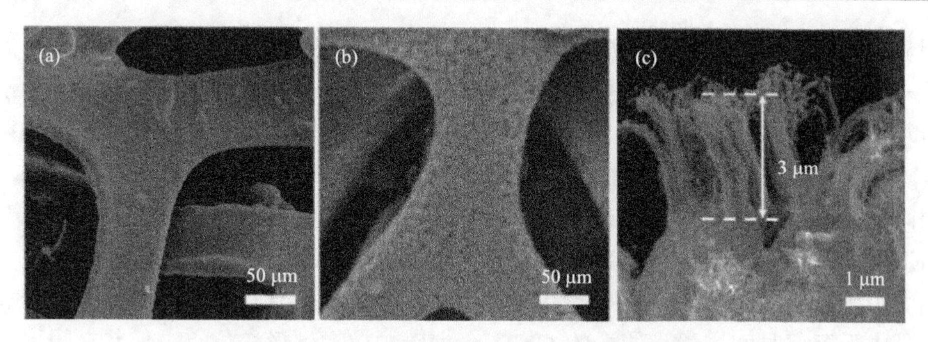

图 8-16　泡沫镍及 CNTs 增强泡沫镍表面形貌

(a)泡沫镍表面形貌；(b)CNTs 增强泡沫镍表面形貌；(c)CNTs 微观形貌

为更准确量化地对所合成的 CNTs 进行分析，通过透射分析与 Raman 光谱对 CNTs 进行表征。由高分辨透射可观察到，如图 8-17(a)所示，所制备的 CNTs 管壁完好，管壁之间的距离为 0.34nm，与 C 原子的(0,0,2)晶面距离一致。CNTs 的直径在 10nm～20nm，表面有些许结晶不良的非晶碳。为对 CNTs 整体结晶性进行评估，通过拉曼分析可知如图 8-17(b)所示，其在 1351cm^{-1} 和 1584cm^{-1} 处出现明显的波峰，复合 CNTs 特征，并且其比值 I_D/I_G 为 0.78，说明制备的 CNTs 结晶性良好，这和透射观察的结果一致。

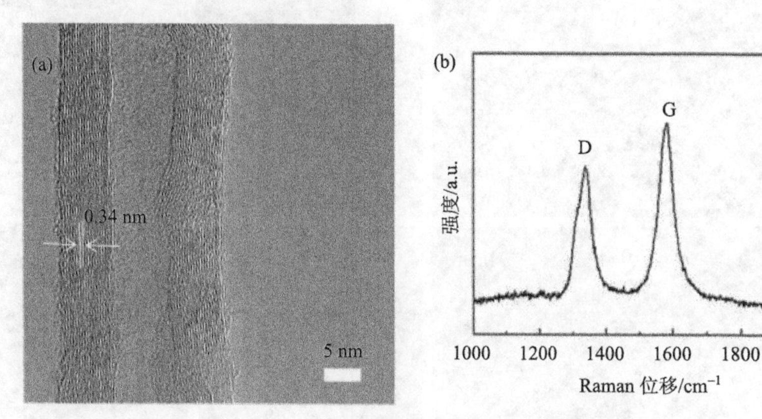

图 8-17　CNTs 透射分析与拉曼光谱分析

(a)CNTs 高分辨形貌；(b)CNTs 拉曼图谱

PECVD 沉积时间对 CNTs 的生长含量与形貌有较大影响，进而会对钎焊界面结构产生影响，为获得性能更为优良的钎焊接头，故需研究沉积时间对 CNTs 含量与形貌的影响并确定最优沉积时间。图 8-18 为不同沉积时间下 CNTs-泡沫 Ni 的表面形貌。沉积时间为 5min 时，如图 8-18(a)所示，泡沫镍表面基本没有变化，仍然比较光滑，再表面放大观察[图 8-18(e)]，泡沫镍表面已经可以看到一些稀疏的碳纳米管，长度也很小；当沉积时间为 10min 时，如图 8-18(b)所示，可以明显观察到 CNTs 覆盖整个泡沫镍表面，放大图像如图 8-18(f)所示，CNTs 长度均一，生长均匀致密，形成均一的 CNTs 层；而当沉积时间为 15min 时，如图 8-18(c)所示，泡沫镍表面出现颗粒，说明 CNTs 开始发生团聚，对 CNTs 放大观察如图 8-18(g)所示，由于 CNTs 的过度生长，CNTs 开始出现相互缠绕的现象，由于不同区域的催化剂含量与生长速度有差异，将导致某些区域过度生长形成球状团聚。当沉积时间为 30min 时[图 8-18(d)]，泡沫镍表面出现大量的团聚颗粒，在放大图像中[图 8-18(h)]，CNTs 缠绕团聚成颗粒，并且在其中形成产生大量的碳颗粒，这是由于沉积时间过长，团聚的 CNTs 会为碳颗粒提供形核位点，使其在团聚中形成。由于团聚的 CNTs 在液态钎料中难以被打开，再加上其中存在的碳颗粒与钎料的反应，形成的碳化物将加强团聚 CNTs 的结合强度，在焊缝中形成团聚颗粒，这不利于接头界面结构和性能的优化，故最佳的沉积时间为 10min。CNTs 在泡沫镍表面的最佳沉积时间小于在陶瓷表面的 15min，这可能是由于催化剂浓度影响所致。由于陶瓷表面较为平整，涂覆在其表面的催化剂溶液量相对较小，导致陶瓷表面的催化剂含量较低；而泡沫镍表面及整体结构较为曲折，对催化剂溶液的吸附效果更好，更多的催化剂将附着在泡沫镍表面。所以在形成相应长度与含量的 CNTs，在泡沫镍表面上所需的时间比陶瓷表面的时间较短。

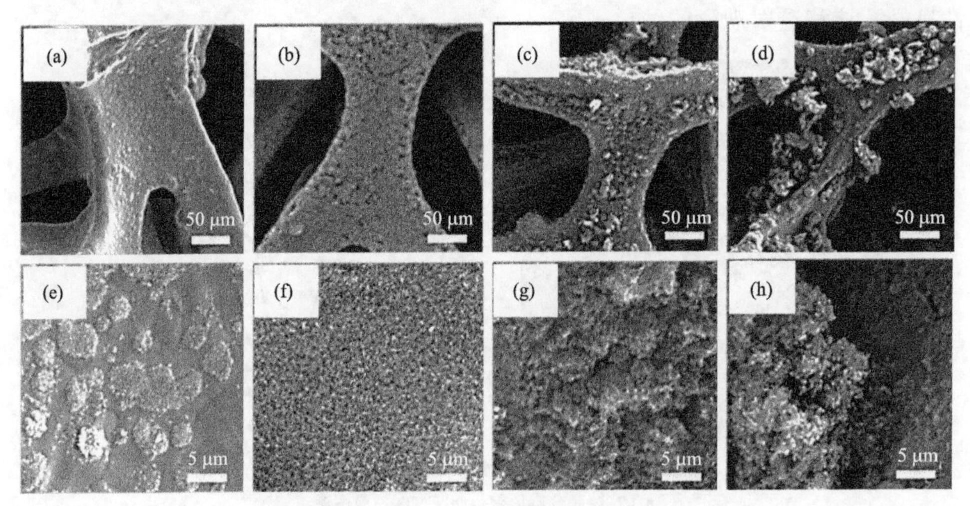

图 8-18　不同沉积时间下 CNTs-泡沫 Ni 的表面形貌

(a) (e) 5min；(b) (f) 10min；(c) (g) 15min；(d) (h) 30min

8.3.2　中间层辅助钎焊 SiO_2-BN 与 TC4

1. 泡沫镍中间层辅助钎焊 SiO_2-BN/TC4 接头

直接使用 TiZrNiCu 钎料进行钎焊时，焊缝为层状且存在大量连续的脆性物质，本小节将引入泡沫镍作为中间层，借助泡沫材料的三维结构使得焊缝中原本连续的脆性相变为散布，增强了相之间的约束作用，提高了焊缝的质量。

图 8-19 为在最优钎焊参数 970℃/10min 的条件下，以 TiZrNiCu 钎料、泡沫 Ni 为中间层进行对 TC4/SiO_2-BN 钎焊的焊缝形貌，接头装配形式为 SiO_2-BN 陶瓷/TiZrNiCu/泡沫 Ni/TiZrNiCu/TC4 钛合金。

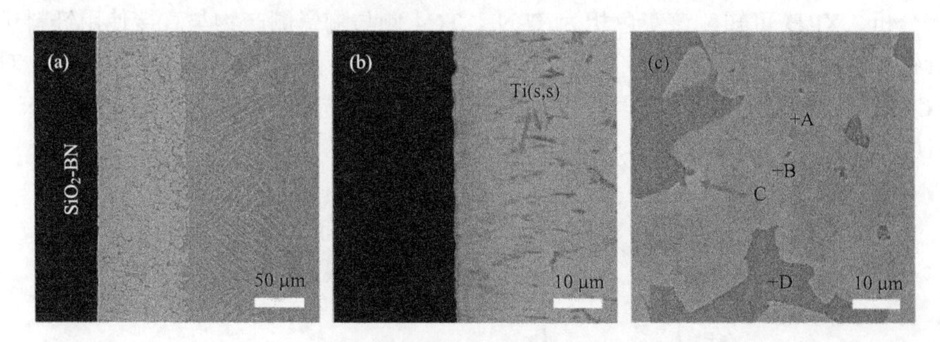

图 8-19　泡沫 Ni 辅助钎焊界面结构

(a) 接头整体形貌；(b) 陶瓷侧形貌；(c) 焊缝放大形貌

可以看到接头界面明显的分为两个区域：与 SiO_2-BN 邻近的反应区Ⅰ，以灰白色相为基体并且生成少量黑色物质；在焊缝中心的Ⅱ区域，以灰白色相为基体，并穿插有黑色物质 B，并分布有少量的白色物质 C；从界面结合情况来看，钎料与陶瓷界面结合情况良好，且相对于直接使用 TiZrNiCu 进行钎焊而言，焊缝宽度有所增大。

为了确定各个反应中间层中的相成分，对图 8-20 所标注的各项进行能谱分析，结果如表 8-3 所示，可以看到反应区Ⅰ灰色基体 A 主要含有 Ti、Ni 元素，断续分布的深灰色 B 主要含有 Ti、Cu、Ni、元素。少量分布的白色物质 C 主要含有 Ti、Cu、V、Ni、Al 元素。

表 8-3　泡沫 Ni 辅助钎焊接头各相能谱

位置	成分 (at%)					相组成
	Ti	Cu	Ni	Zr	Al	
A	64.60	2.19	30.57	—	2.64	Ti_2Ni
B	56.02	5.66	23.73	6.97	7.62	Ti_2Ni
C	46.35	10.49	16.54	18.66	7.96	Ti+$(Cu, Ni)_{10}Zr_7$
D	77.62	7.53	4.66	—	10.19	Ti (s,s)

为进一步确定相组成，对 SiO_2-BN 陶瓷/TiZrNiCu/泡沫 Ni/TiZrNiCu/TC4 钛合金接头进行 XRD 分析，得到的 XRD 分析结果如图 8-20 所示。由 Ti-Ni 相图可知，随着泡沫 Ni 的加入，泡沫 Ni 与固溶 Ti 反应而逐渐溶解，如图 8-18 可以看到，其结果是焊缝与直接使用钎料相比变宽，且图 8-18(a)中存在于钎缝中心连续的 Ti(s,s)变为小块分布于焊缝中。存在连续分布的不规则灰色相 A，对比并结合能谱分析、XRD 可知，该灰色相为 Ti_2Ni。TC4 侧与陶瓷侧产物与直接使用钎料进行钎焊时一致。综上所述，使用加入泡沫 Ni 中间层在 970℃/10min 条件下，对 TC4 /SiO_2-BN 进行钎焊，所得到的接头界面结构为 SiO_2-BN/ Ti_5Si_3+TiN / Ti(s,s)+Ti_2Ni+$(Cu, Ni)_{10}Zr_7$ / TC4 钛合金。

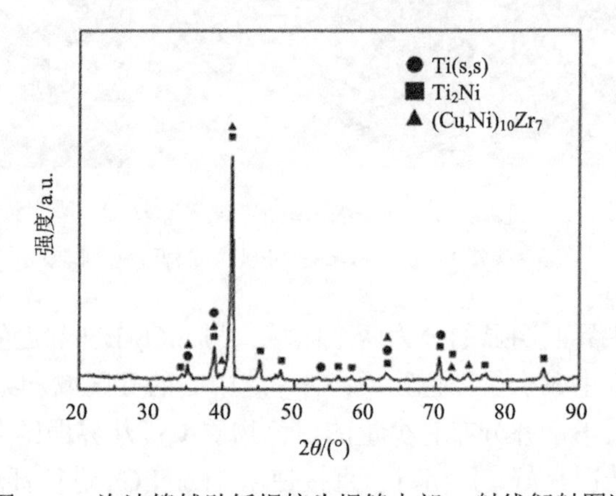

图 8-20　泡沫镍辅助钎焊接头焊缝中部 X 射线衍射图谱

为确定泡沫镍三维结构对焊缝界面结构及强度的影响，采用与泡沫镍相同质量的镍箔中间层辅助钎焊 SiO_2-BN 与 TC4 进行对比，接头的界面结构如图 8-21 所示。

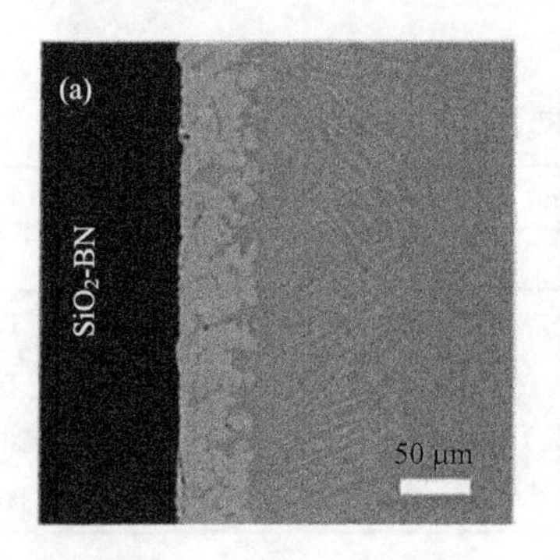

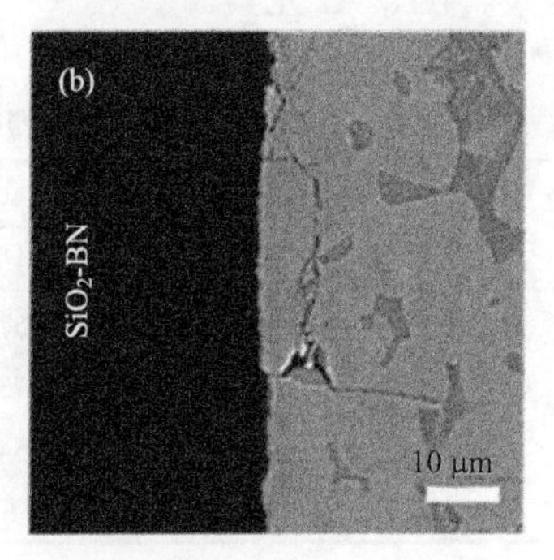

图 8-21　镍箔中间层辅助钎焊界面结构

(a)接头整体形貌；(b)陶瓷侧形貌

由于泡沫镍质量换算成镍箔后，镍箔的厚度较薄，所以形成的焊缝宽度明显减小，镍箔与 Ti 元素通过冶金反应发生溶解，并与 TC4 合金产生相互扩散，使得扩散区厚度较大，而焊缝中基本只有 Ti_2Ni 相与 Ti(s,s)组成。由于 Ti_2Ni 相脆性较大并且形成较为连续，对残余应力的释放不利，故在陶瓷侧界面侧形成了大量的裂纹，界面结构虽有一定优化，但不能有效缓解残余应力，对接头性能提高效果不充分。

对利用同质量镍箔与泡沫镍作为中间层的接头进行剪切测试，发现在 970℃/10min 条件下，镍箔中间层辅助钎焊的接头强度仅为 15.4MPa，加入泡沫镍后由于接头中脆性的连续相变为散布的块状，相之间接触面积更大，约束作用更强，接头强度提高至 23.8MPa，可以看出泡沫镍作为中间层时，焊缝质量有着明显的提高。

2. CNTs 增强泡沫镍中间层辅助钎焊 SiO_2-BN/TC4 接头

图 8-22 为 T=970℃，t=10min 条件下以 TiZrNiCu 钎料、CNTs 沉积时间 t=10min 的泡沫 Ni 为中间层进行 TC4/SiO_2-BN 钎焊的焊缝形貌，接头装配形式为 SiO_2-BN 陶瓷/TiZrNiCu/ CNTs 泡沫 Ni-10min /TiZrNiCu/TC4 钛合金。

可以看到接头界面明显的分为三个区域：与 SiO_2-BN 邻近的反应区Ⅰ，为陶瓷侧反应区域，形貌与加入泡沫镍作为中间层相同，都可以看到陶瓷侧生长有尺寸约为 2μm 的断续黑色的物质；反应区Ⅱ区域可以看到断续的黑色物质；在焊缝中心的Ⅱ区域，以灰色相为基体，散布着断续的深灰色物质，靠近Ⅲ区域部分可以观察到尺寸小的白色物质；Ⅲ区域为靠近 TC4 合金的扩散区域。从界面结合情况来看，钎料与陶瓷界面结合情况良好。

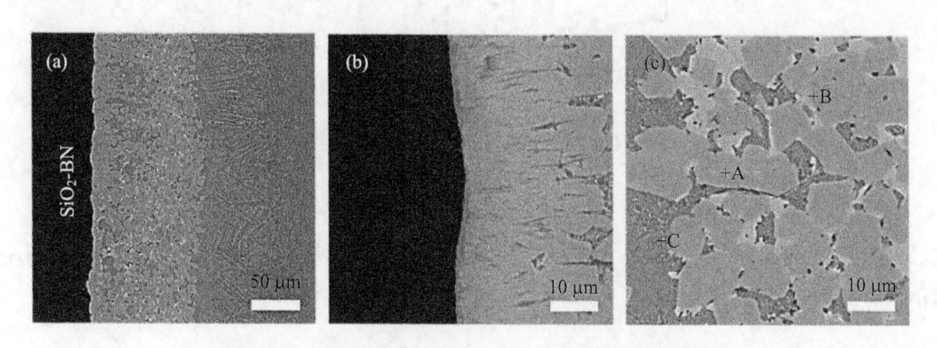

图 8-22　CNTs-泡沫 Ni 辅助钎焊接头界面形貌

(a) 整体形貌；(b) 陶瓷侧形貌；(c) 焊缝局部形貌

通过点能谱测试，其结果如表 8-4 所示，可知白色相 B 主要含有 Ti、Zr、Ni、Cu 等元素，推测其为$(Cu,Ni)_{10}Zr_7$共晶。深灰色 A 相为由 TC4 侧由浓度梯度扩散而来的 Ti 与泡沫 Ni 反应生成的 Ti_2Ni 共晶，C 相基体为 Ti 基固溶体。陶瓷侧反应产物与直接使用钎料钎焊相同均为陶瓷中具有活性的 Si、N 与扩散至陶瓷侧的 Ti 反应生成的 Ti_5Si_3、TiN。对焊缝中部进行 XRD 分析可知，如图 8-23 所示，焊缝仍主要由 Ti_2Ni、Ti(s,s) 和 $(Cu,Ni)_{10}Zr_7$ 三种相组成，虽然仍存在较多的 Ti_2Ni 相，但由于引入了 CNTs 阻碍形核细化晶粒的作用，使得 Ti(s,s) 与 $(Cu,Ni)_{10}Zr_7$ 有形核的空间，相应的含量上升，与接头界面结构一致。CNTs 含量较少无法观测明显的 C 峰位，同样未观测到 TiC 的特征峰，说明 CNTs 可能在焊缝中稳定存在。

表 8-4　CNTs 增强泡沫镍中间辅助钎焊接头试样　　（单位：at%）

位置	Ti	Cu	Ni	Zr	Al	相
A	62.12	4.11	30.38	—	3.39	Ti_2Ni
B	44.81	12.64	20.58	13.61	8.38	Ti+$(Cu, Ni)_{10}Zr_7$
C	77.38	7.41	5.31	1.07	8.83	Ti(s,s)

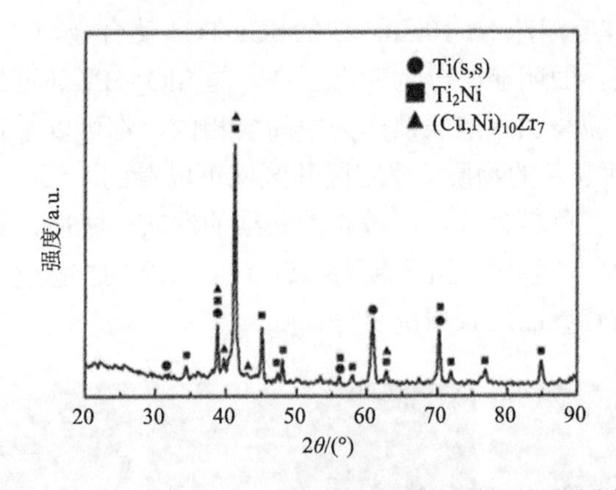

图 8-23　CNTs-泡沫 Ni 辅助钎焊接头焊缝 X 射线图谱

综上所述，使用加入 CNTs 增强泡沫 Ni 中间层在 970℃/10min 条件下，对 TC4/SiO_2-BN 进行钎焊，所得到的接头界面结构为 SiO_2-BN 陶瓷/Ti_5Si_3+TiN/Ti(s,s)+Ti_2Ni+$(Cu,Ni)_{10}Zr_7$/TC4 钛合金。

3. 泡沫镍表面 CNTs 含量对接头形貌与强度的影响

由于 CNTs 含量对其在焊接中增强效果有着显著的影响，如前所述，CNTs 团聚严重的问题一直影响着碳纳米管在实际中的应用。当 CNTs 含量过低不足以发挥增强作用，而含量过高可能会导致团聚，因此有必要研究泡沫 Ni 表面 CNTs

含量对钎焊接头界面结构的影响。图 8-24 为泡沫层中沉积时间不同体积分数的 CNTs 后，在钎焊温度 970℃，保温时间 t=10min 条件下得到的 SiO_2-BN /TC4 接头扫描照片。该参数下，加入泡沫 Ni 后焊缝中产生大量连续分布的 Ti-Ni 共晶，严重影响着焊接质量，通过引入 CNTs 后，Ti-Ni 共晶细化，且变为断续分布。但 CNTs 的团聚问题不可避免，故加入不同沉积时间 CNTs 增强泡沫镍中间层，观察焊缝界面结构随着 CNTs 在泡沫镍中含量的变化规律。

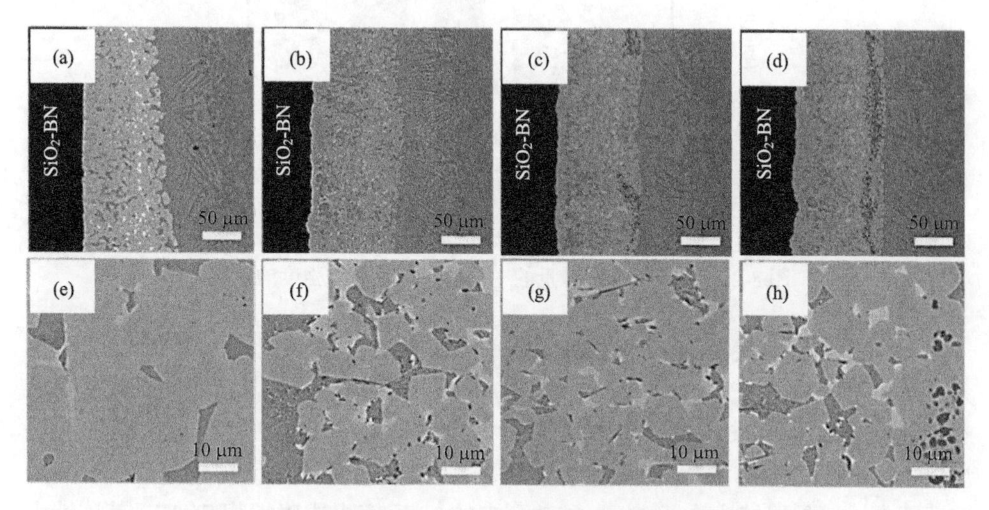

图 8-24　不同沉积时间的 CNTs 增强泡沫镍辅助钎焊接头形貌

(a) (e) 5min；(b) (f) 10min；(c) (g) 15min；(d) (h) 30min

当 CNTs 的沉积时间仅为 5min 时如图 8-24(a)和图 8-24(e)所示，由于 CNTs 含量较少，对焊缝的调节作用较小，只在局部产生晶粒细化，而焊缝整体界面结构仍较为连续，类似纯泡沫镍辅助钎焊形貌。随着 CNTs 的增多，CNTs 作为形核质点的作用也随之增强，接头中的相开始大幅细化[52]。当沉积时间为 10min 时如图 8-24(b)和图 8-24(f)，CNTs 由于其稳定性良好而在焊接过程中保持稳定存在，冷却过程中其主要分布与晶界，阻碍了晶粒的生长，Ti_2Ni 尺寸明显减小，起到了细晶强化的效果，焊缝整体界面呈现细化趋势。而当沉积时间超过 10min 时，CNTs 将产生团聚，虽有部分未团聚的 CNTs 仍能起到细化晶粒的作用，但大量团聚的 CNTs 因与 Ti 的良好亲和力，将形成颗粒相，如图 8-24(c)和图 8-24(g)所示。CNTs 团聚的产生将限制 CNTs 细化晶粒的作用，使得 CNTs 含量提高却不能起到更为明显的效果，并会造成接头性能的局部突变，影响界面力学性能。当沉积时间为 30min 时，如图 8-24(d)和图 8-24(h)所示，团聚的 CNTs 进一步增多，由于泡沫镍的瓦解行为多分布于 TC4 侧，形成连续的团聚带，焊缝产生裂纹与空隙的趋势变大，反而会导致接头强度的下降。

对 CNTs 含量不同的试件以剪切强度评价焊缝质量。剪切试验在常温下进行，如图 8-25 所示。

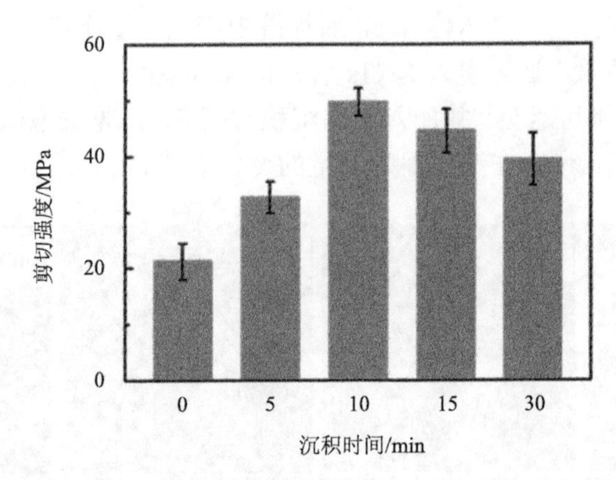

图 8-25 不同 CNTs 含量的中间层对接头剪切强度的影响

研究发现当直接使用 TiZrNiCu 钎料进行钎焊时焊缝强度最低，因为此时焊缝为层状，且其中存在连续的 Ti(s,s)、Ti_2(Cu，Ni)脆性相，焊缝强度很低，仅有 8.8MPa；当加入泡沫 Ni 后，泡沫镍的骨架结构使得 Ti 能穿过泡沫层，其结果是焊缝由层状变为散布块状的互锁结构，焊缝中的相之间约束作用更强，残余应力有所缓解，但是焊缝中由于 Ni 与扩散而来的 Ti 反应生成脆性相 Ti_2Ni，其连续大块的分布于焊缝中，故焊缝强度虽有所提高，但由于 Ti_2Ni 连续分布，且为脆性相，将削弱焊缝强度。当引入 CNTs 后，由于 CNTs 弥散分布，阻碍 Ti_2Ni 形核使其晶粒细化，故随着 CNTs 在泡沫 Ni 中沉积时间的增加，焊缝强度变高，在 970℃/10min 焊接条件下，中间层处理 10min 进行钎焊获得的钎焊试件抗剪强度最高为 49.7MPa，但若中间层中 CNTs 沉积时间继续增加，CNTs 将在 TC4 侧发生团聚，焊缝界面中清晰可见黑色孔洞，严重影响焊接质量。

图 8-26 为各典型接头断口形貌，由图中可知，TiZrNiCu 钎焊接头时，接头沿反应层处断裂，这是因为接头存在较大的残余应力，Ti 元素与陶瓷的反应不充分，使得陶瓷与钎料的结合力变差，并且由于接头中存在大量连续脆性化合物，使得反应层处脆性区变厚，并由图 8-26(d)可知，在残余应力作用下，反应层事先萌生裂纹，这与上面的接头形貌一致，使得反应层处成为薄弱区，在外部载荷与残余应力的作用下沿反应层断裂。而当添加泡沫 Ni 中间层后，由于焊缝中 Ti 被大量消耗，使得 Ti 与陶瓷的反应变弱，并且在冷却过程中析出了断续的 Ti 基固溶体，其可有效缓解残余应力，故其在陶瓷侧断裂，但由于其缓解残余应力的程度有限，其残余应力的分布于峰值并未改变，从陶瓷的断裂形貌中可以看出。而当 CNTs 增强泡沫镍辅助钎焊时，在 Ni 消耗 Ti 的基础上，CNTs 弥散分布，并

利用其作为形核核心的特点，使得生成相的尺寸降低，并使得大量 Ti 固溶体析出。并且 CNTs 本身的 CTE 较低，可进一步缓解残余应力。并且从图 8-26(f) 中可观察到脱离的 CNTs，说明 CNTs 在焊缝中可以起到纤维增强作用，由于 CNTs 与钎料的紧密结合，使得应力向 CNTs 传递更为顺利。所以 CNTs-泡沫 Ni 中间层可以起到增强焊缝、缓解残余应力的作用，应力的峰值降低，转移到焊缝中，呈现“弓状”低应力断口形貌[9]。

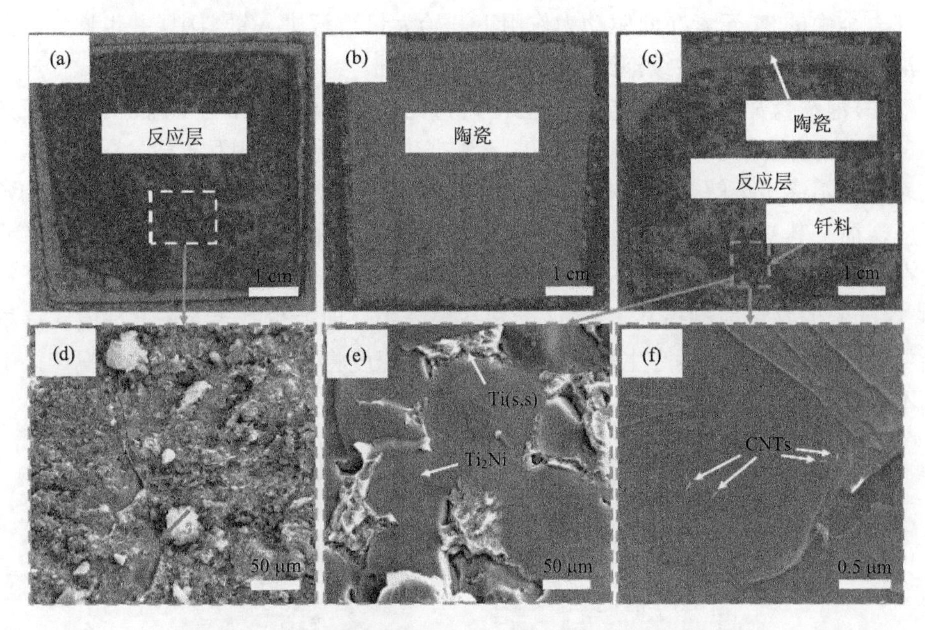

图 8-26　不同中间层钎焊 SiO_2-BN/TC4 接头宽口形貌

(a) (d) 无中间层；(b) 泡沫 Ni；(c) (e) (f) CNTs 增强泡沫镍

4. CNTs 增强泡沫镍中间层界面优化机制

为研究 CNTs 增强泡沫镍中间层对 SiO_2-BN 与 TC4 钎焊界面的优化机制，需对泡沫镍中间层在钎焊过程中的溶解与元素的扩散行为进行分析，根据温度对焊缝中界面行为进行划分，如图 8-27 所示。界面结构的形成可分为以下 4 个阶段：①材料表面物理接触；②钎料熔化初始阶段；③泡沫镍瓦解阶段；④晶粒细化阶段。下面将对以下阶段进行详细阐述。

(1) 材料表面物理接触：当 $293K<T<T_1$ 时 (T_1 为 TiZrNiCu 钎料的液相线温度)，在石墨夹具的夹持下，钎料与中间层产生微小的塑性变形，特别是钎料在固液相线之间的温度时会产生局部熔化形成液相，使得所有待焊界面紧密接触，这是之后母材与钎料之间进行冶金反应与扩散的前提条件。

(2) 钎料熔化初始阶段：当 $T_1<T<1243K$ 时，钎料全部熔化为液态，陶瓷与钎料的界面反应与扩散运动得以加速，反应逐步开始。由于泡沫镍的熔化温度(1453℃)远远高于钎焊温度，此时的泡沫镍虽然有软化的趋势，但整体仍保证完整结构，处于浸泡在钎料中的状态。由于泡沫镍的密度大于钎料的密度，导致泡沫镍在重力的作用下开始些许下沉。由于 Ti 元素与 Ni 元素较为强烈的冶金反应，在此化学驱动力作用下，上层钎料中的部分 Ti 元素开始在泡沫镍表面富集，同时 TC4 合金中的 Ti 元素在此驱动力作用下开始大量溶解进入钎料中，并也逐步附着在泡沫镍表面，这为后续泡沫镍的瓦解打下基础。

(3) 泡沫镍瓦解阶段：当 $T=1243K$ 时，此温度下满足 Ti 与 Ni 的冶金反应条件，泡沫镍表层原子将与钎料中的 Ti 元素产生界面反应与相互扩散，导致泡沫镍从表面开始逐步溶解。上层钎料中的 Ti 元素既要与泡沫镍进行反应，又要与陶瓷反应，加之其初始浓度固定，使得上部 Ti 元素浓度降低，而 TC4 合金中的 Ti 元素在化学驱动力以及浓度梯度的作用下不断溶解进入钎料中，必然使得下部钎料中 Ti 元素的含量急剧提高，故 Ti 元素在焊缝中呈现上少下多的浓度梯度。这直接导致泡沫镍溶解速度产生差异，下部的溶解速度将远大于上部，使得泡沫镍下部不断瓦解，泡沫镍整体向下方塌陷。

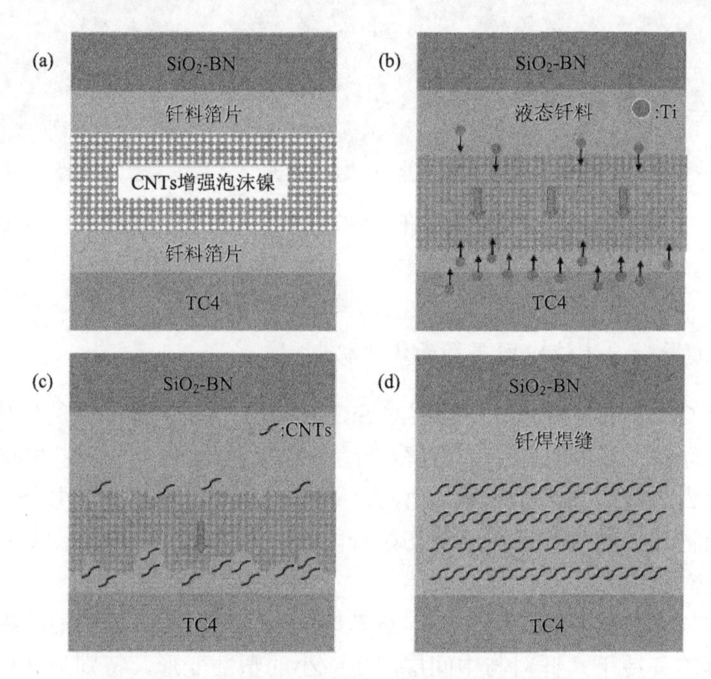

图 8-27　CNTs 增强泡沫镍中间层界面优化机制示意图

(a) 材料表面物理接触；(b) 钎料熔化初始阶段；(c) 泡沫镍瓦解阶段；(d) 晶粒细化阶段

(4) 晶粒细化阶段：随着泡沫镍基体的溶解，表面生长的 CNTs 逐步脱落进入钎料中，由于 CNTs 在钎料中无化学驱动力，其体积较大难以在浓度梯度的作用发生扩散，加之 Ti_2Ni 与 Ti(s,s) 相因高熔点在保温过程中将在 CNTs 表面开始形核，使得 CNTs 也难以因浮力作用向上运动，故 CNTs 在钎料中的位置基本不变，为泡沫镍瓦解的位置。由于泡沫镍多在靠近 TC4 侧瓦解，所以 CNTs 也多分布于 TC4 侧。降温过程中，钎料内部的成分根据与 CNTs 亲和力的强弱将在不同位置开始形核，使得焊缝中相组成得以细化，不产生连续相。

综上所述，泡沫镍在钎焊过程中呈现向 TC4 侧逐步瓦解的趋势，导致 CNTs 的分布偏向 TC4 侧，这将导致 CNTs 分布不均，对 SiO_2-BN 陶瓷侧的界面调控作用减弱，这与图 8-25 中陶瓷界面处的化合物相仍十分连续，越接近 TC4 侧相的细化程度越好的现象一致。故为充分提高接头强度，在添加 CNTs 增强的中间层的基础上，结合第 7 章对陶瓷侧界面结构优化的方法，将得到界面结构更为优良，剪切强度更为优秀的接头。

8.3.3　CNTs 增强泡沫镍辅助钎焊 CNTs 修饰 SiO_2-BN 与 TC4

为发挥以上两种方法各自的优点，达到充分提高接头强度的目的，我们将二者结合，通过添加 CNTs 增强泡沫镍中间辅助钎焊 CNTs 修饰的 SiO_2-BN 陶瓷与 TC4 合金，研究接头界面结构的演变机制。接头装配如图 8-28 所示。

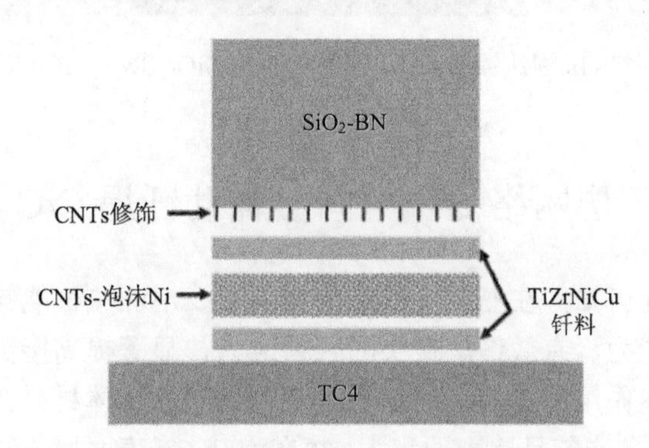

图 8-28　CNTs-泡沫镍辅助钎焊 CNTs 修饰 SiO_2-BN 与 TC4 的接头装配示意图

钎焊接头界面结构如图 8-29 所示，由图中可以观察到，从陶瓷侧反应层到扩散层区域，整体接头均由较为细小、均匀的混合相组成，说明两种引入 CNTs 的机制可以使得 CNTs 分布于整个焊缝，对接头整体起到调节作用。由图 8-30 接头呈现随机断裂特征，并且在接头中心部位的残余应力峰值部位，断裂发生在钎料部分，说明残余应力得到极大的缓解，所得到接头剪切强度为 67.2MPa，比较接近陶瓷的断裂强度，说明两种方法的结合对接头性能提高起到至关重要的作用。

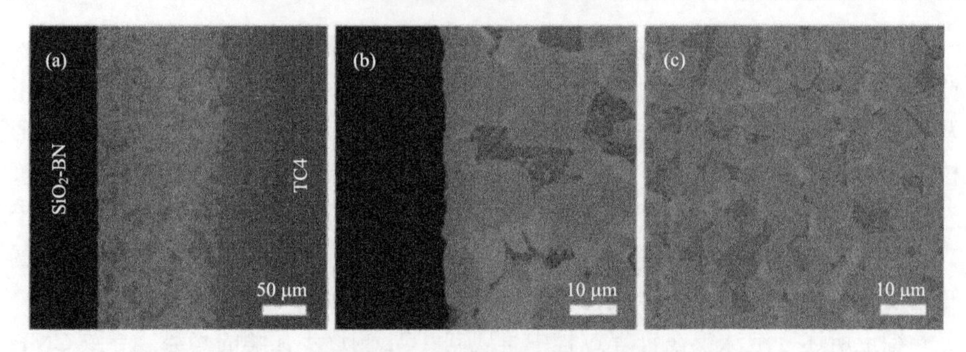

图 8-29　CNTs-泡沫镍辅助钎焊 CNTs 修饰 SiO_2-BN 与 TC4 界面结构

(a)接头整体形貌；(b)陶瓷侧形貌；(c)焊缝区放大图像

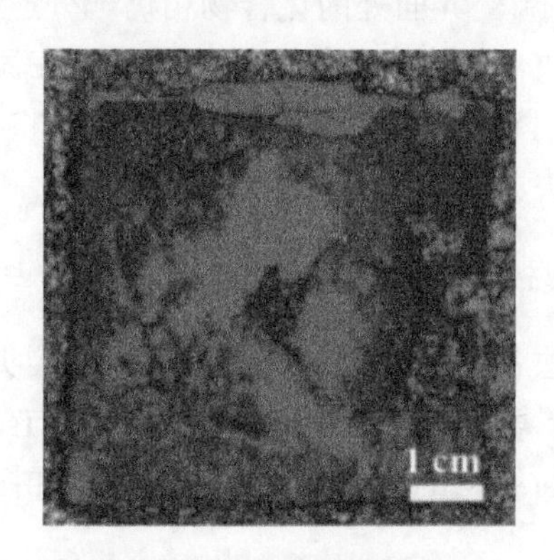

图 8-30　CNTs-泡沫镍辅助钎焊 CNTs 修饰 SiO_2-BN 与 TC4 断口形貌

8.4　碳层网络复合中间层辅助钎焊 C/C 与 Nb

根据以上研究可知，在石墨烯的保护作用下，泡沫 Cu 能够充分发挥其自身优异的应变容纳能力，有效缓解接头的残余应力，显著提高接头的承载能力。实际上，除具有上述作用外，泡沫 Cu 还是一种理想的载体材料。已有研究指出，泡沫 Cu 的孔隙分布均匀且比表面积大，故在泡沫 Cu 表面原位制备含量可控的增强相有助于大量第二相在钎缝中均匀分布[10, 11]，进而优化钎缝的组织性能，提高接头的连接质量。然而，在这些研究中，泡沫 Cu 的多孔骨架均因与钎料发生冶金反应而溶解坍塌。可见，若能在已制得的 G-Cu_f 表面原位制备其他增强材料，则有望在保护泡沫 Cu 三维网络结构的基础上，向钎缝中引入更多的增强相，进一步优化钎缝组织，提高接头的力学性能。但值得注意的是，为了避免界面发生晶格失配而破坏石墨烯结构，在石墨烯表面生长的增强相材料需与石墨烯晶格常数相同，但受限于 CVD 生长机制，石墨烯厚度难以有效增加。经文献查阅，碳化聚合物是一种极具吸引力的碳材料，其具有易合成、原料来源广泛、制备成本低等特征。此外，通过优化聚合物前驱体的种类并调控其含量可以实现聚合物碳化产物对基底的完整包覆并使产物的厚度在较宽的范围内可调控[12-15]。此外，钎缝中尚有大量 Ti 元素未得到充分利用，而碳化聚合物往往富含缺陷，易与 Ti 元素反应形成 TiC。

无疑，在 G-Cu_f表面原位制备碳化聚合物，构成碳层包覆 G-Cu_f(C-G-Cu_f)复合中间层，能够更为有效地利用泡沫 Cu 的三维网络结构，实现上述构想，即在保持泡沫 Cu 的结构完整性，提高接头的应变容纳能力的同时，向钎缝中引入大量均匀分布的 TiC 第二相，进一步有效降低钎缝线膨胀系数这两个角度，更好地优化钎缝组织性能，提高接头的连接质量。

8.4.1　碳层/石墨烯网络复合中间层钎焊 C/C 与 Nb

聚合物在碳化的过程中易发生流变，容易导致碳层厚度不均匀、碳流失大的问题，此外，碳与金属间的线膨胀系数不匹配也容易造成碳化产物发生开裂。因此，选择合适的聚合物前驱体至关重要。酚醛树脂(PF)因具有残碳率高、高温分解条件下热变形小等优点，成为常用的聚合物碳化前驱体之一[16-18]。因此，为了提高碳化效率并避免高温下聚合物发生严重流变，本节采用热固性 PF 作为聚合物前驱体进行碳化处理。图 8-31 为在 G-Cu_f复合中间层(厚度为～300 μm，孔密度为 50 PPI，孔隙率为 98%)表面碳化热固性 PF 碳化，从而制备 C-G-Cu_f复合中间层的工艺流程示意图。具体工艺过程如下：将 G-Cu_f复合中间层分别放置于事先调制好的质量分数为 12%的 100 mL 热固性 PF 丙酮溶液中，浸泡 72 h 后取出，在常温下真空干燥处理 48 h 以完全去除丙酮溶剂。值得注意的是，PF 长链的每个单体中均包含一个羧基，使得 PF 具有较强的极性，易在石墨烯表面形成强吸附[19]，不易脱落。接下来，将 PF 丙酮溶液处理后的泡沫 Cu 放置于 CVD 管式炉内，在 Ar 气氛保护下进行高温碳化处理。

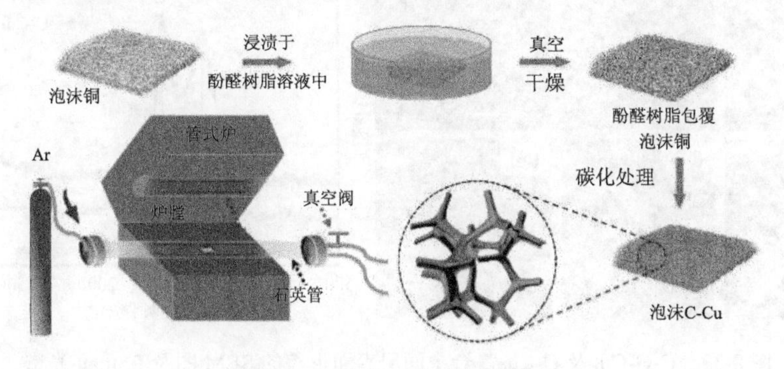

图 8-31　碳化工艺过程示意图

在碳化过程开始前，为了确定 PF 的最佳碳化工艺参数，采用热重分析(TGA)方法研究 PF 前驱体的热分解过程，获得 PF 在 Ar 气中的热失重曲线如图 8-32 所示。

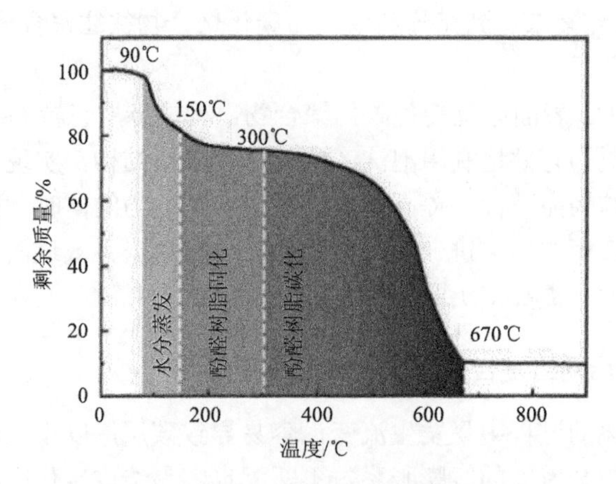

图 8-32　PF 在 Ar 气氛下的热失重曲线

从图 8-32 中可以看出，随着温度的升高，PF 逐渐经过水分蒸发、再固化、分子裂解与缩聚、交联及结构重排等热失重阶段[16-18]。PF 的热失重曲线在温度升高至 670℃保持平稳，PF 的碳化过程结束。分析图中数据可得，PF 最终的碳转化率为～10%，因此，为了保证 PF 碳化完全，本节采用的碳化工艺参数为 800℃，保温 30 min。

图 8-33(a～a_2)为制得的 C-G-Cu_f 复合中间层表面形貌的 SEM 图，可以看出，在 G-Cu_f 表面成功制得了连续且厚度均匀的碳薄层(厚度为～1.1μm)。通过对样品在碳化前后进行称重得出，C-G-Cu_f 复合中间层的碳含量为质量分数 3%。从

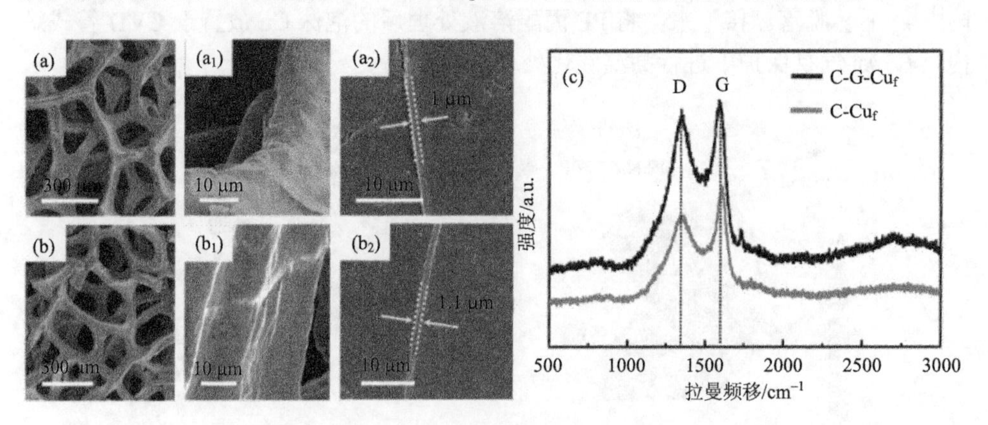

图 8-33　C-G-Cu_f 及 C-Cu_f 复合中间层表面形貌的 SEM 图及 Raman 光谱

(a～a_2) C-G-Cu_f SEM 图；(b～b_2) C-Cu_f SEM 图；(c) 拉曼光谱

图 8-33(c)中可以看出，C-G-Cu_f复合中间层表面的 Raman 光谱只有 D 峰与 G 峰出现，且两峰均出现了明显的宽化与重叠现象，这与非晶石墨结构的 Raman 光谱特征相符[20]，说明碳层产物富含缺陷。为了研究石墨烯对碳层产物表面形貌及缺陷程度的影响，本节采用相同工艺在纯泡沫 Cu 表面制备了相同碳含量的碳层/Cu 网络复合中间层(C-Cu_f)，产物的表面形貌如图 8-33($b\sim b_3$)所示，可以看出，C-Cu_f 复合中间层与 C-G-Cu_f 复合中间层的表面形貌无明显区别。此外，分析 Raman 光谱也可以发现 C-Cu_f 复合中间层表面的碳层同样为富含缺陷的非晶碳结构。

图 8-34(a)为在 880℃/10 min 条件下，采用 C-G-Cu_f 复合中间层辅助钎焊 C/C-Nb 接头的典型界面组织，从图中可以看出，此时钎缝中 Cu(s, s)组织分布均匀，不发生团聚，这表明泡沫 Cu 骨架结构得到了完好保留。对钎缝放大观察还能够有极薄的片状第二相沿 Cu(s,s)组织边缘形成[图 8-34(b)]。可见，采用 C-G-Cu_f复合中间层辅助钎焊能够在保护泡沫 Cu 三维网络结构的同时，有效利用泡沫 Cu 的三维网络结构优势，向钎缝中原位引入更多的第二相组织。

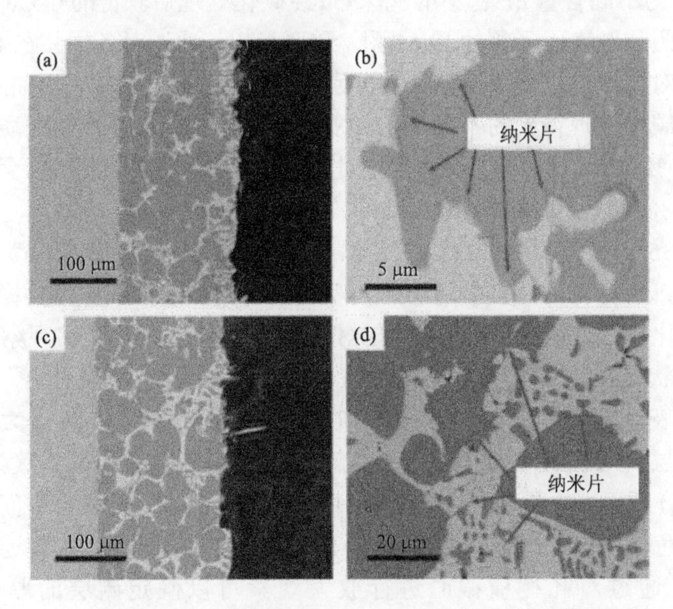

图 8-34　C-G-Cu_f复合中间层辅助钎焊 C/C-Nb 接头典型界面组织的 SEM 图

(a)(b)C-G-Cu_f；(c)(d)C-Cu_f

然而，He 等[13]指出采用碳化聚合物的方法可以显著提高基底的耐腐蚀性。Das 等[14]还指出，聚合物碳化层能够在近 600℃的高温下有效阻碍 Cu、Ni、Co、Fe 等金属原子的扩散。这表明，碳化聚合物不仅能够依附于泡沫 Cu 基底表面原位生长，完整的包覆泡沫 Cu，还有望阻碍钎料侵蚀泡沫 Cu，起到与石墨烯相同的作用。此外，值得注意的是，石墨烯表面原位制备的碳层为脆性材料，其在钎焊过程中易因钎料挤压或泡沫 Cu 本体软化而产生局部应力集中，甚至发生局部断裂，而这易导致石墨烯结构发生破坏。基于此，本节采用上述制得的 C-Cu_f 复合中间层辅助钎焊 C/C 与 Nb，接头的典型界面组织结构如图 8-34(c)所示，可以看出，此时接头的界面组织结构无明显变化，Cu(s, s)组织分布依然十分均匀，且在 Cu(s, s)组织边缘也能够观察到纳米片第二相的生成[图 8-34(d)]。可见，采用 C-Cu_f复合中间层辅助钎焊不仅能够起到与 C-G-Cu_f复合中间层相同的作用，还减少了工艺步骤，显著提高生产效率。因此，在接下来的研究中，直接在纯泡沫 Cu 表面原位制备碳层进行进一步研究。

8.4.2　碳层/Cu 网络复合中间层辅助钎焊 C/C 与 Nb

1. 复合中间层的设计与制备

图 8-35 为不同含量 PF 包覆的泡沫 Cu 经碳化处理后获得的 C-Cu_f复合中间层样品的宏观照片及表面形貌的 SEM 图。需要指出，通过对各样品在 PF 浸泡前及碳化后称重对比得出：采用质量分数分别为 4%、12%、20%、40%的 PF 丙酮溶液浸泡并经碳化处理得到的不同 C-Cu_f 复合中间层中，碳化产物的质量分数分别为 1%、3%、5%、10%，为简化标记，将各对应复合中间层材料分别缩写为 1%C-Cu_f、3%C-Cu_f、5%C-Cu_f、10%C-Cu_f。

从图 8-35(a)中可以看出，Cu_f 表面较为光滑平整。从图 8-35(b)中可以看出，与 Cu_f 相比，1%C-Cu_f 复合中间层的表观颜色略微加深至浅棕色且样品的表面形貌无明显变化，但在孔棱横截面的 SEM 图中[图 8-35(b_1)]能够观察到连续且厚度均匀的层状结构，其厚度为～0.38μm。从图 8-35(c)中可以看出，3%C-Cu_f 复合中间层的表观颜色加深至深棕色，且在样品表面形貌的 SEM 放大图中观察到了极薄的碳层。对孔棱横截面进行放大观察可以发现，碳层的厚度为～1.1μm，如图 8-35(c_1)所示。从图 8-35(d)中可以明显看出，5%C-Cu_f 复合中间层的表观颜色已变为灰色，在样品表面形貌的高倍 SEM 图中也能够明显发现连续的厚度较薄的碳层，通过对孔棱横截面进行放大观察可以确定碳层的厚度为 1.9μm[图 8-35(d_1)]。当碳化产物质量分数增大至 10%时，样品的表观颜色加深至接近黑色，其表面形貌光滑且平整，如图 8-35(e)所示。对孔棱横截面进行放大观察可以确定样品碳层的厚度为～3.9μm[图 8-35(e_1)]。通过上述分析可以发现，各 C-Cu_f 复合中间层中碳层的厚度与对应的 PF 丙酮溶液的浓度呈线性关系，这说明 PF 的碳化过程较为理想，未发生显著的 C 元素流失。

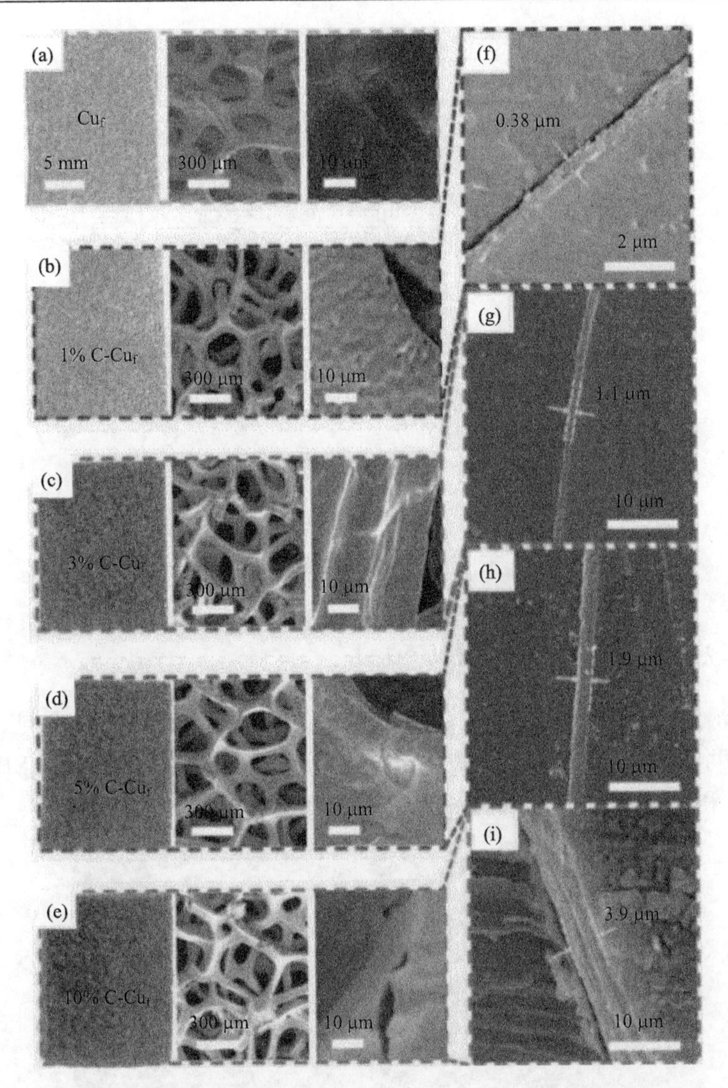

图 8-35　不同 C-Cu_f 复合中间层的宏观照片及表面形貌的 SEM 图

(a) Cu_f；(b) 1%C-Cu_f；(c) 3%C-Cu_f；(d) 5%C-Cu_f；(e) 10%C-Cu_f；(f) 为 (b) 图中碳层截面图；(g) 为 (c) 图中碳层截面图；(h) 为 (d) 图中碳层截面图；(i) 为 (e) 图中碳层截面图

图 8-36 为 Cu_f 及不同碳层含量的 C-Cu_f 复合中间层样品表面碳层的 Raman 光谱。可以看出，无论碳层厚度如何变化，各 Raman 光谱的谱线变化趋势及典型特征峰峰位与峰形均十分相似。此外，这些碳层的 Raman 光谱均只有 D 峰与 G 峰出现，且两峰均出现了明显的宽化与重叠现象，这与非晶石墨结构的 Raman 光谱特征相符[20]。结合 PF 的热失重过程分析可以确定，各 C-Cu_f 复合中间层表面的碳层均为含有大量缺陷的非晶碳结构。基于此，采用 PF 碳化的方式成功制得了

层厚均匀且可控的碳层/Cu 网络复合中间层($C\text{-}Cu_f$)。

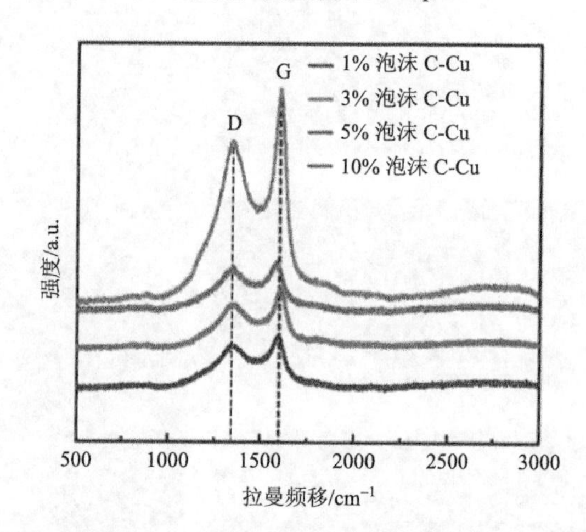

图 8-36　不同 $C\text{-}Cu_f$ 复合中间层的 Raman 光谱

2. 接头的界面组织及力学性能分析

本节沿用最佳钎焊工艺参数(880℃/10min)，采用上述制得的不同 $C\text{-}Cu_f$ 复合中间层辅助钎焊 C/C-Nb 接头的典型界面组织结构及特征区域的放大 SEM 图分别如图 8-37 和图 8-38 所示。各特征组织的 EDS 结果见表 8-5。

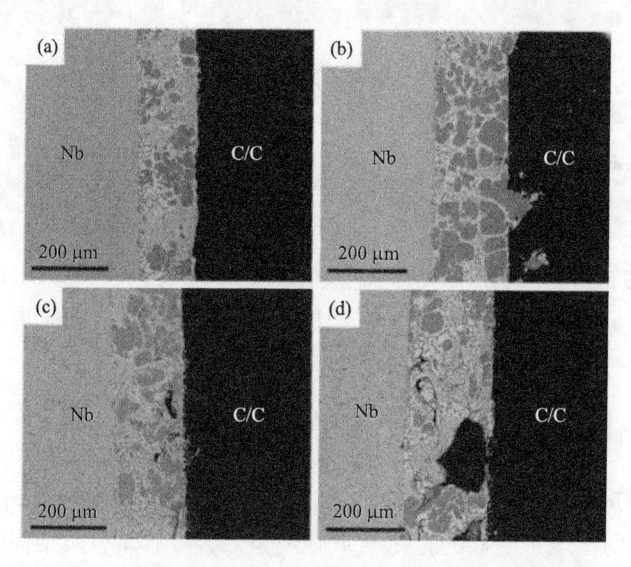

图 8-37　不同 $C\text{-}Cu_f$ 复合中间层钎焊 C/C-Nb 接头典型界面组织的 SEM 图

(a) 1%$C\text{-}Cu_f$；(b) 3%$C\text{-}Cu_f$；(c) 5%$C\text{-}Cu_f$；(d) 10%$C\text{-}Cu_f$

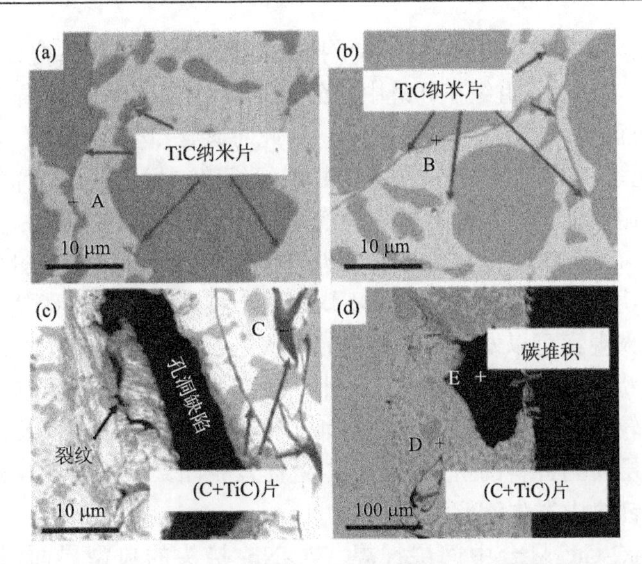

图 8-38　不同 C-Cu_f 复合中间层钎焊 C/C-Nb 接头界面特征组织的 SEM 放大图

(a) 1%C-Cu_f；(b) 3%C-Cu_f；(c) 5%C-Cu_f；(d) 10%C-Cu_f

表 8-5　不同 C-Cu_f 复合中间层钎焊 C/C-Nb 接头片状组织的 EDS 分析

位置	摩尔分数(at%)					可能相
	C	Nb	Ag	Ti	Cu	
A	62.31	—	8.24	29.45	—	TiC+Ag(s, s)
B	49.65	—	—	33.55	16.80	TiC+TiCu+Cu(s, s)
C	78.13	—	—	21.87	—	C+ TiC
D	83.21	—	—	16.79	—	C+ TiC
E	100	—	—	—	—	C

采用 1%C-Cu 复合中间层钎焊接头的典型界面组织结构如图 8-37(a)所示，可以在钎缝局部区域观察到 Cu(s, s)的团聚且沿 Cu(s, s)组织边缘有深灰色的连续片状组织生成[图 8-38(a)中的区域 A]，这些片状组织与泡沫 Cu 表面碳化产物的形貌相似，结合 EDS 分析可以初步推断其由 TiC 相与 TiCu 相共同构成，其具体成分有待进一步研究和分析。由以上研究结果可知，缺陷碳结构与活性 Ti 元素易发生反应生成 TiC 化合物，这表明泡沫 Cu 表面的碳层容易与钎料反应生成 TiC 且该反应具有比 Ti+Cu→TiCu 反应更大的热力学趋势。值得注意的是，此时向钎缝中引入的碳含量较低，导致这些碳层易全部转化为 TiC，削弱了其对钎料元素扩散的阻碍作用[21]。另外，碳层厚度过薄，表面含有大量孔隙，易导致钎料穿过碳层而对泡沫 Cu 基底形成侵蚀。而且，碳层厚度过薄还可能导致其自身的机械强度较低，表面易出现裂纹，加剧钎料的侵蚀，破坏泡沫 Cu 的骨架结构完整性。

采用 3%C-Cu 中间层钎焊 C/C-Nb 接头的典型界面组织结构如图 8-37(b)所示，可以看出，Cu(s, s)组织在钎缝中的分布较为均匀，此外，同样有片状组织沿 Cu(s, s)组织表面及附近形成[图 8-38(b)]。此时碳含量较为适中，能够适量消耗钎缝中的 Ti 元素，在钎缝中形成更多的片状组织第二相，并提高片状组织状对钎料元素扩散的阻碍能力，进而有效保护泡沫 Cu 本体的结构完整性。

采用 5%C-Cu 复合中间层钎焊的接头的典型界面组织结构如图 8-37(c)所示，可以在钎缝中明显观察厚度及分布都不均匀的不规则黑色物相(区域 C)。对该特征组织进行放大观察可以发现，钎缝中的片状组织在局部发生团聚，形成了这些黑色的无规则状物相[图 8-38(c)]，此外，钎缝中还有裂纹及孔洞缺陷生成。这是由于碳含量较高时，Ti 元素被过度消耗，钎料对碳层的润湿性及在钎缝中的流动性下降，碳层易因钎料的挤压而断裂，进而发生团聚，进一步导致泡沫 Cu 本体暴露于熔融钎料中发生溶解坍塌。

采用 10%C-Cu 复合中间层钎焊 C/C-Nb 接头的典型界面组织结构如图 8-37(d)所示，可以明显看出，碳含量过高时，除了在钎缝局部有裂纹及孔洞产生外，还形成了巨大的黑色团聚物[图 8-38(d)]，结合 EDS 分析可以确定该物相仅由 C 元素形成，为大量的碳团聚颗粒。

图 8-39 为采用不同 C-Cu_f 复合中间层钎焊 C/C-Nb 接头在 C/C 复合材料侧的 TiC 界面反应层的 SEM 图。采用 1%C-Cu 中间层钎焊时，TiC 界面反应层光滑而连续，厚度为 0.55μm，仅为直接钎焊接头的 0.4 倍[图 8-39(a)]。这是由于钎焊过程中，引入的富含缺陷的非晶碳层能够与钎料中的活性 Ti 元素发生冶金反应，

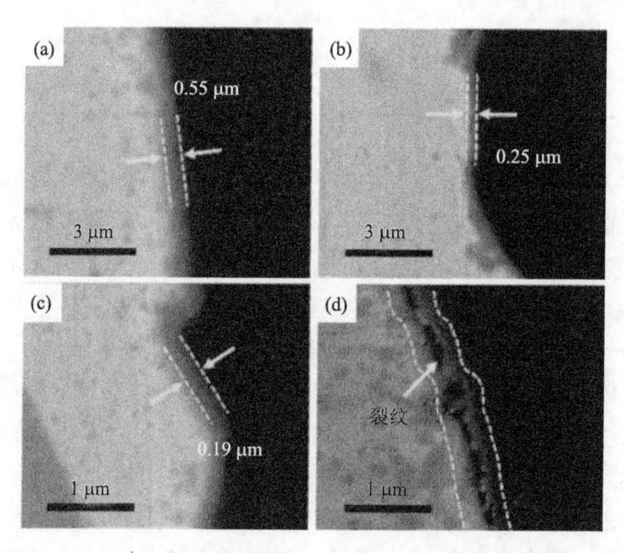

图 8-39 不同 C-Cu_f 复合中间层钎焊 C/C-Nb 接头 C/C 侧 TiC 界面反应层的 SEM 图

(a) 1%C-Cu_f；(b) 3%C-Cu_f；(c) 5%C-Cu_f；(d) 10%C-Cu_f

消耗钎料中的一部分 Ti 元素，使得 Ti 元素在 TiC 界面反应层中的活度下降，进而导致 TiC 界面反应层生长的驱动力降低，因而，界面反应层的厚度减小。采用 3%C-Cu_f复合中间层钎焊时，随着碳含量的提高，钎料中活性 Ti 元素被更多的消耗，TiC 界面反应层的厚度降低至 0.25μm[图 8-39(b)]。采用 5%C-Cu 复合中间层钎焊时，尽管钎缝中的碳层发生团聚，但碳含量的增多进一步消耗了钎料中的活性 Ti 元素，导致 TiC 界面反应层的厚度进一步降低至 0.19μm[图 8-39(c)]。从图 8-39(d)中可以明显看出，当采用 10%C-Cu_f复合中间层钎焊时，钎缝中的 C 元素过量，使得钎料中的 Ti 元素几乎消耗殆尽，导致 C/C 复合材料与钎缝难以形成有效连接，甚至在界面处产生了贯穿裂纹，严重削弱了接头的连接质量。

为了确定片状组织的成分及种类，对采用 10%C-Cu_f 复合中间层钎焊接头中片状组织团聚体进行微观结构分析。图 8-40 为对片状组织与钎料界面采用聚焦离子束法(FIB)加工制备成薄膜样品的 HAADF 图及元素面分布图，可以明显观察到在片状组织与钎料的界面处形成了连续且致密的反应层。面元素分布结果指出，该反应层内出现了 Ti 元素及 C 元素的富集但并无 Ag、Cu 元素出现。此外，C 元素的相对浓度在片状组织的团聚体内部区域显著增大。进一步对该界面进行放大观察[图 8-41(a)]，可以看出，碳的团聚体中原子排列无序，呈典型的非晶态结构，这与碳层的 Raman 光谱结果相一致。此外，在钎料区及界面反应层区域中，由于相邻晶粒间晶体取向的不同使得不同晶粒间发生了衬度变化。图 8-41(b)为界面反应层组织的 HRTEM 图，可以看出，选区位置的晶体结构完整且原子排列具有高度的取向性，通过对选区的 SAED 图像进行标定可以确定该界面反应层的物相为 TiC 化合物。至此，也可以确定采用 C-Cu_f复合中间层钎焊接头的界面组织结构为: Nb/Ag(s, s)+Cu(s, s)+(TiC+C)/TiC/C/C 复合材料。

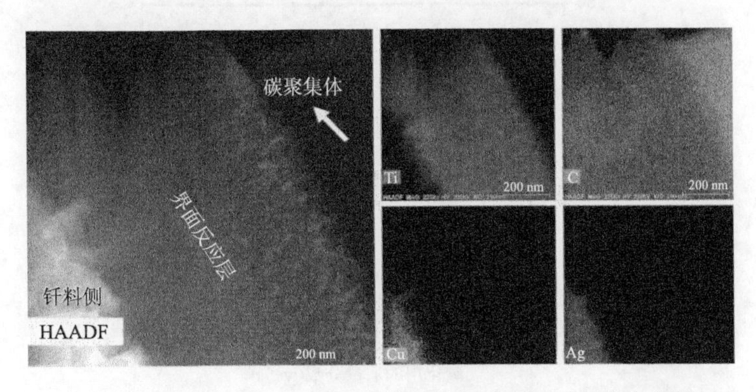

图 8-40　片状组织与钎料界面的 HAADF 图及面元素分布图

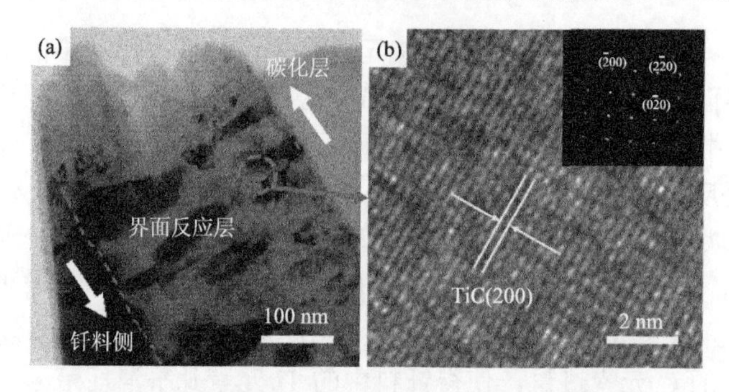

图 8-41　片状组织与钎料界面的微观结构分析

(a) TEM 图；(b) HRTEM 图和 SAED 图案

图 8-42 为采用不同 C-Cu_f复合中间层钎焊 C/C-Nb 接头的室温平均抗剪强度。采用 1%C-Cu_f复合中间层辅助 C/C-Nb 的钎焊时，尽管泡沫 Cu 的三维网络结构发生坍塌，但在钎缝中原位生成的 TiC 纳米片能够降低钎缝的线膨胀系数，一定程度缓解接头的残余应力，接头的室温平均抗剪强度为 35MPa。采用 3%C-Cu_f复合中间层辅助钎焊 C/C-Nb 时，泡沫 Cu 本体的三维网络结构得到保留，提高了接头的塑韧性及应变容纳能力，而借助泡沫 Cu 多孔骨架在钎缝中大量均匀分布的 TiC 纳米片第二相则进一步降低了钎缝整体的线膨胀系数[22]，进而与泡沫 Cu 本体形成协同强化作用，有效缓解了接头的残余应力，接头的室温平均抗剪强度高达 53MPa。采用 5%C-Cu_f复合中间层辅助钎焊 C/C 与 Nb 时，泡沫 Cu 骨架发生坍塌、碳层发生团聚且钎缝中有孔洞和裂纹生成，削弱了接头的连接质量，接头的室温平均抗剪强度降低至 37MPa。而采用 10%C-Cu_f复合中间层钎焊 C/C-Nb 接头中产生了大量缺陷，接头的室温平均抗剪强度仅为 15MPa。

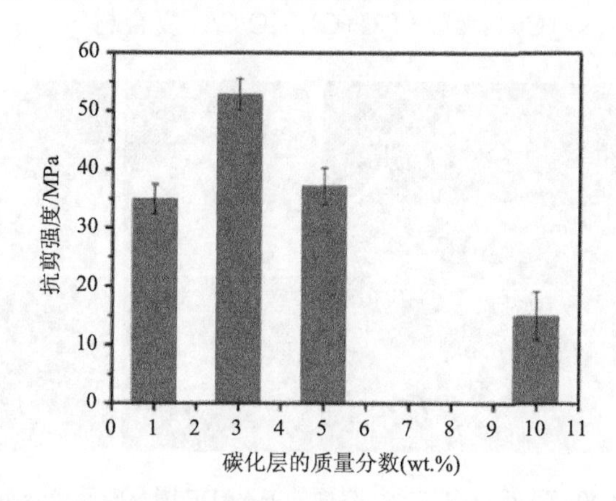

图 8-42　采用不同 C-Cu_f复合中间层钎焊 C/C-Nb 接头的室温平均抗剪强度

图 8-43 为采用不同 C-Cu_f复合中间层钎焊 C/C-Nb 接头断口形貌的 SEM 图，从图中可以看出，当 C-Cu_f复合中间层的碳层含量为 1%、3%、5%时，在接头的表面均仅能探测到碳纤维束及 TiC 界面反应层的存在。而采用 10%C-Cu_f复合中间层钎焊时，在接头的断口表面除 TiC 及碳纤维束外，还能够观察到大量的孔洞缺陷，结合 EDS 分析可以确定这些孔洞处出现的组织均为 Ag(s, s)+Cu(s, s)共晶组织，这验证了在该条件下钎焊的接头承载能力差，连接强度低。

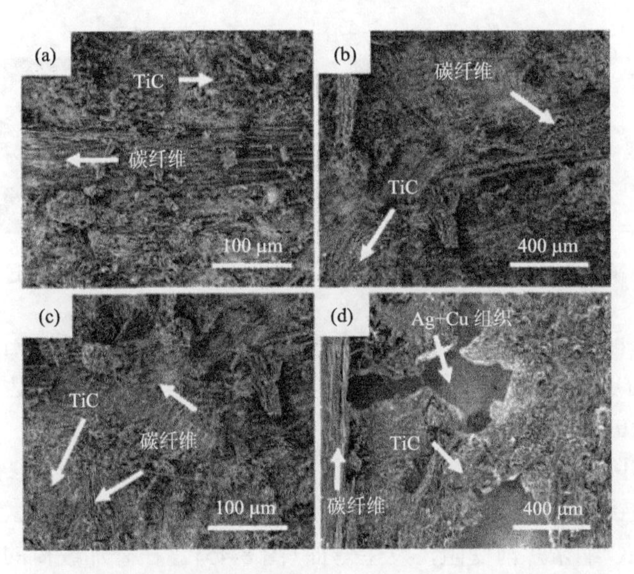

图 8-43　采用不同 C-Cu_f复合中间层钎焊 C/C-Nb 接头断口表面形貌的 SEM 图

(a) 1%C-Cu_f; (b) 3%C-Cu_f; (c) 5%C-Cu_f; (d) 10%C-Cu_f

3. 接头的钎焊机理

综合以上分析，可以推导出采用 3%C-Cu_f复合中间层辅助钎焊 C/C-Nb 接头的界面组织演化过程分为如下 3 个阶段，如图 8-44 所示。

阶段 I：与采用 G-Cu_f复合中间层钎焊时类似，由于泡沫 Cu 基底具有独特的骨架结构，C-Cu_f复合中间层表面的碳层能够借助泡沫 Cu 的多孔结构广泛而均匀的分布于焊缝当中。随着温度的升高，钎料发生融化，并对 C-Cu_f复合中间层的孔隙进行填充。同时，C/C 复合材料母材与钎料在界面处发生冶金反应，形成 TiC 化合物，Nb 母材则开始向钎料中溶解扩散。

阶段 II：随着钎焊过程的进行，C-Cu_f 复合中间层表面的碳层与钎料发生冶金反应，适量消耗钎缝中的 Ti 元素，有效地保护了泡沫 Cu 的三维网络结构借助泡沫 Cu 多孔骨架在钎缝中原位形成大量均匀分布的 TiC 纳米片增强相。同时，C/C 复合材料侧的 TiC 界面反应层不断长大，Nb 母材的溶解扩散深度缓慢增大。

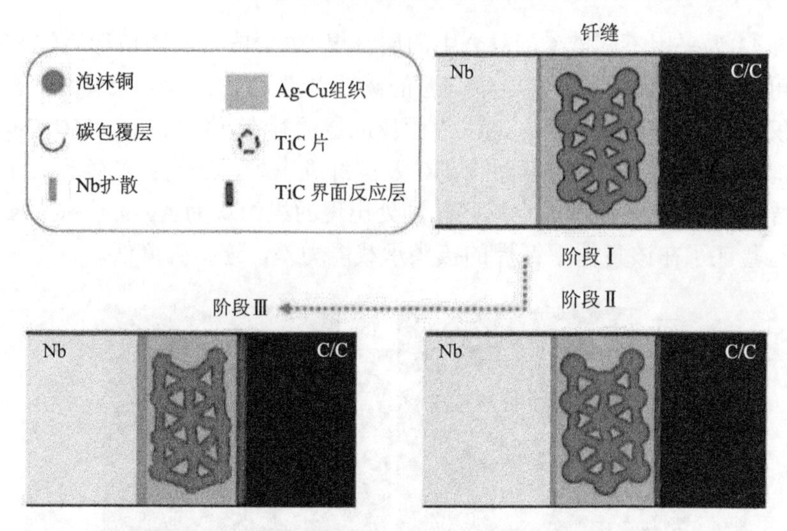

图 8-44　采用 3%C-Cu_f复合中间层钎焊 C/C-Nb 接头的界面组织演化过程示意图

阶段Ⅲ：保温阶段结束后，钎焊温度下降，界面组织逐渐凝固，C/C 复合材料侧 TiC 界面反应层的厚度及 Nb 母材向钎缝中的溶解扩散深度达到最大。最终获得了高质量的 C/C-Nb 钎焊接头。

除了能够降低钎缝的线膨胀系数外，在钎缝中原位形成的 TiC 纳米片第二相还具有阻碍位错运动的能力。根据 Orowan 机制，接头在抗剪测试过程中，运动的位错会在 TiC 纳米片前受阻，发生弯曲(图 8-45)。在外加载荷的作用下，位错进一步运动，使得在 TiC 纳米片周围受阻、弯曲的位错线逐渐靠拢、合并，沿 TiC 纳米片留下位错环。与此同时，位错每绕过一个 TiC 纳米片就依次留下一个位错环，导致后续位错绕过 TiC 纳米片更加困难，从而提高了接头的承载能力。

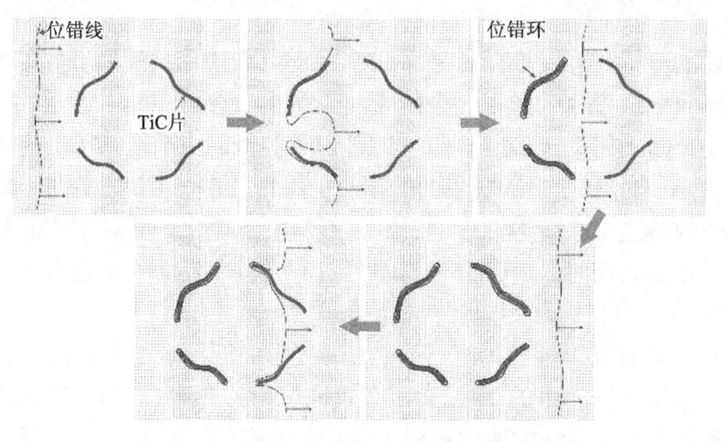

图 8-45　TiC 纳米片对运动位错的阻碍机制

接下来，综合考虑应力及应变对接头承载能力的影响，对 3%C-Cu_f复合中间层对接头残余应力的缓解机制进行分析。TiC 增强相在钎缝中的质量分数为～1.8 %，根据复合钎缝的等效密度及 TiC 的密度(4.93g/cm^3)可以得到 TiC 增强相在钎缝中的体积分数为～3.39%。查阅文献可知，TiC 的弹性模量 E_{TiC} 及抗拉强度 σ_{TiC_s} 分别为～400GPa、～4000MPa[23-25]。采用 Wakashima 模型对钎缝区的各项力学性能及性能进行计算可以得出，采用 3%C-Cu_f复合中间层钎焊接头的钎缝区的等效弹性模量 E^{eff}≈112.23GPa，等效屈服应力 σ_s^{eff}≈177.18GPa，等效热膨胀系数 α^{eff}≈18.33K^{-1}，对应接头的应变能为 6.86×10^{-6}J，这一数值小于采用 G-Cu_f复合中间层钎焊 C/C-Nb 接头的应变能，故接头的残余应力得到有效缓解，承载能力获得了进一步提升。

综上可见，采用碳层含量为 3%的 C-Cu_f复合中间层能够有效减缓钎料对泡沫 Cu 基底的侵蚀，保护其三维网络结构，进而保持了钎缝良好的塑韧性及应变容纳能力，同时，借助泡沫 Cu 的三维网络结构在钎缝中原位形成大量均匀分布的 TiC 纳米片第二相也能有效降低钎缝整体的线膨胀系数。在 TiC 纳米片与泡沫 Cu 对接头的协同强化作用下，接头的应变能显著降低，残余应力得到有效缓解，进一步提高了接头的连接质量。

8.5　本 章 小 结

采用 AgCuTi+Ti 活性钎料并引入 3D-SiO_{2f}中间层辅助 E-SiO_{2f}/SiO_2复合材料和金属 Nb 进行钎焊实验。E-SiO_{2f}/SiO_2-Nb/3D-SiO_{2f}+Ti 钎焊接头成型完好无缺陷，并有大量 $TiSi_2$、Ti_2Cu 颗粒相以及 SiO_2 短纤维在焊缝中弥散分布，从而残余应力得到有效缓解，接头抗剪强度提高到 65MPa 左右。同时，模拟结果表明 3D-SiO_{2f}中间层的引入能够进一步降低接头中的残余应力。引入韧性较好、呈疏松多孔结构的 3D-SiO_{2f}中间层辅助钎焊，能够实现热膨胀系数低的 SiO_2 短纤维大量且均匀加入钎料之中，有助于接头中形成良好的热膨胀系数梯度过渡，形成大量颗粒相弥散分布焊缝当中，从而能够起到显著降低残余应力，提高接头强度的作用。

等离子体表面改性前后的 SiO_{2f}/SiO_2复合材料与 TC4 进行钎焊，得到接头界面组织为SiO_{2f}/SiO_2复合材料/ $TiSi_2$/ Cu_3Ti_3O/ Ag(s,s)+Cu(s,s)/ $TiCu_2$/ TiCu/ Ti_2Cu/ αTi+βTi/ TC4。使用泡沫 Cu 中间层辅助钎焊，通过 Cu 箔作为中间层进行对比研究表明：泡沫 Cu 中间层不仅可以消耗向 SiO_{2f}/SiO_2复合材料侧扩散的 Ti，抑制在SiO_{2f}/SiO_2复合材料侧形成连续的脆性化合物，还能在焊缝处形成细粒状弥散分布的 Ti-Cu 化合物与 Ag 基固溶体，调控界面组织结构，显著降低残余应力，使断口发生在焊缝处，增强接头的力学性能，其接头抗剪强度可达 59.6 MPa。

碳纳米管沉积时间为10min时，CNTs生长均匀无团聚发生，CNTs长度为3μm左右，CNTs整体结构较好，质量较高保证其结构的稳定性。CNTs通过泡沫镍引入焊缝可均匀分布，随着CNTs含量增多，生成物尺寸逐渐细化，在沉积时间为10min时，焊接界面结构最为均匀细小且不发生团聚，沉积时间过长将导致团聚的CNTs在焊缝中出现，影响接头性能的均一性。CNTs增强泡沫镍的应用，可消耗过量的Ti元素，CNTs对接头的细晶强化作用以及残余应力的缓解作用使得接头强度提高，随着CNTs含量的提高，接头剪切强度提高。CNTs增强泡沫镍辅助钎焊腐蚀优化接头强度达55.2MPa，CNTs增强泡沫镍辅助钎焊CNTs修饰接头强度达67.2MPa。结构完整的CNTs在钎焊温度下不与Ti元素发生反应，可保持自生的完整结构。故其利用与Ti元素良好的润湿性达到细化晶粒，破坏连续相的目的，并能充分降低接头残余应力。

基于聚合物碳化工艺，开发了连续、厚度均匀且可控的碳层/Cu网络复合中间层及碳层/Ni网络复合中间层。PF碳化产物为富缺陷的非晶碳结构，从热力学角度具有与活性Ti元素发生冶金反应形成第二相的趋势。借助泡沫Cu的三维网络结构优势，碳层与钎料发生冶金反应在钎缝中原位形成大量均匀分布的TiC纳米片增强相，有效降低了钎缝整体的线膨胀系数。同时，碳层的引入还通过适量消耗钎缝中的Ti元素，有效减缓了钎料对泡沫Cu的侵蚀，进而有效提高了钎缝的塑韧性及应变容纳能力。在TiC纳米片及泡沫Cu的协同强化作用下，接头残余应力得到有效缓解，接头的室温平均抗剪强度高达53MPa，是直接钎焊接头的4倍多。考虑到C/C复合材料与Nb复合构件的高温服役需求，采用Ti-Ni钎料与C-Ni_f复合中间层钎焊C/C复合材料与Nb。钎缝中形成的大量均匀分布的TiNi+Nb(s, s)共晶组织也保证了接头具有良好的塑韧性及高温性能，接头的室温及1000℃平均抗剪强度分别高达48MPa、33MPa，分别是直接钎焊接头的近3倍、6倍。

参考文献

[1] 马蕾. SiO_{2f}/SiO_2复合材料表面改性及其与铌的钎焊机理研究. 哈尔滨: 哈尔滨工业大学, 2019.

[2] 王泽宇. 碳基网络复合中间层辅助钎焊C/C复合材料与Nb机理研究. 哈尔滨: 哈尔滨工业大学, 2020.

[3] 罗大林. SiO_{2f}/SiO_2复合材料润湿性及其与TC4钛合金钎焊机理研究. 哈尔滨: 哈尔滨工业大学, 2017.

[4] 霸金. 表面结构调控辅助钎焊SiO_2-BN陶瓷与TC4合金工艺研究. 哈尔滨: 哈尔滨工业大学, 2018.

[5] Dai X Y, Cao J, Chen Z, et al. Brazing SiC ceramic using novel B_4C reinforced Ag-Cu-Ti

composite filler. Ceramics International, 2016, 42: 6319-6328.
[6] Nguyen L M, Leguillon D, Gillia O, et al. Bond failure of a SiC/SiC brazed assembly. Mechanics of Materials, 2012, 50: 1-8.
[7] Shi X H, Jin X X, Lin H J, et al. Joining of SiC nanowires-toughened SiC coated C/C composites and nickel based superalloy (GH3044) using Ni71CrSi interlayer. Journal of Alloys and Compounds, 2017, 693: 837-842.
[8] 任艳红, 朱颖, 曲平, 等. 缓解陶瓷与金属钎焊接头残余应力的新方法研究. 新技术新工艺, 2012, 3: 71-74.
[9] Li C, Chen L, Wang X Y, et al. Joining of yttria stabilised zirconia to Ti6Al4V alloy using novel CuO nanostructure reinforced Cu foam interlayer. Materials Letters, 2019, 253: 105-108.
[10] Wang G, Cai Y J, Wang W, et al. AgCuTi/graphene-reinforced Cu foam: A novel filler to braze ZrB_2-SiC ceramic to Inconel 600 alloy. Ceramic International, 2019, 46 (1): 531-537.
[11] 熊书强. 聚多巴胺纳米结构组装的研究及其应用探索. 上海: 东华大学, 2018: 24-37.
[12] Chen S L, He G H, Hu H, et al. Elastic carbon foam via direct carbonization of polymer foam for flexible electrodes and organic chemical absorption Energy & Environmental Science, 2013, 6: 2435-2439.
[13] He Y F, Zhuang X D, Lei C J, et al. Porous carbon nanosheets: synthetic strategies and electrochemical energy related applications. Nano Today, 2019, 24: 103-119.
[14] Das S, Jangam A, Du Y H, et al. Highly dispersed nickel catalysts via a facile pyrolysis generated protective carbon layer. Chemical Communications, 2019, 55 (43): 6074-6077.
[15] 张亚妮, 徐永东, 高列义, 等. 基于酚醛树脂的碳/碳复合材料在高温分解过程的微结构演变. 复合材料学报, 2006, 23 (1): 38-43.
[16] Liu J M, Wu L, Yu J Z, et al. Study on carbonization process of coal tar pitch modified thermoplastic phenolic resion. IOP Conference Series: Materails Science and Engineering, 2019, 631: 022057.
[17] Liu X L, Moriyama K, Gao Y F, et al. Polycondensation and carbonization of phenolic resin on structured nano/chiral silicas: reactions, morphologies and properties. Journal of Materails Chemistry B, 2016, 4: 626-634.
[18] Chi, H Z, Wang Z Y, He X, et al. Activation of peroxymonosulfate system by copper-based catalyst for degradation of naproxen: mechanisms and pathways. Chemosphere, 2019, 228: 54-64.
[19] Silva D L C, Kassab L R P, Santos A D, et al. Evaluation of carbon thin films using raman spectroscopy. Materials Research, 2018, 21 (4): e20170787.
[20] 阎晓倩, 江海涛, 刘继雄, 等. 钛钢爆炸-轧制复合板的扩散行为. 第九届中国钢铁年会论文集, 北京: 冶金工业出版社, 2013: 1-6.
[21] Wang Z Y, Li M N, Ba J. In-Situ synthesized TiC nano-flakes reinforced C/C composite-Nb brazed joint. Journal of the European Ceramic Society, 2018, 38 (4): 1059-1068.
[22] Threrujirapapong T, Kondoh K, Imai H, et al. Mechanical properties of a titanium matrix

composite reinforced with low cost carbon black via powder metallurgy processing. Materails Transactions, 2009, 50(12): 2757-2762.

[23] Szutkowska M, Cygan S, Podsiadlo M, et al. Properties of TiC and TiN reinforced alumina-zirconia composites sintered with spark plasma technique. Metals, 2019, 9(11): 1220.

[24] Zhukov I A, Kozulin A A, Khrustalyov A P, et al. The impact of particle reinforcement with Al_2O_3, TiB_2, and TiC and severe plastic deformation treatment on the combination of strength and electrical conductivity of pure aluminum. Metals, 2019, 9: 65.

[25] Fernández M L, Böhlke T. Representation of Hashin-Shtrikman bounds in terms of texture coefficients for arbitrarily anisotropic polycrystalline materials. Journal of Elasticity, 2019, 134: 1-38.

第9章　片层结构梯度中间层辅助复合材料异质结构钎焊连接

随着航空航天技术的蓬勃发展，各个国家对宇宙空间技术的研究越来越重视。火箭作为人类探索宇宙空间的载体具有十分重要的研究地位，其推进系统的性能更直接影响着航空航天的探索效率。喷管作为推进系统中发动机的重要组成部分，必须要满足强度、硬度、耐腐蚀性和高温性能等众多性能的要求，因此其材料的选择十分关键。随着材料技术的发展，越来越多的具有耐高温、抗腐蚀、耐磨损和轻质高强的特点复合材料被逐渐研发出来，这些材料的出现在航空航天领域中具有十分重要的地位，这其中就包括碳纤维增强碳化硅复合材料(C/SiC)和碳纤维增强石墨复合材料(C/C)。这两种材料一方面拥有强度高、硬度高、耐腐蚀性好的特点，另一方面还拥有密度小、耐摩擦、热膨胀系数低、导热性良好的优点，同时还具有非常优异的高温性能和强抗氧化性能，服役温度可以达到2000℃[1-4]。基于以上特性，C/SiC复合材料和C/C复合材料在高温结构材料方面具有非常广泛的应用，如航空航天方面的燃气发动机、发动机热端部件、喷嘴、耐高温涂层、火箭头部雷达天线罩等部位。

C/SiC复合材料和C/C复合材料塑性较差，加工性能不好，较难制成形状复杂的结构和尺寸较大的件，因此在实际应用中，复合材料通常需要与切削性能和延展性较好的金属材料进行结合来满足实际生产需求。金属Nb具有熔点高、耐腐蚀性好、强度高、延展性好等优点，并且密度($8.57g/cm^3$)与钢相近，同时具有良好的高温性能，使得其成为航空航天领域和核领域中的高温结构材料。在实际应用中，复合材料与高温金属间结合形成的高温复合构件可以结合两类材料的优点，使其更好地服务于航空航天和核领域这些特殊环境。

然而，实现高温复合构件的连接并不容易。当采用机械连接方法时，会对强度低的复合材料造成损伤破坏，从而降低了连接部件的质量，不利于其在航天发动机等构件中的应用；当使用黏结法进行连接时，复合构件接头可能会在高温环境下失效，而且存放时间太久会使接头老化；由于C/SiC复合材料和C/C复合材料的熔点很高，所以使用熔化焊的方法也并不现实[5-7]。钎焊是使用熔点比母材低的钎料熔化后浸润母材并与之反应而实现母材之间的可靠连接，这种方法对连接件的形状尺寸和组织性能影响不大，实际应用通常选择钎焊方法来实现复合材料与金属材料间的有效连接[8,9]。

复合材料与 Nb 进行钎焊连接时，仍存在以下问题：C/SiC 复合材料和 C/C 复合材料与金属 Nb 的属性差异较大，尤其是线膨胀系数的巨大差异（C/SiC=1～4×10^{-6}/K，C/C=0～2×10^{-6}/K，Nb=8.3×10^{-6}/K），将导致接头中过高残余应力的产生[10]。针对这一问题，本章内容采用了多种片层梯度结构辅助钎焊的方法来解决复合材料/金属异质结构钎焊连接时产生的残余应力过大的问题，实现二者的可靠连接，进一步提高接头的使用性能。

9.1　FeCoNiCrCu 高熵合金中间层辅助钎焊 C/C 复合材料和 Nb

添加中间层作为一种缓解残余应力的方法常常被应用于钎焊连接中，添加中间层可以在一定程度上缓解接头的残余应力，同时一些中间层可以和钎料或母材形成耐高温相来提升接头高温服役特性。

高熵合金（HEA）是近年来备受关注的一种新型合金，其主要有 5 种或 5 种以上等量或者约等量的金属元素组成的新型合金。传统的合金中，如果添加元素过多容易使得合金材质变脆。但是，高熵合金凭借其独特的高熵效应使得组织结构主要以固溶体而非金属间化合物的形式存在，晶格畸变效应和鸡尾酒效应使得合金具有优异的力学性能。此外，高熵合金熔点一般较高，可以满足钎焊接头的高温服役的需求[11,12]。由上述可知，高熵合金是一种性质优良的合金材料，但是将高熵合金箔作为中间层的相关研究仍无报道。

综上所述，针对 C/C 复合材料与金属 Nb 复合构件中两个核心问题：接头残余应力和高温接头性能，本小节提出采用高温 Ni 基钎料和引入 FeCoNiCrCu 高熵合金中间层，来实现 C/C 与 Nb 复合构件的高质量连接。一方面，FeCoNiCrCu 中间层具有良好的塑性可充分缓解接头残余应力；另一方面，FeCoNiCrCu 可以和 Ni 基钎料反应形成耐高温的固溶体，减少陶瓷侧反应层中形成过多的脆性化合物。在本小节中，首先采用 BNi2 钎料对 C/C-Nb 进行钎焊连接，探究典型接头微观接头，同时在不同钎焊温度和保温时间基础上，提出优化力学性能措施。随后，引入 FeCoNiCrCu 中间层来探究接头微观组织的变化。在钎焊温度、保温时间、中间层厚度的不同工艺参数下，探究接头微观组织和力学性能的演变规律。同时，利用有限元模拟分析和接头断口分析，来阐明分析 FeCoNiCrCu 中间层对接头的强化机制。

9.1.1　BNi2 钎焊 C/C-Nb 接头典型界面结构分析

首先，本小节先采用钎焊温度和保温时间优化得到的最优工艺参数（1070℃/10 min），来分析采用 BNi2 钎料钎焊后的 C/C-Nb 接头典型界面结构。如图 9-1 所示，最优工艺参数下的接头可以从 C/C 侧到 Nb 侧，依次划分为陶瓷侧反应区、焊缝中间区、靠近 Nb 侧区域。为了判定接头界面的物相组成，采用点扫描能谱分析，其结果如图 9-2 所示。同时，为了深入探究 C/C 陶瓷侧的反应产物，对靠近 C/C 陶瓷侧进行 XRD 测试，其结果如图 9-3 所示。从图 9-1(a)所示，可以发现接头焊缝的中间区的颜色逐渐加深，可以依次划分成为 5 个区域。利用 A、B、C、D、E 五个点元素分析，来探究其物相组成。其中，灰白色区域的 A 点元素分析结果表明，含有大量的 Nb 元素，同时有少量的 Ni、Cr 等元素，因此可以推测灰白色区域的物相主要为 Nb(s,s)。考虑到钎料中不含有 Nb，因此靠近 C/C 侧的 Nb(s,s) 主要通过金属侧的扩散而形成。

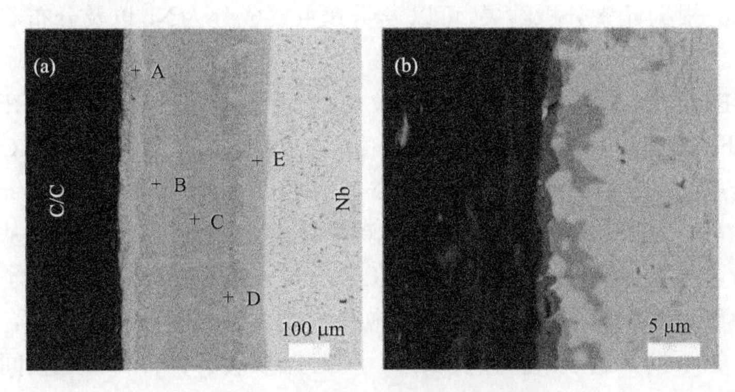

图 9-1　C/C 复合材料/BNi2/Nb 钎焊接头

(a) 整体钎焊接头界面结构；(b) C/C 侧界面结构；

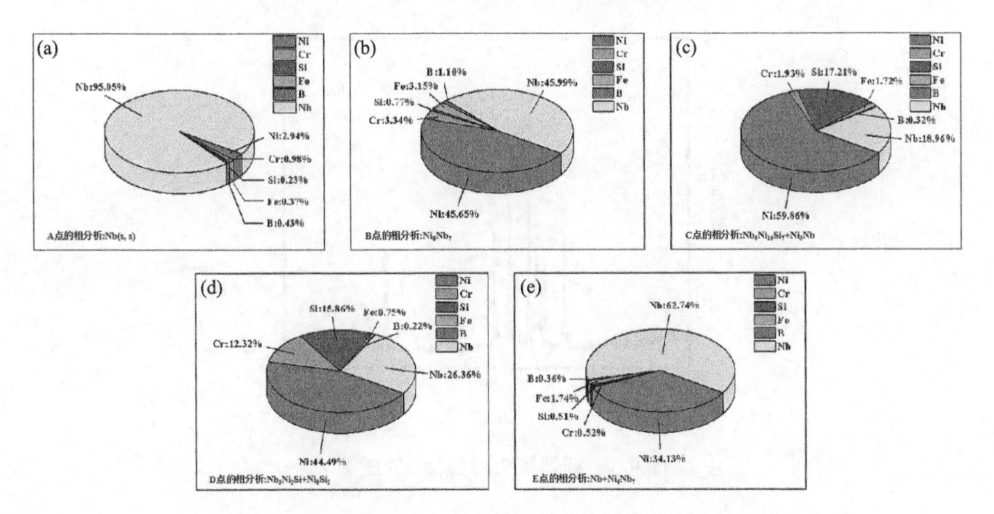

图 9-2　C/C 复合材料/BNi2/Nb 钎焊接头中各相点能谱结果

(a) A 点组成成分；(b) B 点组成成分；(c) C 点组成成分；(d) D 点组成成分；(e) E 点组成成分

如图 9-1(b)所示，C/C 反应侧的反应物主要由连续的深灰色相和不连续的浅灰色相组成。结合图 9-3 的 XRD 结果，考虑到钎料中活性元素 Cr 扩散并和 C/C 反应生成碳化物，可以判定连续的深灰色相为 Cr_7C_3。同时，高温条件下 C/C 侧扩散的 C 与金属侧扩散来的 Nb 元素相互反应，生成浅灰色相 NbC。同时，结合元素分析，C/C 侧附近还分布着少量的 Ni_2Si、Nb_3Ni_2Si 相。此外，B、C、D 点所在的区域依次为颗粒状的浅灰色相、灰色相以及大块深灰色相。结合元素分析表明，这些区域主要为 Ni_6Nb_7、Ni_3Nb、$Cr_3Ni_5Si_2$ 相。考虑到这些 Ni_6Nb_7、Ni_3Nb、$Cr_3Ni_5Si_2$ 相均为脆性化合物相，可能不利于形成高质量的接头。E 点所在的区域考虑金属 Nb，根据元素分析结果，可以表明其主要成分为 Nb 以及分布着的 Ni_6Nb_7 化合物。

结合 SEM、EDS 和 XRD 结果分析，综上所述，采用 BNi2 钎料在最优钎焊工艺参数下(1070℃/10min)的 C/C-Nb 的接头界面典型结构为：C/C/Cr_7C_3+NbC/Nb(s,s)+Ni_6Nb_7+Ni_3Nb+Nb_3Ni_2Si+$Cr_3Ni_5Si_2$/Ni_6Nb_7+Nb/Nb。虽然钎焊工艺参数经过优化后，但是 C/C-Nb 接头的最优剪切强度也仅仅为 5.8 MPa。从界面组织结构上分析，接头强度较低的原因主要在于，其一是 C/C 陶瓷侧形成了较厚的且连续的脆性碳化物反应层；其二是焊缝中存在着大量的脆性金属间化合物，这些金属间化合物不仅不利于改善接头塑形，同时难以缓解异种材料连接间的残余应力。最终，C/C-Nb 接头断裂的形式主要以脆断形式产生，难以实现高质量的连接接头。

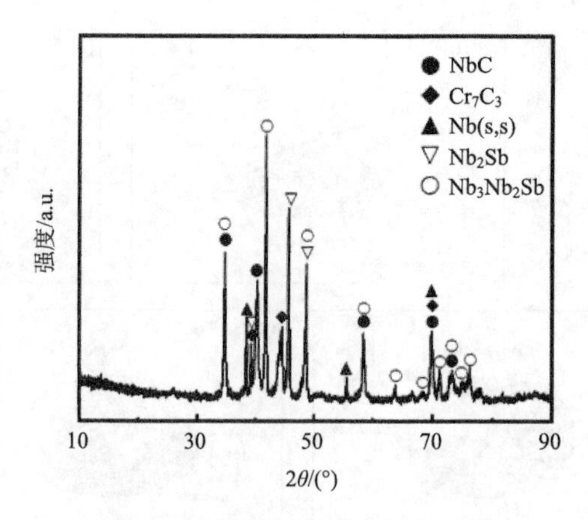

图 9-3　钎焊接头陶瓷侧 XRD 图

9.1.2　高熵合金中间层辅助钎焊 C/C-Nb 钎焊接头典型界面结构分析

为了控制 C/C 侧反应层，避免形成过多的脆性化合物，以及调节接头残余应力，本小节引入 FeCoNiCrCu 高熵合金中间层来进一步优化界面组织接头，以期实现高质量的连接接头。如图 9-4 所示，在钎焊工艺参数的条件下 1100℃/10 min，引入高熵合金中间层后接头界面组织发生了显著的改变。结合图 9-4(f) 的 XRD 结果和图 9-5 元素分析，界面组织可以得到进一步确认。通过对比图 9-1(b)，可以明显地发现引入高熵合金中间层后，C/C 侧的反应层只有一层。结合 9-4(f) 的 XRD，可以发现 C/C 侧的连续反应层为 Cr_7C_3，而无 NbC 的生成。考虑到高熵合金中间层的阻隔作用，从金属 Nb 侧扩散来的 Nb 元素被有效地阻挡，进而避免形成了 NbC。此外，如图 9-4(a) 所示，接头焊缝区域可以左至右依次分为 Ⅰ、Ⅱ 和 Ⅲ 三个区域。其中，Ⅰ 区主要成分为来源于钎料的 Ni(s,s)，同时和 C/C 反应生成的 Cr_7C_3，以及 Ni_2Si 和 Cr_3Ni_2Si。和不添加高熵合金中间层的界面对比，Ⅰ 区主要以 Ni(s,s) 为主，同时钎料中的 Cr、Si 元素和高熵合金中间层扩散反应，避免形成过多的脆性化合物相。此外，Ⅱ 区域的物相主要来源于钎料 BNi2 和 HEA 中间层的相互扩散反应形成。从界面 SEM 图 9-4(c) 中可以发现，A2 部分和高熵合金的组织类似，结合 EDS 结果可以判定其主要为 HEA 相。如图 9-4(d) 所示，其组织结构主要由主体的灰色块状相及其周围分布的浅灰色相组成。结合 EDS 分析，可以推测灰色块状相为 HEA 相，Ni-Cu(s,s) 则为浅灰色相的主要成分。如图 9-4(e) 所示，Ⅲ 区除了 HEA 相外，还包含来源于金属侧的 Nb 元素。通过 EDS

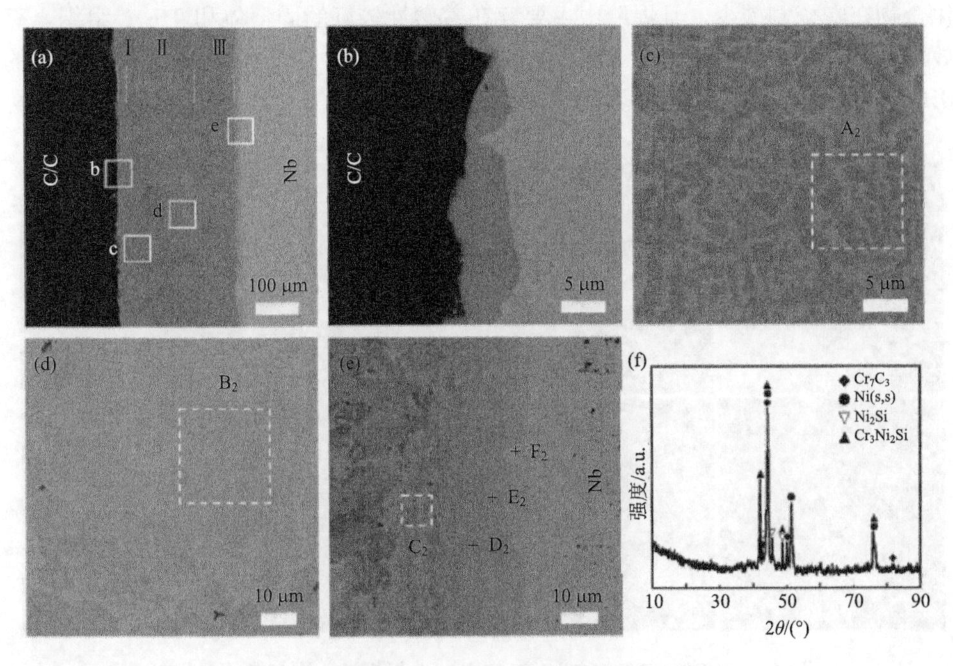

图 9-4　C/C/BNi2/FeCoNiCrCu/BNi2/Nb 钎焊接头

(a)～(e) 接头典型界面结构；(f) 陶瓷侧 X 射线衍射能谱

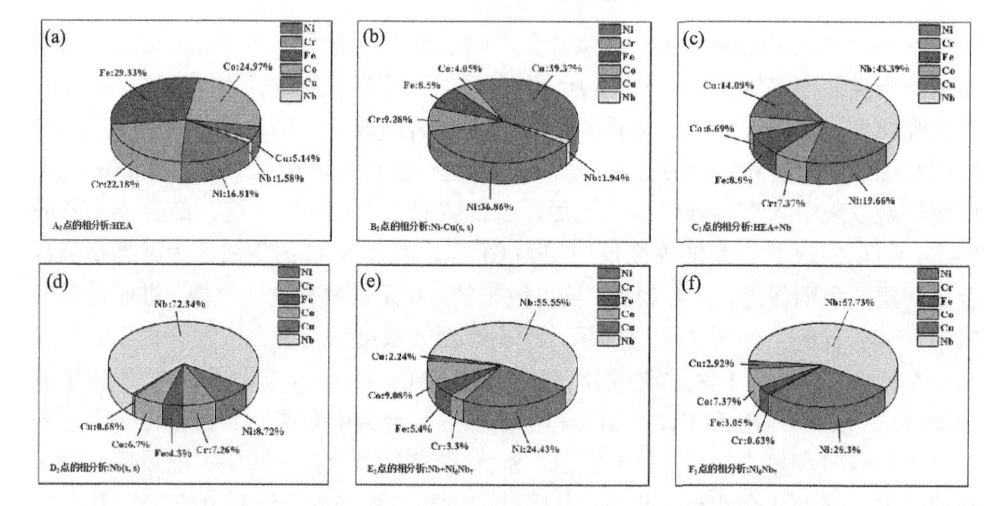

图 9-5　C/C/BNi2/FeCoNiCrCu/BNi2/Nb 接头中各相能谱

(a) A_2 点成分；(b) B_2 点成分；(c) C_2 点成分；(d) D_2 点成分；(e) E_2 点成分；(f) F_2 点成分

分析，可以发现物相存在着 Nb(s,s) 和 Ni_6Nb_7。通过 SEM、XRD 和 EDS 分析，引入 HEA 中间层后，界面结构为 C/C /Cr_7C_3/Ni(s,s) + Ni_2Si + Cr_3Ni_2Si/HEA + Ni-Cu(s,s)/HEA + Nb/Nb(s,s) + Nb + Ni_6Nb_7/Nb。通过发对比可以发现，连续脆性化合物在陶瓷侧减少，且焊缝中主要存在着塑性较好的固溶体和 HEA 组织，有效缓解了焊缝中的残余应力。为了进一步探究 HEA 中间层对元素扩散和分布的影响机制，我们对典型接头界面进行了元素面分布分析。如图 9-6 所示，可以发

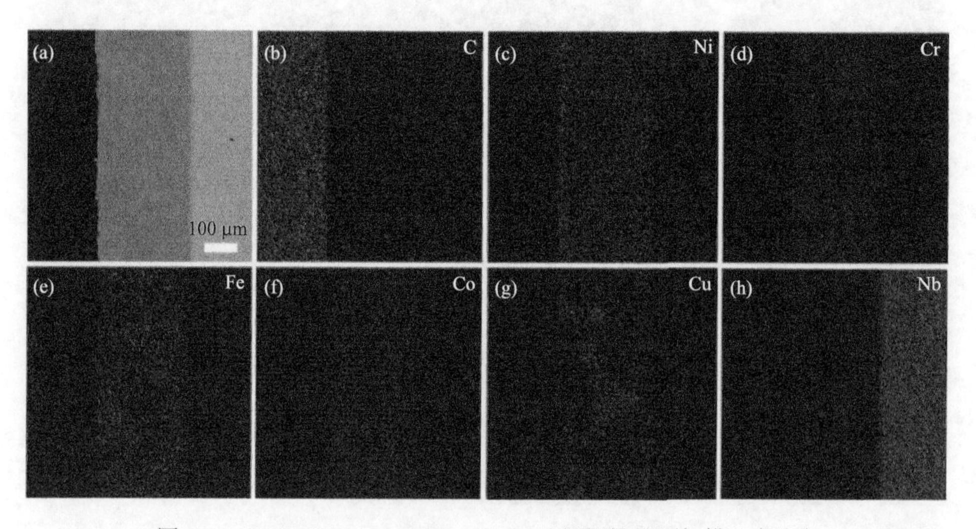

图 9-6　C/C/BNi2/FeCoNiCrCu/BNi2/Nb 钎焊接头面扫描元素分布

现陶瓷侧几乎无 Nb 元素分布，表明 HEA 中间层起到阻隔 Nb 元素扩散的作用。此外，焊缝中的 Ni、Cr 等元素分布比较均匀，表明活性元素充分扩散。焊缝中存在着 Cu 基固溶体，有利于提高焊缝的塑形。金属侧附近由于 Nb 元素的大量溶解渗入，也形成了以 Nb 为基的固溶体及其上分布的脆性化合物相。

9.1.3　中间层厚度

考虑到 HEA 具有的优异特性，其含量且厚度可能对 BNi2 区存在着不同的吸收效果。为了探究中间层厚度的影响，钎焊参数为 1100℃/10min 不变，设置中间层厚度分别为 50μm、100μm、200μm、300μm。图 9-7 为在不同中间层厚度的界面图。随着中间层厚度增加，靠近陶瓷侧的 Cr_7C_3 反应层厚度逐渐较小。同时，焊缝宽度增加，且纯 BNi2 区逐渐变窄。

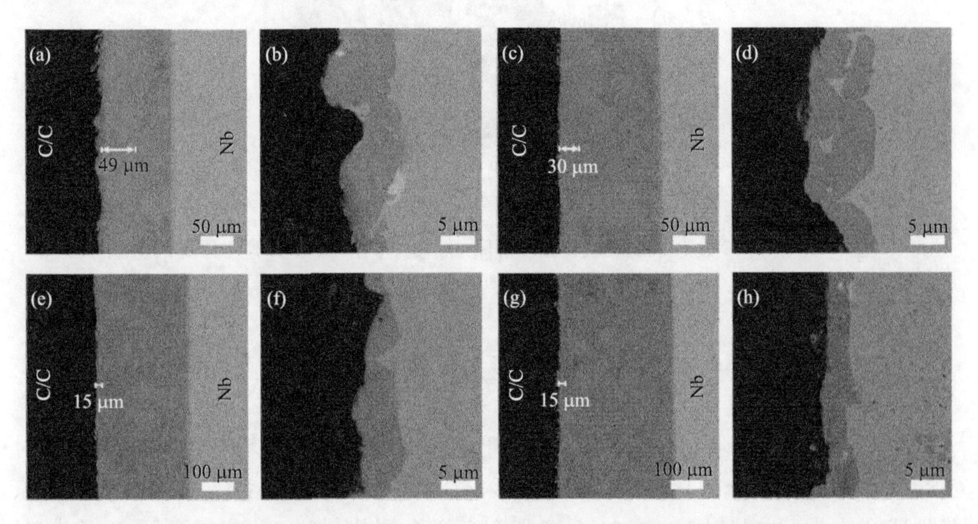

图 9-7　钎焊参数为 1100℃/10min 时不同厚度中间层对接头界面形貌的影响

(a) (b) 50μm；(c) (d) 100μm；(e) (f) 200μm；(g) (h) 300μm

如图 9-7(a)所示，当中间层厚度为 50μm 时，其对纯 BNi2 区扩散来的元素吸收效果有限，扩散区几乎不存在。随着中间层厚度的逐渐增加，中间层的吸收作用逐渐增强，纯 BNi2 区的比例逐渐减少。当中间层厚度升至 200μm 以上时，纯 BNi2 区在陶瓷侧仅有薄薄的一层，其宽度并没有随着中间层厚度的继续增加发生较明显的变化，说明 BNi2 中的元素已经扩散完全。

如图 9-8 所示为钎焊参数为 1100℃/10min 时，不同厚度中间层下接头的剪切强度。从图中可以看出，随着 HEA 厚度的增加，常温与高温下的剪切强度均先增加后减小。在中间层厚度较薄时，对 BNi2 区的元素吸收作用微弱，脆性化合物仍大量存在，因此接头性能较差。在常温剪切试验下随着中间层厚度的增加，由于纯 BNi2 区的减小以及塑性较好的扩散区增加，接头强度逐渐增大，在 200μm 厚时达到最大，为 36.8MPa，当厚度为 300μm 时，由于焊缝过宽，HEA 反而不能很好地调节残余应力，所以强度略有下降；在 800℃的高温剪切条件下，由于高温促进了焊缝中的元素再次溶解扩散，因此扩散区所占比例进一步提高，中间层越厚对纯 BNi2 区元素的吸收效果越好，因此高温下接头的强度逐渐增加，在 200μm 时达到最大，为 29.3MPa。

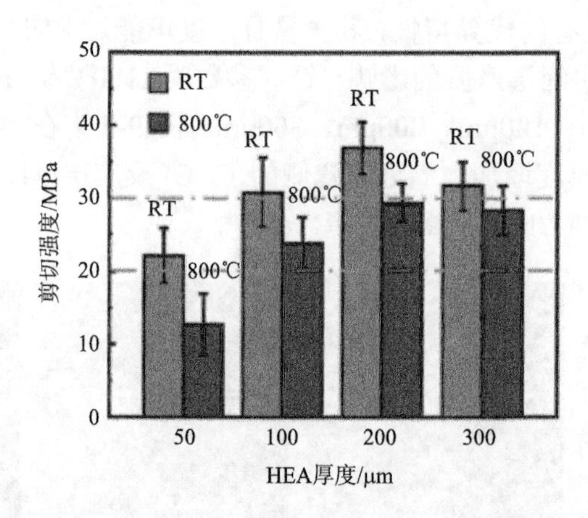

图 9-8　钎焊参数为 1100℃/10min 时不同厚度中间层对接头剪切强度的影响

9.2　C/SiC 表面金属化层的制备与形成机制研究

针对 C/SiC 复合材料与金属 Nb 钎焊连接时残余应力较大的问题，本节对 C/SiC 表面进行了金属化处理。钎料渗入母材，形成线膨胀系数梯度过渡区，以消除残余应力。本节以 Ni-Cr-Si 系镍基合金为金属化材料，研究了不同 Cr 含量对钎料润湿性的影响。为探究金属化合金在不同金属化工艺参数下的渗入深度和 C/SiC 表面金属化层厚度，本节采用 AgCuTi 钎料对金属化层 C/SiC 表面进行润湿，并分析润湿界面结构，同时对反应产物进行热力学分析，并探讨了原子在金属化反应中的扩散行为，最后确定了金属化层的强化机制。

9.2.1　C/SiC 表面金属化层的制备

为了解决 C/SiC 与 Nb 钎焊接头线膨胀系数不匹配的问题，本节对 C/SiC 进行表面金属化处理，通过钎料的渗入形成梯度过渡区从而达到缓解残余应力的有效作用。为了在 C/SiC 表面制备金属化层，采用两种方法研究了金属化合金与 C/SiC 的反应。首先，实验在 C/SiC 表面电蒸镀 Ni 层，通过电流使 Ni 箔熔化，然后向上升华直至冷却到 C/SiC 表面。蒸镀参数为 210A 的电流蒸镀 1min。蒸镀后的 C/SiC 采用 AgCuTi 钎料在 880℃/10min 下钎焊，得到的组织形貌如图 9-9 所示，由于 Ni 在碳纤维表面难以润湿，加之钎焊温度也达不到 Ni 与 SiC 反应的温度，因此 Ni 元素并未和母材发生反应，只能附着在母材表面上，这表明蒸镀 Ni 未能产生一个应力过渡区，不能缓解残余应力，除此之外，直接蒸镀 Ni 会在复合材料一侧界面反应层生成 Ti、Ni 脆性相，这些脆性相会大大降低接头性能。

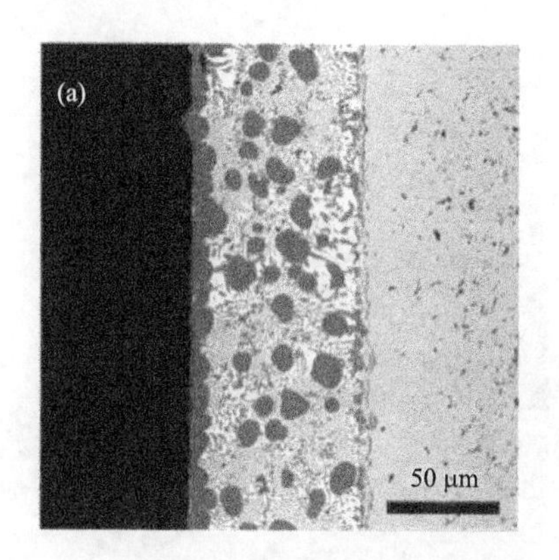

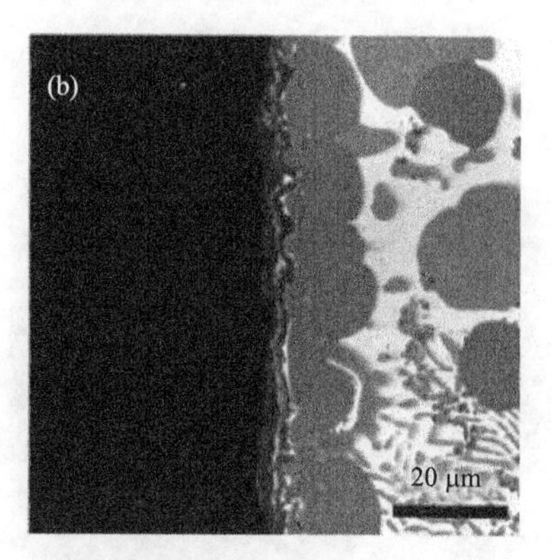

图 9-9　C/SiC 表面蒸镀 Ni 对钎焊接头的影响

(a) 接头整体形貌；(b) C/SiC 侧形貌

为了解决 C/SiC 表面电蒸镀 Ni 无法获得内部渗入层的问题，本节又选取了 Ni-Cr-Si 系镍基合金作为蒸镀材料。这是由于 Ni 作为活性元素可与 C/SiC 发生反应从而渗入到 C/SiC 内部，而 Cr 元素可与 C/SiC 中的 C 以及 SiC 均发生反应，从而促进 Ni 元素的进一步润湿和反应，Si 元素为母材所含元素，可以简化金属化合金体系的元素组成。因此本节进一步在 C/SiC 表面金属化 Ni-Cr-Si 体系金属化层，从而缓解接头残余应力过大的问题。为了探究不同含量 Cr 元素的 Ni-Cr-Si 体系 Ni 基钎料在 C/SiC 表面的润湿情况，实验选取 Cr 元素质量分数分别为 7%、11%、15%以及 19%的四种 Ni 基钎料，其具体元素组成如表 9-1 所示。不同成分组成的金属化合金在 C/SiC 表面的润湿情况如图 9-10 所示。由实验结果可以看出，随着 Cr 含量的提高，高温下 Cr 元素与 C/SiC 的反应越来越强烈，反应产物的存在促进了 Ni 元素在 C/SiC 表面的润湿，同时也促进了渗入到 C/SiC 内部的合金的润湿，所以钎料在 C/SiC 表面的润湿角越来越小，润湿效果越来越好。最终实验选择采用钎料 3 的 Ni-Cr-Si 系 Ni 基金属化合金作为 C/SiC 复合材料表面的金属化层，其合金成分为 $Ni_{76.5}Cr_{15}Si_{8.5}$，粉末状的金属化合金也为后续向钎料中添加其他增强相提供了条件。

表 9-1　四种型号的金属化合金成分　　（单位：质量分数%）

型号	Ni	Cr	Si
钎料 1	83.7	7	9.3
钎料 2	80.1	11	8.9
钎料 3	76.5	15	8.5
钎料 4	72.9	19	8.1

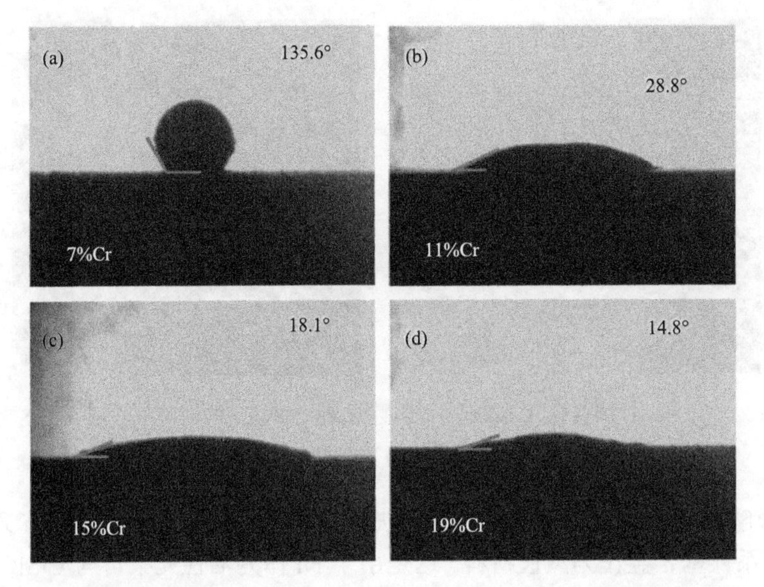

图 9-10　不同 Cr 质量分数的 Ni-Cr-Si 系 Ni 基合金在 C/SiC 表面的润湿情况

(a) 质量分数 7%Cr；(b) 质量分数 11%Cr；(c) 质量分数 15%Cr；(d) 质量分数 19%Cr

将母材和金属化合金装配好后，放置到真空钎焊炉中，升温至 1130℃，保温时间为 10min，之后以 5℃/min 的降温速率随炉冷却到室温。金属化表面形貌图如图 9-11 所示，由图 9-11(a) 的形貌图可以看出，未金属化的 C/SiC 复合材料表面平整连续，无明显缺陷。含金属化层的 C/SiC 复合材料表面形成了连续的反应层，不存在孔洞裂纹等缺陷，C/SiC 表面金属化层对提高后续和金属 Nb 钎焊连接的接头质量有非常重要的作用。

9.2.2　Ni-Cr-Si 合金与 C/SiC 复合材料作用机理

表面金属化层对接头的组织和性能都有一定影响，为了探究 C/SiC 表面金属化层的相组成以及反应元素扩散过程，实验采用质量为 0.012g（质量密度为 $0.048g/cm^2$）的 Ni-Cr-Si 合金在 1130℃/10min 的参数下对 C/SiC 复合材料表面进行金属化，并获得了连续良好的表面金属化层。

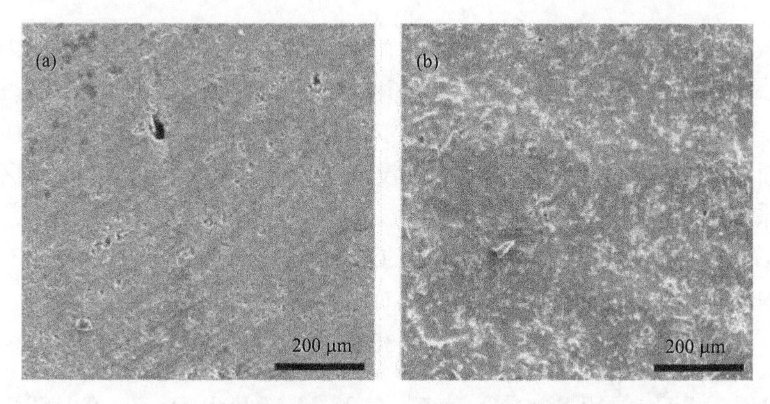

图 9-11　金属化层对 C/SiC 复合材料表面形貌的影响

(a) C/SiC 表面；(b) 含金属化层的 C/SiC 表面

1. 金属化层产物热力学分析

由于 Ni-Cr-Si 合金中的 Ni 元素在金属化过程中与 C/SiC 发生反应，生成多种 Ni-Si 化合物，为了确定这些化合物种类，我们首先对其进行热力学分析。图 9-12 为 Ni-Si-C 三元相图[14]，根据相图判断，Ni 扩散到 C/SiC 一侧与其反应的产物有 Ni_2Si、NiSi 以及 $NiSi_2$ 等。在 Ni-Si-C 相图中，存在含有 SiC、Ni_2Si 和 C 的区域

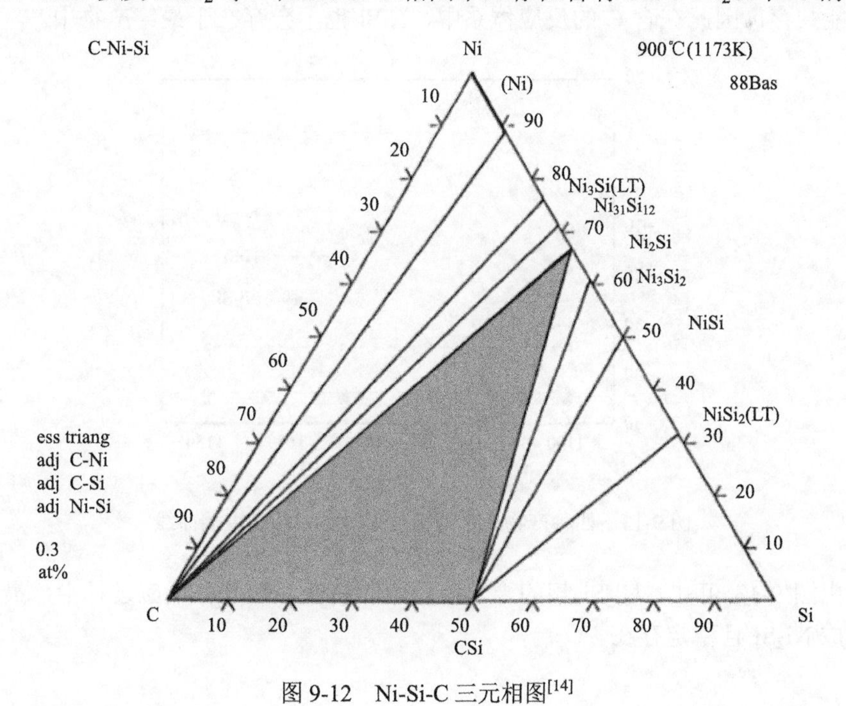

图 9-12　Ni-Si-C 三元相图[14]

即图中灰色区域，整个相图大致分为三个部分，由于 Ni 和 SiC 之间的反应会产生 C，因此最终系统中可能会出现 Ni 和 Si 与 C 共存的反应产物。相图左上角存在 C-Ni_3Si、C-$Ni_{31}Si_{12}$ 的两相共存区，这些产物可能是在 Ni 和 SiC 之间的反应中形成的，而在右下角的 NiSi 和 $NiSi_2$ 相中没有与 C 共存的区域，因此它们不会存在于反应系统中。

为了更好地测量反应中各 Ni-Si 相的形成趋势，本节分析了 Ni_2Si、NiSi 以及 $NiSi_2$、Ni_3Si 四种产物的热力学吉布斯自由能函数[13]：

$$\mathrm{Ni}+\mathrm{SiC}=\mathrm{NiSi}+\mathrm{C}\quad \Delta_{\mathrm{r}}G_T^0=-30.932+0.0054T\log T-0.0195T \tag{9-1}$$

$$\mathrm{Ni}+\frac{2}{3}\mathrm{SiC}=\frac{1}{3}\mathrm{Ni_3Si}+\frac{2}{3}\mathrm{C}\quad \Delta_{\mathrm{r}}G_T^0=-38.32+0.0036T\log T-0.0158T \tag{9-2}$$

$$\mathrm{Ni}+2\mathrm{SiC}=\mathrm{NiSi_2}+2\mathrm{C}\quad \Delta_{\mathrm{r}}G_T^0=22.99+0.0108T\log T-0.0454T \tag{9-3}$$

$$\mathrm{Ni}+\frac{1}{2}\mathrm{SiC}=\frac{1}{2}\mathrm{Ni_2Si}+\frac{1}{2}\mathrm{C}\quad \Delta_{\mathrm{r}}G_T^0=-41.8+0.0027T\log T-0.0119T \tag{9-4}$$

从图 9-13 中四种 Ni-Si 相在不同温度下的标准反应吉布斯自由能曲线可知，$NiSi_2$ 的吉布斯自由能为正值，因此，它不会在反应中自发形成，所以最后的产物中不存在 $NiSi_2$。Ni_3Si、Ni_2Si 以及 NiSi 的吉布斯自由能均为负值，所以它们在热力学中反应是自发生成的，在最后的反应产物中均有可能出现，但由于 NiSi 相与 C 不能共存，因此在含 C 的反应体系中，NiSi 也不会存在于最终产物中。

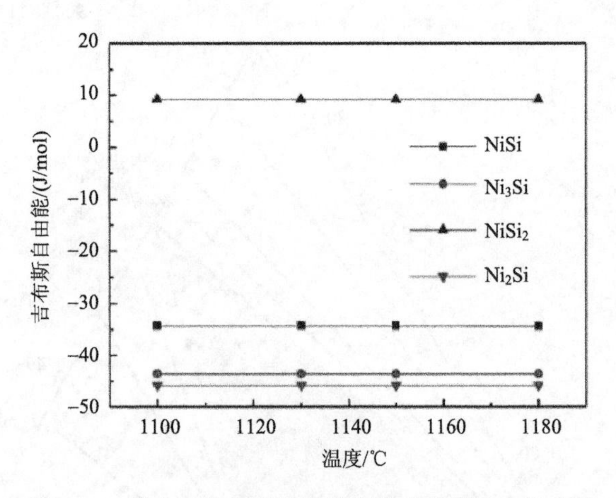

图 9-13　四种产物在不同温度下的吉布斯自由能曲线

由图 9-13 可知，Ni_2Si 相的吉布斯自由能最低，因此在反应过程中，最有可能生成 Ni_2Si 且稳定存在。

2. 金属化层典型界面结构表征与原子扩散行为

为了进一步确定金属化层中的相组成，对金属化层工艺参数为1130℃下保温10min的C/SiC表面金属化层进行分析，图9-14(a)所示为金属化层界面结构。如图所示，金属化层主要由C/SiC内部渗入层和表面层组成，内部的灰色相是合金渗入母材时发生反应的产物。长黑色相为碳纤维，在内部渗层中完全均匀分布。渗层与基材连接良好，不存在未填充等可见缺陷。C/SiC表面的一些灰色相主要是二元或三元Cr元素化合物，具有一定的厚度。对金属化层的不同位置进行了X射线衍射分析。图9-14(b)～(d)为金属化层不同截面的X射线衍射图像。B段是最接近C/SiC基材的区域，可以检测到C和SiC的衍射峰。b区域表明除了Ni_2Si相的存在外，反应还产生了$Cr_{23}C_6$相，即Cr元素在反应驱动力的作用下向C/SiC内部扩散。c区Cr含量大于b区，因此会生成Cr_3Ni_2Si，具体反应为：

$$2Ni + C/SiC \xlongequal{\quad} Ni_2Si + 2C \tag{9-5}$$

$$6C + 23Cr \xlongequal{\quad} Cr_{23}C_6 \tag{9-6}$$

$$3Cr + 2Ni + Si \xlongequal{\quad} Cr_3Ni_2Si \tag{9-7}$$

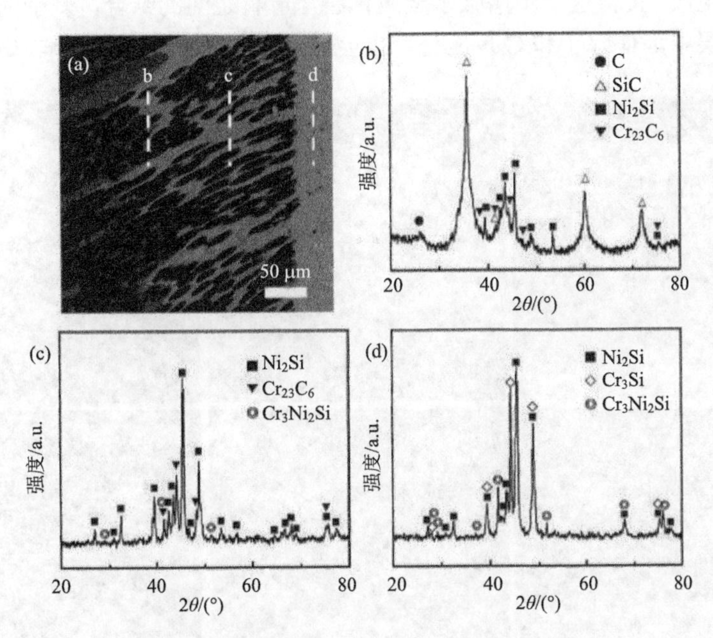

图9-14　金属化层不同截面的X射线衍射图

(a) C/SiC表面金属化层界面结构；(b)～(d)图a中不同截面的X射线衍射图谱

c区的SiC由于反应完全而消失，C的峰位没有检测到的原因是碳纤维和分散的纳米碳都是非晶态峰。即使碳纤维在该区域有一定的体积分数，仍难以检测其峰值位置。因此不能解释碳是否完全反应形成 $Cr_{23}C_6$ 相。区域 d 为表面金属化层，由于金属化层中还有一定的 Si，表层中含有大量硅化物。适当厚度的表面金属化层可以增强母材与钎料的结合效果，并且能改善钎料在 C/SiC 表面的润湿性，但这些化合物脆性较高，且大都连续存在于表层中，当母材的内部以及表面的金属化层过厚时，脆性化合物层的存在使接头承受载荷时无法有效地塑性变形，缓解应力，从而大大降低接头的承载能力。在 1130℃下保温 10min 的 C/SiC 表面金属化层的界面结构为 C/SiC 复合材料/Ni_2Si+C/Ni_2Si+$Cr_{23}C_6$+Cr_3Si+Cr_3Ni_2Si。

为了确定接头处元素的分布状态，对 C/SiC 复合材料未打磨的金属化层表面用 AgCuTi 钎料进行润湿，并对所得的金属化层以及 AgCuTi 钎料层进行 EDS 面扫描分析，结果如图 9-15 所示。由图 9-15(b) 可见，大量 Ni 元素渗透到母材 C/SiC 中，部分 Ni 元素滞留在母材表面的金属化层中。由于扩散速度慢，Si 元素无法进入 AgCuTi 焊料，其含量与 Ni_2Si 的含量相当。Cr 元素主要聚集在母材表面的金属化层中，与 Si 发生反应形成致密反应层，由于 Cr 元素扩散速度较慢，因此只有少量的 Cr 扩散进入 C/SiC 内部。一部分钎料中的 Ti 通过 Ni 元素的渗入通道向母材内部扩散，由于 Ti 的原子尺寸小，因此扩散速度快，并与 C/SiC 中的 C 发生反应生成 TiC，进一步增强了金属化层与母材之间的结合，剩余的 Ti 则保留在金属化层中。Ti 除了和 C 反应外，也会与 Si 发生反应，会竞争与 Cr 发生反应

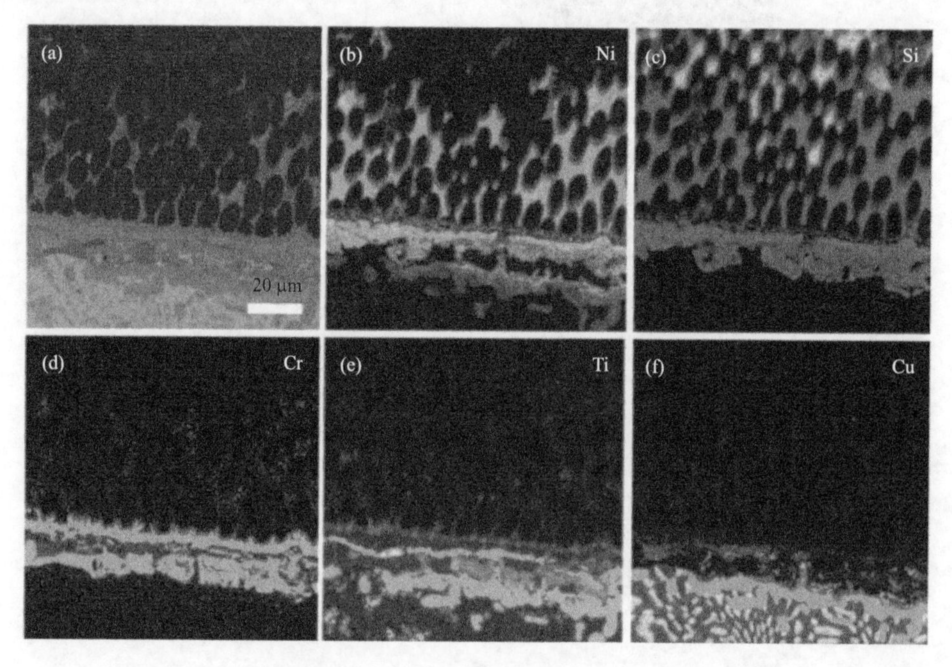

图 9-15 AgCuTi 钎料润湿含金属化层的 C/SiC 界面面扫描图谱

(a) C/SiC 侧界面结构；(b) Ni 元素分布；(c) Si 元素分布；(d) Cr 元素分布；(e) Ti 元素分布；(f) Cu 元素分布

的 Si，从而达到平衡。钎料中 Cu 元素扩散速度慢，不能进入表面金属化层，Ag 原子在 Ni 中的溶解度较低，也不能扩散。与未金属化的 C/SiC 相比，C/SiC 表面金属化层的存在对 AgCuTi 钎料具有更好的润湿性，界面无未熔合、裂纹等缺陷，大大优化了母材与钎料的结合质量。但由于金属化层表面连续存在大量含 Si 相，脆性较大，对接头产生不利影响。金属化层的存在增加了 C/SiC 侧界面反应层的厚度，过厚的脆性反应层会导致接头残余应力释放困难，降低接头质量。因此，在后续的钎焊过程中，应通过机械磨削来减薄 C/SiC 表面的金属化层，弱化钎焊接头金属化层脆性缺陷。

综上所述，在本实验的金属化参数下，Ni 和 SiC 发生扩散反应，反应产物为 Ni_2Si 相，在相图中存在一个与 C 共存的区域，满足最小吉布斯自由能条件。Ni_3Si 相会转变为 Ni_2Si 相以及其他极少部分的高 Si 相。少量 Cr 原子扩散到 C/SiC 中与 SiC 反应，部分 C 原子扩散到钎料中与 Cr、Si、Ni 等元素反应。Ni_2Si 连续生长的主要原因是 Ni_2Si 相的晶界是 Ni 原子的主要扩散通道，并且 Ni-Si 化合物中 C 原子的扩散速率高于 Si 原子的扩散速率，最后从 C/SiC 至表面 Ni-Cr-Si 合金金属化层的组成为 C/SiC 复合材料/Ni_2Si+C/Ni_2Si+$Cr_{23}C_6$+Cr_3Si+Cr_3Ni_2Si/(Ag,Cu)。

9.3　C/SiC 表面金属化层的结构设计与优化

C/SiC 表面金属化后，钎料渗透到母材中形成线膨胀系数梯度过渡区，能很好地控制接头残余应力，有效提高接头的剪切强度。而金属化层的 C/SiC 表面主要由 Cr_3Si、Cr_3Ni_2Si 等脆性相组成，当涂层表面不断产生脆性相时，再加上镀层与母材之间的线膨胀系数较差，在加载时不易发生塑性变形，在冷却时不易产生裂纹。适当的金属化层厚度是我们希望达到的目标。本节首先分析了金属化层辅助钎焊接头的界面结构，而金属化层的厚度与金属化工艺参数密切相关，因此，我们需要通过研究不同金属化工艺参数下的金属化层深度和接头强度，得到最佳金属化工艺参数下接头金属化层的界面结构。除此之外，针对表面金属化层的缺陷，对 C/SiC 表面金属化层进行结构设计优化，在金属化合金中添加微小的 W 以及 WC 颗粒，一方面，由于 W 以及 WC 颗粒的热膨胀系数较低，可以减小其与 C/SiC 的线膨胀系数差；另一方面，W 和 WC 的加入可以防止接头表面脆性化合物的连续形成，进一步优化接头的界面结构。

9.3.1　金属化工艺参数对接头界面结构的影响

为了进一步探究金属化层辅助钎焊接头形貌，将在 1130℃下保温 10min 含金属化层的 C/SiC 在 880℃下保温 10min 条件下采用 AgCuTi 钎料进行钎焊，在焊前对表面金属化层进行打磨减薄，以降低表面脆性化合物对接头的影响。含金属化层的 C/SiC 和 Nb 钎焊的接头形貌如图 9-14 所示。从图 9-16(a)可以看出，该方法获得了完整良好的焊缝组织。Ni-Cr-Si 合金在金属化过程中进入 C/SiC 复合材料，反应区厚度约为 77μm，反应区厚度基本均匀。从图 9-16(b)可以看出，整个焊缝分为三个区域。Ⅰ区是 Ni-Cr-Si 合金渗进母材 C/SiC 中并与之反应的金属化产物，主要是扩散 Ni 和少量 Cr 与母材反应的产物，内部金属化层产物中分散了纳米碳颗粒。Ⅱ区是母材表面的金属化层，主要由 Cr、Si 等元素组成，起到与 AgCuTi 钎料连接的作用。与 C/SiC 直接钎焊相比，表面合金复合层具有更好的相容性。Ⅲ区为钎缝钎料区，主要由 Ag、Cu 固溶体和扩散出来的 Ni、Si 等化合物和金属化层组成。如图 9-16(c)所示，渗入母材内部的活性元素主要和母材中的 SiC 反应，碳纤维表面存在纯相区，反应产物占据 SiC 的原始位置，而自增强碳纤维不发生变化。

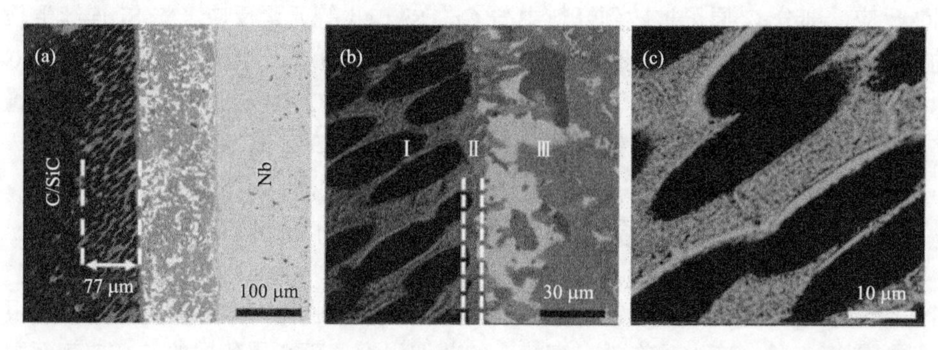

图 9-16 AgCuTi 钎料在 880℃/10min 钎焊含金属化层的 C/SiC 与 Nb 接头组织形貌

(a)接头整体形貌；(b)C/SiC 侧形貌；(c)C/SiC 侧放大

不同的金属化工艺参数会影响金属化过程中原子的扩散距离和反应程度，宏观表现为 Ni-Cr-Si 合金向 C/SiC 渗透的深度。Ni-Cr-Si 合金在 C/SiC 中的渗透深度能达到一定厚度的原因是 Ni 原子的扩散渗透是通过 Ni_2Si 晶界的。而且传播速度很快。为了探讨工艺参数对金属化层厚度和原子扩散的影响，Jardim 等[15]对 Ni_2Si 反应层的厚度与晶界的扩散系数进行了数学模拟，大致关系式可以表示为

$$h^2 = D_b \delta_b \frac{C_f}{C_s l_s} t \tag{9-8}$$

式中，C_f为液相中 Ni 的摩尔分数；C_s为硅化物中 Ni 的摩尔分数；l_s为晶粒直径尺寸；δ_b为晶粒厚度；D_b为扩散系数；t为扩散时间；h为 Ni_2Si 反应层厚度。

上述关系式描述了不同扩散状态下 Ni_2Si 反应层厚度与各参数之间的关系。为了探究 Ni_2Si 反应层厚度随金属化工艺参数的变化规律，在实验中对 Ni-Cr-Si 合金的质量、金属化温度和金属化保温时间进行了改变。分析了不同参数下 Ni_2Si 反应金属化层厚度的变化。

1. 金属化温度对接头界面结构的影响

在金属化实验中，金属化温度对金属化层反应区厚度有很大的影响。实验中，采用 AgCuTi 钎料在 880℃/10min 下连接 C/SiC 和 Nb，不同金属化温度下金属化层对钎焊接头的影响如图 9-17 所示。可知，在钎料质量和保温时间一定的情况下，提高金属化温度可以提高硅化物中 Ni 原子的摩尔分数 C_s 和扩散系数 D_b，从而增加 Ni_2Si 反应层的厚度。金属化过程中，Ni 和 SiC 反应生成 Ni-Si 化合物。随着温度的升高，形成的化合物依次为 Ni_3Si、Ni_5Si_2 和 Ni_2Si。金属化温度对反应产物、反应速率和反应程度有很大影响。如图 9-17(a)所示，当金属化温度为 1100℃时，焊料与母材的反应程度较弱，宏观表现为复合材料内部反应区厚度较小，仅为 29μm。随着金属化温度的升高，Ni 和 Cr 元素的活性增加，反应区厚度增加。如图 9-17(d)所示，当金属化温度达到 1180℃时，由于温度过高，反应剧烈，复合材料中出现碳纤维断裂。C/SiC 的高强度部分是由于碳纤维的增强作用，碳纤维的断裂对母材的性能影响很大。此外，C/SiC 表面的金属化层厚度过大，脆性增大。钎焊区 AgCu 共晶组织厚度减小，焊缝质量下降。

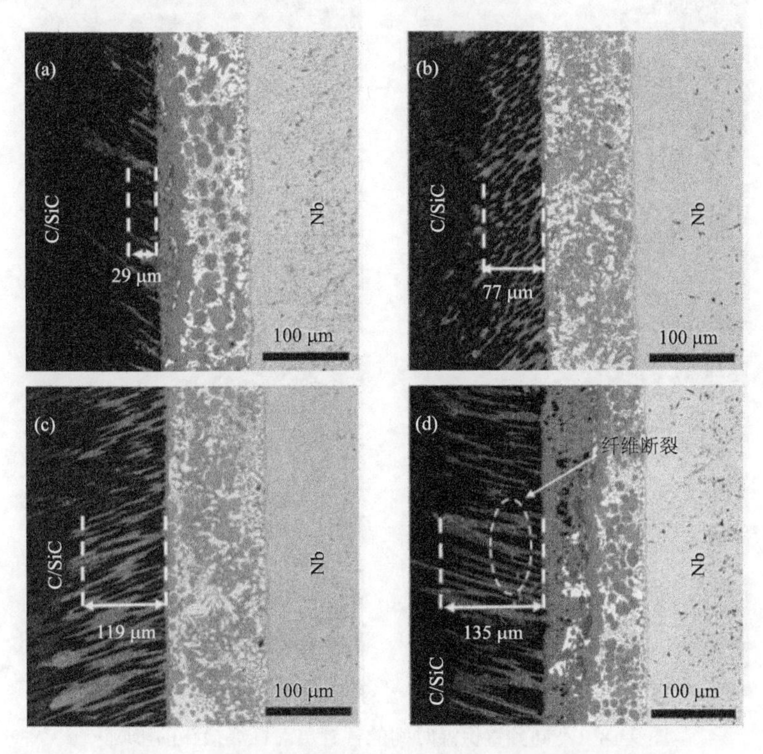

图 9-17　不同金属化温度的金属化层对钎焊接头的影响

(a) 1100℃；(b) 1130℃；(c) 1150℃；(d) 1180℃

2. 金属化保温时间对接头界面结构的影响

由式(9-8)可直接得出扩散时间 t 与反应层厚度 h 正相关，即金属化反应扩散时间的增加将直接增加反应层厚度。固定钎焊参数为 880℃/10min，用 AgCuTi 钎料分别在 5min、10min、15min 和 20min 下钎焊 C/SiC 和 Nb。不同保温时间对接头显微组织的影响如图 9-18 所示。随着保温时间的增加，Ni 和 Cr 元素的扩散时间增加，与 C/SiC 母材的反应时间增加。因此，生成的反应物中 Ni_2Si 相，即金属化层的含量也增加，宏观上金属化反应区在母材中的厚度增加。如图 9-18(a)所示，此时的金属化层厚度约为 57μm，内部金属化层过薄，无法很好地达到控制线膨胀系数的效果。如图 9-18(d)所示，当内部金属化层厚度为 121μm 时，焊缝中心 Ag 和 Cu 固溶体的均匀性降低。内部反应层厚度过大本身具有较高的残余应力，对接头的整体性能产生不利影响。随着保温时间的延长，接头未出现明显的裂纹和气孔等缺陷。因此，与钎料质量和金属化温度相比，保温时间更适合控制 Ni-Cr-Si 体系的接头性能。

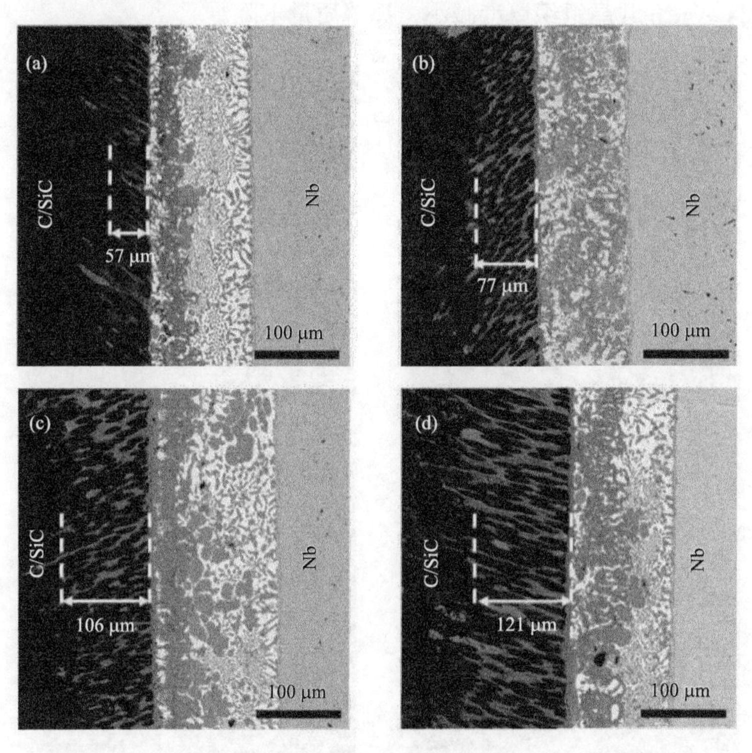

图 9-18　不同预置保温时间的预置层对钎焊接头的影响

(a) 5min；(b) 10min；(c) 15min；(d) 20min

3. 接头断口及强度分析

图 9-19(a)为无金属化层的 C/SiC 侧断口形貌。从图中可以看出，断裂界面主要位于界面反应层，断裂相对平直，断裂路径短。图 9-19(b)显示了镀层 C/SiC 侧断口形貌，Ni 元素渗入母材，在断口处出现纤维断裂和拉拔，镀层增加了裂纹的断裂路径，使裂纹更加弯曲，提高了接头的承载能力。图 9-20 显示了不同钎料质量、金属化温度和保温时间下，接头剪切强度与金属化层厚度的关系。从图中可以看出，金属化层的厚度随着 Ni-Cr-Si 合金质量、金属化温度和保温时间的增加而增加，剪切强度先增加后降低。当金属化层厚度为 77μm 时，三种金属化参数下接头的抗剪强度最高。金属化层过薄或过厚时，接头强度不理想。当金属化层过薄时，无法达到调节线膨胀系数的效果，而当金属化层过厚时，由于残余应力高，接头强度大大降低。最佳金属化参数为在 1130℃保温 10min，剪切强度达到 115.2MPa。与非金属层相比，强度提高了 35%。

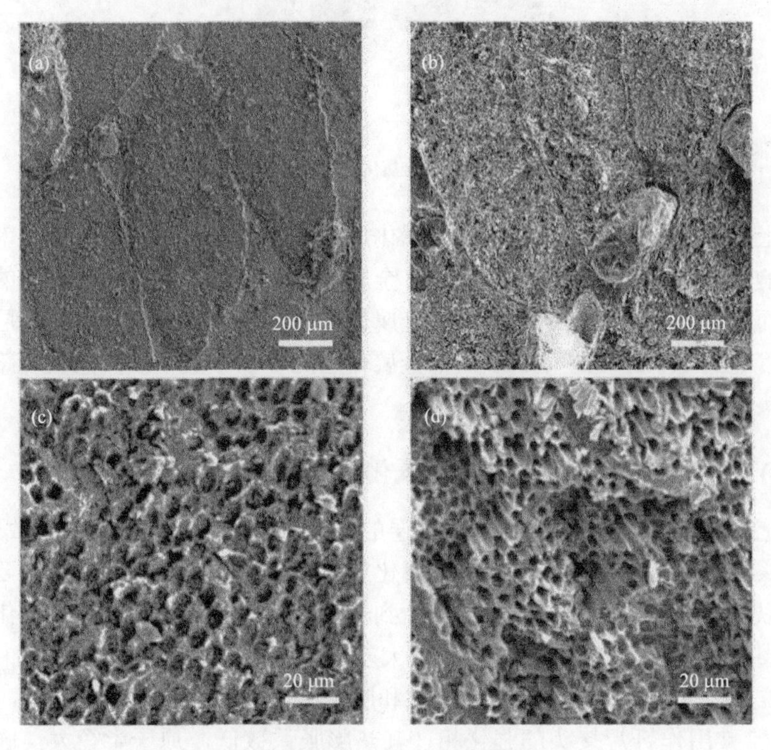

图 9-19　钎焊接头断口形貌

(a)(c)无金属化层接头 C/SiC 侧断口；(b)(d)含金属化层接头 C/SiC 侧断口

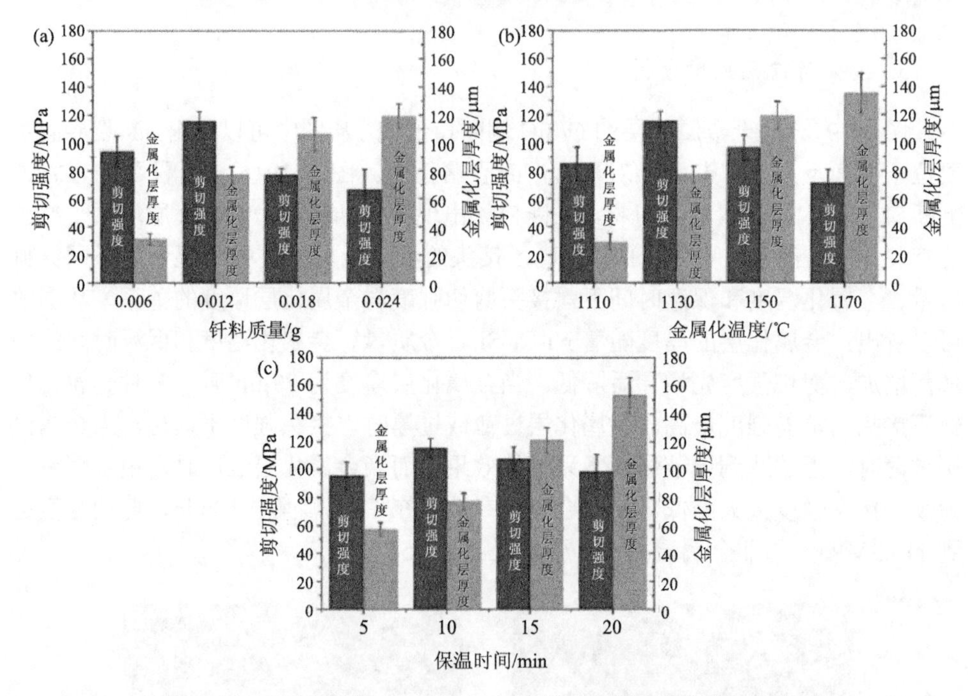

图 9-20　不同金属化工艺参数下金属化层厚度和剪切强度的关系

(a) 钎料质量；(b) 金属化温度；(c) 保温时间

综上所述，金属化工艺参数对金属化层厚度和接头抗剪强度有重要影响。从整体影响趋势来看，金属化层厚度随合金质量、金属化温度和保温时间的增加而增加，而剪切强度则先增加后降低。金属化层厚度为 77μm 时，金属化层的最大抗剪强度达到 115.2MPa。C/SiC 内部金属化层的存在改变了接头的断裂路径，提高了接头的承载能力。

9.3.2　W 颗粒的添加对 C/SiC 表面金属化层的影响

以上研究表明，C/SiC 表面金属化层的存在可以有效形成线膨胀系数过渡区，缓解接头的残余应力。但由于表面金属化层厚度较大，每次焊接前都需要进行机械打磨以减少厚度，而机械磨削很难达到一致的厚度。此外，连续脆性化合物的金属化层与 AgCuTi 钎料的性能仍有较大差异。本节通过在金属化层中加入 W 和 WC 颗粒来解决表面金属化层厚度过大和脆性相持续存在的问题。

W 常被用作钎焊接头的强化相，其热膨胀系数低，原子半径大。固溶体在 Ni 基体中会产生较大的晶格膨胀，形成较大的长程应力场，阻碍位错滑移，提高其非比例拉伸强度。另一方面，W 在 Ni 基体中的溶解度较高。在 800℃时，W 在 Ni 中的溶解度为 32%。随着 W 含量的增加，两种反应生成的化合物由低 W 相转变为高 W 相，分别为 Ni_4W、NiW、NiW_2 等。W 在 Ni 基体中的强化机制为第二相强化。在 Ni 中加入 W 制成 Ni-W 合金，可以大大提高合金的强度和硬度，并保持较高的塑性。

1. W 增强 C/SiC 表面金属化层的制备与表征

图 9-21 为 Ni-Cr-Si 合金粉末与 W 颗粒(5μm)按不同比例混合，1180℃保温 10min 制备的 C/SiC 表面金属化层形貌及界面图。将混合钎料粉末置于打磨光滑的 C/SiC 表面，高温金属化反应后，从表面形貌可以看出，在 Ni-Cr-Si 合金中加入不同比例的 W 颗粒并不影响金属化层的连续完整性，表面没有可见的裂纹、孔洞等缺陷，为后续用 Nb 金属钎焊奠定了基础。W 颗粒主要与钎料中的 Ni 发生反应。根据 W 颗粒的质量分数不同，可以生成不同的 Ni-W 化合物。钨与镍的结合提高了复合材料的强度和塑性。另外，Ni-W 化合物分布在连续脆性 Ni-Cr-Si 化合物中，起到了破坏连续脆性相的作用。最后，添加 W 颗粒的金属化层相比于未添加的镀层具有更加凹凸不平的表面形貌，这也增加了金属化层表面与 AgCuTi 钎料的接触面积，进一步优化了界面结构。

为了研究 W 颗粒对接头界面的影响，采用 AgCuTi 钎料在 880℃、10min、1180℃、10min 下对 Ni-Cr-Si +30%W(200nm)制备的金属化层进行钎焊。结果如图 9-22 和表 9-2 所示。根据能谱，A 点的 Cu 元素含量较高，因此可以确定 A 点的灰黑色相为焊缝中心相同的 Cu 基固溶体。C 区含有 Ni、Cr、Si 等元素。从 Ni-Cr-Si 合金金属化过程中的 X 射线衍射图可以看出，C 区含有较为复杂的相，主要包括 Ni_2Si 相、$Cr_{23}C_6$ 相和 Cr_3Si 相。这些相具有一定的脆性，在连续生成过程中对接头产生不利影响。除 Ni-Cr-Si 外，D 区还含有 W 元素。由于金属化过程中 W 和 Ni 反应生成不同的 Ni-W 化合物，W 在面心立方 Ni 中的固溶度较高，而 Ni 在体心立方 W 中的固溶度较低。通过点能谱元素含量分析，确定 D 区含 W 相为 Ni_4W，也很好地验证了上述结果，脆性相 Cr_3Si 和 $Cr_{23}C_6$ 之间存在含 W 的 Ni-W 化合物，有效地阻隔了连续的脆性化合物，使其不连续地分布在金属化层中，起到一定的强化作用。E 区主要含有 Ni、Cr、Si 和 W 元素，W 元素含量较大，相组成为 Ni_2Si 相、Cr_3Si 相、Ni_4W 相和未反应的 W 颗粒。Ni_4W 和 W 分布在脆性化合物中。Ni_4W 和 W 具有一定的塑性，也起到了加强接头的作用。通过能谱分析，分布在 E 区一侧的灰色相 B 主要含有 Ni 和 Si 元素，其比值接近 2∶1，确定为 Ni_2Si 相，Ni_2Si 相的不连续分布也避免了连续分布造成的缺陷。可以看出，随着 W 颗粒的加入，金属化层不再是连续分布的，有效降低了连续脆性化合物对接头界面的不利影响，提高了接头的承载能力。

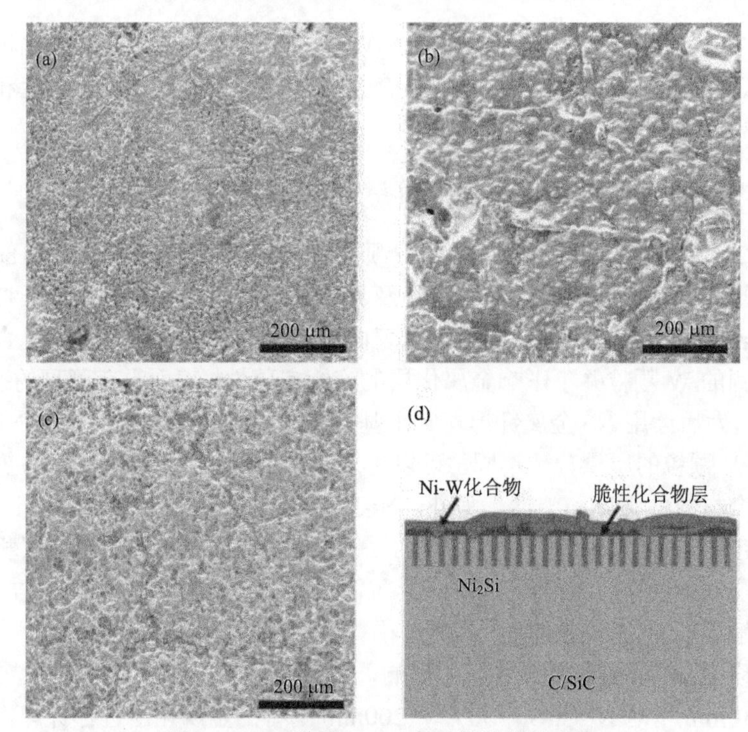

图 9-21　W 增强 C/SiC 金属化层表面形貌

(a) 10%W；(b) 30%W；(c) 50%W；(d) 金属化层界面示意图

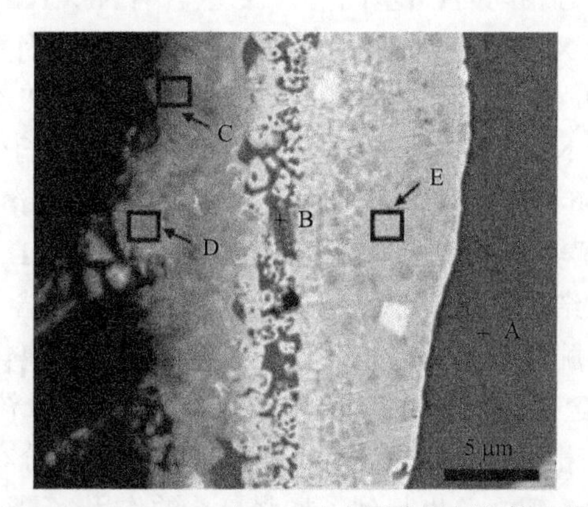

图 9-22　Ni-Cr-Si+30%W(200nm)金属化层钎焊接头界面结构

表 9-2　Ni-Cr-Si+30%W(200nm)金属化层钎焊接头中各相点能谱结果

位置	成分							相组成
	Ag	Cu	Ti	Ni	Cr	Si	W	
A	1.34	68.51	27.68	2.47	—	—	—	Cu(s,s)
B	—	—	—	61.38	3.03	35.59	—	Ni_2Si

续表

位置	成分							相组成
	Ag	Cu	Ti	Ni	Cr	Si	W	
C	—	—	—	20.58	45.65	30.42	3.35	$Ni_2Si+Cr_{23}C_6+Cr_3Si$
D	—	—	—	32.4	32.57	19.6	15.43	$Ni_2Si+Cr_{23}C_6+Ni_4W$
E	—	—	—	34.69	4.32	32.05	28.94	$Ni_2Si+Ni_4W+W+Cr_3Si$

注：成分含量为原子摩尔浓度。

2. 金属化温度对 W 增强 C/SiC 表面金属化层的影响

为了探究 W 颗粒含量对接头组织的影响，分别采用粒径为 5μm、W 含量为 30%的 W 颗粒在 1160℃和 1180℃下进行 10min 金属化处理。然后用 AgCuTi 在 880℃下钎焊 10min。钎焊接头的界面结构如图 9-23 所示，不同金属化温度对 W 增强 C/SiC 金属化层钎焊接头强度的影响如图 9-24 所示。

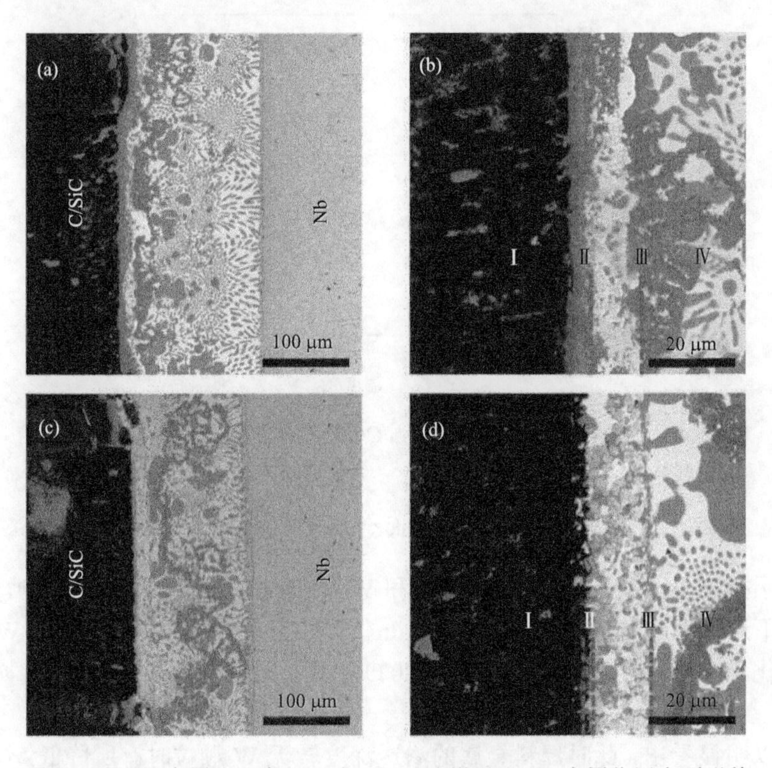

图 9-23　不同金属化温度下 W(5μm/30%) 增强 C/SiC 金属化层表面形貌

(a) (b) 1160℃；(c) (d) 1180℃

钎焊接头大致分为四个区域。Ⅰ区为 Ni_2Si 相，与 C/SiC 反应并渗入母材。Ⅱ区是 C/SiC 表面的金属化层，主要由 Ni_2Si、Cr_3Si、$Cr_{23}C_6$ 以及 Cr_3Ni_2Si 组成。Ⅲ区由能谱分析可知主要为由 Ni_2Si、Cr_3Si、Ni_4W 以及未反应的 W 组成。在 1160℃下，脆性化合物层 C/SiC 附近仍然是连续分布，Ni_4W 阶段和 W 未能不连续分布之间的脆弱的阶段，虽然在Ⅲ区观察到一些脆性阶段的不连续分布，但脆性的主要区域二期尚未有效，承载时仍会因为脆性而易开裂。在 1180℃时，脆性相在Ⅱ区的分布不再是连续的，而Ⅲ区的分布也是断续的，比 1160℃时的分布更加均匀。从图中可以看出，W 在Ⅲ区被连续的 Cu 基固溶体隔离，使 W 无法进入更远的区域。焊缝中心仍然由 Ag 和 Cu 固溶体组成。由以上分析可知，当金属化温度为 1160℃时，C/SiC 侧的界面反应层是连续而脆的，内部有一定厚度的 C/SiC 金属化层。1180℃时，C/SiC 界面反应层不连续，含有脆性相的Ⅲ区厚度更均匀。抗剪强度在 1180℃时达到最大值，为 126.4MPa。与不含 W 颗粒的金属化层相比，具有更好的塑性和界面反应层结构。因此，抗剪强度略有提高，约提高了 10%。

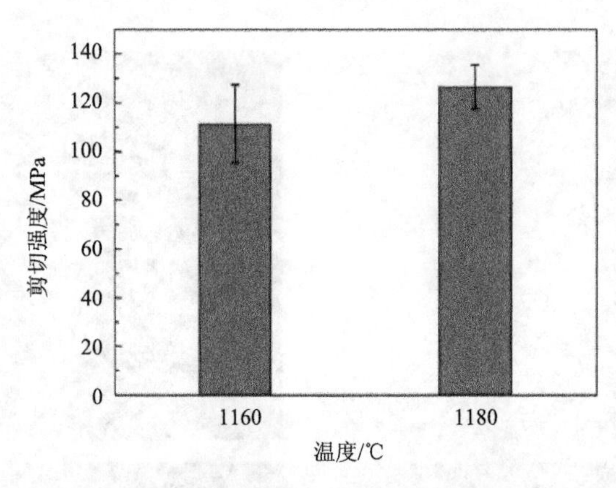

图 9-24　不同金属化温度对 W 增强 C/SiC 金属化层钎焊接头强度的影响

3. W 颗粒含量对 W 增强 C/SiC 表面金属化层的影响

为了探究 W 颗粒含量对相同温度和 W 颗粒尺寸下接头组织的影响，实验在 1180℃下进行 10min。分别对粒径为 5μm、含量为 10%、30%和 50%的 W 颗粒进行合金化和金属化处理。金属化后，880℃保温 10min。钎焊接头的形貌如图 9-25 所示。

可以明显看出，此时焊料金属的渗透深度较无 W 颗粒时有所降低，焊缝仍然大致分为四个区域。当 W 颗粒添加量为 10%时，可以观察到Ⅱ区(即 Ni-Cr-Si 化合物区)并不是连续分布的，在化合物之间分布着许多银白色相。根据以上能谱分

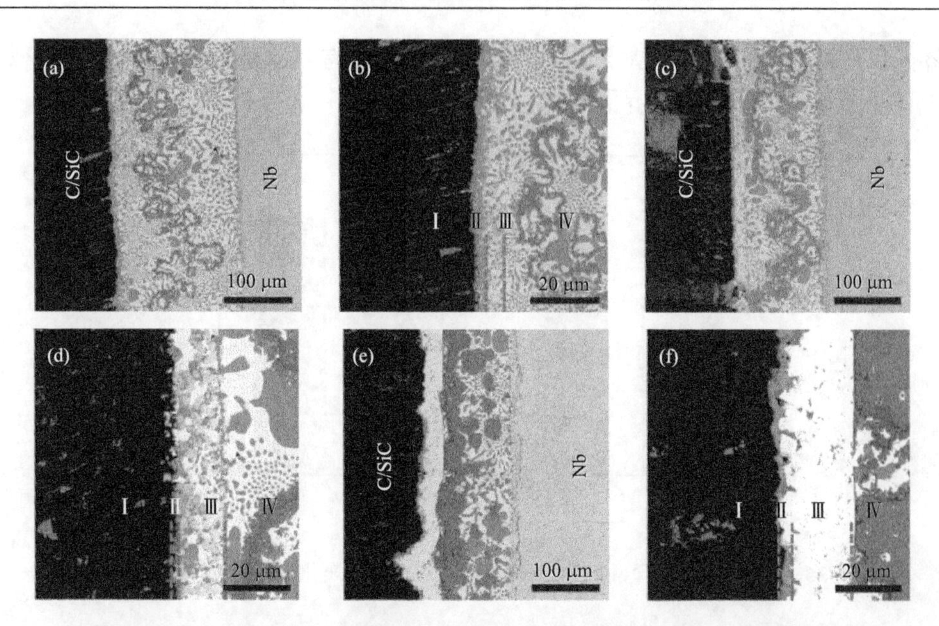

图 9-25　1180℃/10min 金属化条件下不同 W(5μm)颗粒含量 C/SiC 表面形貌

(a)(b)10%W；(c)(d)30%W；(e)(f)50%

析，这些银白色相为含 W 的 Ni_4W 相，且有少量 W 发生反应。值得注意的是，当 W 量为 30%时，区域Ⅱ变得非常狭窄，基本不是一个连续的复合区域，只能观察到表面金属化层的一小部分。当 W 添加量为 50%时，连续的细长条状表面金属化层又可以被明显的观察到，在整个接头中不再连续分布，且厚度比未添加 W 颗粒时大大下降，这同样可以起到缓解应力的作用。Ⅲ区是位于表面金属化层与焊缝中心 Ag、Cu 固溶体之间的具有一定厚度的连续带区。当 W 颗粒添加量为 10%和 30%时，Ⅲ区主要由 Ag 和 Cu 固溶体组成，化合物分布均匀。这些化合物主要为 Ni_2Si、Cr_3Ni_2Si、Cr_3Si 和 Ni_4W，与未添加 W 颗粒相比，AgCuTi 钎料渗入到表面金属化层中，使其化合物在固溶体中不连续。当 W 颗粒添加量为 50%时，Ⅲ区厚度增大，与 Ag、Cu 固溶体在焊缝中心形成清晰的边界，含 Ni_4W 和未反应 W 的相主要分布在该区域。图 9-26 显示了不同 W 颗粒含量对 W 增强 C/SiC 钎头强度的影响。由以上分析可知，当 W 颗粒含量为 10%和 50%时，C/SiC 侧的界面反应层相对连续。当 W 颗粒含量为 30%时，连续脆性金属化层被阻碍，剪切强度达到最大 126.4MPa。

综上所述，W 颗粒的加入阻碍了 C/SiC 表面金属化层中的连续脆性相的形成，且与未掺杂 W 颗粒的金属化层相比，Ni_4W 相和未反应 W 颗粒会向焊缝中心侧扩散。在 1160℃的金属化反应中，C/SiC 表面金属化层中的脆性相仍然是连续的，W 颗粒的加入并没有起到很好的控制作用。在 1180℃，当 W 颗粒含量较大时，界面反应层厚度也变小。W 颗粒和 Ni_4W 相的存在有效地缓解了之前连续复合相中存在的高脆性缺陷，使界面结构优化。

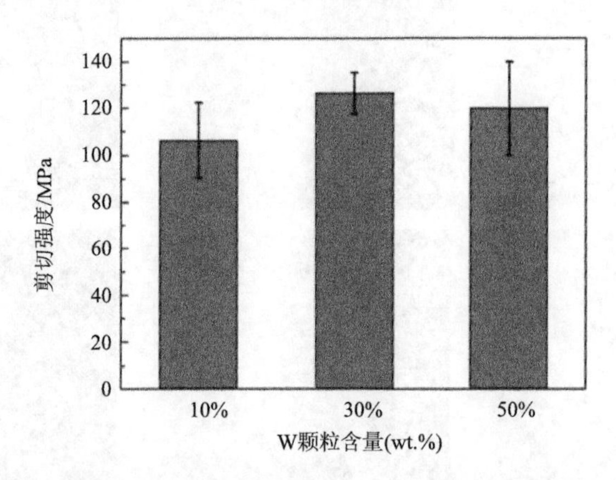

图 9-26　不同 W 颗粒含量(wt%)对 W 增强 C/SiC 金属化层钎焊接头强度的影响

9.3.3　WC 颗粒的添加对 C/SiC 表面金属化层的影响

由以上研究可以看出，W 颗粒的加入对 C/SiC 表面金属化层的界面结构优化有一定的影响，主要是防止 C/SiC 表面金属化层中形成连续的脆性相，使其不连续分布。但在 W 含量小、W 粒径大的情况下，表面金属化层仍会呈连续分布，改善效果不明显。本实验将 WC 颗粒代替 W 颗粒，探索 WC 颗粒对钎焊接头的改善效果。

1. WC 增强 C/SiC 表面金属化层的制备与表征

实验中，WC 颗粒代替 W 颗粒，探索 WC 颗粒对钎焊接头的改善效果。实验中，在 Ni-Cr-Si 合金中加入 10%WC(400nm)，在 1180℃下进行金属化反应 10min，然后在 880℃下进行钎焊反应 10min。为了研究钎焊接头的相组成，对钎焊接头进行了能谱分析。接头形貌如图 9-27 所示，各相分析结果如表 9-3 所示。根据各相的能谱分析结果，灰黑色相 A 具有较高的 Cu 含量，确定为 A 为 Cu 基固溶体，连续的 Cu 基固溶体的两侧是焊缝的不同区域。B 区是 C/SiC 侧面附近的灰黑色相。根据能谱分析，它含有较高的 Cu、Ni 和 Si 相，Ni 与 Si 元素的比例接近 2∶1。确定为 Cu 基固溶体和 Ni_2Si 相。根据能谱分析，银白色相 C 中银元素含量较高，确定为 Ag 基固溶体。根据分析，灰黑色 D 相也是 Cu 基固溶体。可以看出，Ag 和 Cu 固溶体均匀分布在 C/SiC 旁边，Ni_4W 的存在使脆性复合层不连续。灰相 E 组成较复杂，含有 Ni、Cr、Si 和 W 元素，包括 Ni-Si-Cr 的金属化反应产物 Ni_2Si、Cr_3Ni_2Si 和 Cr_3Si，以及 Ni-W 的反应产物 Ni_4W，它们分布在 Ag 和 Cu 的固溶体中。根据能谱分析，C/SiC 中的灰相 F 含有 Ni、Cr 和 Si 元素，它是大量 Ni 元素渗入 C/SiC 与少量 Cr 元素渗入 C/SiC 与母材之间的金属化反应，主要是 Ni_2Si 相和 $Cr_{23}C_6$ 相。这些相也存在于 C/SiC 中，是形成线膨胀系数梯度过渡区的主要相。可以看出，WC 颗粒的加入也改变了 C/SiC 表面金属化层的结构，使相分布变得更加分散。

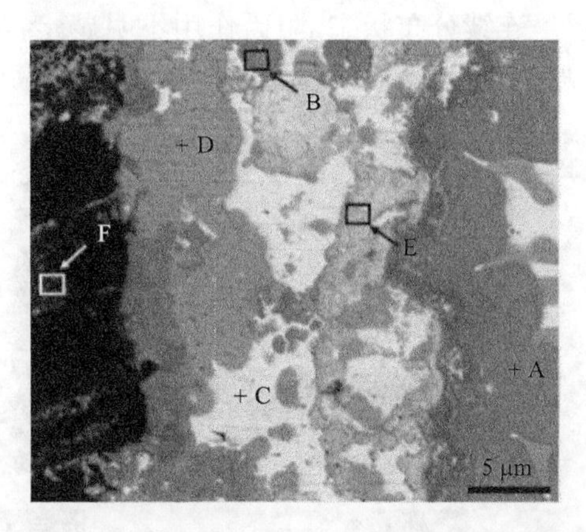

图 9-27　Ni-Cr-Si+10%WC(400nm)金属化层钎焊接头界面结构

表 9-3　Ni-Cr-Si+10%WC(400nm)金属化层辅助钎焊接头中各相点能谱结果

位置	成分							相组成
	Ag	Cu	Ti	Ni	Cr	Si	W	
A	1.00	70.72	28.28	—	—	—	—	Cu(s,s)
B	1.57	44.56	19.47	20.65	0.53	12.73	0.50	Cu(s,s)+Ni_2Si
C	65.33	2.77	3.14	13.12	3.44	12.20		Ag(s,s)
D	1.57	91.23	—	4.69	0.54	1.98	—	Cu(s,s)
E	—	—	—	30.11	35.33	20.85	13.71	Cr_3Ni_2Si+Ni_2Si+Cr_3Si+Ni_4W
F	0.54	6.13		45.55	16.60	31.17		Ni_2Si+$Cr_{23}C_6$

注：成分含量为原子摩尔浓度。

2. WC 颗粒含量对 WC 增强 C/SiC 表面金属化层的影响

为了探究不同 WC 颗粒含量对金属化层的影响，实验采用 400nm 的 WC 颗粒，在 1180℃保温 10min，分别加入 10%、30%、50% WC 颗粒完成金属化反应，然后使用 AgCuTi 填充钎料在 880℃下保温 10min，完成钎焊反应。钎焊接头的界面结构如图 9-28 所示。焊缝接头大致可分为四个区域，区域 I 为 Ni、Cr 元素与 C/SiC 发生反应生成的表面金属化层，此外，当 WC 添加量为 30%和 50%时，金属化层分布明显不连续，在这些脆性相中，WC、Ni_4W 等相具有一定的塑性和较低的线膨胀系数。当 WC 颗粒添加量为 30%时，未观察到明显的表面金属化层区域，如图 9-28(d)所示。在Ⅲ区和 C/SiC 之间只有一层薄薄的界面反应产物。Ⅲ区主要由 Ag、Cu 固溶体和分布在其中的 Ni-Cr-Si 系列化合物、Ni_4W 和未反应 WC 颗粒组成。该区域的右侧被连续的 Cu 基固溶体层与焊缝中心隔开。图 9-29 为不同 WC 颗粒含量表面金属化层钎焊接头的剪切强度。当 WC 颗粒含量过小或过大时，C/SiC 表面的金属化层呈连续分布状态，阻碍作用不明显。当 WC 颗粒含量为 30%时，抗剪强度达到最大值 121.8MPa。

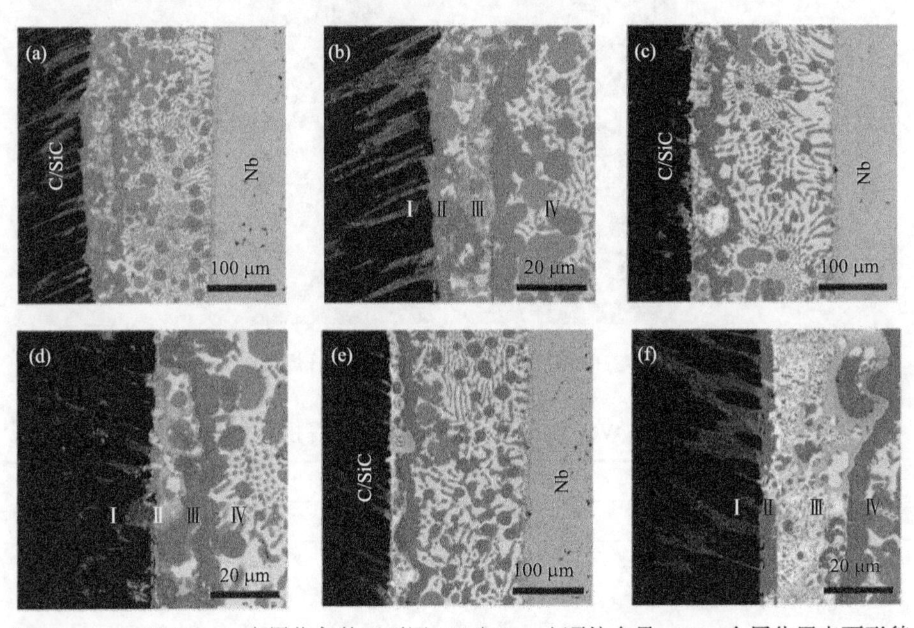

图 9-28　1180℃/10min 金属化条件下不同 WC(400nm)颗粒含量 C/SiC 金属化层表面形貌

(a) (b) 10%W；(c) (d) 30%W；(e) (f) 50%

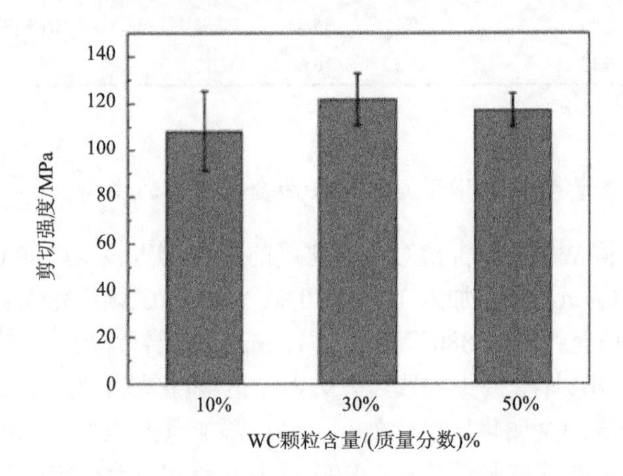

图 9-29　不同 WC 颗粒含量(wt%)对 WC 增强 C/SiC 金属化层钎焊接头强度的影响

9.4　W 增强碳纤维编织布中间层辅助钎焊工艺及机理研究

近年来，纳米材料已成为材料科学等相关科学领域的研究热点。其独特的性能可以满足材料在各个领域的性能要求。碳纤维编织布是由碳纤维交叉编织而成的网状编织织物。由于其具有一定的弹性，可作为钎焊中间层，减轻钎焊接头区域的残余应力，从而提高接头强度。W 是一种热膨胀系数较低的材料，常作为钎焊时的强化相，以消除接头的残余应力。而当 W 作为增强相时，大量的添加会导致增强相颗粒的团聚，大大降低了增强相的增强效果。由于 C/SiC 与 Nb 钎焊接头的热膨胀系数不同而产生的高残余应力，严重影响接头的承载能力。本节以碳纤维编织布为中间层，辅助钎焊 C/SiC 和 Nb，并采用水浴合成方法在网络碳纤维表面合成了 WO_3 纳米线。然后，以葡萄糖为碳源还原碳纤维编织布-WO_3 纳米线，得到 W 增强碳纤维编织织物。然后，研究了不同合成参数对网络碳纤维表面 WO_3 纳米线形貌的影响，以获得最佳合成参数。最后，研究了不同碳纤维编织织物的钎焊接头的显微组织和力学性能，并对钎焊接头的强化机理进行了分析。

9.4.1　碳纤维编织布原位合成 W 的制备及其工艺探究

原始碳纤维编织布外观如图 9-30 所示，可以看出碳纤维编织布的编织方法是纵横交错编织，这两个垂直方向的性能在水平平面上是相似的。碳纤维编织布不仅是热膨胀系数较低的良好中间层，而且是很多强化相的结构框架，使强化相稳定分散在焊缝中。但从碳纤维编织布的结构图中可以发现，其本身内部间隙较大，其作为中间层在焊缝中时填充进内部的钎料较多，所以这个区域也具有一定的改

图 9-30　碳纤维编织布

进空间，本实验采用水浴合成 W 在碳纤维编织布内部空间中，使得空隙被填充。因此通过水浴法碳纤维编织布也可以作为 W 很好的载体，使得 W 在焊缝中均匀、分散的分布。

1. H_2WO_4 前驱体溶液浓度对 WO_3 纳米线形貌的影响

不同 H_2WO_4 前驱体溶液浓度对表面合成的 WO_3 纳米线形貌的影响如图 9-31 所示。水浴反应的主要反应是 H_2WO_4 前驱液在水热温度下脱水生成 H_2O 和 WO_3 分子，因此 H_2WO_4 前驱液的浓度对 WO_3 纳米线的形貌有很大的影响。当 H_2WO_4 前驱体浓度为 0.025mmol/ml 时，由于前驱体的溶液被稀释，而 H_2WO_4 脱水反应所生成的 WO_3 总量一定，因此同时间内网络状碳纤维表面合成的 WO_3 纳米线的数量变少，如图 9-31(a)和图 9-31(b)所示，碳纤维表面只有比较少的 WO_3 纳米线生成，且由形貌图像可知合成的 WO_3 纳米线不均匀也不紧密，很容易以小球状的形势包覆在碳纤维表面。当 H_2WO_4 前驱体溶液的浓度提高时，碳纤维表面合成的 WO_3 纳米线数量明显增多，前驱体溶液浓度为 0.0375mmol/mL 时，碳纤维表面 WO_3 纳米线的数量仍相对较少，当前驱体溶液浓度达到 0.05mmol/mL 时，WO_3 纳米线可以被碳纤维完全包覆并均匀分布，但当前驱体溶液浓度过高时，纳米线会出现团聚和包封不良等问题。因此，利用适当浓度的前驱体溶液可以得到形貌和分布良好的 WO_3 纳米线。

图 9-31　不同 H_2WO_4 前驱体溶液浓度(mmol/mL)对表面合成 WO_3 纳米线形貌的影响

(a)(b) 0.025；(c)(d) 0.0375；(e)(f) 0.05；(g)(h) 0.0625

2. $(NH_4)_2SO_4$ 浓度对 WO_3 纳米线形貌的影响

图 9-32 显示了不同 $(NH_4)_2SO_4$ 浓度对 WO_3 纳米线合成形貌的影响。$(NH_4)_2SO_4$ 在水热反应中主要起了封顶作用，主要影响反应强度和纳米线成核速率。如图 9-32(a)和图 9-32(b)所示，当 $(NH_4)_2SO_4$ 浓度为 0.025g/mL 时，WO_3 均匀分布在网络状碳纤维表面上，然而，除了部分 WO_3 纳米线包覆在碳纤维表面外，部分纳米线呈球形分布在网状碳纤维表面，部分纳米线未包覆在碳纤维表面。当 $(NH_4)_2SO_4$ 浓度为 0.05g/mL 时，可以看到整个网络状碳纤维表面存在一些孔洞，合成效果不理想。当 $(NH_4)_2SO_4$ 浓度为 0.0625g/mL 时，如图 9-32(g)和图 9-32(h)中所示，可见，整个纳米线的分布非常不均匀，而且纳米线没有覆盖大面积的碳纤维，因此 $(NH_4)_2SO_4$ 浓度的最优量应为 0.0375g/mL。

综上所述，由于 WO_3 纳米线的合成效果直接影响 W 在还原性碳纤维编织布表面的分布形态，因此可以通过调节 WO_3 纳米线的合成工艺参数来获得最优的 WO_3 纳米线合成参数：前驱体溶液的摩尔浓度为 0.05mmol/mL，$(NH_4)_2SO_4$ 的质量浓度为 0.0375g/mL，最佳工艺参数得到的 WO_3 纳米线如图 9-32(c)和图 9-32(d)所示。在最佳合成工艺参数下，对 WO_3 增强碳纤维编织织物进行 X 射线衍射分析，结果如图 9-33 所示。根据衍射峰的位置，在碳纤维编织织物表面生成了 WO_3 纳米线。

图 9-32　不同 $(NH_4)_2SO_4$ 浓度(g/ml)对表面合成 WO_3 纳米线形貌的影响

(a)(b) 0.025；(c)(d) 0.0375；(e)(f) 0.05；(g)(h) 0.0625

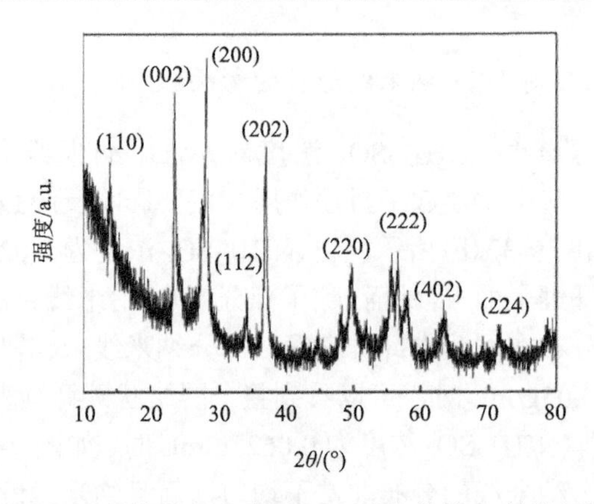

图 9-33　碳纤维编织布表面 WO_3 纳米线的 X 射线衍射图

3. 碳纤维编织布表面 WO_3 的还原与表征

图 9-34 为葡萄糖还原 WO_3 纳米线得到的碳纤维编织布表面 W 的分布形态。从整体形貌上看，WO_3 和 W 的形貌没有显著差异，W 在碳纤维上分布均匀，覆盖效果好。由图 9-34(c)可以看出 W 对碳纤维的紧密包裹。由于 W 的总表面积增加，一方面增加了钎料与 W 的接触面积，使 W 在钎焊过程中与焊料充分反应；另一方面由于 W 的存在大大减少了碳纤维编织布内部的空隙，其在焊后存在网络状碳纤维的区域具有更好的均匀性，同时还不会出现碳纤维编织布在焊缝中的偏移的现象。

图 9-35 为在碳纤维编织布表面用葡萄糖还原 WO_3 纳米线得到的 W 的 X 射线衍射图。从 X 射线衍射图的衍射峰位置可以确定 W 是由葡萄糖碳源还原 WO_3 纳米线后生成的，这也为 W 增强碳纤维编织布作为钎焊中间层提供了良好的前提。

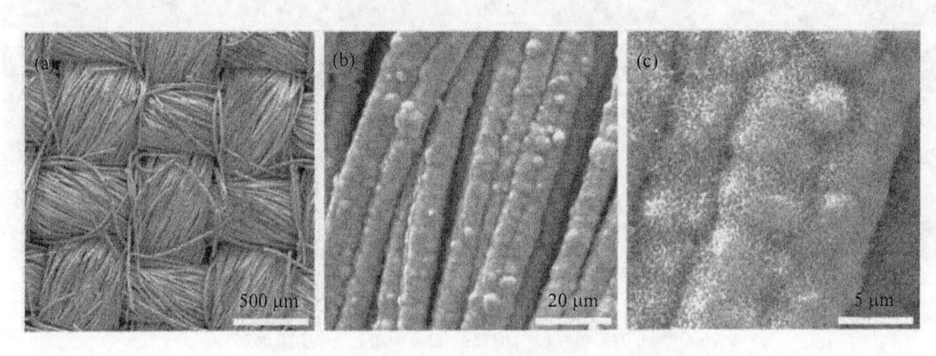

图 9-34　W 增强碳纤维编织布表面形貌

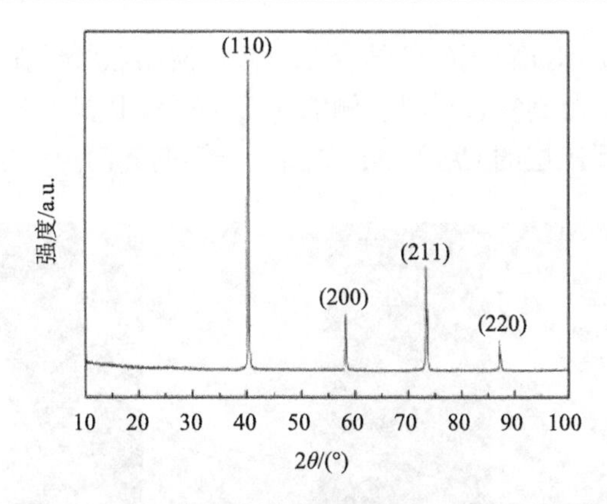

图 9-35　W 增强碳纤维编织布的 X 射线衍射图

9.4.2　碳纤维编织布中间层辅助钎焊工艺研究

1. 不同中间层辅助钎焊 C/SiC-Nb 接头工艺研究

为解决 C/SiC 与 Nb 钎焊接头残余应力大的问题，采用碳纤维编织布中间层钎焊非合金化 C/SiC 与 Nb 和合金化 C/SiC 与 Nb，研究了碳纤维布夹层对接头界面结构的影响，并对碳纤维布进行了改性，在表面原位合成了 WO_3 和 W，探讨了 WO_3 和 W 的引入对接头结构的影响。图 9-36 为不同中间层辅助钎焊接头装配示意图。

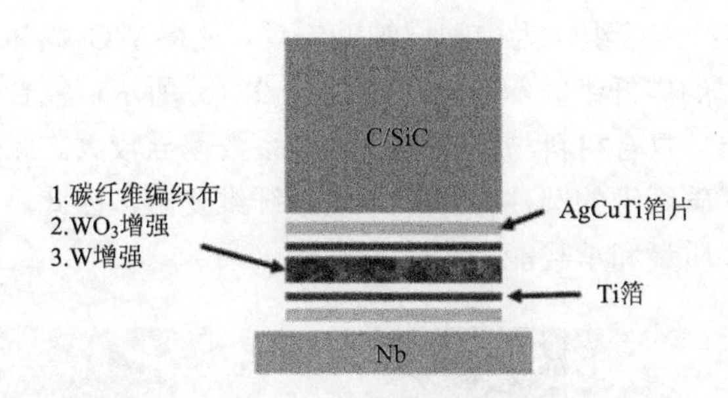

图 9-36　不同中间层辅助钎焊接头装配示意图

图 9-37 为以碳纤维编织布为中间层，AgCuTi 钎料在 880℃、10min 下钎焊 C/SiC 和 Nb 接头的显微组织，从整体形貌上看，碳纤维编织布均匀分布在钎缝中，与 AgCuTi 钎料形成良好的钎缝结构。从复合材料侧面的显微组织可以看出，C/SiC 与焊缝之间存在一层薄薄的界面反应层，该界面反应层主要是 AgCuTi 钎料中活性元素 Ti 与 C/SiC 反应生成的 TiC 层。从图 9-37(c)可以看出，碳纤维表面有一层薄薄的灰色反应层，其化学成分与陶瓷侧的界面反应层相似。由于这个反应层

的存在，网络碳纤维和钎料更好地结合在一起。网络碳纤维在钎焊过程中会消耗活性元素 Ti，导致扩散到复合材料一侧的 Ti 的减少，因此，复合材料一侧的界面反应层比没有界面反应层的 C/SiC-Nb 接头另一侧的界面反应层更薄。

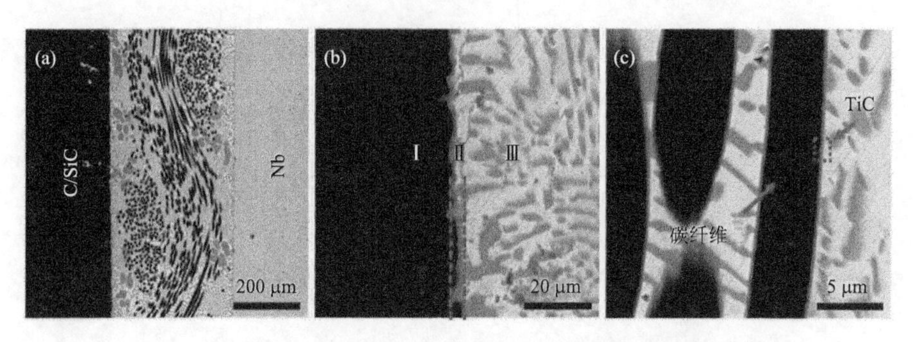

图 9-37　碳纤维编织布中间层辅助钎焊 C/SiC-Nb 接头界面结构

(a) 焊缝整体；(b) C/SiC 侧；(c) 焊缝中心放大图

图 9-38 为碳纤维编织布-WO_3 中间层钎焊 C/SiC-Nb 接头组织形貌，钎焊参数为 880℃/10min。从整体上看，网状碳纤维仍然可以很好地分布在钎缝中。如图 9-38(c) 所示，碳纤维表面有明显的反应层 TiC 层，而 WO_3 纳米线与 Ti 反应生成 W 均匀分布在碳纤维周围，在扫描电子显微镜下呈白色。在钎焊过程中，WO_3 纳米线和碳纤维对 Ti 元素的消耗，Ti 元素先与网络碳纤维上的 WO_3 纳米线发生反应，然后再与碳纤维发生反应，导致扩散至 C/SiC 一侧的 Ti 元素含量非常低，因此，原位合成碳纤维编织作为中间层辅助钎焊，使得 WO_3 纳米线 C/SiC 侧的界面反应层比未处理的碳纤维编织更薄。如图 9-38(b) 所示，复合材料的一侧没有明显的界面反应层，复合材料与钎料的热膨胀系数差异较大。此外，Ti 元素与碳纤维的反应改变了碳纤维的圆柱体形状，使碳纤维变薄，因此，碳纤维的增强效果下降，导致接头质量和承载能力大幅度下降。

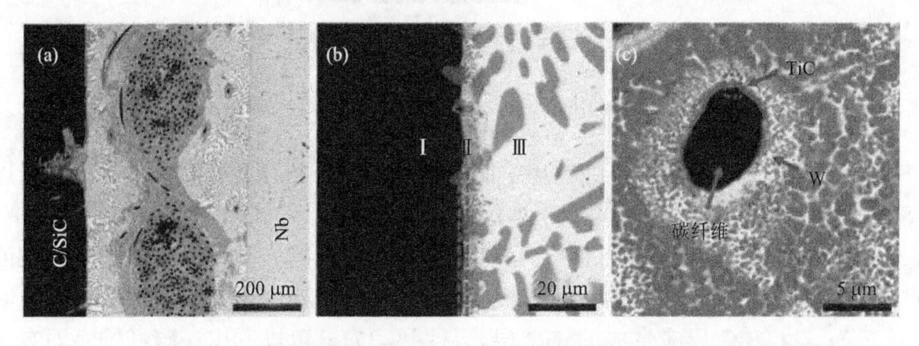

图 9-38　WO_3 纳米线增强碳纤维编织布中间层辅助钎焊 C/SiC-Nb 接头界面结构

(a) 焊缝整体；(b) C/SiC 侧；(c) 焊缝中心放大图

图 9-39 为碳纤维编织布-W 中间层辅助钎焊 C/SiC 与 Nb 的接头形貌，钎焊参数为 880℃/10min。从整体焊缝来看，碳纤维编织布仍能保持良好的稳定性，焊缝主要由 Ag 和 Cu 固溶体组成，碳纤维编织布对 AgCuTi 钎料具有良好的润湿性，在焊缝中分布均匀。碳纤维编织布作为良好的载体，稳定了 W 在焊缝中的分散。从图 9-39(c)可以看出，碳纤维编织布的碳纤维在扫描电子显微镜下被一圈白色的 W 包围。因此，碳纤维布周围形成了富 W 区，由于 W 的热膨胀系数介于碳纤维和 AgCuTi 之间，所以这样可以减小两者热膨胀系数的不匹配。碳纤维表面仍有一层 TiC。引入 W 可以看作填充了碳纤维编织布内部的孔隙，使得焊缝中的碳纤维编织布具有更连续和优异的力学性能。

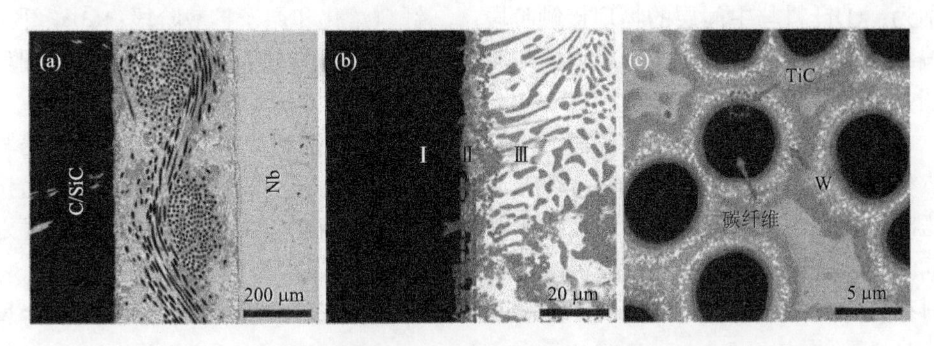

图 9-39 W 增强碳纤维编织布中间层辅助钎焊 C/SiC-Nb 接头界面结构
(a) 焊缝整体；(b) C/SiC 侧；(c) 焊缝中心放大图

图 9-40 显示了不同钎焊方法对接头强度的影响。当钎焊 C/SiC 与 Nb 合金未添加中间层时，接头强度相对较低，约为 85.5MPa，引入碳纤维编织布中间层会消耗钎料中活性元素 Ti，由于减少了焊缝热膨胀系数的失配，剪切强度提高到 120.2MPa。WO_3 纳米线的引入增加了 Ti 元素的消耗，导致界面反应层进一步变

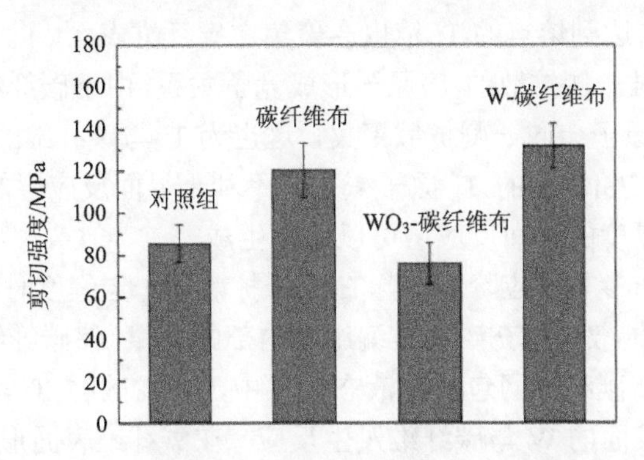

图 9-40 不同钎焊条件下 C/SiC-Nb 接头剪切强度

薄。此外，部分碳纤维本身也被消耗，这改变了其圆柱体的形状，削弱了其增强能力，最终接头强度仅为 75.2MPa。一方面，W 的引入依赖于碳纤维编织布在焊缝中均匀分散的稳定性，碳纤维周围的富 W 区域降低了焊缝整体热膨胀系数，另一方面，这可以使含 W 区域具有一定的塑性，可以达到良好的强化效果。抗剪强度为 131.8MPa，比不添加中间层时提高 54%。

2. W 增强碳纤维编织布中间层界面优化机制

表面合成 W 的碳纤维编织布可以优化中间层的性能，为探讨 W 对碳纤维编织织物中间层的强化机理及其与钎料的反应，将钎焊过程分为以下四个阶段，分别为：①钎料与中间层的物理接触阶段；②钎料熔化和原子扩散阶段；③碳纤维编织布参与反应阶段；④焊缝均匀化阶段。不同阶段的原子扩散与反应示意图如图 9-41 所示。

钎料与中间层物理接触阶段：当温度未达到钎料液相线温度时，AgCuTi 箔与 Ti 箔、Ti 箔与碳纤维编织布处于物理接触阶段，所述钎料箔片上部受模块重力挤压时，箔片与碳纤维编织布表面紧密接触。当钎焊温度在 AgCuTi 固相液相线之间时，部分固态钎料熔融为液相，上部 C/SiC 和下部 Ti 箔分别被扩散和填充，材料在接触界面处不均匀表面所产生的孔隙被填充，这对随后的原子扩散和冶金反应是必要的。

钎料熔化和原子扩散阶段：当钎焊温度达到 AgCuTi 钎料液相线时，钎料熔化为液态，原子扩散运动比物理接触阶段更强烈。靠近 C/SiC 一侧的 AgCuTi 钎料中的 Ti 元素与 C/SiC 发生冶金反应从而扩散到 C/SiC 内部，在浓度梯度的驱动力作用下，距离 C/SiC 区域稍远的 Ti 原子也会扩散到达 C/SiC 一侧，但是扩散的 Ti 原子数量较少。靠近 W 增强碳纤维编织布的 AgCuTi 钎料也熔化并直接填充到碳纤维编织布中，由于冶金反应，大量的 Ti 元素会聚集在碳纤维表面，在化学驱动力的作用下，未达到熔点的 Ti 箔也会聚集在碳纤维表面。向 C/SiC 一侧扩散的 Ti 原子和向碳纤维一侧扩散的 Ti 原子形成竞争关系，由于碳纤维编织布的总表面积大，大部分 Ti 原子会向一侧扩散聚集，这也为 Ti 与碳纤维的反应奠定了基础。这种扩散也导致 C/SiC 侧的 Ti 原子减少，不利于界面反应层的形成，但由于 Ti 箔的补充，一定厚度的界面反应层可以最后生成。

碳纤维编织布参与反应阶段：当 Ti 原子扩散到一定程度时，液态填充金属中的 Ag 和 Cu 原子扩散并填充碳纤维编织布内部的孔隙，使碳纤维编织布被包裹在液态填充金属中。碳纤维网包裹在液态钎料中，与扩散的 Ti 原子发生反应，Ti 原子穿过碳纤维表面的 W 与碳纤维发生反应，在碳纤维表面形成一层 TiC，生成的 TiC 包裹在碳纤维上，所以 W 被挤压在碳纤维周围，碳纤维周围形成了一个富 W 的区域，这些 W 分布在 Ag 和 Cu 固溶体中填充到 W 碳纤维编织布中。一方面，相比于没有经过 W 增强的碳纤维编织布来说，它的内部存在较大的空间，这些空间被钎料填充，仍具有较大的改善空间，W 的引入不仅填补了部分碳纤维编织布的内部空间，还可以使 W 热膨胀系数较低的焊缝均匀分布，可有效减少焊缝的残余应力，达到加强关节的影响。另一方面，由于 W 具有一定的塑性，W 在固溶体中的分布可以使焊缝中的固溶体具有一定的塑性。

焊缝均匀化阶段：由于碳纤维编织布体积大、质量大，随着液态钎料的逐渐扩散，碳纤维编织布内部被液态钎料完全填充，因此其很难在浓度梯度的作用下发生扩散与移动，另外由于在每根碳纤维的表面，焊缝中有一层 TiC 与 Ag 和 Cu 固溶体结合，附近包裹着一个富含 W 的区域，因此，它在浮力的作用下很难上下移动，最后，碳纤维编织布将位于焊缝中间，并占据焊缝中心的一定比例，在这一区域，它具有较低的线膨胀系数和较好的塑性。W 的存在也填补了碳纤维编织布内部的部分空隙，使得碳纤维编织布存在的区域具有均匀而稳定的性能。随着保温时间的延长，焊缝中的 Ag、Cu 固溶体逐渐均匀细化。

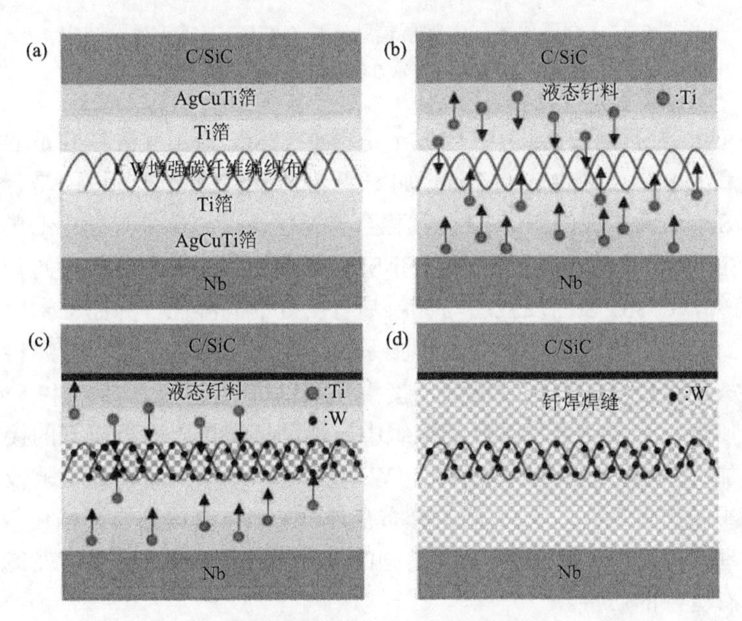

图 9-41　W 增强碳纤维编织布界面优化机制示意图

(a) 物理接触阶段；(b) 原子扩散阶段；(c) 碳纤维编织布反应阶段；(d) 焊缝均匀化阶段

9.4.3　金属化层与中间层辅助钎焊接头界面结构分析

结果表明，在 C/SiC 表面制备金属化反应层可形成热膨胀系数梯度过渡区，有效缓解接头界面残余应力，提高接头承载能力。碳纤维编织布中间层由于其热膨胀系数低，且在焊缝中心位置稳定，进一步提高了接头质量。这里将两种加固方法结合起来，采用带有金属化层和中间层碳纤维编织布的 C/SiC 辅助钎焊 C/SiC-Nb 接头，界面结构如图 9-42 所示，工艺参数为 880℃保温 10min。网状 C 纤维布完全位于焊缝处，C 纤维位于 Ag、Cu 固溶体中，表面有薄的界面反应层 TiC。

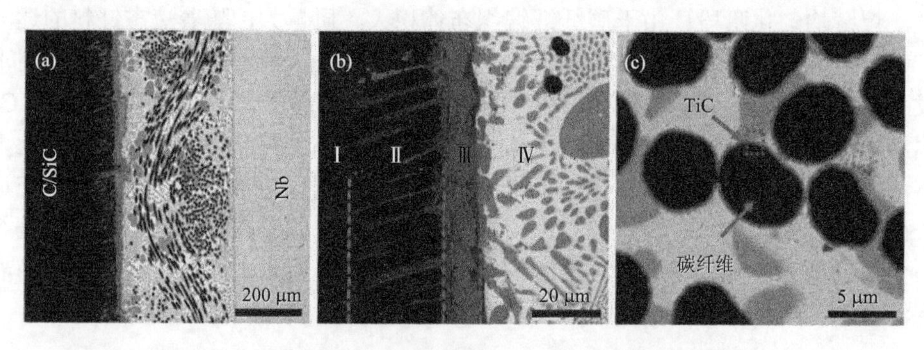

图 9-42　金属化层与中间层辅助钎焊 C/SiC-Nb 接头界面结构

(a) 焊缝整体；(b) C/SiC 侧；(c) 焊缝中心放大图

接头可大致分为四个部分，区域Ⅰ是母材 C/SiC 内部，区域Ⅱ是 Ni-Cr-Si 金属化合金和 C/SiC 反应生成的 Ni_2Si 加 C 纤维的复合区域，区域Ⅲ是合金化金属化层在 C/SiC 表面生成的 Ni、Cr、Si 化合物镀层，区域Ⅳ是焊缝中心的 AgCu 固溶体。C/SiC 合金化后，内部生成的 Ni_2Si 相形成了热膨胀系数梯度过渡区。由图 9-40 (b) 可知，C/SiC 表面反应层与钎料具有良好的润湿性，界面上未出现裂纹或焊接缺陷。反应层与焊料之间的热膨胀系数失配小于 C/SiC 表面与焊料之间的热膨胀系数失配，残余应力得到缓解，接头强度也得到提高，达到 149.5MPa。

综上所述，金属化层与碳纤维编织中层辅助钎焊可以获得较好的接头强化效果，与不加 W 的碳纤维编织布相比，W 增强碳纤维编织布内部空隙较小，采用碳纤维编织布作为载体，使 W 均匀分布在焊缝中，从而达到协同强化效果，因此基于上述理论，采用金属化层和 W 增强的碳纤维编织布辅助钎焊 C/SiC 和 Nb 的接头应具有更好的质量。

9.5　本 章 小 结

本章采用多种片层梯度结构辅助钎焊的方法来解决复合材料/金属异质结构钎焊连接时产生的残余应力过大的问题。包括采用 BNi2 钎料直接钎焊 C/C 复合材料与 Nb 后接头组织和性能的变化规律，并在此基础上通过添加 HEA 中间层来对接头组织和性能进行优化的方法。另外，采用 C/SiC 复合材料表面合金化以及表面金属化层结构优化来调控复合材料表面焊接状态，再采用表面 W 增强的碳纤维编织布中间层辅助钎焊，最终获得了质量较高的钎焊接头，具体结论如下。

仅使用 BNi2 钎料对 C/C 与 Nb 进行钎焊连接时，由于焊缝生成较多脆性化合物导致接头存在较高残余应力，最佳钎焊参数下剪切强度仅 5.8MPa。加入 HEA 中间层后，焊缝中金属间化合物生成元素由于被其吸收，接头塑性大幅度提高。经有限元模拟，HEA 厚度为 200μm 时应力会得到充分释放。在 1100℃/10min 的钎焊条件下，接头强度最佳，常温时为 36.8MPa，800℃高温下为 29.3MPa。此时接头界面结构为 C/C 复合材料/Cr_7C_3/Ni(s,s)+Ni_2Si+Cr_3Ni_2Si/HEA+Ni-Cu(s,s)/HEA+Nb/Nb。

本章采用 AgCuTi 钎料对 C/SiC 复合材料与 Nb 进行钎焊连接，最佳工艺参数为 880℃下保温 10min，接头界面组织为 C/SiC 复合材料/TiC+Ti_5Si_3/(Ag,Cu)/Nb 金属，接头未出现未焊合、裂纹等缺陷。钎焊温度和保温时间对接头界面结构的影响趋势类似，界面反应产物 TiC 随着工艺参数的升高都逐渐变厚，由于母材之间线膨胀系数差异较大，因此焊后出现较大残余应力，最佳工艺参数下接头剪切强度为 85.5MPa。

采用 Ni-Cr-Si 合金对 C/SiC 表面进行金属化处理后，Ni 元素渗入 C/SiC 内部发生反应生成 Ni_2Si，起到了线膨胀系数梯度过渡的作用，Cr 元素主要保留在表面金属化层中，采用 AgCuTi 钎料钎焊金属化层 C/SiC-Nb 接头界面组织为 C/SiC 复合材料/Ni_2Si+C+TiC/ Ni_2Si+$Cr_{23}C_6$+Cr_3Si+Cr_3Ni_2Si/(Ag,Cu)/Nb 金属。通过接头应力有限元模拟，Ni_2Si 层的厚度越大，内部残余应力也越大，并在厚度为 75μm 时，接头残余应力达到最优分布。金属化层厚度随金属化参数的提高而变大，接头剪切强度呈先增加后下降的趋势，最优参数下强度可达 115.2MPa。

采用在 Ni-Cr-Si 合金中加入 W 和 WC 颗粒，对连续脆性化合物的形成具有一定的阻碍作用。当颗粒尺寸较大时，阻碍效果不明显，小尺寸的颗粒使得接头中脆性相呈间断分布状态，W 和 WC 颗粒的存在加上 Ni_4W 相有效地缓解了连续脆性相存在的缺陷，优化了界面结构。W 颗粒界面结构优化最佳参数为：1180℃/10min 下添加量为 30%，颗粒尺寸为 5μm；WC 颗粒界面结构优化最佳参数为：1180℃/10min 下添加量为 30%，颗粒尺寸为 400nm。

通过水热反应在碳纤维编织布表面合成了 WO_3 纳米线阵列，阵列将碳纤维完全包裹。最佳合成工艺参数为：H_2WO_4 前驱体溶液浓度为 0.05mmol/mL、$(NH_4)_2SO_4$ 质量浓度为 0.0375g/mL。采用 W 增强碳纤维编织布钎焊 C/SiC-Nb 接头界面结构为：C/SiC 复合材料/TiC+Ti_5Si_3/(Ag,Cu)+TiC+碳纤维+W/Nb 金属。W 的存在填充了碳纤维编织布内部空隙，并在碳纤维周围形成富 W 的区域。碳纤维编织布表面 W 增强后，作为中间层辅助钎焊所的接头剪切强度可达 131.8MPa，相比未添加中间层时提升了 54%。

参考文献

[1] 纪旭. 电化学腐蚀辅助钎焊 C/C 与 Nb 的工艺与强化机制研究. 哈尔滨: 哈尔滨工业大学, 2021.

[2] 李航. 碳纤维布中间层辅助钎焊表面合金化 C/SiC 与 Nb 工艺及机理研究. 哈尔滨: 哈尔滨工业大学, 2020.

[3] Djugum R, Sharp K. The fabrication and performance of C/C composites impregnated with TaC filler. Carbon, 2017, 115: 105-115.

[4] 张玉娣, 周新贵, 张长瑞. C/SiC 陶瓷基复合材料的发展与应用现状. 材料工程, 2005, 4: 60-63.

[5] Tang Y L, Zhou Z G, Pan S D, et al. Mechanical property and failure mechanism of 3D Carbon–Carbon braided composites bolted joints under unidirectional tensile loading. Materials and Design, 2015, 65: 243-253.

[6] Wang M C, Miao R, He J K, et al. Silicon Carbide whiskers reinforced polymer based adhesive for joining C/C composites. Materials and Design, 2016, 99: 293-302.

[7] Wang H Q, Cao J, Feng J C. Brazing mechanism and infiltration strengthening of C/C composites to Ti-Al alloys joint. ScriptaMaterialia, 2010, 63(8): 859-862.

[8] Zhang K X, Zhao W K, Zhang F Q, et al. New wetting mechanism induced by the effect of Ag on the interaction between resin carbon and AgCuTi brazing alloy. Materials Science and Engineering: A, 2017, 696: 216-219.

[9] Shen Y X, Li Z L, Hao C Y, et al. A novel approach to brazing C/C composite to Ni-based superalloy using alumina interlayer. Journal of the European Ceramic Society, 2012, 32: 1769-1774.

[10] 宋义河. C/C 复合材料表面生长 CNTs 及与 Nb 钎焊工艺及机理研究. 哈尔滨: 哈尔滨工业大学, 2017.

[11] Gang W A, Yy A, Rh B, et al. A novel high entropy CoFeCrNiCu alloy filler to braze SiC ceramics. Journal of the European Ceramic Society, 2020, 40(9): 3391-3398.

[12] Feng J C, H W, Tian X Y, et al. Interfacial microstructure and mechanical properties of ZrB_2-SiC-C ceramic and GH99 superalloy joints brazed with a Ti-modified FeCoNiCrCu high-entropy alloy. Materials & design, 2016, 97(5): 230-238.

[13] 张若蘅. C/SiC 复合材料与 GH99 的钎焊工艺及机理研究. 哈尔滨: 哈尔滨工业大学, 2015.

[14] Zanotti C, Giuliani P, Terrosu A, et al. Porous Ni-Ti Ignition and Combustion Synthesis. Intermetallics, 2015, 15: 404-412.

[15] Jardim P M, Acchar W, Losch W. Grain Boundary Reactive Diffusion during Ni_2Si Formation in Thin Films and its Dependence on the Grain Boundary Angle. Applied surface science, 1999, 137(1): 163-169.